廖裕评,陆瑞强:Tanner Pro 集成电路设计与布局实战指导
ISBN:957-21-5082-0
全华科技图书股份有限公司
原著于 2005 年 9 月出版发行

电路设计与仿真

Tanner Pro 集成电路设计与布局实战指导

廖裕评 陆瑞强 编著

科学出版社
北京

图字：01-2007-1208 号

内 容 简 介

本书系“电路与仿真”丛书之一。本书全面讲述使用 Tanner Tools Pro 进行集成电路设计、电路仿真以及电路布局的方法。

全书共 17 章。第 1 章为基础部分，主要介绍 Tanner Tools Pro 软件的基本功能及其工作环境；第 2～9 章指导读者使用 S-Edit 设计电路并利用 T-Spice 检验电路；第 10～16 章讲述用 L-Edit 进行电路布局以及利用 LVS 进行对比电路的操作；第 17 章以项目分析的方式进行级比值的设计规划。

本书可供电路设计人员参考，亦可作为高等院校电子类专业学生的参考书。

图书在版编目(CIP)数据

Tanner Pro 集成电路设计与布局实战指导/廖裕评，陆瑞强编著. —北京：科学出版社，2007（2021.6重印）
（电路设计与仿真）

ISBN 978-7-03-019049-9

Ⅰ.T… Ⅱ.①廖…②陆… Ⅲ.集成电路-电路设计：计算机辅助设计-应用软件，Tanner Pro Ⅳ.TN402

中国版本图书馆 CIP 数据核字(2007)第 079868 号

责任编辑：岳亚东 崔炳哲 / 责任制作：魏 谨
责任印制：张 伟 / 封面设计：李 力
北京东方科龙图文有限公司 制作
http://www.okbook.com.cn

科 学 出 版 社 出版
北京东黄城根北街 16 号
邮政编码：100717
http://www.sciencep.com
北京建宏印刷有限公司 印刷
科学出版社发行 各地新华书店经销
*
2007 年 7 月第 一 版 开本：B5(720×1000)
2021 年 6 月第五次印刷 印张：23 1/4
字数：452 000

定 价：59.00 元
（如有印装质量问题，我社负责调换）

前　言

近些年来，集成电路设计技术发展迅速，促使半导体技术不断地发展，半导体技术正在进入将整个系统整合在单一晶片上的时代。台湾的半导体相关产业是从以往的集成电路代工发展开始，到近几年注重集成电路的设计，许多设计公司正在积极开发各种 IP 或更先进的 SOC 产品。而设计人才的培养，需要依托于学校，现在各大专院校、研究所都已设置 VLSI 相关课程，培训流程及设计方面人才。超大规模集成电路设计必须借助于计算机辅助设计软件，并遵循各项流程规则及参数规定。大部分的超大规模集成电路设计软件是在工作站上执行的，虽然功能强大，但是价格昂贵，不利于初学者学习。目前，在 PC 上开发了 Tanner Tools Pro 工具，它可提供完整的集成电路设计环境，帮助初学者进入 VLSI 设计领域。

Tanner Tools Pro 工具非常适合初学者学习，它从电路图设计、电路分析仿真到电路布局环境一应俱全。本书针对 VLSI 设计实习课程设计多个实验，读者可根据书中提供的详细步骤执行操作，以学习并实现完整的集成电路设计。本书是根据作者多年教授 VLSI 设计实习的心得，而编写的适合初学者学习的指导书。通过本书的学习可使学生掌握完整的 VLSI 设计流程。本书采用循序渐进的方式编写。全书共分 17 章。第 1 章介绍 Tanner Tools Pro 软件的概况，读者可从中了解 Tanner Tools Pro 软件的基本功能。第 2～9 章指导读者用 S-Edit 来设计电路以及利用 T-Spice检验电路，包括使用 S-Edit 设计基本元件符号、使用 S-Edit 设计简单逻辑电路、反相器瞬时分析、反相器直流分析、与非门直流分析、使用 S-Edit 设计全加器电路、全加器瞬时分析、四位加法器电路设计与仿真等内容。第 10～16 章主要讲述使用 L-Edit 布局电路以及使用 LVS 对比电路功能。包括使用 L-Edit 画布局图、使用 L-Edit 画 PMOS 布局图、使用 L-Edit 画反相器布局图、使用 LVS 对比各类反相器、使用 L-Edit 编辑标准逻辑元件、四位加法器标准元件自动配置与绕线、全加器 SDL 等内容。第 17 章以项目分析的方式进行级比值的设计规划。建议读者按照本书的章节顺序阅读本书，跟着每个范例的操作步骤进行学习。这样读者便可熟练地掌握 Tanner Tools Pro 工具的使用方法，并且能够设计出自己的电路。

陆瑞强、廖裕评

目录

第1章 简介

第2章 使用 S-Edit 设计基本元件符号

第3章 使用 S-Edit 设计简单逻辑电路

第4章 反相器瞬时分析

第5章 反相器直流分析

第6章 与非门直流分析

第7章 使用S-Edit设计全加器电路

第8章 全加器瞬时分析

第9章 四位加法器电路设计与仿真

第 10 章 使用 L-Edit 画布局图

第 11 章 使用 L-Edit 画 PMOS 布局图

第 12 章 使用 L-Edit 画反相器布局图

第 13 章 使用 LVS 对比反相器

第 14 章 使用 L-Edit 编辑标准逻辑元件

第 15 章 四位加法器标准元件自动配置与绕线

第 16 章 全加器 SDL

第 17 章 级比值项目分析

附 录 A CMOS 制作流程介绍

附 录 B HiPer 功能介绍

第 1 章

简　介

Tanner Tools Pro 是一套集成电路设计软件，包括 S-Edit，T-Spice，W-Edit，L-Edit 与 LVS，各软件的主要功能整理如表 1.1 所示。

表 1.1 Tanner Tools Pro 各软件的主要功能

软件	功能
S-Edit	编辑电路图
T-Spice	电路分析与模拟
W-Edit	显示 T-Spice 模拟结果
L-Edit	编辑布局图、自动配置与绕线、设计规则检查、截面观察、电路转化
LVS	电路图与布局图结果对比

Tanner Tool 的设计流程可以用图 1.1 来表示。将要设计的电路先以 S-Edit 编辑出电路图，再将该电路图输出成 SPICE 文件。接着利用 T-Spice 将电路图模拟并输出成 SPICE 文件，如果模拟结果有错误，再回 S-Edit 检查电路图，如果 T-Spice 模拟结果无误，则以 L-Edit 进行布局图设计。用 L-Edit 进行布局图设计后要以 DRC 功能作设计规则检查，若违反设计规则，再将布局图进行修改直到设计规则检查无误为止。将验证过的布局图转化成 SPICE 文件，再利用 T-Spice 模拟，若有错误，再回到 L-Edit 修改布局图。最后利用 LVS 将电路图输出的 SPICE 文件与布局图转化的 SPICE 文件进行对比，若对比结果不相等，则返回去修正 L-Edit 或 S-Edit 的图。直到验证无误后，将 L-Edit 设计好的布局图输出成 GDSII 文件类型，再交由工厂去制作半导体过程中需要的光罩。

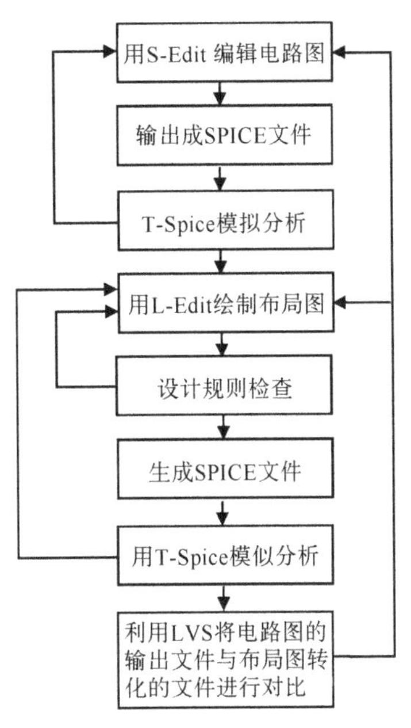

图 1.1 Tanner Tool 的设计流程

以下先对 S-Edit，T-Spice 与 L-Edit 进行简单的介绍，并观看软件所附的范例文件，详细的使用介绍请参阅后面的章节。

1.1 S-Edit 范例

S-Edit 是一个电路图编辑的环境，在此以 Tanner Tool Pro 所附范例的 Lights.

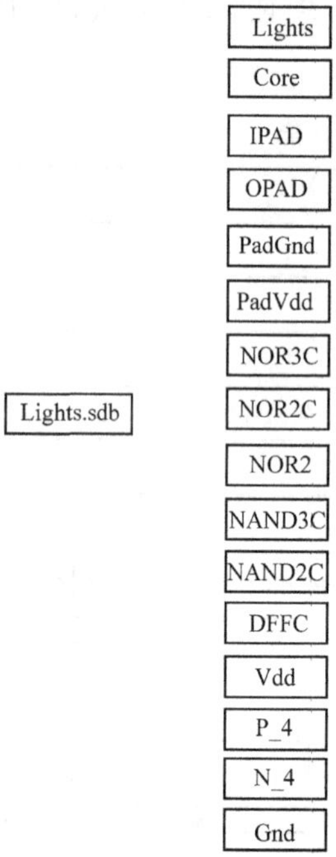

Lights.sdb

Lights
Core
IPAD
OPAD
PadGnd
PadVdd
NOR3C
NOR2C
NOR2
NAND3C
NAND2C
DFFC
Vdd
P_4
N_4
Gnd

图 1.2 Tanner Tool 的设计流程

sdb 文件为例来进行 S-Edit 基本结构的介绍。Lights. sdb 文件中有很多模块(Module),如 Lights 模块、Core 模块、IPAD 模块、OPAD 模块,如图 1.2 所示,每一个模块可以是一个电路或元件符号。

模块的设计又可以引用其他模块,而形成层次式的结构,例如,Lights. sdb 文件中的 Lights 模块引用到了其他的模块,如图 1.3 所示,包括 PadVdd 模块、PadGnd 模块、Core 模块、IPAD 模块与 OPAD 模块。而其中的 Core 模块又引用到了 NOR2C 模块、NOR3C 模块、NOR2 模块、DFFC 模块、NAND2C 模块与 NAND3C 模块,而这些模块又都引用了 Vdd 模块、P_4 模块、N_4 模块与 Gnd 模块。

故 Lights 模块为整个层次式结构的顶层,Vdd 模块、P_4 模块、N_4 模块与 Gnd 模块为层次式结构的底层。读者可依照下列步骤打开范例文件 Lights. sdb 看 S-Edit 设计结构。

(1) 打开 S-Edit 程序:执行..\Tanner EDA \S-Edit 目录下的 sedit. exe 文件,或选择“开始”→“程序”→Tanner EDA→S-Edit→S-Edit 命令,即可打开 S-Edit 程序。

(2) 打开示范文件:选择 File→Open 命令,出现“打开”对话框,在 Tanner\EDA\S-Edit\tutorial\schematic 目录下选择 lights. sdb 文件,如图 1.4 所示,此文件为 S-Edit 的示范电路。

(3) 打开 Lights 模块:选择 Module→Open 命令,打开 Open Module 对话框,在 Files 下拉列表框中选择 lights 选项,在 Select Module To Open 列表框中选择

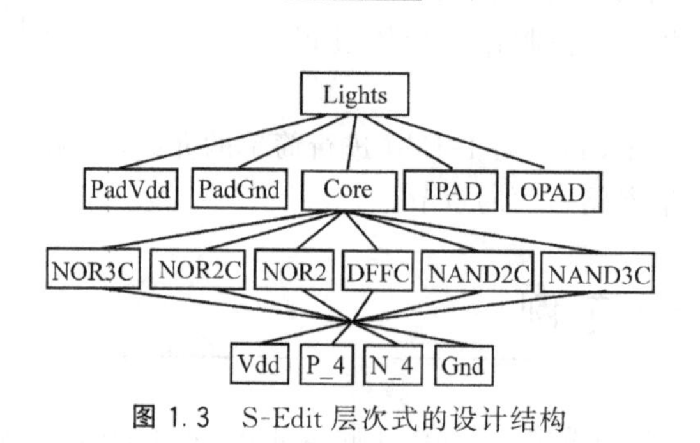

图 1.3 S-Edit 层次式的设计结构

Lights 选项，如图 1.5 所示，再单击 OK 按钮，打开如图 1.6 所示的电路。

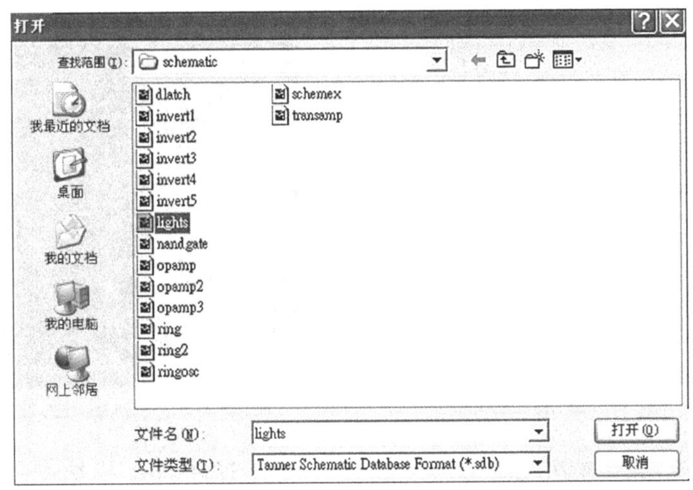

图 1.4　打开文件

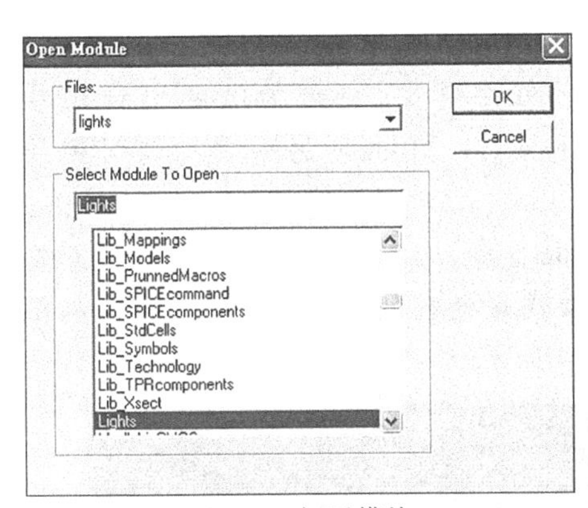

图 1.5　打开模块

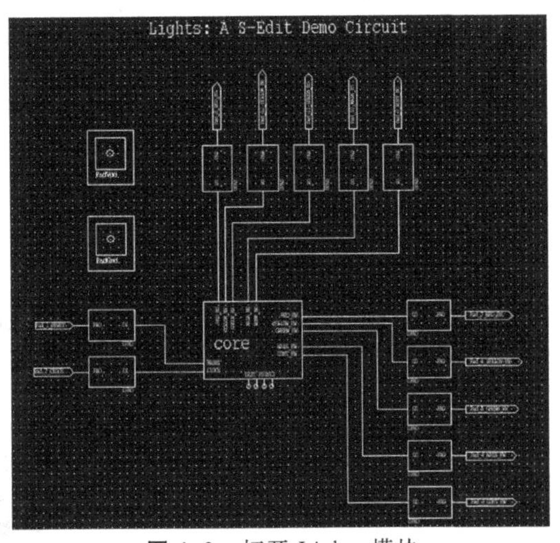

图 1.6　打开 Lights 模块

(4) 寻找引用到的模块：选择 Module→Find Module 命令，打开 Find 对话框，如图 1.7 所示。

在右边 Modules with instance of module 列表框中列出了用到 Lights 模块的其他模块，图 1.7 中的该列表框没有数据则代表没有模块引用到 Lights 模块中。在左边 Symbols instancde in module 列表框中列出 Lights 模块中引用到的其他模块。若在该列表框中选择 core 选项，单击 Find 按钮，会看到系统将每个 core 符号标上不同颜色，如图 1.8 所示。

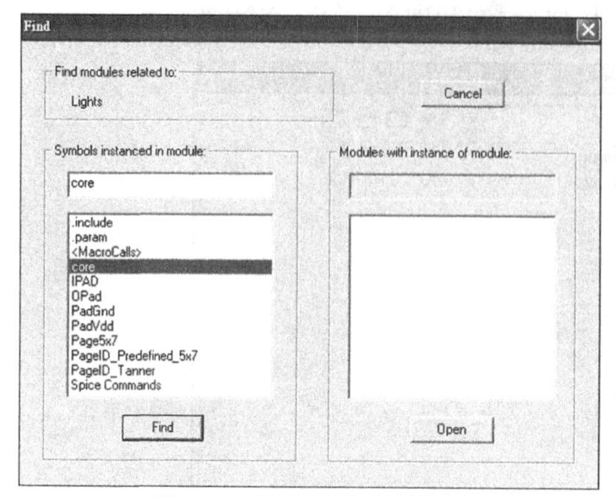

图 1.7　寻找引用到的模块

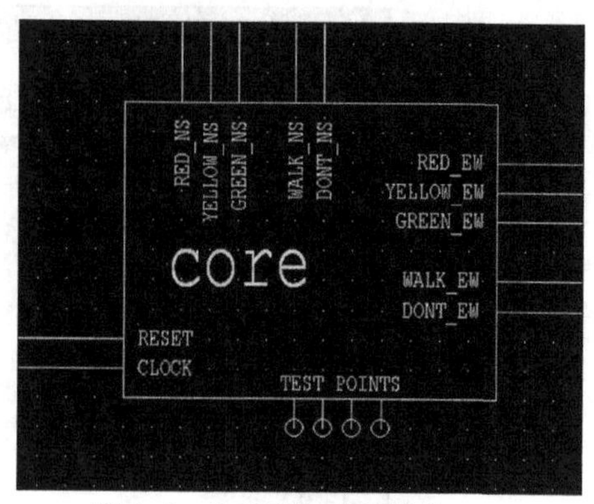

图 1.8　显示引用到的模块 core

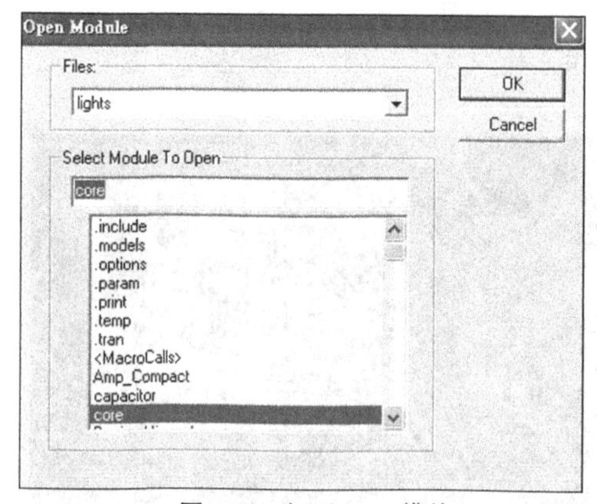

图 1.9　打开 core 模块

(5) 打开 core 模块：选择 Module→Open 命令，打开 Open Module 对话框，在 Sdldct Module To Open 列表框中选择 core 选项，如图 1.9 所示，再单击 OK 按钮。

(6) 切换模式：S-Edit 文件中的模块具有两种模式，一个为电路设计模块(Schematic Mode)，另一个为符号模块(Symbol Mode)。选择 View→Symbol Mode 命令，如图 1.10 所示，可切换至符号模式并会看到 core 模块的符号，如图 1.11 所示。

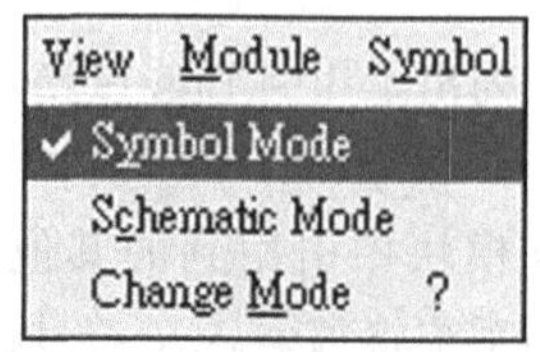

图 1.10　切换至符号模式

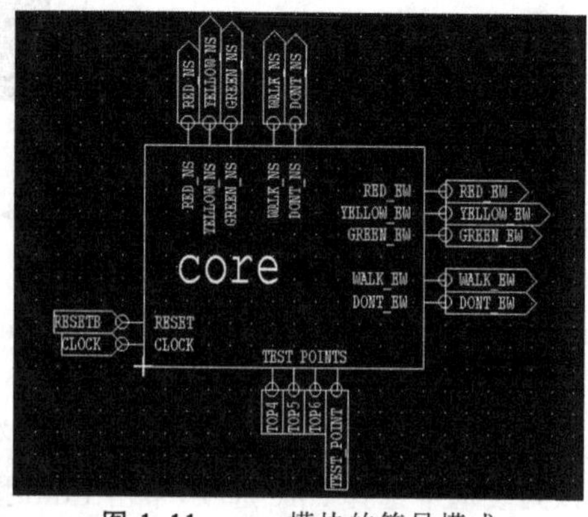

图 1.11　core 模块的符号模式

选择 View→Schematic Mode 命令，如图 1.12 所示。会看到 core 模块的详细电路图，如图 1.13 所示。

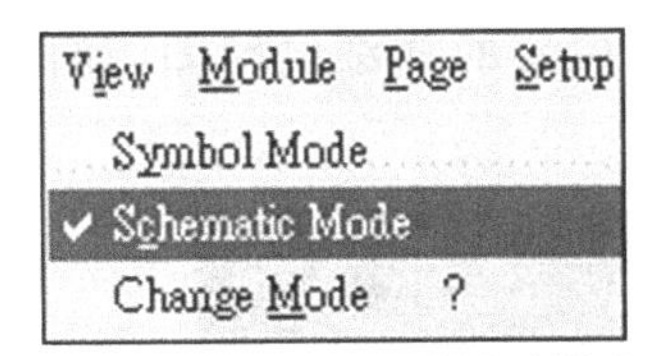

图 1.12 切换至电路设计模式

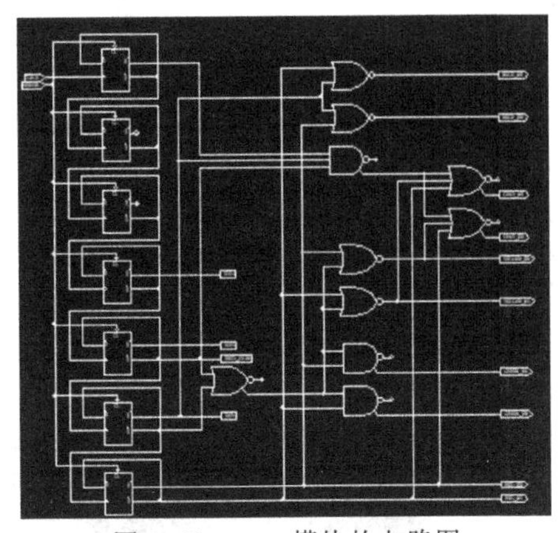

图 1.13 core 模块的电路图

(7) 寻找引用到的模块：选择 Module→Find Module 命令，打开 Find 对话框，如图 1.14 所示。

在右边 Modules with instance of module 列表框中列出利用到 core 模块的其他模块。目前该列表框中只有 Lights 选项，代表只在 Lights 模块中引用到 core 模块。在左边的 Symbols instanced in module 列表框中列出了 core 模块中引用到的其他模块，例如，在该列表框中选择 DFFC 选项，再单击 Find 按钮，会看到系统将每个 DFFC 符号标上不同颜色，如图 1.15 所示。

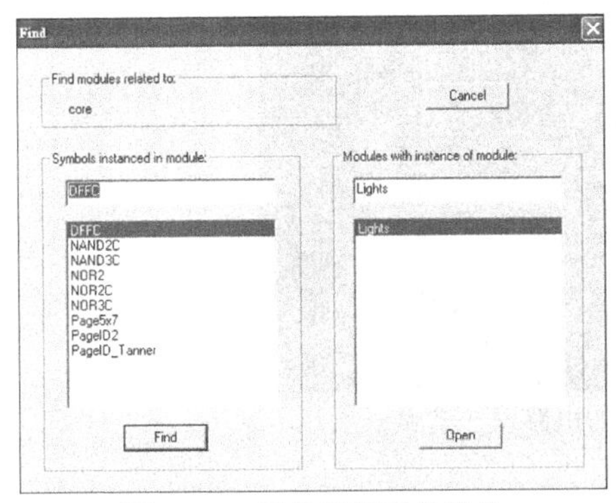

图 1.14 寻找引用到的模块

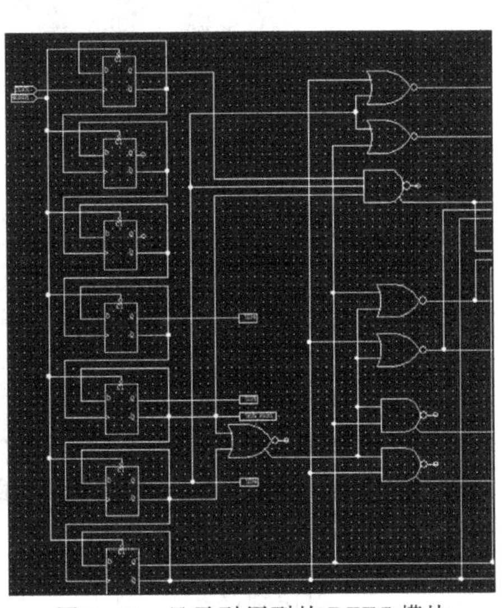

图 1.15 显示引用到的 DFFC 模块

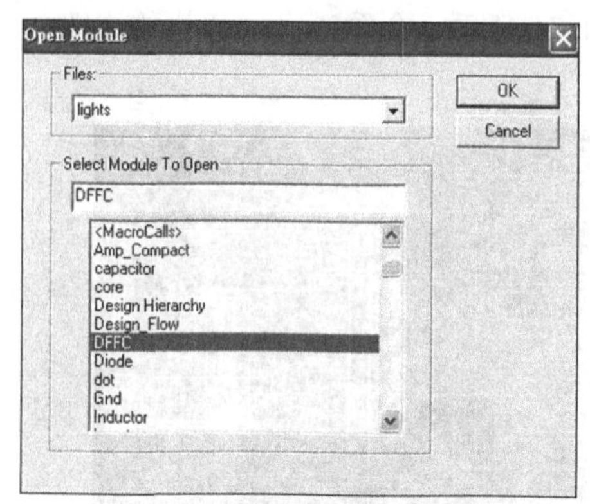

图 1.16　打开 DFFC 模块

（8）打开模块：选择 Module→Open 命令，打开 Open Module 对话框，在 Select Module To Open 列表框中选择 DFFC 选项，再单击 OK 按钮，如图 1.16 所示。

（9）切换模式：选择 View→Symbol Mode 命令，会看到 DFFC 模块的符号，如图 1.17 所示。

选择 View→Schematic Mode 命令，会看到 DFFC 模块的详细电路图，如图 1.18 所示。

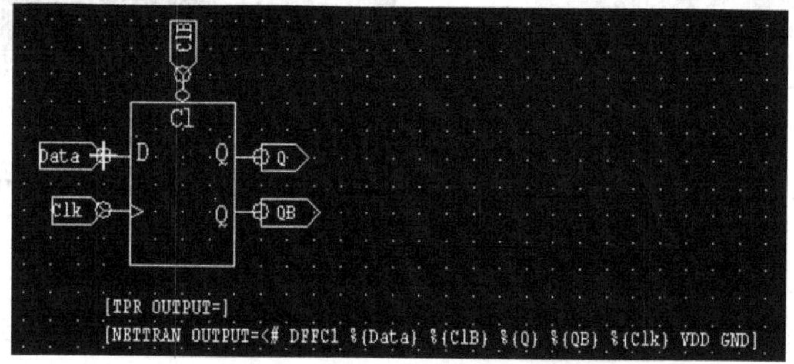

图 1.17　DFFC 模块的符号模式

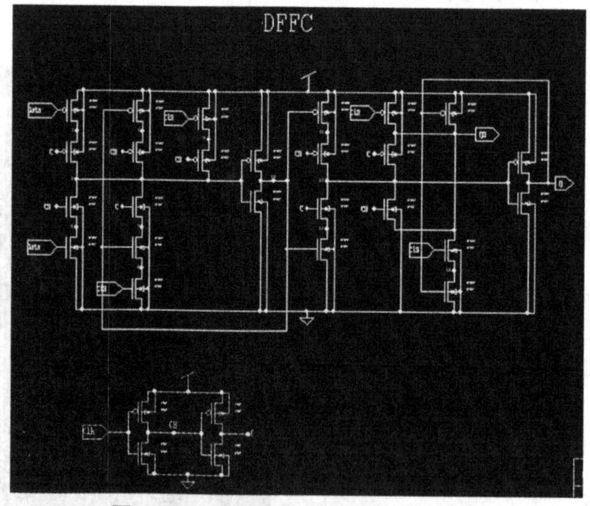

图 1.18　DFFC 模块的电路设计模式

（10）寻找引用到的模块：选择 Module→Find Module 命令，打开 Find 对话框，如图 1.19 所示。

在右边的 Modules with instance of module 列表框中列出了利用到 DFFC 模块的其他模块，目前该列表框中只有 core 选项，代表只在 core 模块中引用到 DFFC 模块。在左边的 Symbols instanced in module 列表框中列出了 DFFC 模块中引用到的其他模块。例如，在该列表框中选择 N_4 选项，单击 Find 按钮，会看到系统将每个 N_4 符号标上不同颜色，如图 1.20 所示。

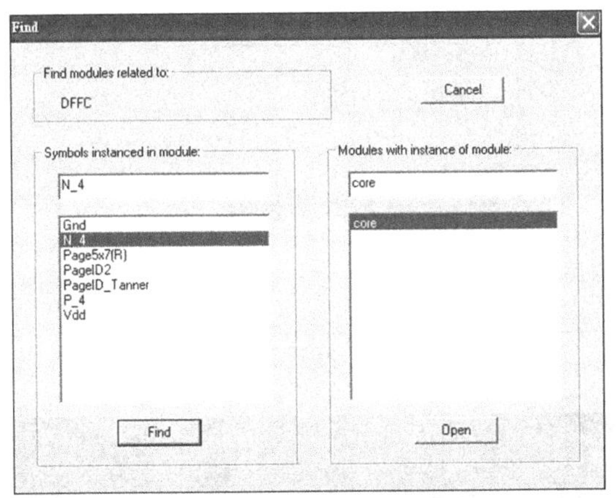

图 1.19 寻找引用到的模块

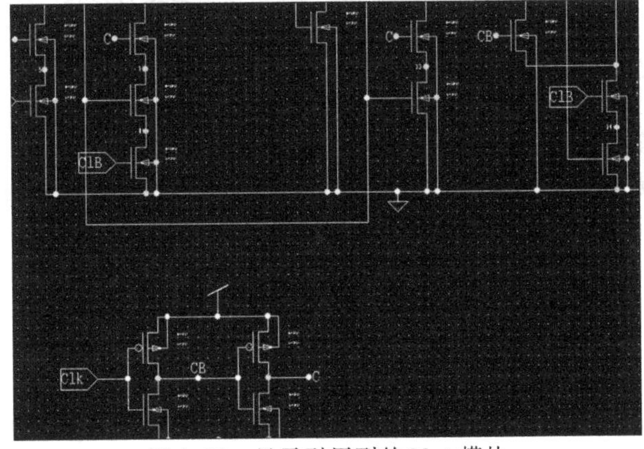

图 1.20 显示引用到的 N_4 模块

(11) 打开模块：选择 Module→Open 命令，打开 Open Module 对话框，在 Select Module To Open 列表框中选择 N_4 选项，如图 1.21 所示，再单击 OK 按钮。

(12) 切换模式：选择 View→Symbol Mode 命令，会看到 N_ 4 模块的符号为一个 NMOS 的符号，如图 1.22 所示。选择 View→Schematic Mode 命令，则看到 N_4 模块没有电路内容图。

(13) 寻找引用到的模块：选择 Module→Find Module 命令，打开 Find 对话框，如图 1.23 所示。

在左边的 Symbols instanced in module 列表框中,可以看出 N_4 模块没有引用

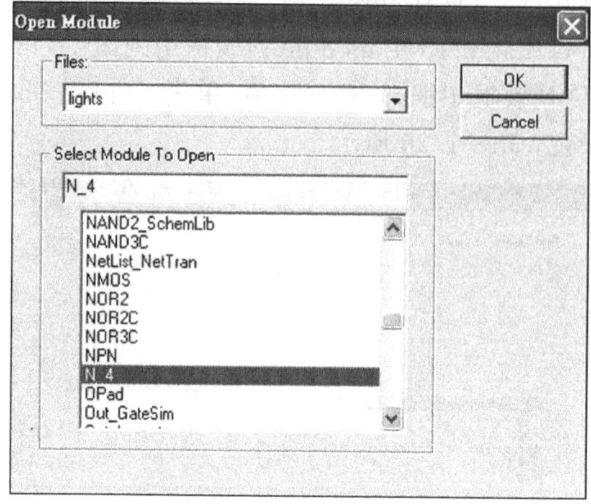

图 1.21 打开 N_4 模块

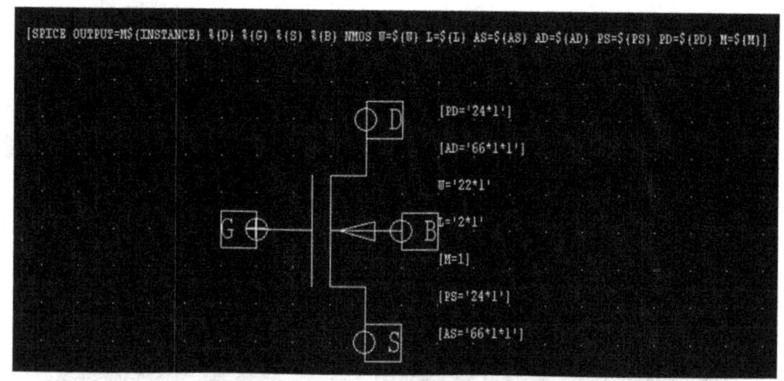

图 1.22 N_4 模块符号模式

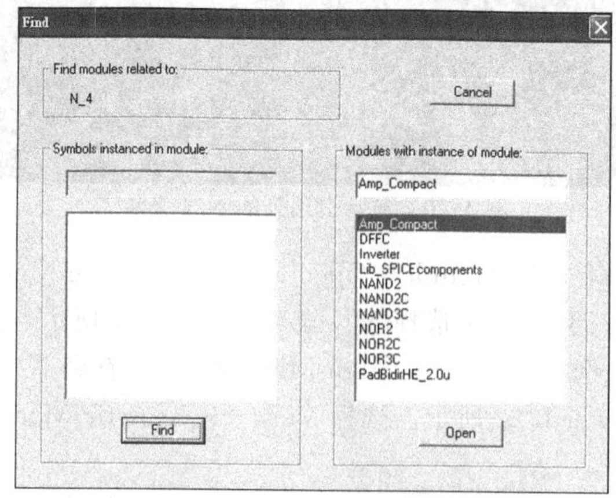

图 1.23 N_4 模块符号模式

到其他模块。在右边的 Modules with instance of module 列表框中则列出利用到 N_4 模块的其他模块,例如 NAND2 或 NOR2 等。

(14) 电路输出:S-Edit 绘制的电路图,可以输出成几种形式的文件,如图 1.24 所示,有 SPICE 文件(*.sp)、TPR 文件(*.tpr)、NetTran Macro 文件(*.mac)、EDIF Netlist 文件(*.edn)、EDIF 图解文件(*.eds)、VHDL 文件(*.vhd)。其中的 SPICE 文件(*.sp)可在 T-Spice 仿真时使用或是用作 LVS 对比。

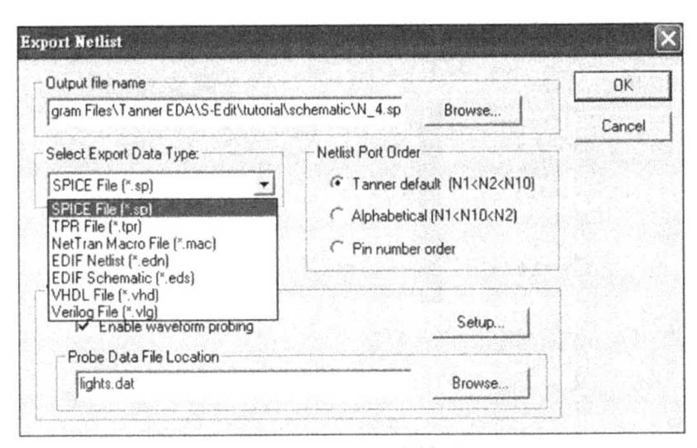

图 1.24 电路输出

1.2 T-Spice 范例

T-Spice 是电路仿真与分析的工具,文件内容除了有元件与节点的描述外,还必须加上其他的设定,具体如表 1.2 所示。

表 1.2 T-Spice 的设定

设 定	说 明	范 例
包含文件(Include File)设定	设定使用某种制作流程的参数进行仿真	.include m12_125.md 使用 MCNC 1.25μmCMOS 制作流程的参数
元件引脚所接节点与元件参数值	可使用 S-Edit 进行电路图转换	c2 out GND 800ff 电容 c2 一端接节点 out,一端接 GND,电容值为 800ff
端点电压源设置	设定仿真时所使用的电压	Vs vdd GND5.0 电压:Vs 正端按 vdd,负端按 GND,电压值为 5V
分析设定	设定仿真方式为瞬时分析或其他分析方式	.tran 2n 600n 设定瞬时分析时间 600ns,时间间隔为 2ns
输出设置	输出仿真结果	.print tran v(in) v (out) 输出节点 in 与 out 的电压

T-Spice 的模拟结果可用 W-Edit 观看,读者可依照下列步骤打开范例文件 inv_

tran. cir 观看 T-Spice 结构。

(1) 打开 T-Spice 程序: 执行.. \ Tanner EDA \ T-Spice11. 0 目录下的 wintsp32. exe 文件,或选择“开始”→“程序”→Tanner EDA→T-Spice Pro v11. 0→T-Spice 命令,即可打开 T-Spice 程序。

(2) 打开示范文件:选择 File→Open 命令,出现“打开”对话框,在其中的..\Tanner EDA\T-Spice11. 0\tutorial\input 目录中选择 invert_tran. cir 选项,如图 1.25 所示。

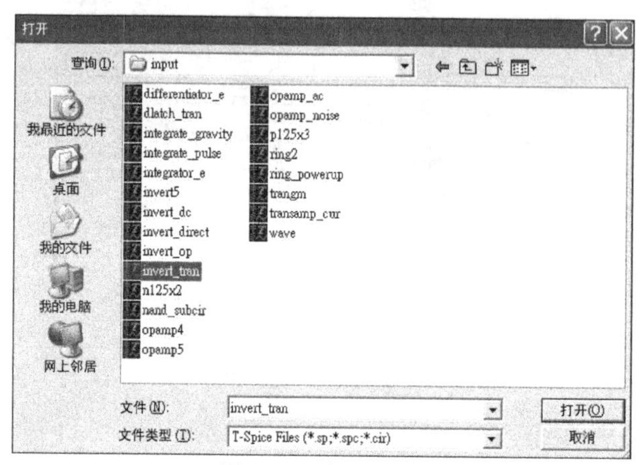

图 1.25 打开文件

打开的 SPICE 文件为文字形式,如图 1.26 所示。此范例是分析一个反相器输入与输出电压的时序关系,除了以文字描述元件节点情况,还要有指令的部分来控制电压源、分析时间与观察项目。

```
invert_tran
*
* Example 3: Transient Analysis
* Circuit: invert_tran.cir
*
.include m12_125.md
m1n out in GND GND nmos l=5u w=8u
m1p out in vdd vdd pmos l=5u w=12u
c2 out GND 800ff
vdd vdd GND 3.0
vin in GND PWL(0ns 0V 100ns 0V 105ns 3V 200ns 3V 205ns 0V 300ns
+ 0V 305ns 3V 400ns 3V 405ns 0V 500ns 0V 505ns 3V 600ns 3V)
.tran 2n 600n
.print tran in out
```

图 1.26 范例文件内容

此电路有一个输入端口,名称为 in;一个输出端口,名称为 out。有两个主动元件(NMOS 与 PMOS),一个被动元件(800ff 电容)。本范例使用 MCNC1. 25μm CMOS 制作流程参数文件 m12_125. md。先来设定名称为 vdd 的电压源,其正端接节点为 vdd,负端接节点为 GND,电源值为 3. 0V;再来设定名称为 vin 的电压源,其正端接节点为 in,负端接节点为 GND,该电源值为方波类型;之后设定分析方式为瞬时分析,分析时间为 600ns,时间间隔为 2ns;最后输出 in 与 out 节点的电压值。

(3) 等效电路图标：其等效电路可以用图 1.27 来表示，即一个反相器的负载为 800fF 的电容。

W=12u
L=5u
in
out
W=8u
L=5u

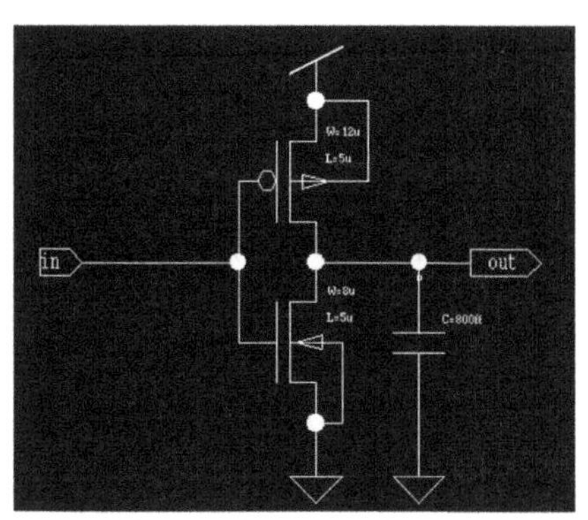

图 1.27　范例文件的等效电路

(4) 分析方式说明：本范例有两个独立电压源（名为 vdd 的电压源与名为 vin 的电压源），其中，vdd 电压源提供定电压 3.0V，vin 电压源提供 0V 与 3V 方波送到反相器输入端，模拟并观察输入电源与输出电源的时序关系。

(5) 仿真结果：选择 Simulation→Run Simulation 命令，或单击▷按钮，打开 Run Simulation 对话框，单击 Start Simulation 按钮开始执行程序。仿真的结果有两部分，一部分出现在 Simulation Status 窗口，如图 1.28 所示，其中记载了分析出的元件数目、节点数目、电源数目、仿真时间等，另一部分是用 W-Edit 表示仿真结果，如图 1.29 所示。

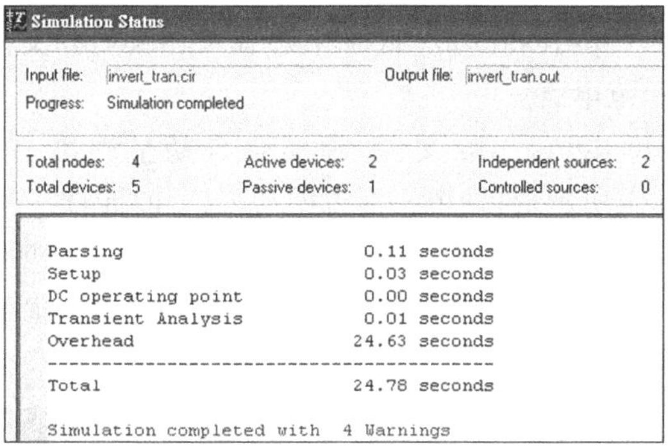

Simulation Status
Input file: invert_tran.cir
Output file: invert_tran.out
Progress: Simulation completed
Total nodes: 4
Total devices: 5
Active devices: 2
Passive devices: 1
Independent sources: 2
Controlled sources: 0
Parsing 0.11 seconds
Setup 0.03 seconds
DC operating point 0.00 seconds
Transient Analysis 0.01 seconds
Overhead 24.63 seconds
Total 24.78 seconds
Simulation completed with 4 Warnings

图 1.28　仿真状态

Voltage (V)
Voltage (V)

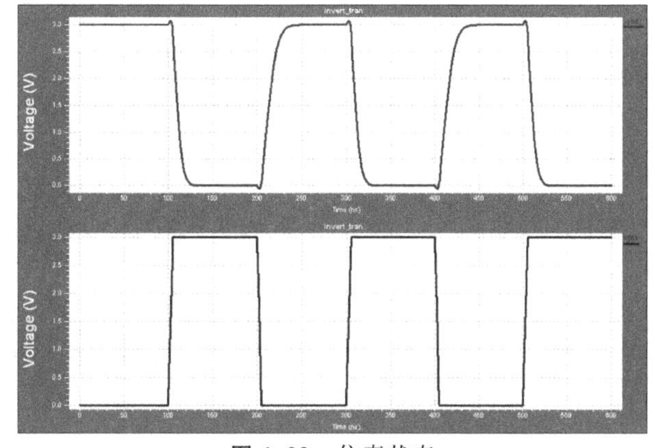

图 1.29　仿真状态

1.3 L-Edit 范例

L-Edit 是一个布局图的编辑环境，在此以 Tanner Tool Pro 所附的范例 Lights. tdb 文件为例，进行 L-Edit 基本结构的介绍。Lights. tdb 文件中有很多元件(Cell)，例如 Lights 元件、core 元件、IPAD 元件、OPAD 元件等，每一个元件都是一个布局图，一个元件可以引用其他元件而形成层次式的结构。Lights. tdb 文件是一个标准元件自动配置与绕线(SPR)的范例。此范例是利用 S-Edit 的 Lights. sdb 文件输出的 TPR 文件来进行标准元件自动配置与绕线而产生 Lights 元件的。读者可依照下列步骤打开范例文件 Lights. tdb 观看 L-Edit 的结构。

(1) 打开 L-Edit 程序：执行在 Tanner EDA\L-Edit11. 1 的 ledit. exe 文件，或选择"开始"→"程序"→Tanner EDA→L-Edit Pro v11. 1→L-Edit v11. 1 命令，即可打开 L-Edit 程序。

(2) 打开示范文件：选择 File→Open 命令，出现"打开"对话框，在..\Tanner\L-Edit 11. 1\Samples\Spr\examplel 目录中选择 lights. tdb 文件，如图 1. 30 所示。此文件为 L-Edit 的示范电路。

(3) 布局图：打开 lights. tdb 文件，画面会自动呈现出一个系统布局图——Lights 元件(如图 1. 31 所示)与一个文字说明——Cell0 元件。Lights 元件的内容包括了核心逻辑电路部分和周围的焊垫(Pad)。Cell0 元件内说明了此 Lights 元件作为 L-Edit 以标准元件自动摆放与绕线的范例。详细设置将在后面介绍，下面先浏览基本功能。

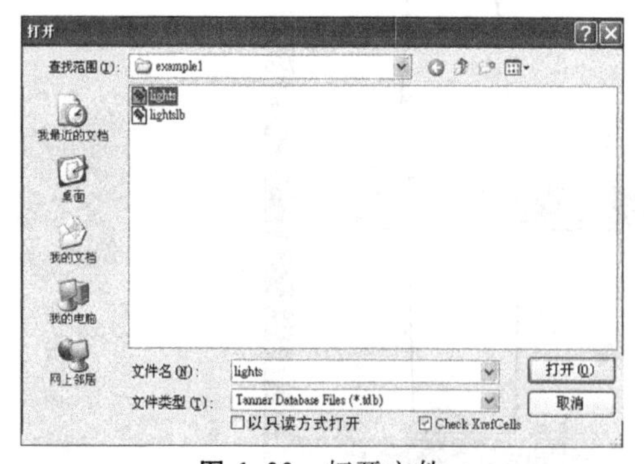

图 1.30 打开文件

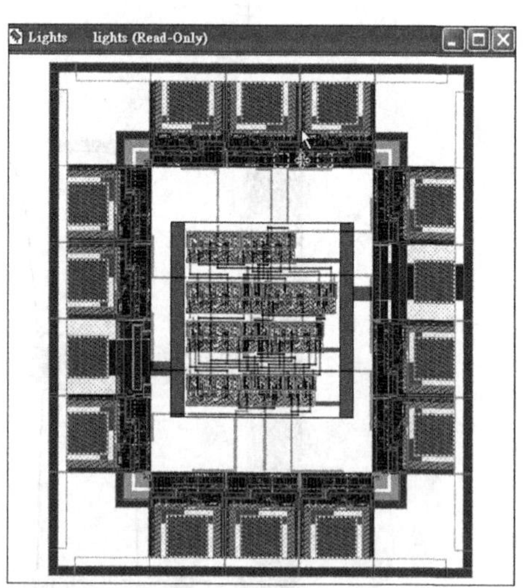

图 1.31 范例电路

(4) 设计导航[A]:选择 View→Design Navigator 命令,打开 Design Navigator 窗口,如图 1.32 所示。其中显示了此文件中所有的元件(Cell),例如 Lights、Nor2、Nand2、DFFC 等。

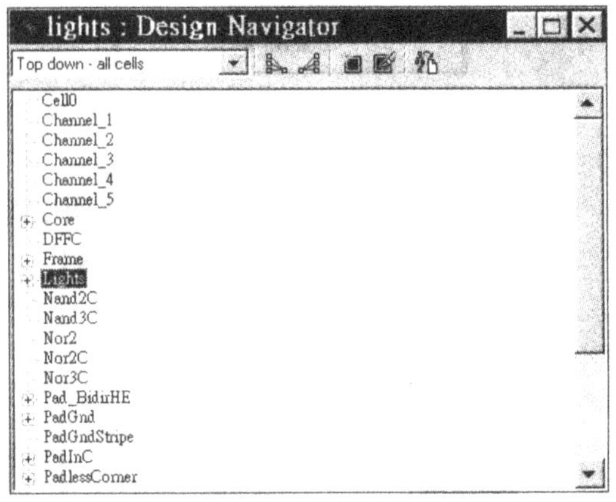

图 1.32 设计导航

(5) 层次关系:有些元件会引用到其他元件,其中的层次关系,在 Design Navigator 窗口也可以看出来。lights 元件作为一个系统布局图,是由其他元件组合而成的,可在 Design Navigator 窗口中单击 Lights 旁的[+]符号,观看其层次关系,如图 1.33 所示。Lights 元件引用到 Core 与 Frame 等元件。Core 元件引用到的最下层次有 Nor2、DFFC、Nand2C 等元件,如图 1.34 所示。

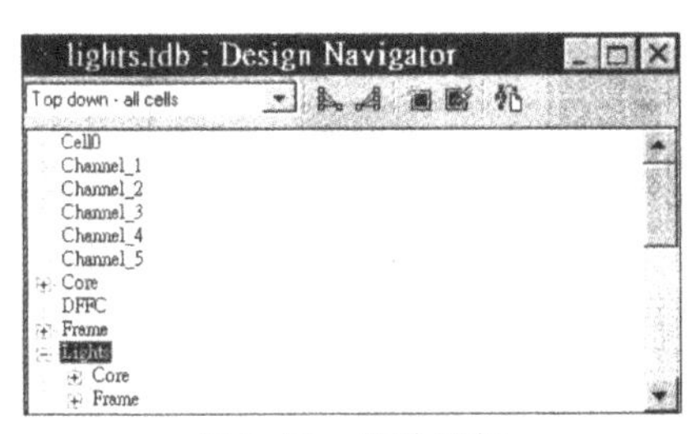

图 1.33 设计导航

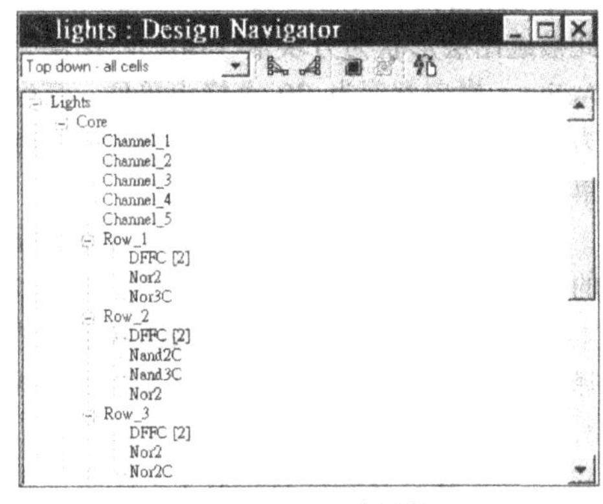

图 1.34 设计导航

(6) 观看元件内容:双击 Design Navigator 窗口内的元件名称,可打开元件编辑窗口,例如双击 Nor2 元件,即可打开该元件的编辑窗口,或可选择 Cell→Open 命令打开该元件的编辑窗口,如图 1.35 所示。

(7) 分析各图层:布局图包含了好几种图层,例如 Poly,Metal1,Metal2 等,读者可以通过控制各图层的隐藏或显示状态来观察各图层的位置。以 Nor2 为例,只显示出 Poly 图层时的情况如图 1.36 所示。

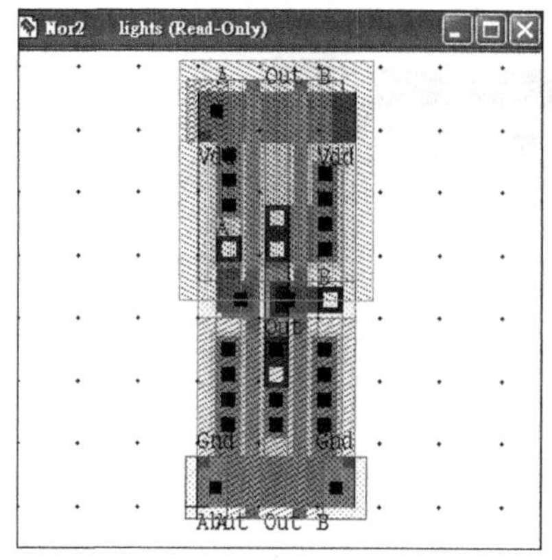

图 1.35 打开 Nor2 元件

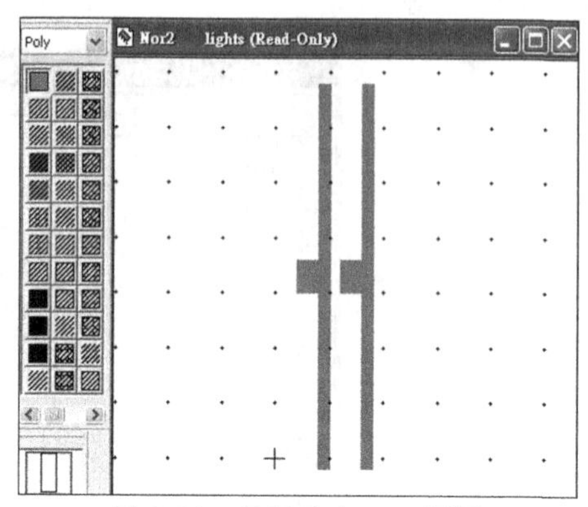

图 1.36 只显示出 Poly 图层

若只显示 Poly、Active、Nwell 图层的情况,则如图 1.37 所示。

利用鼠标选择编辑窗口的对象时,在窗口左下角会出现图层性质,如图 1.38 所示。此被选图层形状为方块形(Box),图层为 Active,横向宽度为 20 个格点单位,高度为 10 个格点单位,面积为 200 个平方格点单位、周长为 60 个格点单位。

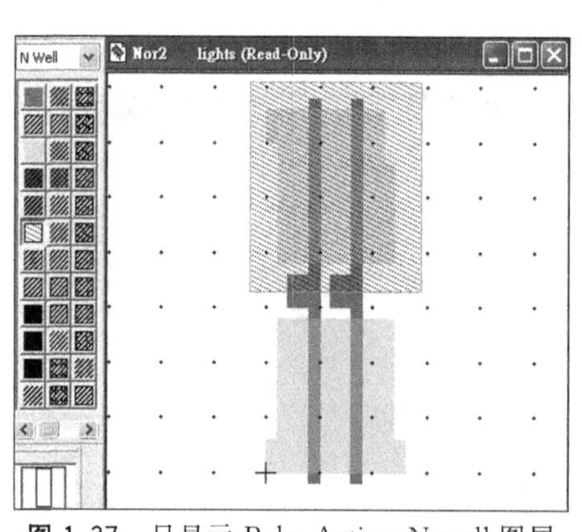

图 1.37 只显示 Poly,Active,N well 图层

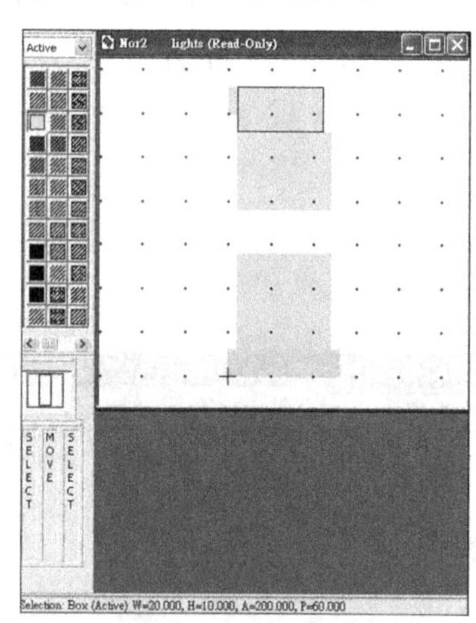

图 1.38 选择对象

(8) 截面观察:L-Edit 有一观察截面的功能,可以模拟制作过程截面图,以面以本范例的 Nor2 元件为例进行截面观察,选择 Tools→Cross-Section 命令,结果如图 1.39 所示。

(9) 设计规则检查:对于一个元件内的布局图,用 L-Edit 的 DRC 功能,可检查出此布局图是否符合设计规则,以本范例的 Nor2 元件为例进行设计规则检查,选择

Tools→DRC 命令，结果如图 1.40 所示。

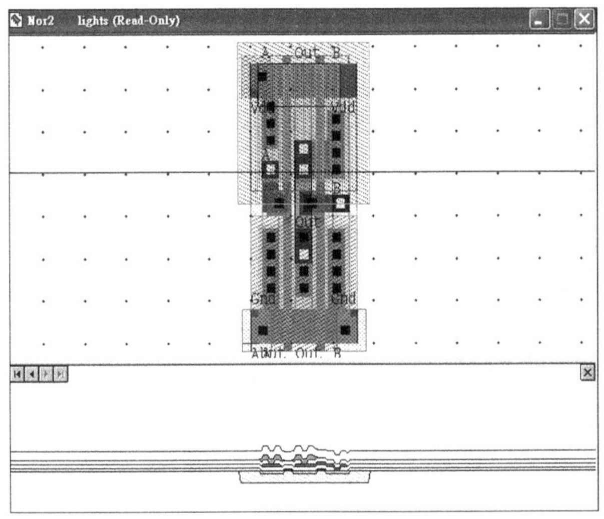

图 1.39 截面观察

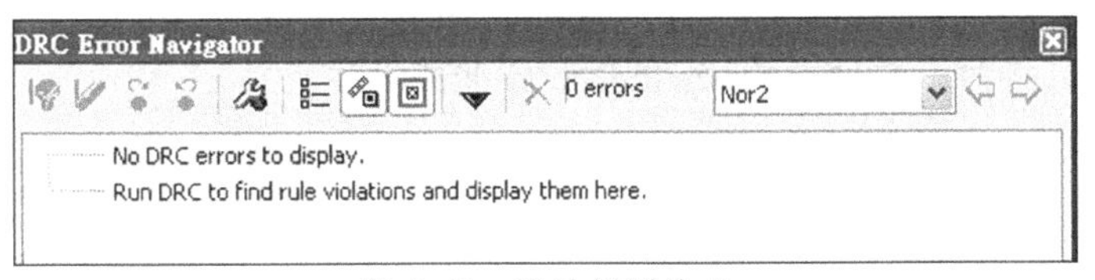

图 1.40 设计规则检查

(10) 转化[图标]：L-Edit 也有转化的功能，能够将布局图转化成描述元件与节点状况的 netlist 文字文件。以本范例的 Nor2 元件为例进行转化，选择 Tools→Extract 命令，设定转化文件为 Nor2.spc，可利用任何文字编辑器打开转化出的文件，如图 1.41 所示。此转化出的文字文件可在 SPICE 模拟时使用或是用于 LVS 对比。

```
Nor2

M1 Out B 6 Vdd PMOS L=2u W=28u     $ (16 38 18 66)
M2 6 A Vdd Vdd PMOS L=2u W=28u     $ (8 38 10 66)
M3 Gnd B Out Gnd NMOS L=2u W=28u     $ (16 0 18 28)
M4 Out A Gnd Gnd NMOS L=2u W=28u     $ (8 0 10 28)
* Pins of element D1 are shorted:
* D1 Vdd Vdd D_lateral     $ (2 58 5 66)
* Pins of element D2 are shorted:
* D2 Gnd Gnd D_lateral     $ (20.999 0 24 8.001)
* Pins of element D3 are shorted:
* D3 Gnd Gnd D_lateral     $ (2 0 5.001 8.001)

* Total Nodes: 6
* Total Elements: 7
* Total Number of Shorted Elements not written to the SPICE file: 0
* Output Generation Elapsed Time: 0.000 sec
* Total Extract Elapsed Time: 16.813 sec
.END
```

图 1.41 转化出的 netlist 文字文件

1.4 LVS 范例

LVS 是一个用来比较布局图与电路图所描述的电路是否相同的工具，亦即比较 S-Edit 绘制的电路图与 L-Edit 绘制的布局图是否一致。要进行 LVS 对比需要两个文件，一个是从 L-Edit 布局图转化出的结果(*.spc 文件)，另一个是从 S-Edit 绘制的电路图输出的文件(*.sp)。本范例以 1.1 节所介绍的 Lights.sdb 文件中的 Lights 模块的输出结果 Lights.sp 文件，与 1.3 节所介绍的 Lights.tdb 文件中的 Lights 元件的转化文件 Lights.spc 来进行 LVS 对比。读者可依照下列步骤观看 LVS 的使用方式。

(1) 打开 LVS 程序：执行..\Tanner EDA\L-Edit11.1 目录下的 lvs.exe 文件，或选择“开始”→“程序”→Tanner EDA→L-Edit Pro v11.1→LVS v11.1 命令，即可打开 LVS 程序。

(2) 打开文件：先打开要进行对比的 Lights.spc 文件与 Lights.sp 文件，其中，Lights.spc 文件是从 Lights.tdb 文件中 Lights 元件转化出的结果，而 Lights.sp 文件是从 Lights.sdb 文件中 Lights 模块输出成 SPICE 文件的结果，具体如图 1.42 与图 1.43 所示。将两个文件中的.include 设定变成批注。

```
lights
* Circuit Extracted by Tanner Research's L-Edit Version 8.40 / Extract Version 8.40
* TDB File:  C:\Tanner\LEdit84\Samples\SPR\example1\lights.tdb
* Cell:  Lights   Version 1.01
* Extract Definition File:  lights.ext
* Extract Date and Time:  11/19/2001 - 08:40

*.include ext_devc.md

* Warning:  Layers with Unassigned AREA Capacitance.
*   <N Well Resistor ID>
*   <Poly2 Resistor ID>
*   <Poly Resistor ID>
*   <N Diff Resistor ID>
*   <P Diff Resistor ID>
*   <P Base Resistor ID>
* Warning:  Layers with Unassigned FRINGE Capacitance.
```

图 1.42 从布局图转化出 Lights.spc 的文件

```
Lights
* S-Edit  Vdd Pad
* Designed by: D.Gunawan, J.Luo  May 30, 1996  15:40:45
* Schematic generated by S-Edit
* from file C:\Program Files\Tanner EDA\S-Edit\tutorial\schematic\lights / mo
.ENDS

* Main circuit: Lights
*.include ml2_125.md
.param l=1u
Xcore_1 N40 N2 N12 N6 N16 N10 N20 N33 N32 N31 N30 N29 N4 N14 N26 N18 Gnd Vdd
+ core
XIPAD_1 N40 Pad_2_CLOCK Gnd Vdd IPAD
XIPAD_2 N33 Pad_1_RESET Gnd Vdd IPAD
XOPAD_1 N2 Pad_3_DONT_EW Gnd Vdd OPad
XOPAD_2 N4 Pad_4_WALK_EW Gnd Vdd OPad
XOPAD_3 N6 Pad_5_GREEN_EW Gnd Vdd OPad
XOPAD_4 N26 Pad_6_YELLOW_EW Gnd Vdd OPad
XOPAD_5 N10 Pad_7_RED_EW Gnd Vdd OPad
XOPAD_6 N12 Pad_9_DONT_NS Gnd Vdd OPad
XOPAD_7 N14 Pad_10_WALK_NS Gnd Vdd OPad
XOPAD_8 N16 Pad_11_GREEN_NS Gnd Vdd OPad
XOPAD_9 N18 Pad_12_YELLOW_NS Gnd Vdd OPad
XOPAD_10 N20 Pad_8_RED_NS Gnd Vdd OPad
```

图 1.43 从电路图输出的 Lights.sp 文件

(3) 打开 LVS 新文件：在 LVS 环境下的菜单中选择 File→New 命令，出现“打开”对话框，在“打开”列表框中选择第一项 LVS Setup，单击“确定”按钮，如图 1.44 所示。

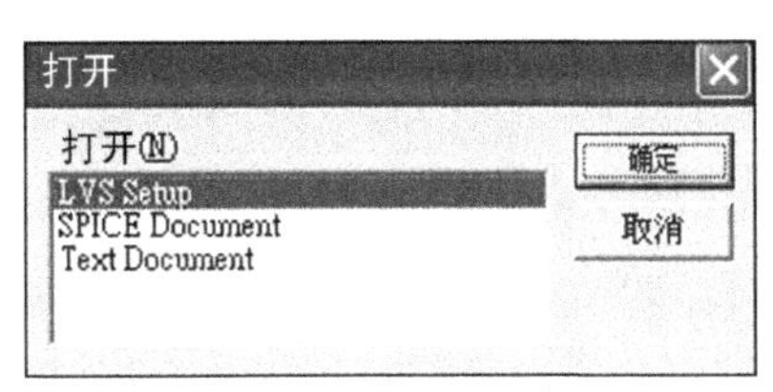

图 1.44　打开新文件

(4) 文件设定：在 Setup1 窗口中有很多项目需要设定，包括要对比的文件名称、对比结果的报告文件、要比对的项目等。在 Input 列表框进行文件设定，在 Netlist 选项组的 Layout netlist 文本框中输入从 L-Edit 转化出的 Lights. spc 文件的路径，在 Schematic netlist 文本框中输入从 S-Edit 输出的 Lights. sp 文件的路径，如图 1.45 所示。

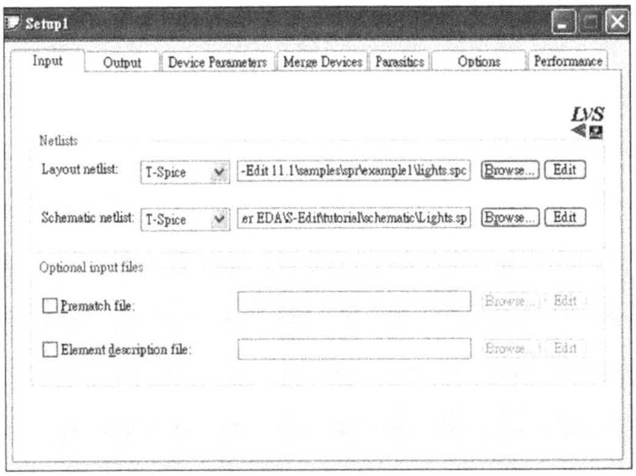

图 1.45　文件设定

(5) 存储文件：设定完成后，要存储 LVS 的设定。选择 File→Save 命令，存储为 Lights. vdb。

(6) 执行对比：设定完成后，开始进行 Lights. spc 文件与 Lights. sp 文件的对比操作。选择 Verification→Run 命令或单击▷按钮可进行对比，对比的结果如图 1.46 所示。从图 1.46 中可以看出，这两个电路是相等的。

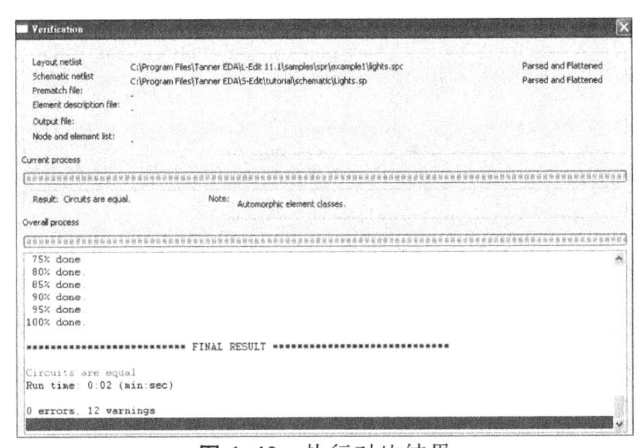

图 1.46　执行对比结果

第2章

使用S-Edit设计基本元件符号

本书主要以 CMOS 的电路类型来学习 Tanner 软件的使用。CMOS 电路的基本元件为 NMOS,PMOS 等。在 S-Edit 中可建立如 PMOS、NMOS、电阻、电容等元件符号,并可设置元件的各种性质,如 NMOS 元件的信道宽度、信道长度等。在本章中将以详细的步骤引导读者建立 NMOS 元件及 Vdd 元件,并学习 S-Edit 的基本功能。

主要的操作流程为:建立新文件→环境设置→切换模式→绘制 NMOS 符号→加入元件引脚→建立元件特性→更改模块名称→新增 Vdd 模块→切换模式→绘制 Vdd 符号→加入全域引脚。

2.1 使用 S-Edit 建立 NMOS 符号

(1) 打开 S-Edit 程序:执行..\Tanner EDA\S-Edit 目录下的 sedit.exe 文件,或选择“开始”→“程序”→Tanner EDA→S-Edit S-Edit 命令,即可打开 S-Edit 程序,S-Edit 会自动将工作文件命名为“File0.sdb”并显示在窗口的标题栏上,如图 2.1 所示。

图 2.1 S-Edit 标题栏

(2) 另存新文件:在 S-Edit 程序中新打开的文件一律以 Filexx 名称命名,但用户可将其更名为较有意义的文件名,以利于日后的应用。选择 File→Save As 命令,打开“另存为”对话框,在“保存在”列表框中选择存储目录,在“文件名”文本框中输入新文件的名称,如 ex1,如图 2.2 所示。

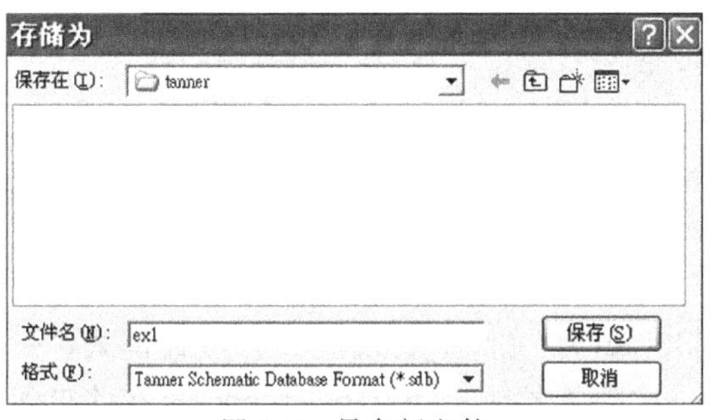

图 2.2 另存新文件

(3) 环境设置:S-Edit 默认的工作环境是黑底白线,但这可依用户的爱好而自定颜色,例如,可将背景颜色换成白色,而将电路线条颜色换成黑色。选择 Setup→Colors 命令,打开 Color 对话框,可分别设置背景色(Background Color)、前景色(Fore-

ground Color)、选取的颜色(Selection Color)、格点的颜色(Grid Color)与原点的颜色(Origin Color)。用鼠标选定颜色部分,即可更换颜色,如图2.3所示。

再选取Setup→Grid,出现Setup Grid Parameters对话框,设定如图2.4所示。

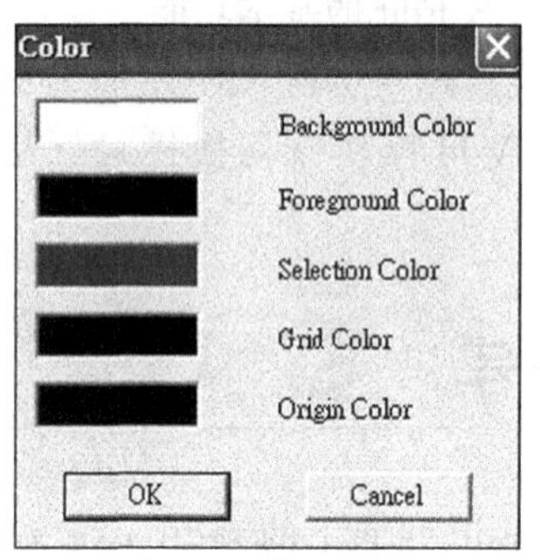

图2.3 设置颜色

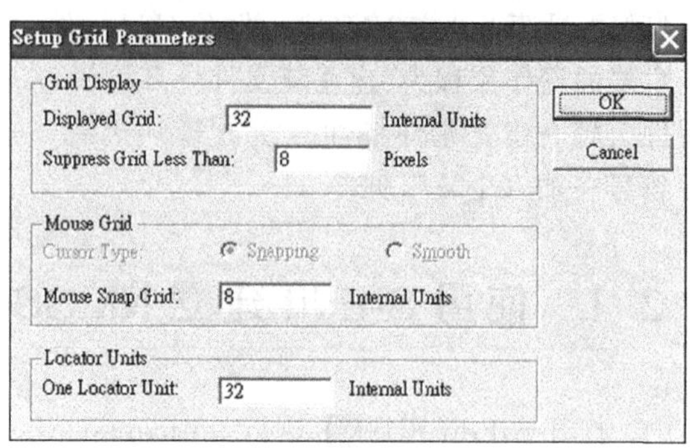

图2.4 改变环境颜色设定

(4) 编辑模块:S-Edit编辑方式是以模块(Module)为单位而不是以文件(File)为单位,每一个文件可以有多个模块,而每一个模块即表示一种基本元件或一种电路,故一个文件内可能包含多种元件或多个电路。每次打开新文件时便自动打开一个模块并将其命名为"Module0",如图2.5所示。

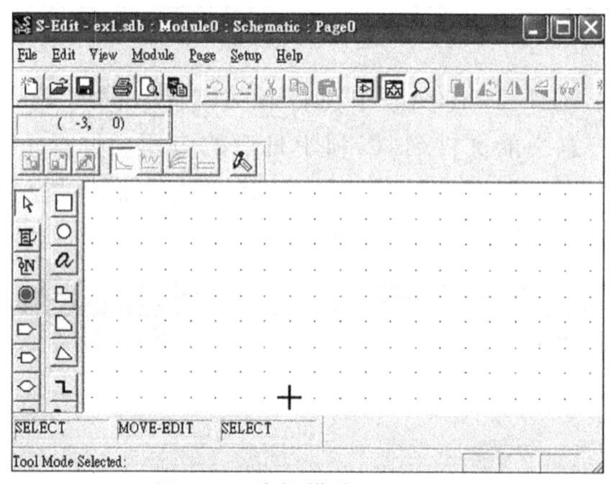

图2.5 编辑模块Module0

(5) 切换模式:S-Edit的文件中的模块具有两种模式,一个为电路设计模式(Schematic Mode),一个为符号模式(Symbol Mode)。在此步骤之前都是电路设计模式,若要设计基本元件符号则必须在符号模式中进行,其切换方式为选择View→Symbol Mode命令,如图2.6所示,即切换至符号模式。

(6) 绘制NMOS符号:S-Edit提供Annotation Tools(绘图与文字)工具栏,如图2.7所示,可以在其中绘制符号或编写文字,本范例使用画线工具⧅画出NMOS

符号。单击鼠标左键是画线的起点,单击鼠标右键为画线的终点。绘制的 NMOS 符号如图 2.8 所示。

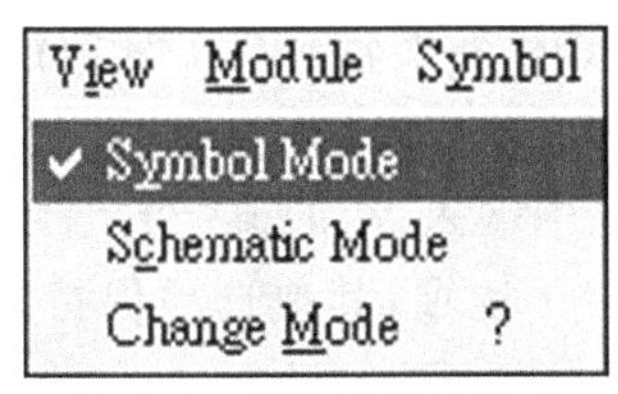

图 2.6 切换至符号模式

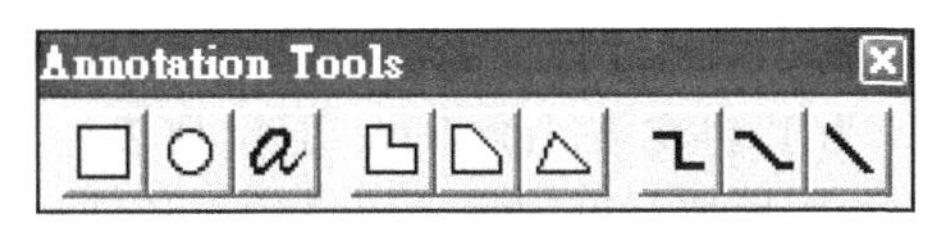

图 2.7 绘图与文字工具栏

(7) 加入元件引脚:在符号模式下,S-Edit 提供了 Schemtic Toolbar 工具栏,如图 2.9 所示,可用来设置元件引脚。本范例使用 Other Port 工具作为 NMOS 元件符号的引脚即可。方法为先选择工具按钮,再到工作区中用鼠标左键选择要连接的端点,例如,点 NMOS 左边的端点,打开 Edit Selected Port 对话框,如图 2.10 所示,在 Name 文本框中输入"G",单击 OK 按钮。

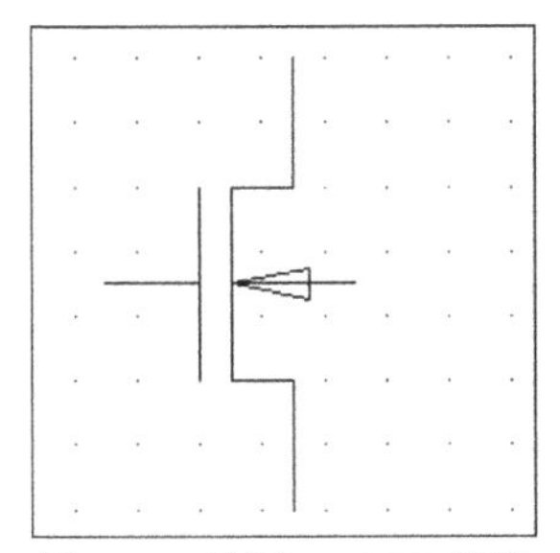

图 2.8 绘制 NMOS 符号

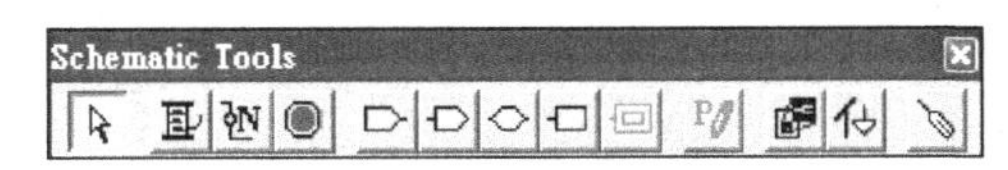

图 2.9 Schematic Toolbar 工具栏

(8) 编辑连接端口:利用 Schematic Toolbar 工具栏的选取工具按钮,选取 G 连接端口,选择 Edit→Flip Horizontal 命令将图样水平翻转,再利用移动功能(按下三键鼠标中键或按下 Alt+鼠标左键)移到所要的位置,或选择 Edit→Edit Object 命令设置其 X 与 Y 坐标。同理,再建立 D 连接端口、S 连接端口与 B 连接端口,如图 2.11 所示。

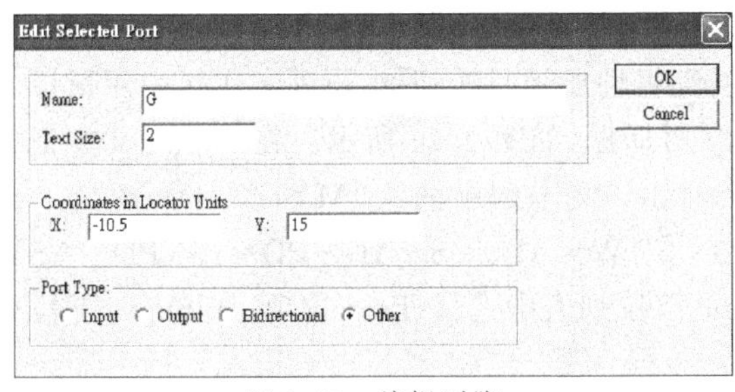

图 2.10 编辑引脚

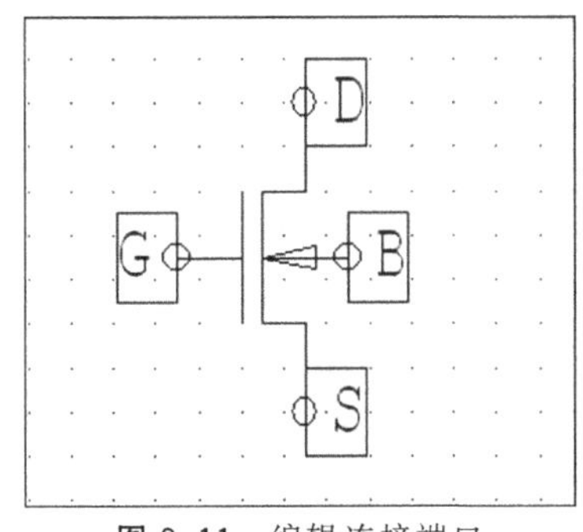

图 2.11 编辑连接端口

(9) 建立元件特性:元件符号建立后,需要再设置元件特性,包括信道长度(L)、信道宽度(W)、源极周长(PS)、源极面积(AS)、漏极周长(PD)、漏极面积(AD)、元件类型(Model)。其方法为选择 Schematic Toolbar 工具栏的编辑性质工具按钮,再到工作区用鼠标左键选择任一位置,打开 Create Property 对话框,如图 2.12 所示。在 Name 文本框输入性质名称“W”,在 Value 文本框中输入 W 的值“22u”,将 Texe Size 值改为 1,再在 Value Type 下拉列表中选择 Text 选项,其他选项保持默认不变,单击 OK 按钮。以同样方式将信道长度特性 L 的值设置成 2u。

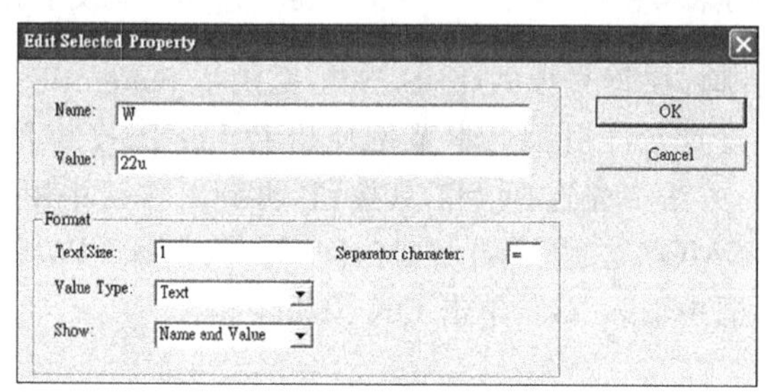

图 2.12 建立元件的特性

接着再以同样方式设置 PS=24u,AS=66u,PD=24u,AD=66u 与 Model=NMOS,但在 Show 下拉列表中则选择 None 选项,如图 2.13 所示。

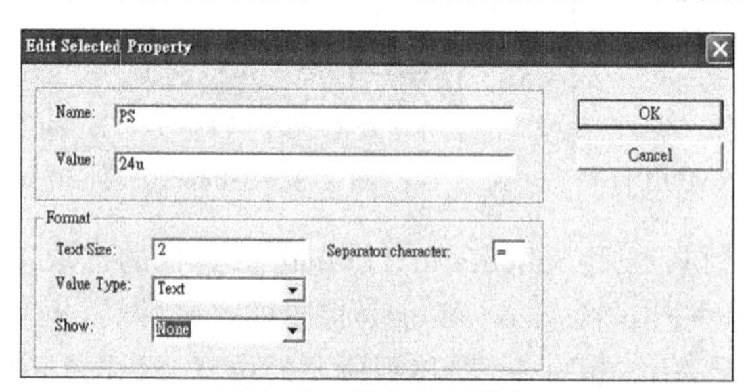

图 2.13 建立元件特性

(10) 设置输出性质:S-Edit 可输出成多种格式,其输出性质的类型包括 SPICE OUTPUT、SPICE PARAMETER、TPR OUTPUT、EDIT PRIMITIVE、VHDL PRIMITIVE 与 NETTRAN OUTPUT。在此设置 SPICE OUTPUT 性质内容,同样选择 Schematic Toolbar 工具栏中的编辑性质工具按钮,再到工作区中用鼠标左键选择任一位置,打开 Create Property 对话框,如图 2.14 所示。在 Name 文本框中输入特性名称“SPICE OUTPUT”,在 Value 文本框中输入“M# %{D} %{G} %{S} %{B} ${model} L=${L} W=${W} AD=${AD} PD=${PD} AS=${AS} PS=${PS}”。在 Value Type 下拉列表中选择 Text 选项,在 Show 下拉列表中选择 None 选项。

(11) 完成 NMOS 符号编辑:上面的步骤完成了 NMOS 符号的建立与设置

NMOS 的特性与输出格式，如图 2.15 所示。

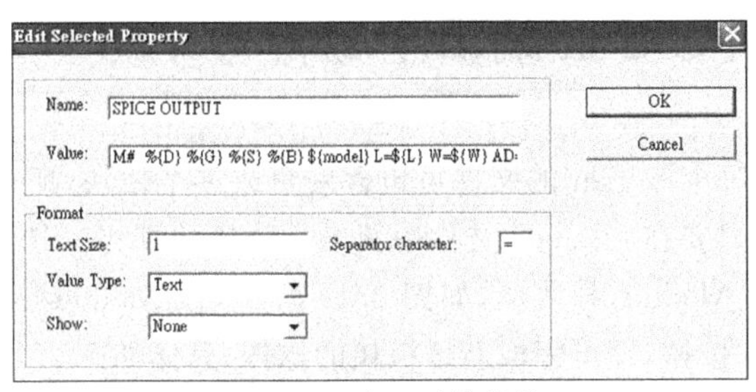

图 2.14 建立元件特性

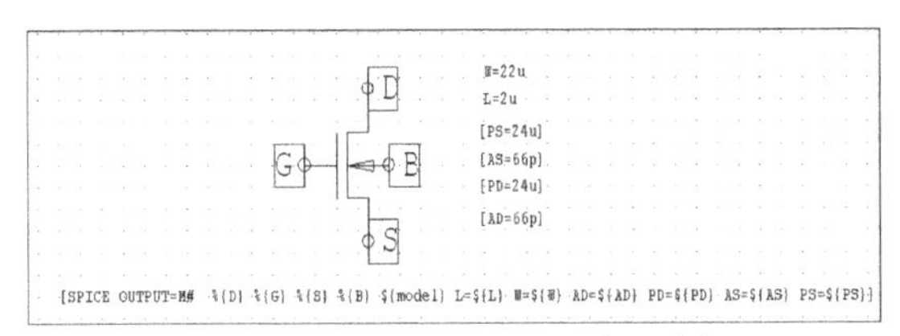

图 2.15 完成 NMOS 的符号编辑

(12) 更改模块名称：将原本模块名称 Module0 换成符合实际元件特性的名称，选择 Module→Rename 命令，打开 Module Rename 对话框，在 New module's name 文本框中输入“NMOS_my”，单击 OK 按钮，如图 2.16 所示。

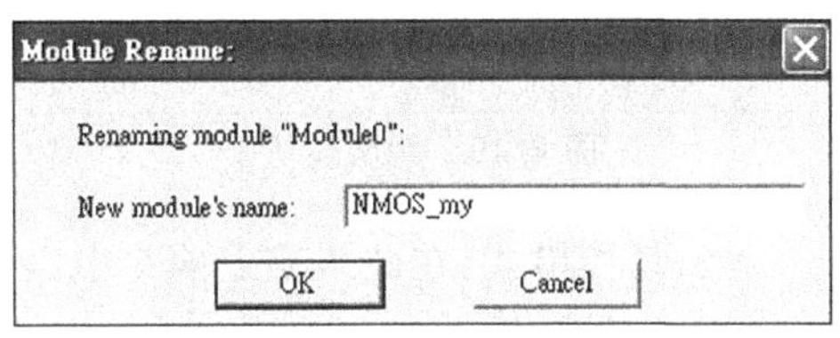

图 2.16 更改模块名称

(13) NMOS 元件设计成果：NMOS 元件最后的设计成果，如图 2.17 所示，注意，此图的编辑模式为符号模式。对于像 NMOS_my 模块这类的基本元件而言，在电路设计模式中没有电路图存在，如图 2.18 所示。

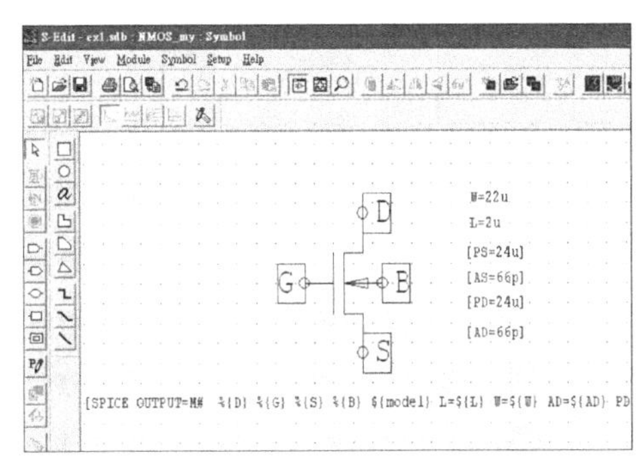

图 2.17 NMOS 符号

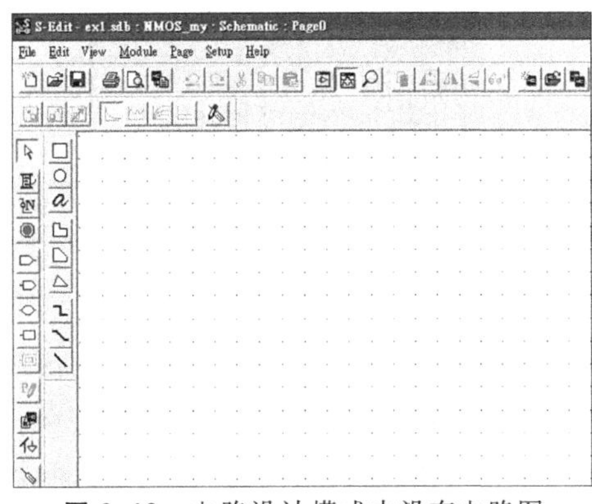

图 2.18 电路设计模式中没有电路图

2.2 使用S-Edit编辑全域符号Vdd

(1) 新增模块:每个S-Edit的文件可包含一个或多个模块,所以,新增一个元件并不需要打开新文件,只要在ex0.sdb文件中新增一个模块即可。选择Module→New命令,打开Create New Module对话框,如图2.19所示,在Module Name文本框中输入"Vdd_my",单击OK按钮,即可完成新增模块的操作,具体如图2.20所示。

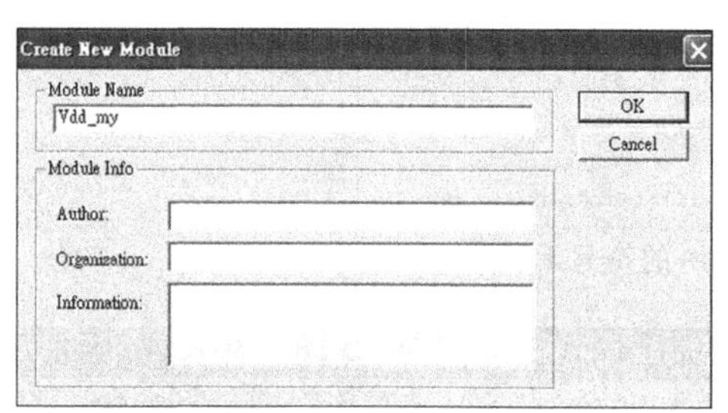

图2.19 新增模块

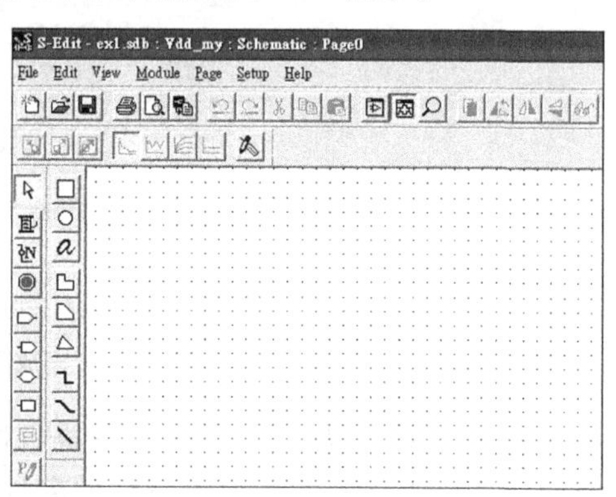

图2.20 编辑画面

(2)切换模式:在此步骤之前是电路设计模式,要设计基本元件符号必须在符号模式下进行,切换方式为选择View→Symbol Mode命令,如图2.21所示。

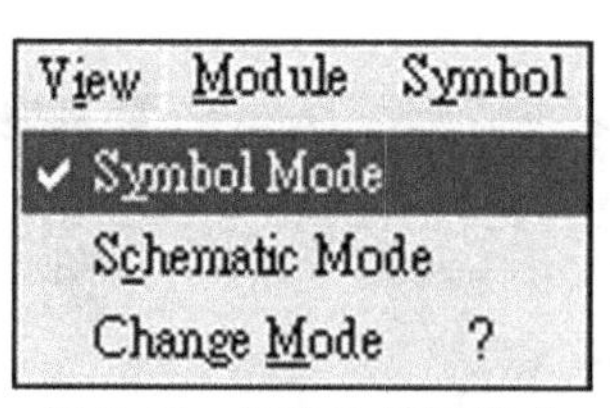

图2.21 切换至符号模式

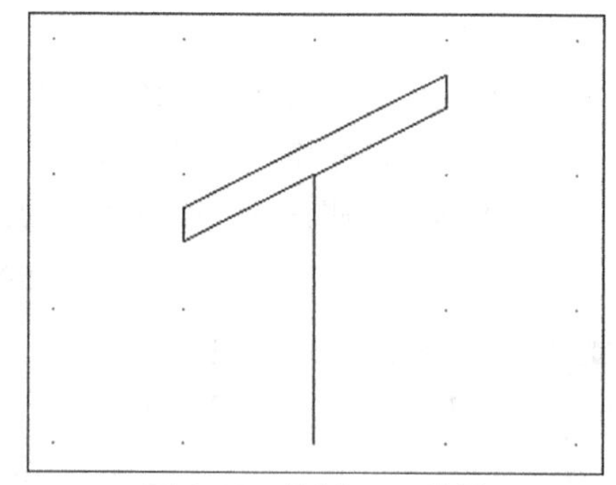

图2.22 绘制Vdd符号

(3) 绘制Vdd符号:S-Edit提供了Annotation Toolbar工具栏来绘制符号或编写文字,本范例使用画线工具◺来画出Vdd符号。利用鼠标左键单击作为画线的起点,利用鼠标右键右击作为画线的终点。Vdd符号如图2.22所示。

(4) 加入全域端口▣:在符号模态下,S-Edit提供了Schematic Toolbar工具栏,可用来设置元件引脚。本范例使用其中的Global Port工具按钮▣作为Vdd符号的引脚。方法为先选择工具按钮，再到工作区用鼠标左键选择要连接的端点，打开 Edit Selected Port 对话框，如图 2.23 所示，在 Name 文本框中输入“Vdd”，单击 OK 按钮。再利用移动功能(Alt＋鼠标)移到想要的位置，或选择 Edit→Edit Object 命令设置它们的 X 与 Y 坐标，结果如图 2.24 所示。

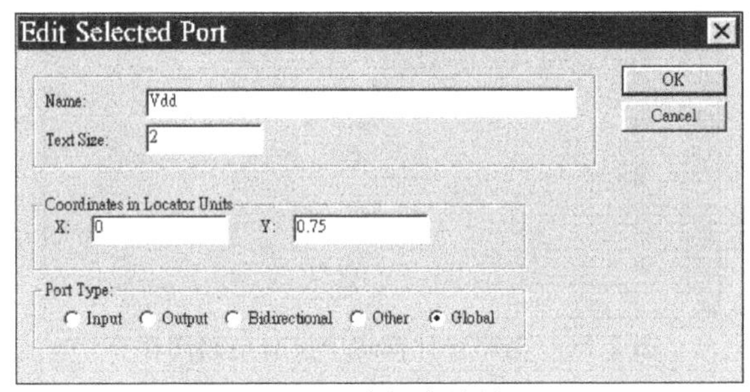

图 2.23 编辑全域端口

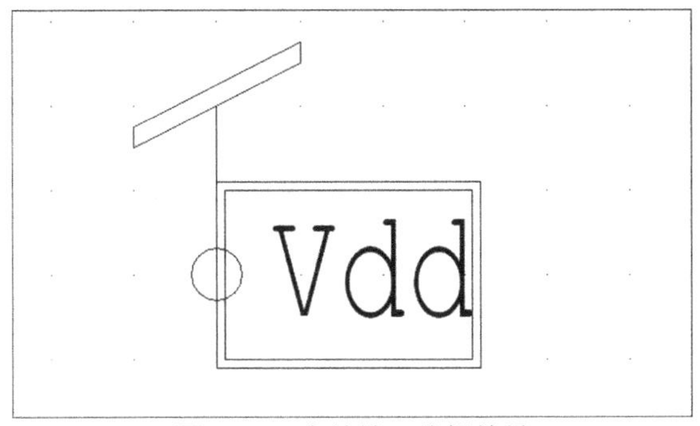

图 2.24 全域端口编辑结果

(5) 全域符号 Vdd 设计成果：最后全域符号 Vdd 设计成果，如图 2.25 所示，注意此图的编辑模式为符号模式。可选择 View→Home 命令或按 Home 键，即可观看全景。NMOS_self 模块在电路设计模式中没有电路图存在，如图 2.26 所示。

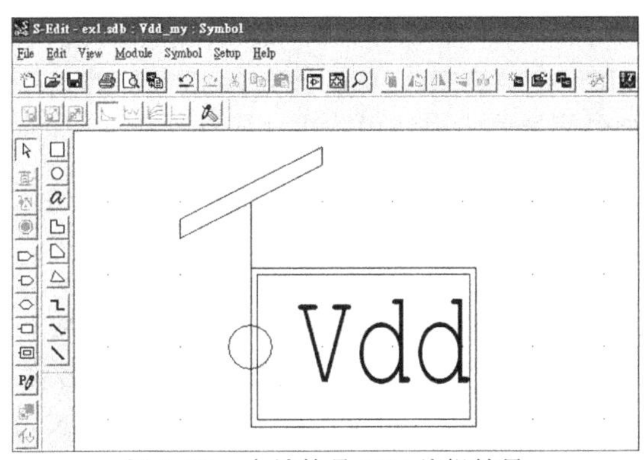

图 2.25 全域符号 Vdd 编辑结果

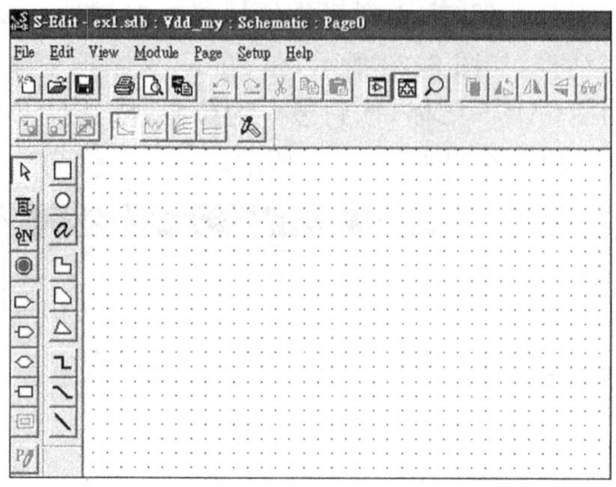

图 2.26 电路设计模式中没有电路图存在

2.3 说 明

- 文件结构：在本实例的文件 ex1.sdb 中，共建立两个模块：NMOS_my 与 Vdd_my，都以符号模式建立该元件。各模块内容可以选择 Module→Open 命令打开并修改。

- 电路设计模式与符号模式：S-Edit 的每一个模块分为两个部分，一个为电路设计模式，另一个为符号模式。电路设计模式的设计方式为引用其他模块元件来设计电路，符号模式用来设计一种代表电路或元件的符号。本范例建立的两个模块，就只用到符号模式设计元件符号。

- Page：在 S-Edit 文件中的模块，在电路设计模式中又可以将电路分布在不同的页面(Page)中，当所绘制的电路比较复杂时，可以将电路进行适当的切割，绘制在不同的页面中，分布在不同页面的电路，其相互连接的端点，必须标注相同的节点名称。

- Property ：在一个模块中建立元件符号，该元件的性质可利用按钮来建立，注意，按钮只能在符号模式中使用。建立元件性质时，如图 2.27 所示，需要定义该性质的名称(Name)与量值(Value)，同一个模块中每一个 Property 必须有一个唯一的名称。

定义的性质其显示在屏幕上的字号可在图 2.27 中的 Text Size 文本框中调整，而取值(Value)的类型可以为整数(Integer)、实数(Real)或文字(Text)。Separator character 文本框用来设置当定义的性质出现在屏幕时，在名称与值之间分隔的符号。在 Show 下拉列表中有 Name and Value、Value only 与 None 等选项可以选，分别代表的意义如表 2.1 所示。

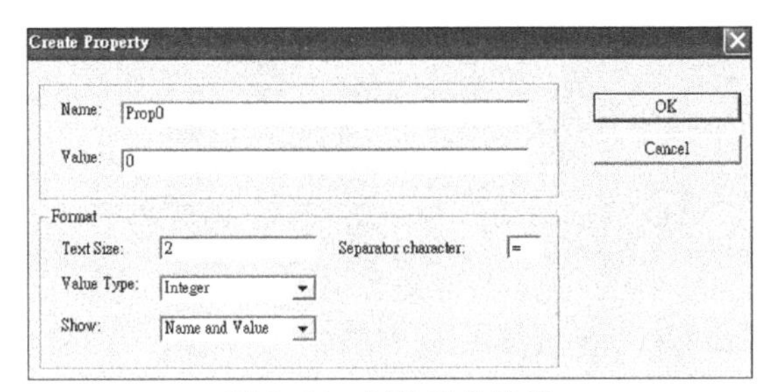

图 2.27 创造元件性质

表 2.1 Show 下拉列表中的选项说明

Show	说 明	设置效果
Name and Value	元件被引用时此性质名称与量值皆显示在屏幕上	W=22u
Value only	元件被引用时此性质只有量值显示在屏幕上	[L]=2u
None	元件被引用时此性质不显示在屏幕上	[PS=24u]

- 标准节点：标准节点与模块以外的电路相接必须通过输出或输入端口(Port)。
- 全域节点：全域节点通常用在整个电路分布广泛的节点，包括有电源节点、接地节点、清除节点与时脉节点。全域节点的产生方式是与全域符号相接。全域节点会自动将在同一个文件中的所有模块的相同全域节点处看成是相连接的。

2.4 随堂练习

1. 在 ex1.sdb 文件中建立 PMOS 元件模块。
2. 在 ex1.sdb 文件中建立 Gnd 元件模块。

第3章

使用S-Edit设计简单逻辑电路

本书主要以设计 CMOS 来学习 Tanner 软件的使用。首先，在本实例中利用 S-Edit 将 PMOS 与 NMOS 组合成简单的逻辑电路，包括反相器（NOT）与与非门（NAND），并以详细的步骤来引导读者学习 S-Edit 的基本功能。

操作流程：进入 S-Edit→建立新文件→环境设置→引用模块→建立反相器电路与符号→新增模块→建立与非门电路与符号。

- 反相器输入输出端口：此范例反相器输入输出端口的关系整理如表 3.1 所示。
- 反相器关系式：$OUT = \overline{IN}$
- 与非门输入输出端口：此范例与非门输入输出端口的关系整理如表 3.2 所示。

表 3.1 反相器输入输出端口

输 入	输 出
1	0
0	1

表 3.2 与非门输入输出端口

输 入		输 出
A	B	OUT
0	0	1
0	1	1
1	0	1
1	1	0

- 与非门关系式：$OUT = \overline{AB}$

3.1 使用 S-Edit 编辑反相器

（1）打开 S-Edit 程序：执行..\Tanner EDA\S-Edit 目录下的 sedit.exe 文件，或选择“开始”→“程序”→Tanner EDA→S-Edit→S-Edit 命令，即可打开 S-Edit 程序，S-Edit 会自动将工作文件命名为“File0.sdb”并显示在窗口的标题栏上，如图 3.1 所示。

（2）另存新文件：选择 File→Save As 命令，打开“另存为”对话框，在“保存在”下拉列表中选择保存的路径，在“文件名”文本框中输入新文件的名称，如 ex2，如图 3.2 所示。

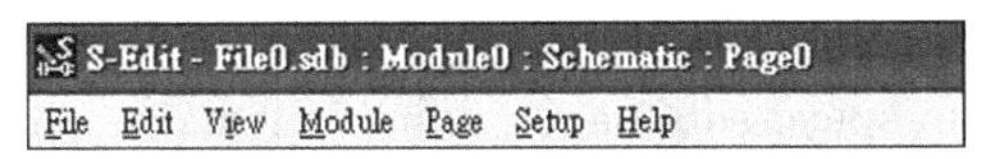

图 3.1 S-Edit 标题栏

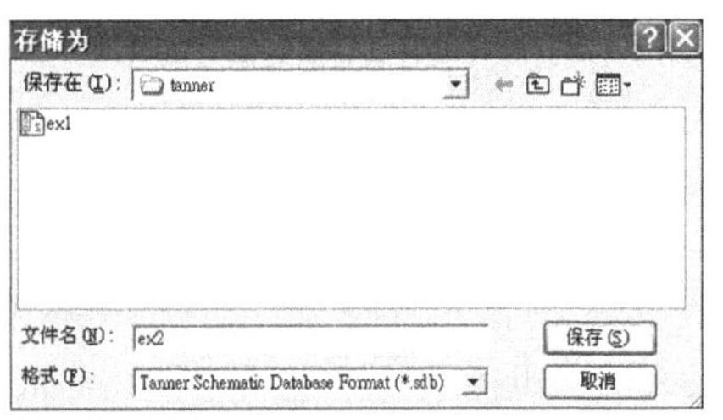

图 3.2 另存新文件

(3) 环境设置:S-Edit默认的工作环境是黑底白线,但可按照用户的爱好来自定义颜色,例如,可将背景颜色换成白色,而将电路线条颜色换成黑色。选取Setup→Colors命令,打开Color对话框,可分别设置背景色(Background Color)、前景色(Foreground Color)、选择的颜色(Selection Color)、栅格颜色(Grid Color)与原点的颜色(Origin Color)。用鼠标来选择颜色的部分,即可更换颜色,将各颜色设置成图3.3所示的状态,则画面背景变成白色。

再选取Setup→Grid,打开Setup Grid Parameters对话框,设置如图3.4所示。

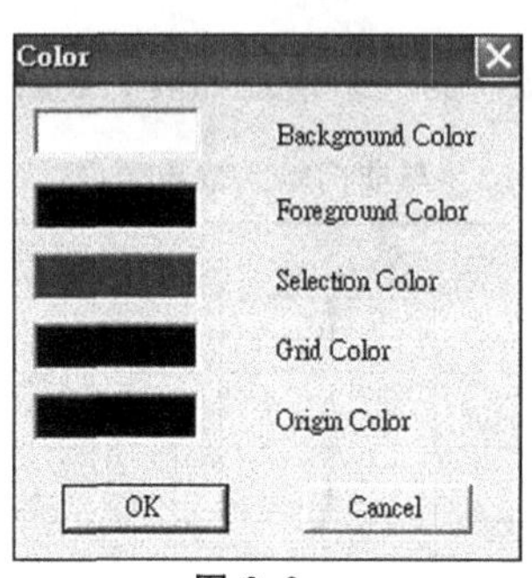

图3.3

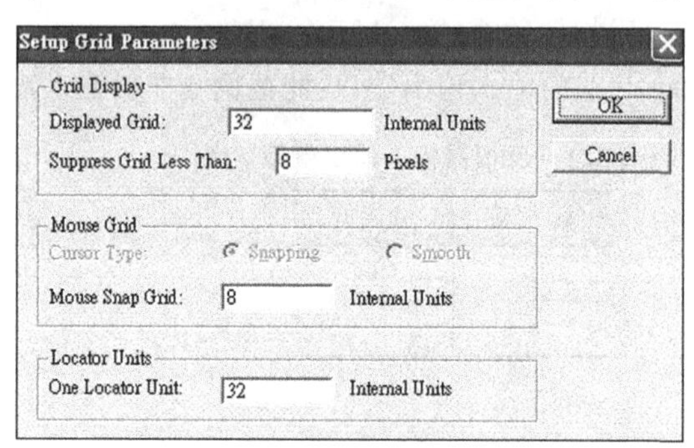

图3.4 颜色设置

(4) 编辑模块:S-Edit编辑方式是以模块(Module)为单位而不是以文件(File)为单位的,每一个文件可以有多个模块,而每一个模块则表示一种基本元件或一种电路,故一个文件内可能包含多种元件或多个电路。每次打开新文件时便自动打开一个模块并将之命名为"Module0",如图3.5所示(注意目前在电路设计模式下)。

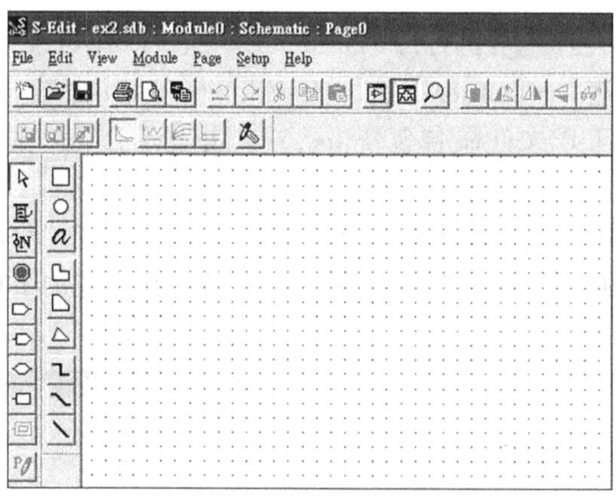

图3.5 编辑模块Module0

(5) 浏览元件库 ![]: S-Edit本身附有4个元件库,它们分别是在..\Tanner EDA\S-Edit\library目录下的scmos.sdb,spice.sdb,pages.sdb与element.sdb。若要引入这些元件库中的模块,可以选择Module→Symbol Browser命令,打开

Symbol Browser 对话框，单击 Add Library 按钮，可加入要使用的元件库，本范例中加入了 scmos，spice，pages 与 element 元件库在 Library 列表中，如图 3.6 所示。

（6）从元件库引用模块：编辑反相器电路会利用到 NMOS，PMOS，Vdd 与 Gnd 这 4 个模块，所以要从元件库中复制 NMOS，PMOS，Vdd 与 Gnd 这 4 个模块到 ex1 文件，并在 Module0 中编辑画面引用。其方法为：选择 Module→Symbol Browser 命令，打开 Symbol Browser 对话框，在 Library 列表框中选取 spice 元件库，其内含模块出现在 Modules 列表框中，在 Modules 列表框中选取 MOSFET_N 选项（NMOS），单击 Place 按钮及 Close 按钮，则在 Module0 编辑窗口内将出现 MOSFET_N 的符号。以同样操作选出 MOSFET_P 选项（PMOS）后单击 Place 按钮，先不要单击 Close 按钮，再选出 Vdd 与 Gnd 符号并在每次选择后分别单击 Place 按钮，最后单击 Close 按钮则出现如图 3.7 所示的界面。

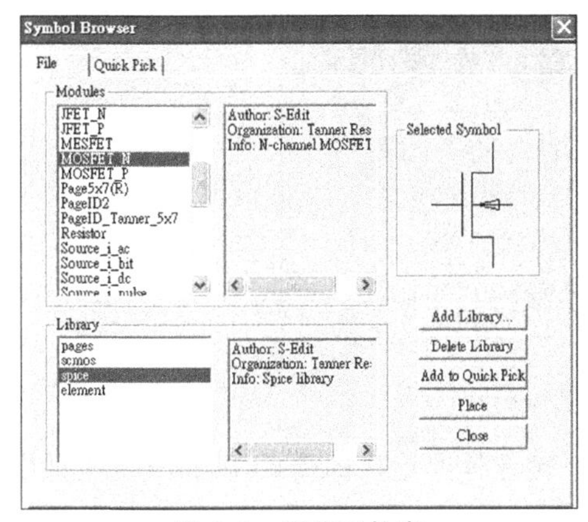

图 3.6 浏览元件库

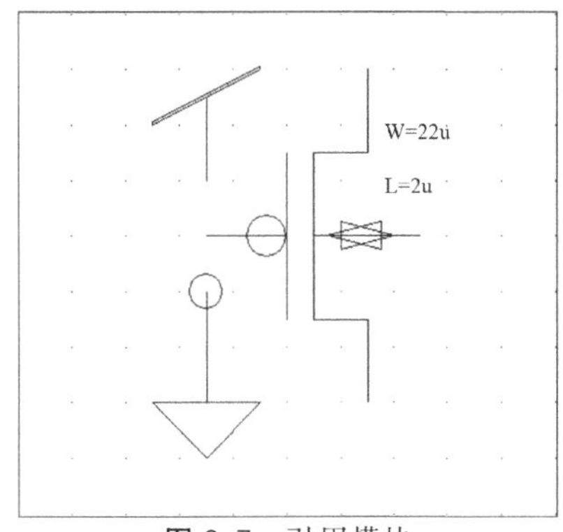

图 3.7 引用模块

（7）编辑反相器：按住 Alt 键拖动鼠标，可移动各对象。注意 MOSFET_N 与 MOSFET_P 选项分别有 4 个节点，Vdd 与 Gnd 选项分别有一个节点。将 4 个对象摆放成如图 3.8 所示的位置，注意，在两对象相连接处，各节点上小圆圈消失即代表连接成功。

（8）加入联机：将 4 个对象排列好后再利用左边的联机接钮，完成各端点的信号连接，注意控制鼠标左键可将联机转向，按鼠标右键可终止联机。当联机与元件节点正确相接时，节点上小圆圈同样会消失，但若有 3 个以上的联机或元件节点接在一起时，则会出现实心圆圈，如图 3.9 所示。

（9）加入输入端口与输出端口：利用 S-Edit 提供的输入端口按钮与输出端口按钮，标明此反相器的输入输出信号的位置与名称，方法如下：选择输入端口按钮，再到工作区用鼠标左键选择要连接的端点，打开 Edit Selected Port 对话框，如图 3.10 所示，在 Name 文本框输入“IN”，单击 OK 按钮。

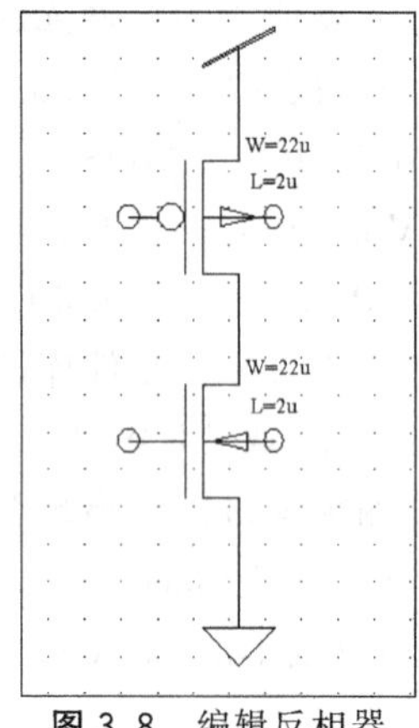

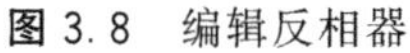
图3.8 编辑反相器

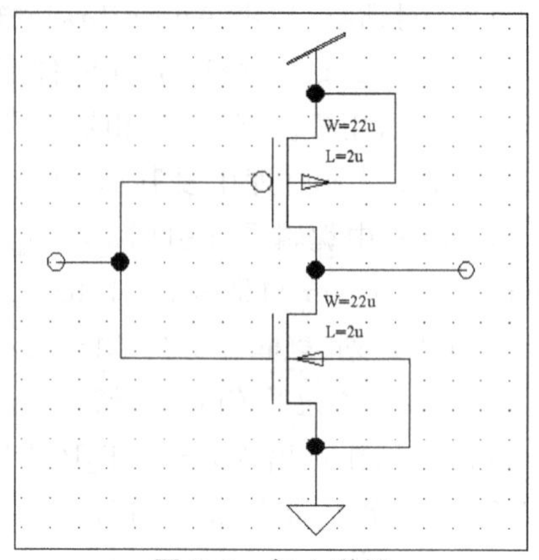

图3.9 加入联机

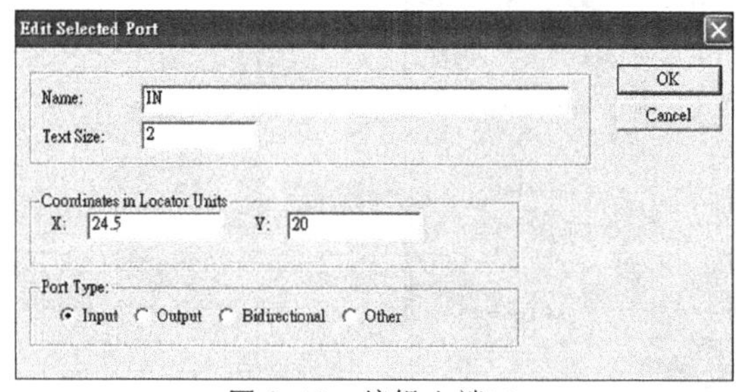

图3.10 编辑入端口

再选择输出端口按钮，到工作区用鼠标左键选择要连接的端点，在打开的对话框的Name文本框中填入"OUT"，单击OK按钮。若输入端口或输出端口未与所要连接的端点相接，则可利用移动功能将IN输入端口移至反相器输入端，将OUT输出端口接至反相器输出端，或利用联机功能将节点连接在一起，如图3.11所示。

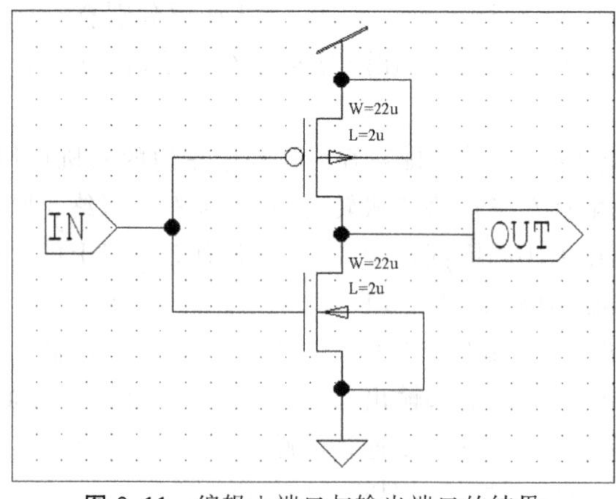

图3.11 编辑入端口与输出端口的结果

(10) 建立反相器符号:在此步骤之前是电路设计模式,S-Edit 中的模块,除了可以建立设计电路的窗口外,还可以建立该电路符号的窗口,选择 View→Symbol Mode 命令,如图 3.12 所示,即切换至符号模式。

选择了三角形工具[△]后,按鼠标左键可画三角型的端点,按鼠标右键可画出三角型的终点,接着利用圆形工具[○]画出圆形,最后利用直线工具[╲]画出直线,如图 3.13 所示。

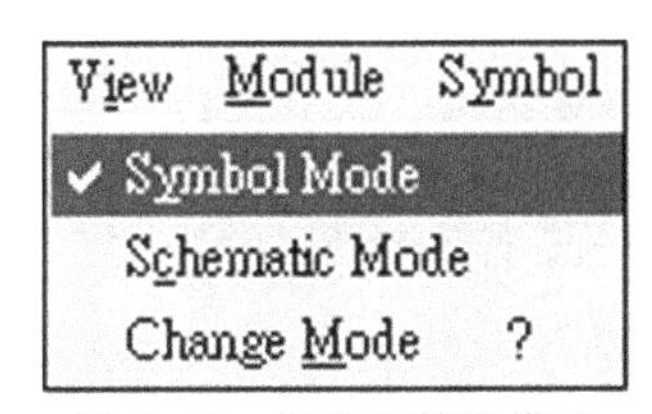

图 3.12 切换至符号模式

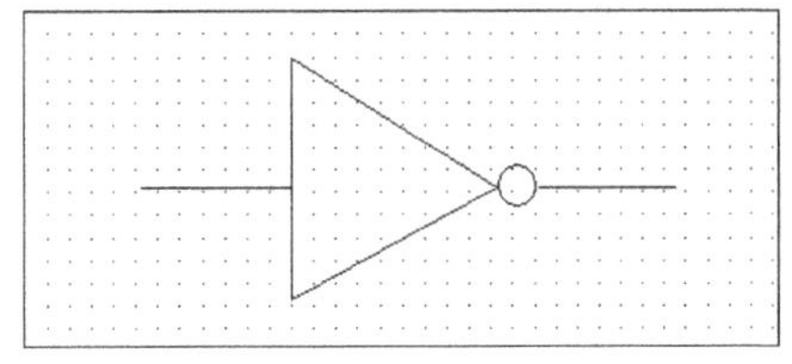

图 3.13 建立反相器符号

(11) 加入输入端口与输出端口:利用 S-Edit 提供的输入端口按钮与输出端口按钮,标明此反相器符号的输入输出信号的位置与名称,具体操作同步骤(10),结果如图 3.14 所示。注意,符号的输入输出端口的名称要与电路输入输出端口的名称相同,大小写亦需一致。

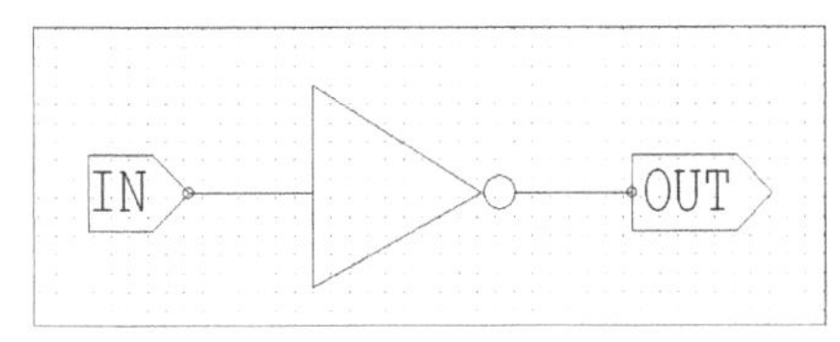

图 3.14 加入输入端口与输出端口

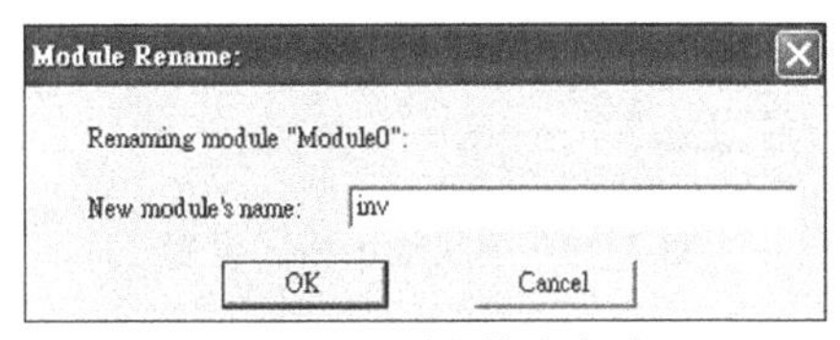

图 3.15 更改模块名称

(12) 更改模块名称:要将原来的模块名称 Module0 换成符合实际电路特性的名称,要选择 Module→Rename 命令,打开 Module Rename 对话框,如图 3.15 所示,在其中的 New module's name 文本框中输入"inv",之后单击 OK 按钮,即可完成反相器模块的 S-Edit 设计。

(13) 反相器设计成果:观看最后反相器设计成果,可分别选择 View→Schematic Mode 与 View→Symbol Mode 命令切换电路设计模式和符号模式两个窗口,或者选择 View→Change Mode 命令来轮流在电路设计模式和符号模式这两个窗口之间进行切换,如图 3.16 与图 3.17 所示。

(14) 模块输出格式:S-Edit 可将模块的内容输出成几种文字形式,具体操作是选择 File→Export 命令,打开 Export Netlist 对话框,在其中的 Select Export Data Type 下拉列表中可以看到有 6 种输出格式,如图 3.18 所示。

(15) 输出成 SPICE 文件:将设计好的 S-Edit 电路图输出成 SPICE 格式,可借助于 T-Spice 分析与模拟此设计电路的性质,可选择 File→Export 命令输出,或单击

S-Edit 右上方按钮，会自动输出成 SPICE 文件并打开 T-Spice 与转出文件，如图 3.19 所示。

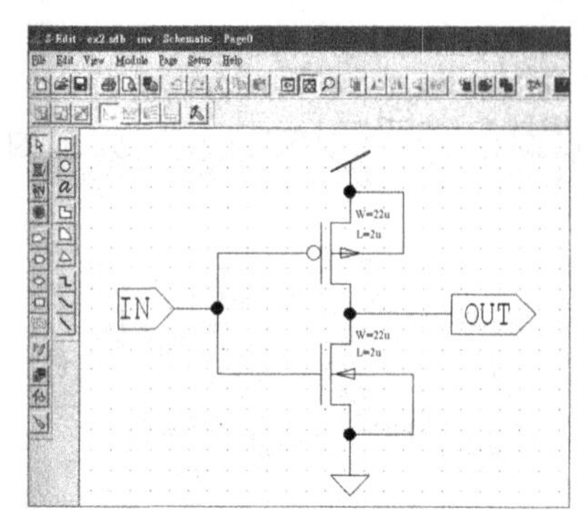

图 3.16　反相器电路图

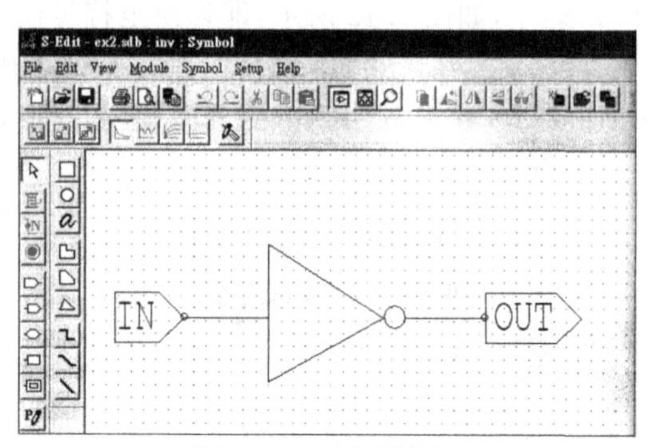

图 3.17　反相器符号

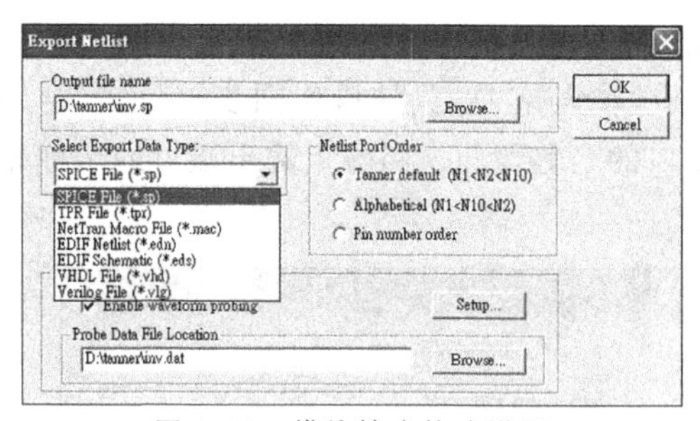

图 3.18　模块输出格式设置

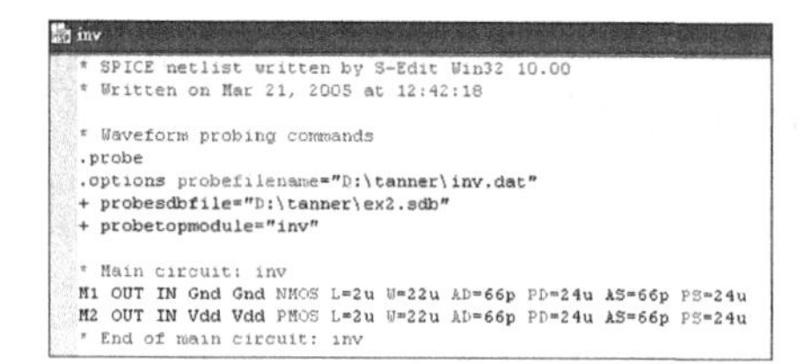

图 3.19　输出成 SPICE 文件

但此反相器的 SPICE 文件必须加入电源与其他设置，才能以 T-Spice 进行分析，这在后面的章节将详细说明。

3.2　使用 S-Edit 编辑与非门

使用 S-Edit 编辑与非门的详细步骤如下。

(1) 新增模块：回到 S-Edit 的 ex1.sdb 文件，新增一个模块，选择 Module→New 命令，打开 Create New Module 对话框，如图 3.20 所示，在其中的 Module Name 文本框中输入“Nand2”，单击 OK 按钮，即可完成新增模块的操作，编辑画面如图 3.21 所示。

(2) 引用模块：选择 Module→Instance 命令，打开 Instance Module 对话框，如图 3.22 所示，在 Files 下拉列表中选择 ex1 选项，在 Select Module To Instance 列表框中可以看到共有 5 个模块供引用，分别选取 Vdd、Gnd、MOSFET_N 与 MOSFET_P 选项，单击 OK 按钮。由于引用的符号出现在编辑画面相同的地方，可按住 Alt 键并用鼠标拖动来将 4 个符号分开。

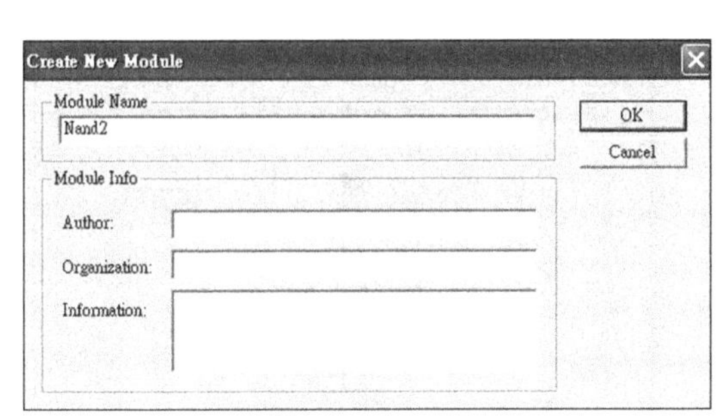

图 3.20 新增模块

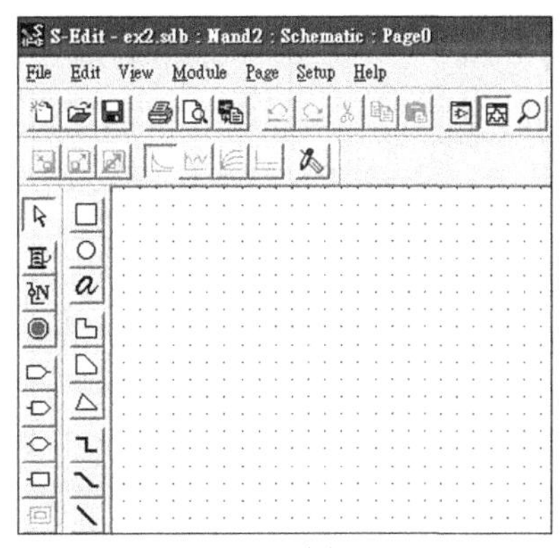

图 3.21 编辑画面

(3) 复制并旋转:在 Nand2 的编辑窗口中选择 MOSFET_P 选项,使之成为红色的选取状态,再选择 Edit→Duplicate 命令复制出 MOSFET_P 符号,再选择 Edit→Flip→Horizontal 命令水平翻转 MOSFET_P 符号。然后复制一个 MOSFET_N 符号,具体如图 3.23 所示。

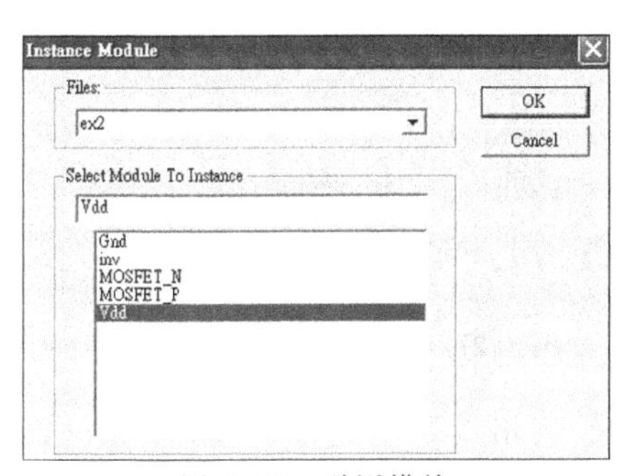

图 3.22 引用模块

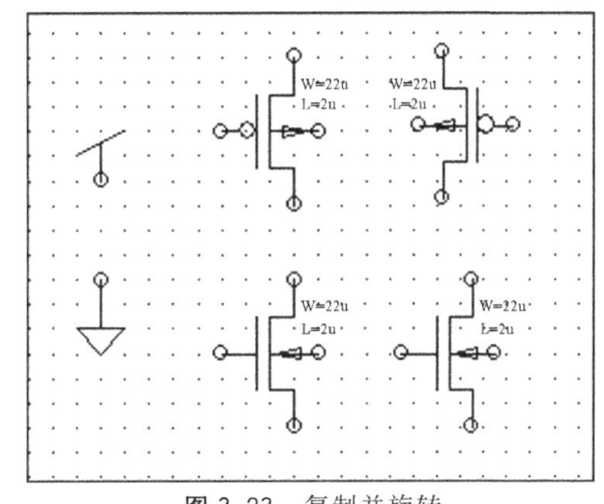

图 3.23 复制并旋转

(4) 加入联机:将 6 个对象排列好后再利用左边联机按钮,完成各端点的信号连接,注意,控制鼠标左键可将联机转向,按鼠标右键可终止联机。与非门联机部分完成界面如图 3.24 所示。

(5) 加入输入端口与输出端口:利用 S-Edit 提供的输入端口按钮与输出端口按钮,标明此与非门的两个输入端口 A 与 B,一个输出端口 OUT,如图 3.25 所示。

(6) 建立与非门符号:S-Edit 中的模块,除了可建立供设计电路的窗口外,还有可建立该电路符号的窗口,前面与非门电路设计是在电路设计模式中进行,其电路符号的建立必须切换至符号模式,其方法为选择 View→Symbol Mode 命令,如图 3.26 所示即可切换至符号模态。

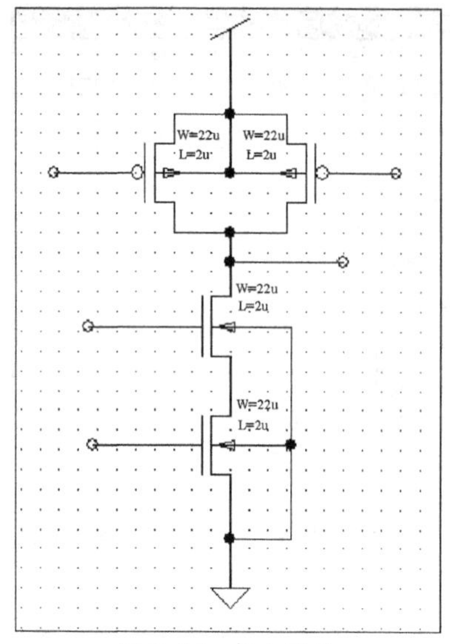

图 3.24 加入联机

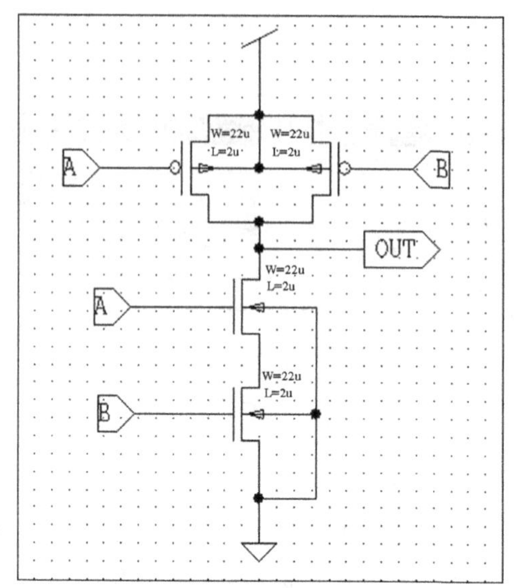

图 3.25 加入输入端口与输出端口

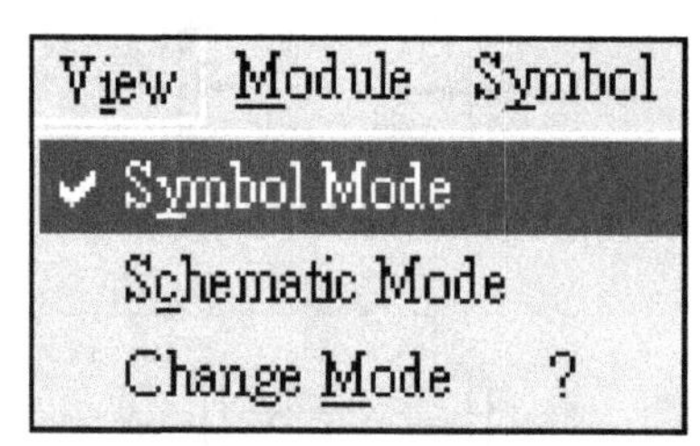

图 3.26 切换至符号模式

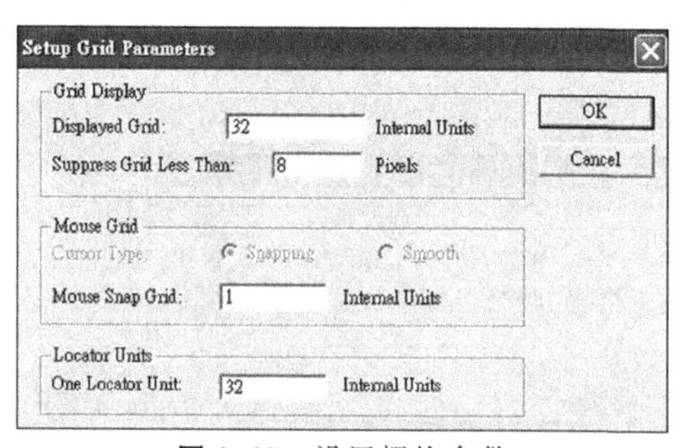

图 3.27 设置栅格参数

改变栅格的设置可以利用多段直线画出弧线，栅格设置可选择 Setup→Grid 命令，打开 Setup Grid Parameters 对话框，设置 Mouse Snap Grid 文本框的值为“1”，其单位为 Internal Units，如图 3.27 所示。画出的弧形如图 3.28 所示。

再设置 Mouse Snap Grid 文本框的值为“8”，单位为 Internal Units。再用直线来完成与非门的符号，如图 3.29 所示。

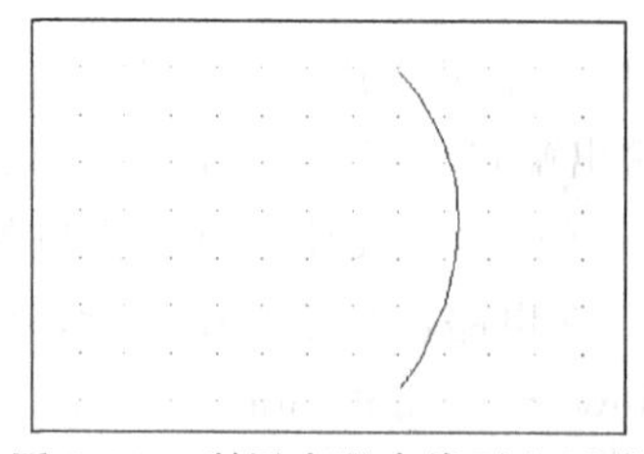

图 3.28 利用多段直线画出弧线

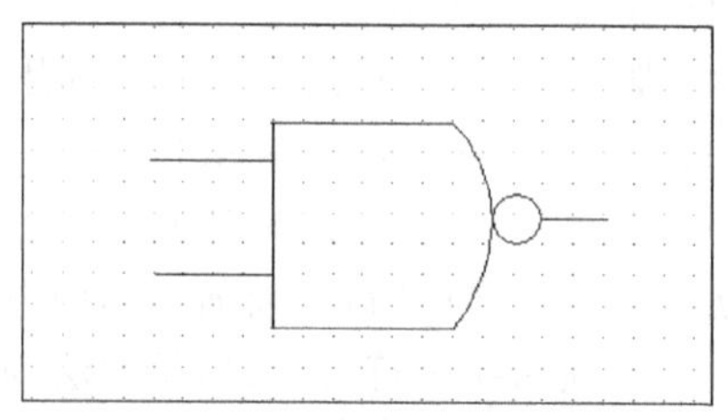

图 3.29 绘制与非门的符号

(7) 加入输入端口与输出端口:利用 S-Edit 提供的输入端口按钮与输出端口按钮,标明此与非门符号的输入输出信号的位置与名称,具体的操作同步骤(5),结果如图 3.30 所示。注意,符号的输入与输出端口的名称要与电路的输入与输出端口的名称相同,大小写亦需一致。

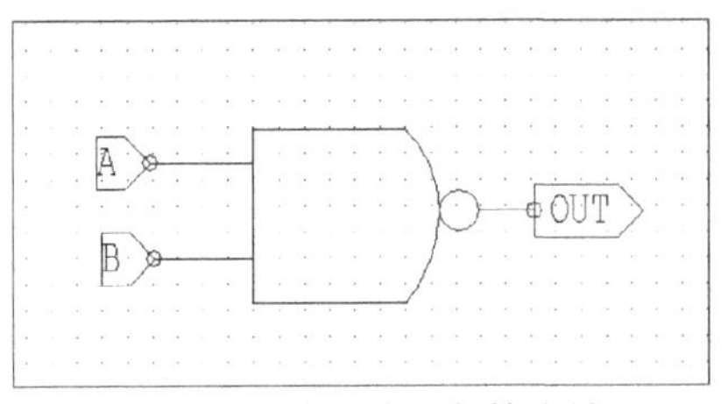

图 3.30 加入输入端口与输出端口

(8) 与非门设计成果:观看最后反相器设计成果,可切换电路设计模式与符号模式这两个窗口,如图 3.31 与图 3.32 所示。并可选择 View→Home 命令或按 Home 键来观看全景。

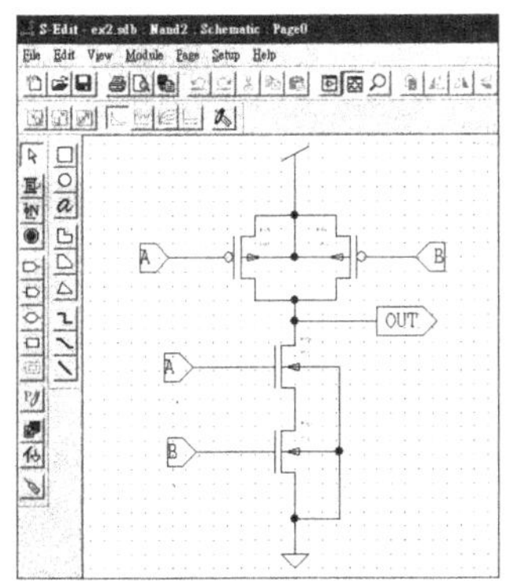

图 3.31 电路设计模式窗口

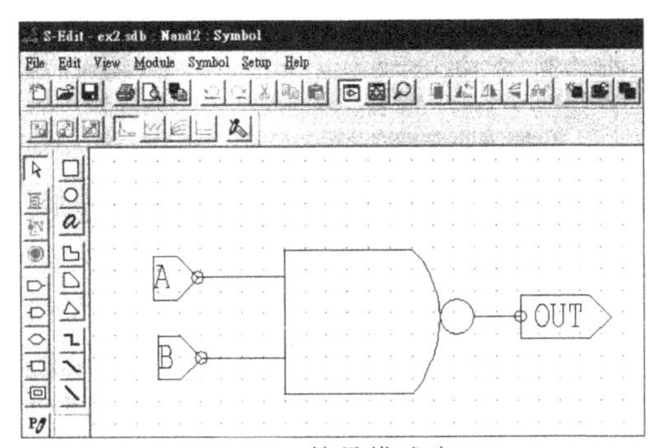

图 3.32 符号模式窗口

(9) 输出成 SPICE 文件:将设计好的 S-Edit 电路图,输出成 SPICE 格式,可借助 T-Spice 软件分析与模拟此设计电路的性质,可由选择 File→Export 命令输出,如图 3.33 所示。

或单击 S-Edit 右上方的按钮,会自动输出成 SPICE 文件并打开 T-Spice 软件与转出文件,如图 3.34 所示。

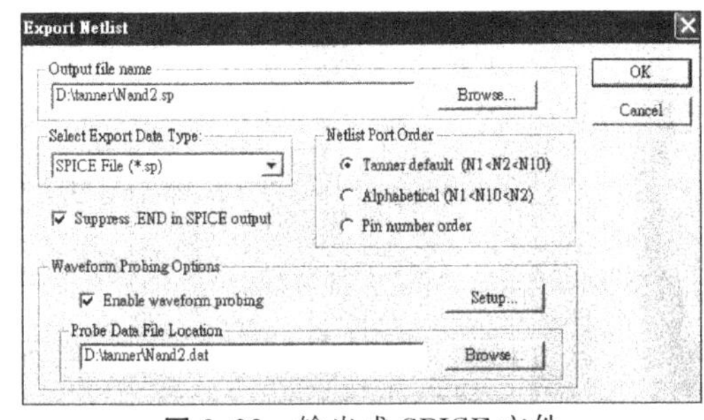

图 3.33 输出成 SPICE 文件

图 3.34 打开 SPICE 文件

但此与非门的 SPICE 文件必须加入电源与其他设置,才能以 T-Spice 进行分析,这在后面的章节中将详细说明。

3.3 说 明

- 文件结构：在本实例文件 ex2.sdb 中共有 6 个模块，包括 Vdd，Gnd，MOSFET_N，MOSFET_P、inv 与 Nand2。其中的 Vdd、Gnd、MOSFET_N 与 MOSFET_P 模块是在利用 Symbol Browser 功能时，从元件库复制到 ex1.sdb 文件的模块。在模块 inv 中引用到 Vdd，Gnd，MOSFET_N 与 MOSFET_P 这 4 个模块，读者可选择 Module→Find Module 命令来观看 inv 模块所引用到的模块，如图 3.35 所示。模块 Nand2 中也引用到 Vdd，Gnd，MOSFET_N 与 MOSFET_P 这 4 个模块，如图 3.36 所示。各模块的内容可以选择 Module→Open 命令打开并进行修改。

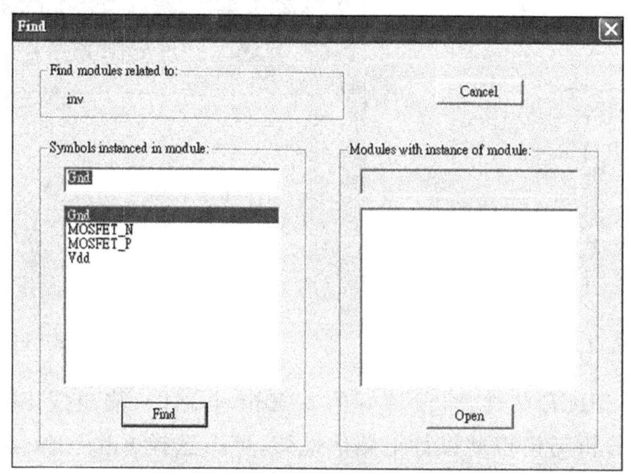

图 3.35　观看 inv 模块所引用到的模块

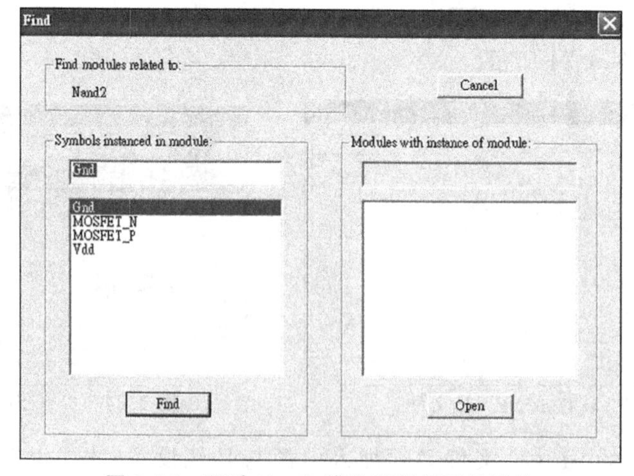

图 3.36　观看 Nand2 模块所引用到的模块

◎ Wire(联机)按钮：Wire 按钮是用在电路设计模式中各元件之间的信号连接。要注意，元件符号节点以外的部分无法连接成功，如图 3.37 所示，红色部分为 Vdd 符号，连接线没有接在符号端点处，故没有连接成功。必须接到符号端点，如图 3.38 所示。

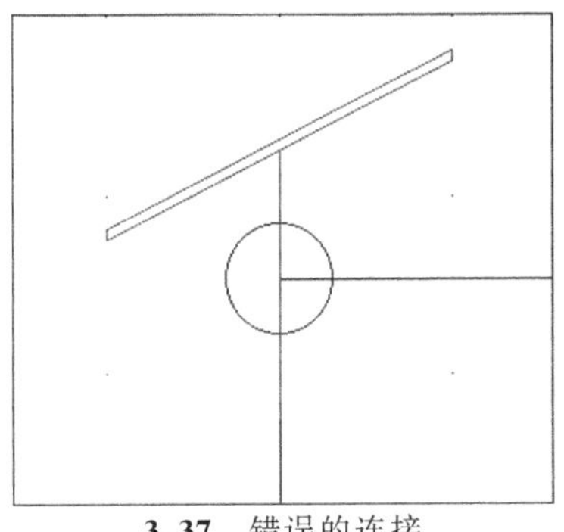
3.37 错误的连接

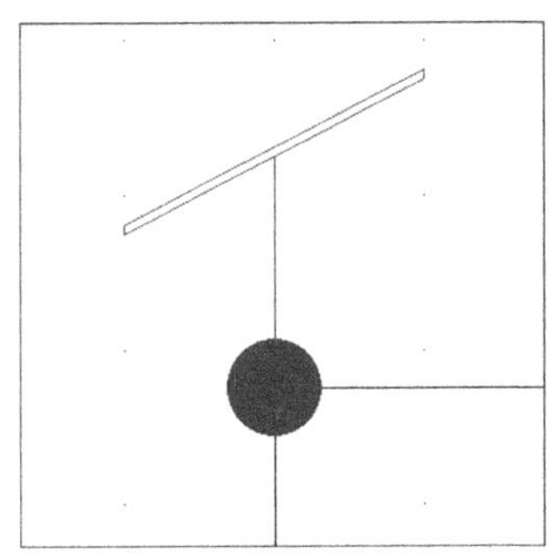
3.38 正确的连接

◎ Line(直线)按钮：Line 按钮是画直线的工具，可以用来在符号模式中绘制电路符号，但不可以在电路设计模式中进行电路之间的联机操作。

◎ MOSFET_N 与 MOSFET_P 模块：MOSFET_N 与 MOSFET_P 模块如图 3.39 与图 3.40 所示，是元件库 spice 中的元件。

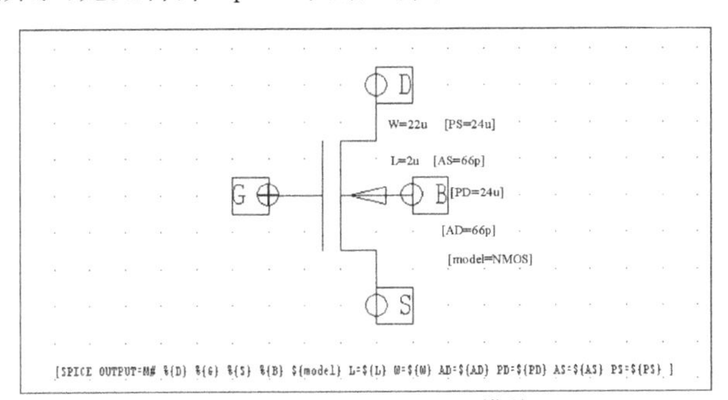

图 3.39 MOSFET_N 模块

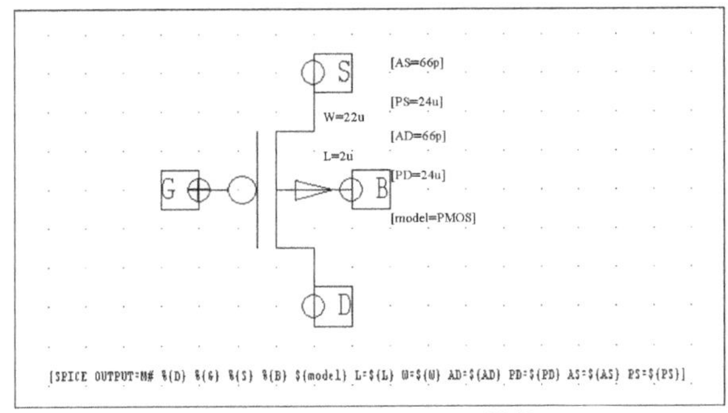

图 3.40 MOSFET_P 模块

将MOSFET_N模块与MOSFET_P模块的特性整理如表3.3所示。

表3.3 MOSFET_N模块与MOSFET_P模块特性

名称	默认值	分隔符	显示与否	设置结果
W	22u	=	元件被引用时显示名称与值	W=22u
L	2u	=	元件被引用时显示名称与值	L=2u
AS	66p	=	元件被引用时不显示	[AS=66p]
PS	24u	=	元件被引用时不显示名称与值	[PS=24u]
AD	66p	=	元件被引用时不显示名称与值	[AD=66p]
PD	24u	=	元件被引用时不显示名称与值	[PD=24u]
model	PMOS	=	元件被引用时不显示名称与值	[model=PMOS]
	NMOS			[model=NMOS]

各模块特性代表的意义整理在表3.4中。

表3.4 特性说明

名称	意义
W	通道宽度
L	通道长度
AS	源极面积
PS	源极周长
AD	漏极面积
PD	漏极周长
model	MOS的类型

另外，还有一个模块特性SPICE OUTPUT为SPICE输出格式定义，SPICE输出格式定义为：M# %{D} %{G} %{S} %{B} $ {model} L= $ {L} W= $ {W} AD= $ {AD} PD= $ {PD} AS= $ {AS} PS= $ {PS}。其说明整理如表3.5所示。

表3.5 模块特性SPICE OUTPUT说明

格式	说明	输出结果范例
M#	M后面跟着整数，此整数会随着该输出模块所引用模块的个数递增。	M1
%{D}	显示被引用模块漏极端D接的节点名称	OUT
%{G}	显示被引用模块栅极端G接的节点名称	A
%{S}	显示被引用模块源极端S接的节点名称	Vdd
%{B}	显示被引用模块基板B接的节点名称	Vdd
$ {model}	显示被引用模块特性model的值	PMOS

续表 3.5

格 式	说 明	输出结果范例
W= ${W}	W=后面加上被引用模块特性 W 的值	W=22u
L= ${L}	L=后面加上被引用模块特性 L 的值	L=2u
AS= ${AS}	AS=后面加上被引用模块特性 AS 的值	AS=66p
PS= ${PS}	PS=后面加上被引用模块特性 PS 的值	PS=24u
AD= ${AS}	AD=后面加上被引用模块特性 AD 的值	AD=66p
PD= ${PD}	PD=后面加上被引用模块特性 PD 的值	PD=24u

3.4 随堂练习

1. 在 ex2.sdb 文件中建立或非门(NOR)元件。
2. 在 ex2.sdb 文件中建立异或门(XOR)元件。

第 4 章

反相器瞬时分析

反相器是一种最基本的逻辑电路,根据其所使用的逻辑电路类型的不同而具有不同的形式,在本书中主要以 CMOS 类型来学习 Tanner 软件的使用。在第 2 章和第 3 章中读者应该已经了解到使用 S-Edit 绘制电路图的方法,但是要分析所绘制的电路图的功能是否达到原来预计的效果,则需要进一步使用电路分析软件来验证其功能,而在 Tanner 中,这种电路分析软件即为 T-Spice。所以,在本章中将以第 3 章的反相器电路为例,经适当修改并输出成 SPICE 文件后,利用 T-Spice 来进行反相器瞬时分析,并以详细的步骤来引导读者学习 T-Spice 的基本功能。

操作流程:以 S-Edit 编辑反相器模块→输出成 SPICE 文件→进入 T-Spice→加载包含文件→电源设定→输入设定→分析设定→输出设定→执行仿真→显示结果。

4.1 反相器瞬时分析

(1) 打开 S-Edit 程序:依照第 2 章或第 3 章的方式打开 S-Edit 程序,S-Edit 会自动将工作文件命名为"File0.sdb"并显示在窗口的标题栏上,如图 4.1 所示。

图 4.1 S-Edit 标题栏

(2) 环境设定:S-Edit 默认的工作环境是黑底白线,但可按照第 2 章的步骤依自己的喜好来定义颜色。

(3) 另存新文件:选择 File→Save As 命令,打开"另存为"对话框,在"保存在"下拉列表中选择保存目录,在"文件名"文本框中输入新文件的名称,如 ex3,如图 4.2 所示。由于在本实例中所使用的电路需要一个反相器及其电源,读者可自行绘制第 2 章的反相器电路,或按照如下的步骤从文件 ex2 中复制反相器的模块到 ex3 文件,再打开加入电源进行适当的修改即可。

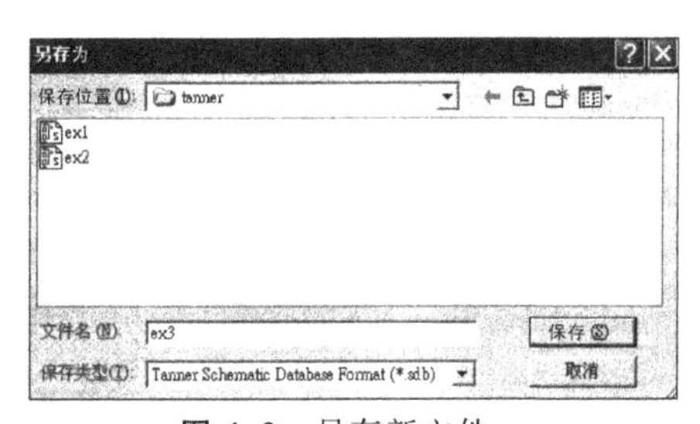

图 4.2 另存新文件

(4) 复制 inv 模块:要复制 ex2 的 inv 模块到 ex3 文件中,必须先打开第 3 章编辑的文件"ex2.sdb"。进行复制之前必须回到 ex3 文件环境,方法为选择 Module→Open 命令,打开 Open Module 对话框,在 Files 下拉列表中选择 ex3 选项,单击 OK 按钮,回到 ex3 环境,才能进行复制模块的操作。选择 Module→Copy 命令,打开 Copy Module 对话框,如图 4.3 所示,在 Files 下拉列表中选择 ex2 选项,在 Select Module To Copy 列表框中选择 inv 选项,单击 OK 按钮。即完成将 inv 模块从 ex2

文件中复制到 ex3 文件的操作。

(5) 打开 inv 模块：由于上一步骤复制模块的操作只是在 ex3 文件中增加了 inv 模块(还有 inv 引用到的模块 Vdd、Gnd、MOSFET_N 与 MOSFET_P)，而 ex3 依旧在 Module0 模块的编辑环境下，所以要编辑 inv 模块必须先选择 Module→Open 命令，打开 Open Module 对话框，如图 4.4 所示，在 Files 下拉列表中选择 ex3 选项，在 Select Module To Open 列表框中选择 inv 选项，单击 OK 按钮。

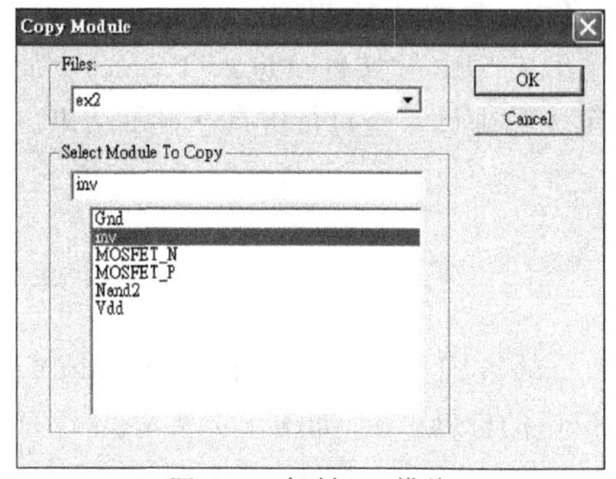

图 4.3 复制 inv 模块

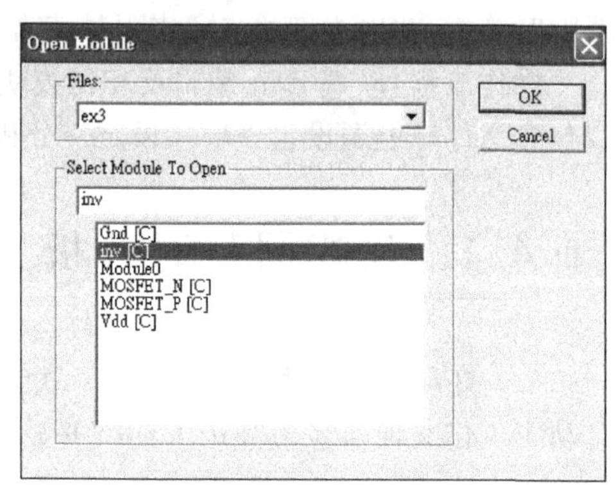

图 4.4 打开 inv 模块

(6) 加入工作电源：确定 inv 模块在电路设计模式，再选择 Module→Symbol Browser 命令，打开 Symbol Browser 对话框，在 Library 列表框中选择 spice 元件库，其内含模块出现在 Modules 列表框中，其中有很多种电压源符号，选取直流电压源 Source_v_dc 作为此电路的工作电压源，如图 4.5 所示。

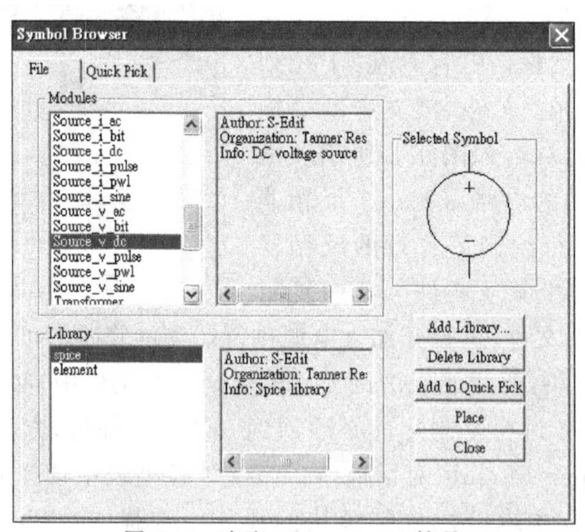

图 4.5 选取 Source_v_dc 符号

直流电压源 Source_v_dc 符号有正(+)端与负(−)端。在 inv 模块编辑窗口中将直流电压源 Source_v_dc 符号的正(+)端接 Vdd，将直流电压源 Source_v_dc 符号的负(－)端接 Gnd,可以连接成如图 4.6 或图 4.7 所示的画面,但我们将以图 4.6 的方式继续编辑。在图 4.6 中,虽将两个全域符号 Vdd 及两个 Gnd 符号分开放置,但两个分离的 Vdd 符号实际上是接到同一个节点,而两个 Gnd 符号也是共同接地。所以为了使外加电源与设计电路能清楚地分开,建议读者采用图 4.6 所示的电路图表示方法。

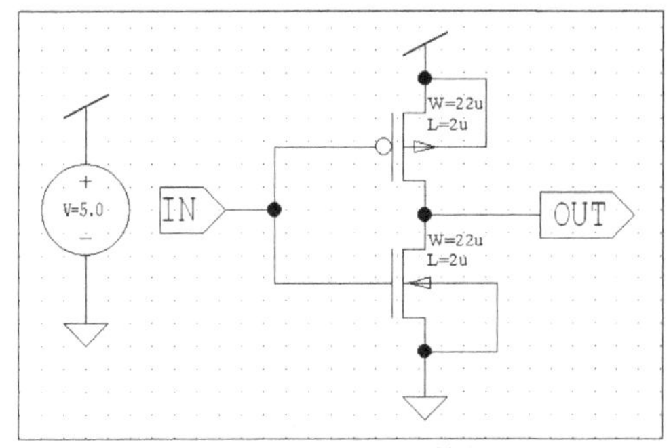

图 4.6 工作电源加入结果一

(7) 加入输入信号:选择 Module→Symbol Browser 命令,打开 Symbol Browser 对话框,在 Library 列表框中选取 spice 元件库,其内含模块出现在 Modules 列表框中选取脉冲电压源 Source_v_pulse 作为反相器输入信号,将脉冲电压源 Source_v_pulse 符号的正(+)端接输入端口 IN,将脉冲电压源 Source_v_pulse 符号的负(－)端接 Gnd,则编辑完成画面如图 4.8 所示。

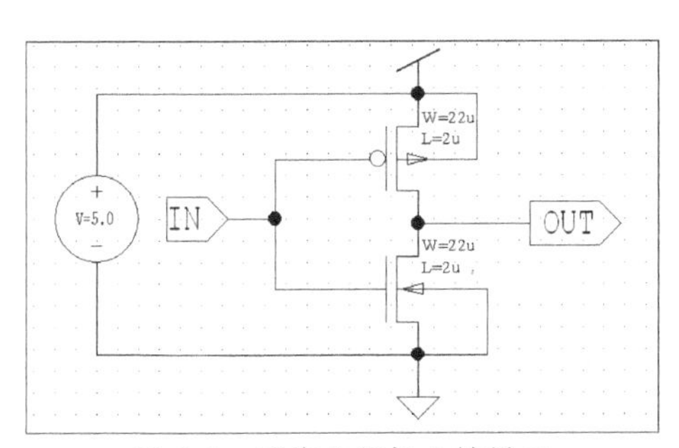

图 4.7 工作电源加入结果二

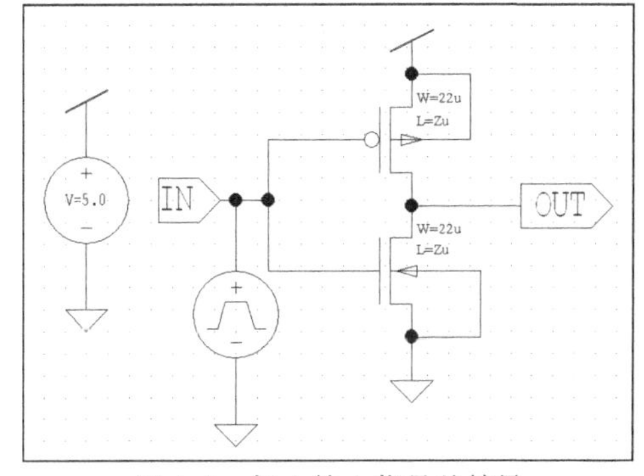

图 4.8 加入输入信号的结果

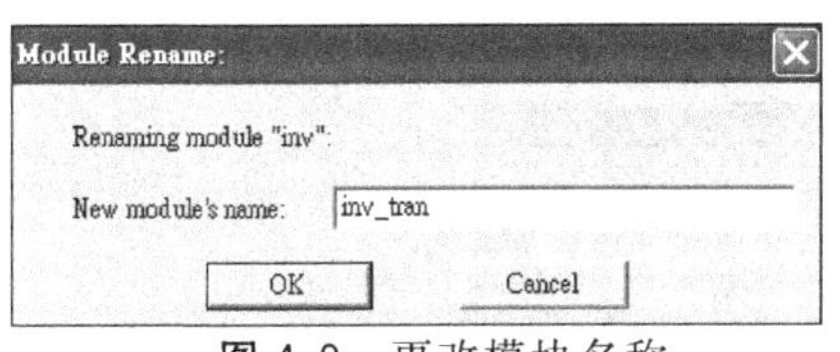

图 4.9 更改模块名称

(8) 更改模块名称:因在本实例中是利用反相器电路来学习使用 T-Spice 的瞬时分析功能,以后还需要将该电路应用在其他的分析之中,为避免文件混杂且便于以后分辨,故将原本的模块名称 inv,改成 inv_tran。选择 Module→Rename 命令,打开 Module Rename 对话框,在 New module's name 文本框中填入"inv_tran",如图 4.9 所示,单击 OK 按钮。

(9) 输出成 SPICE 文件:要将设计好的 S-Edit 电路图借用 T-Spice 软件分析与模拟此电路的性质,需先将电路图转换成 SPICE 格式。要进行此操作,第一种方法是单击 S-Edit 右上方的按钮,则会自动输出成 SPICE 文件并打开 T-Spice 软件,第二种则可由选取窗口选单 File→Export 输出文件,再打开 T-Spice 程序,其方法是可以执行

..\Tanner EDA\T-Spice11.0 目录下的“tspice.exe”文件，或选择“开始”→“程序”→Tanner EDA→T-Spice Pro v11.0→T-Spicev11.0 命令，即可打开 T-Spice 程序，再打开从 ex3 的 inv_tran 模块输出的 inv_tran.sp 文件，结果如图 4.10 所示。

(10) 加载包含文件：由于不同的流程有不同特性，在模拟之前，必须要引入 MOS 元件的模型文件，此模型文件内有包括电容电阻系数等数据，以供 T-Spice 模拟之用。本范例是引用 1.25μm 的 CMOS 流程元件模型文件“ml2_125.md”。将鼠标移至主要电路之前，选择 Edit→Insert Command 命令，打开 T-Spice Command Tool 对话框，在左边的列表框中选择 Files 选项。此时在右边窗口将出现 4 个按钮，可直接单击 Include 按钮，也可展开左侧列表框中的 Files 选项，如图 4.11 所示，并选择 Include file 选项。

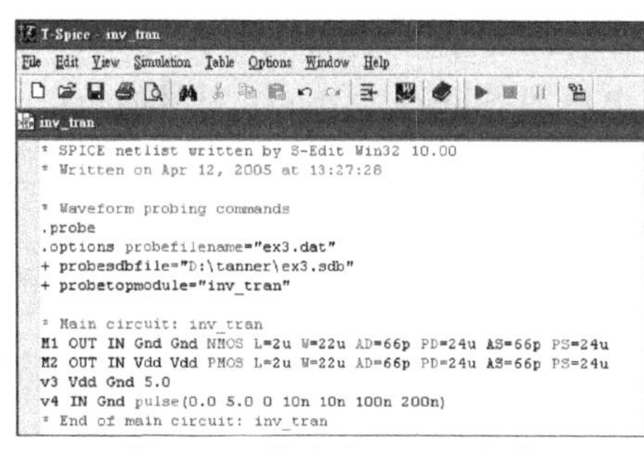

图 4.10　输出成 SPICE 文件

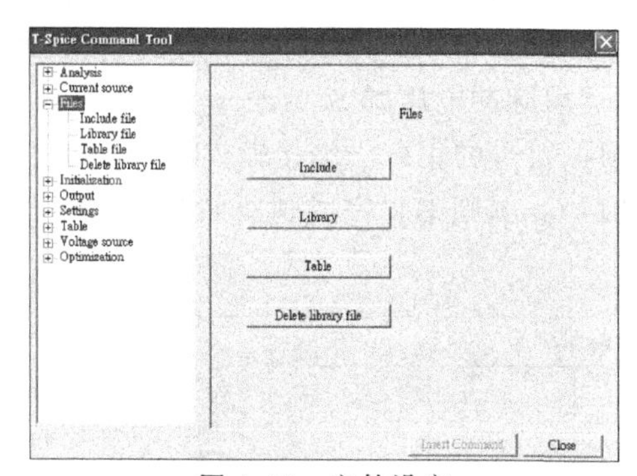

图 4.11　文件设定

选择 Include file 选项之后，对话框将如图 4.12 所示，此时单击 Browse 按钮，在目录窗口中先找到..\Tanner EDA\T-Spice 11.0\models\目录，接着选取模型文件 ml2_125.md，在 Include file 文本框中将出现..\Tanner EDA\T-Spice 11.0\models\m12_125.md 文件。再单击 Insert Command 按钮，则会出现默认的以蓝色字开头的“.include‘C:\Tanner EDA\T-Spice 11.0\models\m12_125.md’”，如图 4.13 所示。

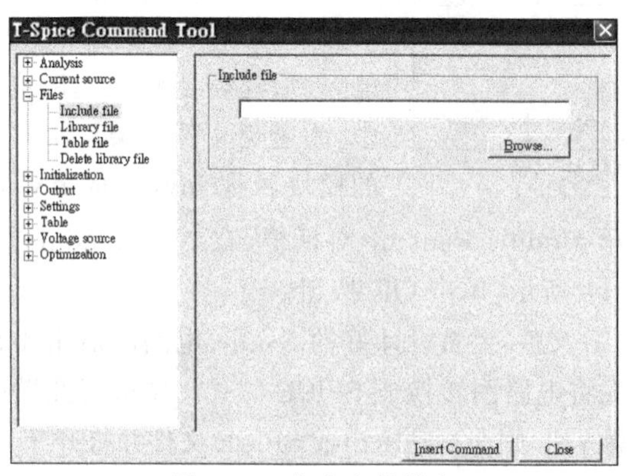

图 4.12　包含文件设定

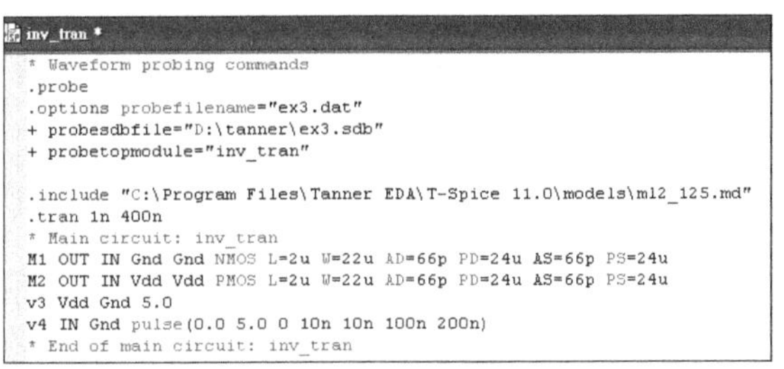

```
inv_tran *
* Waveform probing commands
.probe
.options probefilename="ex3.dat"
+ probesdbfile="D:\tanner\ex3.sdb"
+ probetopmodule="inv_tran"

.include "C:\Program Files\Tanner EDA\T-Spice 11.0\models\ml2_125.md"
.tran 1n 400n
* Main circuit: inv_tran
M1 OUT IN Gnd Gnd NMOS L=2u W=22u AD=66p PD=24u AS=66p PS=24u
M2 OUT IN Vdd Vdd PMOS L=2u W=22u AD=66p PD=24u AS=66p PS=24u
v3 Vdd Gnd 5.0
v4 IN Gnd pulse(0.0 5.0 0 10n 10n 100n 200n)
* End of main circuit: inv_tran
```

图 4.13 包含文件设定结果

(11) 分析设定：此范例为反相器的瞬时分析，必须下瞬时分析指令，将鼠标移至文件尾，选择 Edit→Insert Command 命令。打开 T-Spice Command Tool 对话框，在左边的列表框中选择 Analysis 选项，右边出现 8 个选项，可直接选取瞬时分析按钮 Transient，也可展开左边列表框中的 Analysis 选项，如图 4.14 所示，并选择其中的 Transient 选项。

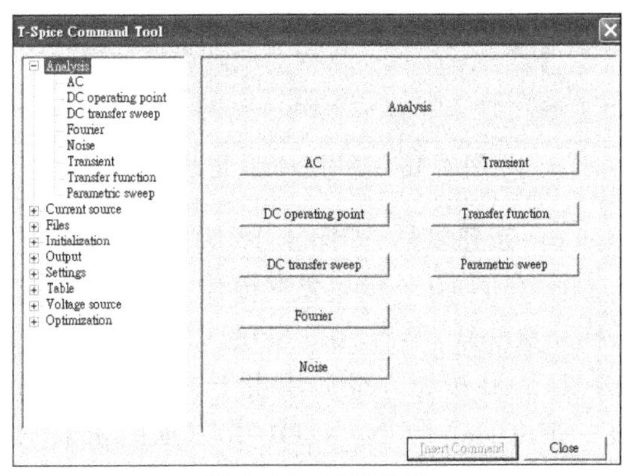

图 4.14 分析设定

单击 Transient 铵钮之后，对话框将如图 4.15 所示。在此将设定模式，并设定其时间间隔与分析时间范围，此处将仿真时间间隔设定为 1ns，总仿真时间则为 400ns。首先在 Modes 选项组中选中 Standard (from DC op. point)单选按钮，在右边出现的 Maximum Time 文本框中输入“1n”，在 Simulation 文本框中输入“400n”，在 Methods 选项组中选中 Standard BDF 单选按钮。单击 Insert Command 按钮后，则会出现默认的以蓝色字开头的“. tran/op 1n 400n”，如图 4.16 所示。

(12) 输出设定：观察瞬时分析结果，要设定观察瞬时分析结果为哪些节点的电压或电流，在此要观察的是输入节点 IN 与输出节点 OUT 的电压仿真结果。将鼠标移至文件尾，选择 Edit→Insert Command，在出现对话框的列表框中，选择“Output”，右边出现 7 个选项，可直接单击 Transient results 按钮，亦可展开左侧列表框的 Output，如图 4.17 所示，选择 Transient results 选项。

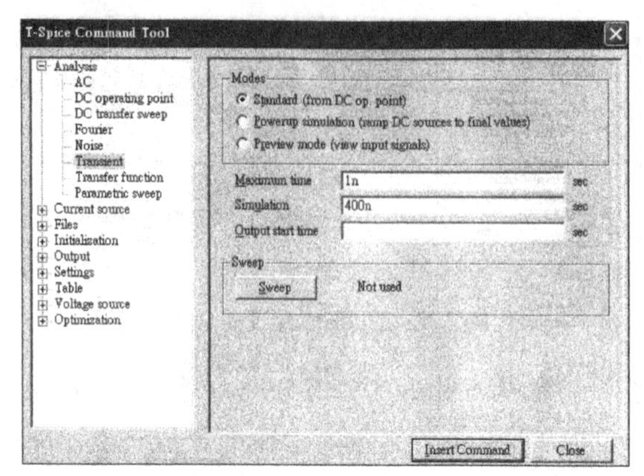

图 4.15 瞬时分析设定

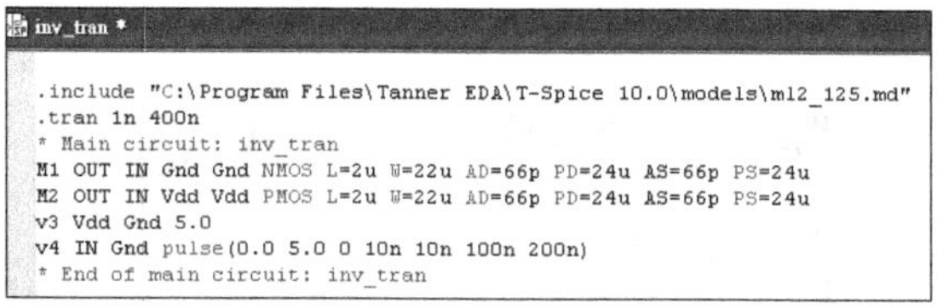

```
inv_tran *

.include "C:\Program Files\Tanner EDA\T-Spice 10.0\models\ml2_125.md"
.tran 1n 400n
* Main circuit: inv_tran
M1 OUT IN Gnd Gnd NMOS L=2u W=22u AD=66p PD=24u AS=66p PS=24u
M2 OUT IN Vdd Vdd PMOS L=2u W=22u AD=66p PD=24u AS=66p PS=24u
v3 Vdd Gnd 5.0
v4 IN Gnd pulse(0.0 5.0 0 10n 10n 100n 200n)
* End of main circuit: inv_tran
```

图 4.16 瞬时分析设定结果

单击 Transient results 按钮之后，如图 4.18 所示，在右边出现的 Plot type 下拉列表中选择 Voltage 选项，在 Node name 文本框输入节点名称“IN”，注意大小写需与元件所接的节点名称完全一致，单击 Add 按钮。再回到 Node name 文本框输入输出节点名称“OUT”，单击 Add 按钮。最后单击 Insert Command 按钮，则会出现默认的以蓝色字开头的“.print tran v(IN) v(OUT)”，如图 4.19 所示。

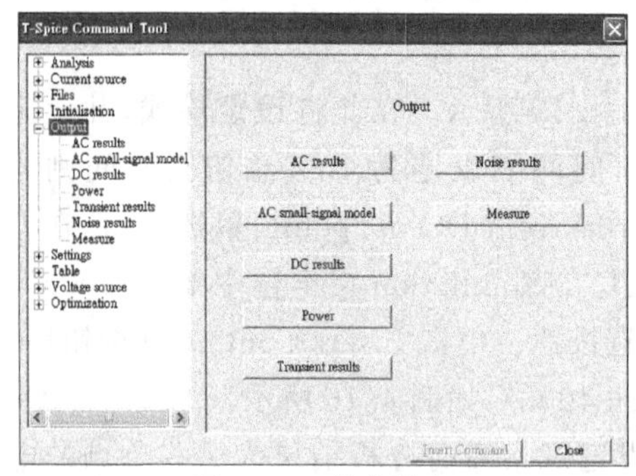

图 4.17 输出设定

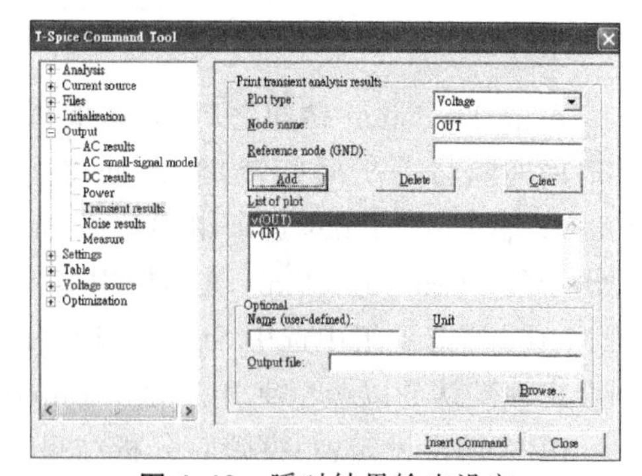

图 4.18 瞬时结果输出设定

(13) 进行仿真：编辑完选择 File→Save 命令保存文件，选择 Simulate→Start Simulation 命令，或单击▶命令，打开 Run Simulation 对话框，如图 4.20 所示，单击 Start Simulation 按钮，则会出现仿真结果的报告“Simulation Status”，如图 4.21 所

示，并会自动打开 W-Editor 窗口来观看仿真波形图。

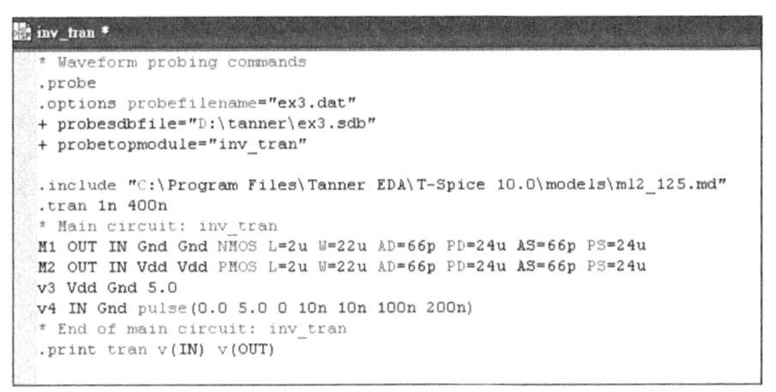

```
inv_tran *
* Waveform probing commands
.probe
.options probefilename="ex3.dat"
+ probesdbfile="D:\tanner\ex3.sdb"
+ probetopmodule="inv_tran"

.include "C:\Program Files\Tanner EDA\T-Spice 10.0\models\ml2_125.md"
.tran 1n 400n
* Main circuit: inv_tran
M1 OUT IN Gnd Gnd NMOS L=2u W=22u AD=66p PD=24u AS=66p PS=24u
M2 OUT IN Vdd Vdd PMOS L=2u W=22u AD=66p PD=24u AS=66p PS=24u
v3 Vdd Gnd 5.0
v4 IN Gnd pulse(0.0 5.0 0 10n 10n 100n 200n)
* End of main circuit: inv_tran
.print tran v(IN) v(OUT)
```

图 4.19 设定结果

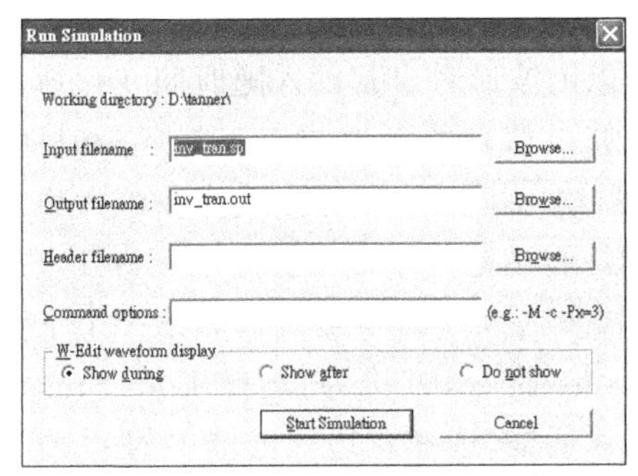

图 4.20 Run Simulation 对话框

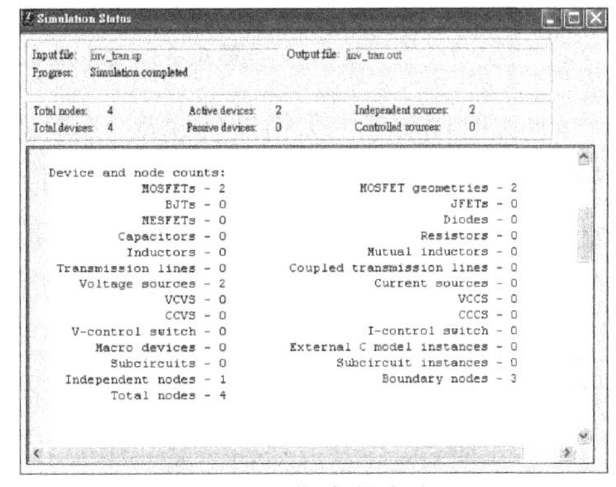

图 4.21 仿真状态窗口

(14) 观看结果：可在 T-spice 环境下打开仿真结果“inv_tran.out”报告文件，如图 4.22 所示。瞬时分析结果的输出格式为第一行列出时间，第二行与第三行分别列出各时间对应的节点电压值 v(IN)与 v(OUT)。

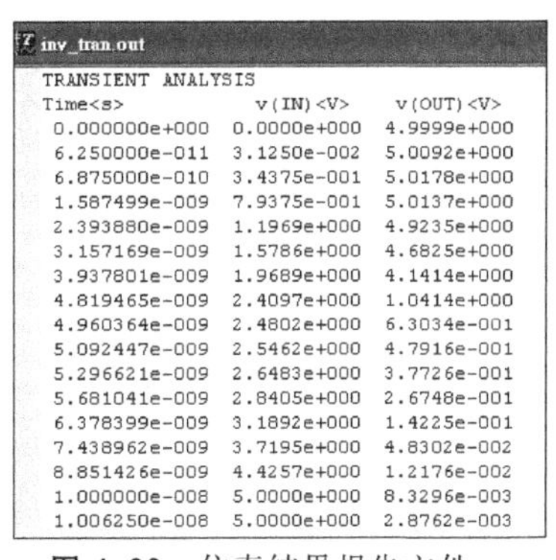

inv_tran.out

TRANSIENT ANALYSIS

Time<s>	v(IN)<V>	v(OUT)<V>
0.000000e+000	0.0000e+000	4.9999e+000
6.250000e-011	3.1250e-002	5.0092e+000
6.875000e-010	3.4375e-001	5.0178e+000
1.587499e-009	7.9375e-001	5.0137e+000
2.393880e-009	1.1969e+000	4.9235e+000
3.157169e-009	1.5786e+000	4.6825e+000
3.937801e-009	1.9689e+000	4.1414e+000
4.819465e-009	2.4097e+000	1.0414e+000
4.960364e-009	2.4802e+000	6.3034e-001
5.092447e-009	2.5462e+000	4.7916e-001
5.296621e-009	2.6483e+000	3.7726e-001
5.681041e-009	2.8405e+000	2.6748e-001
6.378399e-009	3.1892e+000	1.4225e-001
7.438962e-009	3.7195e+000	4.8302e-002
8.851426e-009	4.4257e+000	1.2176e-002
1.000000e-008	5.0000e+000	8.3296e-003
1.006250e-008	5.0000e+000	2.8762e-003

图 4.22 仿真结果报告文件

也可以在 W-Edit 中观看仿真结果“inv_tran.out”的图形显示，选择工具图样来分离 v(IN)曲线与 v(OUT)图样，如图 4.23 所示。上面的曲线为输出电压对时间的图，下面的曲线为输入电压对时间的图。注意，横坐标都是时间(ns)，纵坐标都是电压(V)。

(15) 分析结果：将仿真结果作分析，验证反相器仿真结果是否正确。时间 10～110ns 的输入数据为 1，如图 4.23 所示，反相结果应为 0，即代表 v(OUT)=0。从仿真结果来看，时间 10～110ns 的输出电压结果是正确的。时间 120～200ns 的输入数据为 0，反相结果应为 1，即代表 v(OUT)=1。从仿真结果来看，如图 4.23 所示，时间 120～200ns 的输出电压结果是正确的。

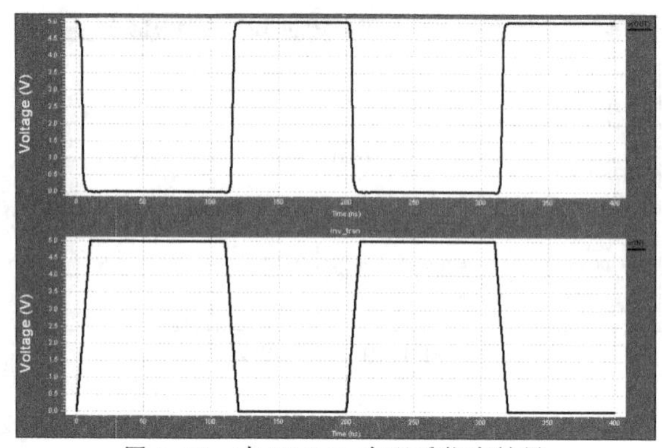

图 4.23 在 W-Edit 中观看仿真结果

(16) 时间分析：反相器的瞬时分析除了可以由波形看出其输入随时间变化造成的输出变化以外，还可以运用 measure 指令计算出信号的延迟或上升与下降时间。在此先分析一下输出电压 v(OUT)的下降时间，输出电压的计算方式为从最大稳定电压的 90%降到最大稳定电压的 10%所花的时间，本范例中最大稳定电压为 5V，故最大稳定电压的 90%为 4.5V，而最大电压是 10%为 0.5V，本范例选取第二个下降波形来进行计算。在 inv_tran.sp 中加入 measure 指令，方法为：选择 Edit→Insert Command 命令，打开 T-Spice Command Tool 对话框，选择左边列表框中的 Output 选项，右边出现 7 个选项，可直接单击 Measure 按钮，出现的对话框如图 4.24 所示。

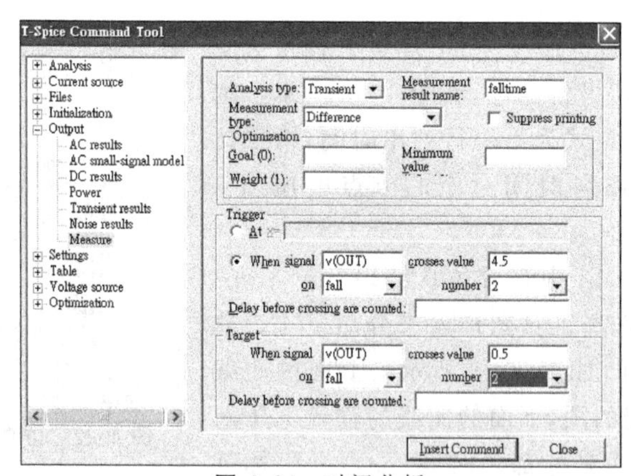

图 4.24 时间分析

在右边出现的 Analysis type 下拉列表中选择 Transient 选项，在 Measurement result name 文本框中输入分析的项目名称“falltime”，在 Measurement type 下拉列表中选择的计算方式为 Difference。在 Trigger 选项组中选择 When signal 单选按钮，设定当信号 v(OUT)的第二个下降波形从 4.5V 时开始计算，即在 When signal

单选按钮后的文本框中输入“v(OUT)”，在 on 下拉列表中选择 fall 选项，在 crosses value 文本框中输入“4.5”，在 number 下拉列表中选择 2 选项。在 Target 选项组设定信号 v(OUT)的第二个下降波形的 0.5V 为下降时间计算的截止处，即在 When signal 单选按钮后面的文本框中输入“v(OUT)”，在 on 下拉列表中选择 fall 选项，在 crosses value 文本框中输入“0.5”，在 number 下拉列表中选择 2 选项。最后单击 Insert Command 按钮，则会出现默认的以蓝色字开头的“.measure tran falltime trig v(OUT) val=4.5 fall=2 targ v(OUT) val=0.5 fall=2”，如图 4.25 所示。

```
inv_tran *
* SPICE netlist written by S-Edit Win32 10.00
* Written on Apr 12, 2005 at 13:27:28

* Waveform probing commands
.probe
.options probefilename="ex3.dat"
+ probesdbfile="D:\tanner\ex3.sdb"
+ probetopmodule="inv_tran"

.include "C:\Program Files\Tanner EDA\T-Spice 11.0\models\ml2_125.md"
.tran 1n 400n
* Main circuit: inv_tran
M1 OUT IN Gnd Gnd NMOS L=2u W=22u AD=66p PD=24u AS=66p PS=24u
M2 OUT IN Vdd Vdd PMOS L=2u W=22u AD=66p PD=24u AS=66p PS=24u
v3 Vdd Gnd 5.0
v4 IN Gnd pulse(0.0 5.0 0 10n 10n 100n 200n)
* End of main circuit: inv_tran

.print tran v(IN) v(OUT)
.measure tran falltime trig v(OUT) val=4.5 fall=2 targ v(OUT) val=0.5 fall=2
```

图 4.25　时间分析设定结果

(17) 进行仿真：编辑完选择 File→Save 命令保存文件，再选择 Simulate→Start Simulation 命令，或单击▶按钮，打开 Run Simulation 对话框，单击 Start Simulation 按钮，则会出现仿真结果的报告“Simulation Status”，并会自动打开 W-Editor 窗口来观看仿真波形图。

(18) 观看时间分析结果：在 T-Spice 环境下打开仿真结果 inv_tran.out 报告文件，观看下降时间的计算结果，如图 4.26 所示。

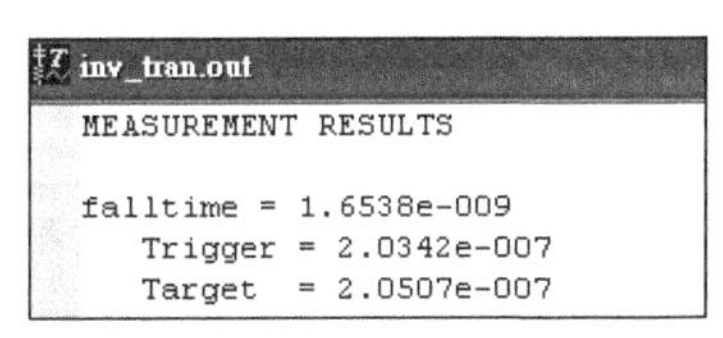

```
inv_tran.out
MEASUREMENT RESULTS

falltime = 1.6538e-009
   Trigger = 2.0342e-007
   Target  = 2.0507e-007
```

图 4.26　时间分析结果报告文件

从报告文件中可以看到 Trigger 的时间在 2.034 2e-7s，而 Target 时间为2.050 7e-7s，其间的差即下降时间 falltime 为 1.653 8e-9s。

4.2　说　明

- 批注符号：T-Spice 的批注符号包括 * 、$ 、; 与/ *　* /，整理如表 4.1 所示。
- 延续上一行符号：T-Spice 的加(+)符号，代表延续上一行。

表 4.1 T-Spice 的批注符号

批注符号	范例	说明
*	* Example 6: Transient Analysis	摆在一行字的最前面,代表整行字为批注
$	.include ml2_125.md process $ model	摆在一行字的中间,代表之后的字为批注
;	.include ml2_125.md ; process model	摆在一行字的中间,代表之后的字为批注
/* */	/* Example 6: Transient Analysis Circuit: dlatch_tran.cir */	被包住的文字代表批注,可包含多行文字

- 元件类型:元件描述通常会以 Mxxx 的形式来进行,其中,M 为某种元件类型,xxx 代表用户自行设定的字符串,T-Spice 中各元件的代号整理如表 4.2 所示。

表 4.2 T-Spice 中各元件的代号

名称	意义	名称	意义
C 或 c	Capacitor	L 或 l	Inductor
D 或 d	Diode	M 或 m	MOSFET
E 或 e	Voltage-Controlled Voltage Source	Q 或 q	BJT
F 或 f	Current-Controlled Current Source	R 或 r	Resistor
G 或 g	Voltage-Controlled Current Source	T 或 t	Transmission Line
H 或 h	Current-Controlled Voltage Source	U 或 u	Coupled Transmission Line
I 或 i	Current	V 或 v	Voltage Source
J 或 j	JFET	X 或 x	Subcircuit Call
K 或 k	Mutual Inductor	Z 或 z	MESFET

表 4.3 T-Spice 中各元件的物理量单位

元件	单位
R	Ohm (O or o)
C	Farad (F or f)
L	Henry (H or h)
V	Volt (V or v)
I	Ampere (A or a)

- 单位:T-Spice 中各元件的物理量单位整理如表 4.3 所示。而长度的单位为 meter(m),时间的单位为 second(s)。
- 数值缩写:各元件的量值有数字与单位。其中,数字能以缩写简化数量级的表示,各种数量级缩写整理在表 4.4 中。

表 4.4 数量级缩写

缩 写	前 缀	意 义	缩 写	前 缀	意 义
t/T	tera-	10^{12}	u/U	micro-	10^{-6}
g/G	giga-	10^{9}	n/N	nano-	10^{-9}
meg/MEG	mega-	10^{6}	p/P	pico-	10^{-12}
k/K	kilo-	10^{3}	f/F	femto-	10^{-15}
m/M	milli-	10^{-3}			

◎ 包含文件指令(.include):加载其他文件内容的指令,格式如表 4.5 所示。其中,文件名称可以用相对路径或绝对路径表示。若是文件名或路径包含空格,则要以单引号或双引号将文件名包住。

表 4.5 包含文件指令的语法

格 式	范 例
.include 文件名	.include ml2_125. md
	.include C:\Tanner\TSpice70\mode\m12_125". md"

◎ PMOS 元件:PMOS 元件有 4 个端点,它们分别是:漏极、源极、栅极与基板,描述 PMOS 元件的语法整理在表 4.6 中。

表 4.6 描述 PMOS 元件的语法

格 式	范 例
M 名字 漏极 源极 栅极 基板 PMOS L=信道长度 W=信道宽度 AD=漏极面积 PD=漏极周长 AS=源极面积 PS=源极周长	M1 OUT IN Gnd Gnd PMOS L=2u W=22u AD=66p PD=24u AS=66p PS=24u

◎ NMOS 元件:NMOS 元件的 4 个端点分别是漏极、源极、栅极与基板,描述 NMOS 元件的语法整理在表 4.7 中。

表 4.7 描述 NMOS 元件的语法

格 式	范 例
M 名字 漏极 源极 栅极 基板 NMOS L=信道长度 W=信道宽度 AD=漏极面积 PD=漏极周长 AS=源极面积 PS=源极周长	M2 OUT IN Gnd Gnd NMOS L=2u W=22u AD=66p PD=24u AS=66p PS=24u

◎ 直流电压源:本范例的直流电压源为两端点的理想电压源,T-Spice 描述直流电压源的语法整理在表 4.8 中。

表 4.8 T-Spice 描述直流电压源的语法

格 式	范 例
v名字 正端节点 负端节点 直流电压值	v3 Vdd Gnd 5.0

● 脉冲电压源：本范例的脉冲电压源为两端点的理想电压源，T-Spice 描述脉冲电压源的语法整理在表 4.9 中。

表 4.9 T-Spice 描述脉冲电压源的语法

格 式	范 例
v名字 正端节点 负端节点 pulse(起始电压 最高电压 起始延迟时间 上升时间 下降时间 脉冲宽度 脉冲周期)	v4 IN Gnd pulse(0.0 5.0 0 10ns 10ns 100ns 200ns)

这里所举范例是名为 v4 的电源，其正端接 IN，负端接 Gnd，v4 的起始电压为 0.0V，最高电压为 5.0V，起始延迟时间为 0ns，脉冲上升时间为 5ns，脉冲下降时间为 5ns。脉冲宽度为 100ns，脉冲周期为 200ns。

● 瞬时分析方式(.tran)：设定将电路作大信号的时域分析，模拟信号随时间的变化情况，格式如表 4.10 所示。其中模式设定为 op，代表利用直流操作点计算值来作为节点起始值。若没有设定模式，则以默认的直流操作点计算值来作为节点起始值。最大间隔设定仿真时间间隔的最大值，时间长度设定时域分析的时间长度。

表 4.10 瞬时分析设定的语法

格 式	范 例
.tran[/模式] 最大间隔 时间长度 [method=方法]	.tran 3ns 500ns
	.tran/op 3ns 500ns method=bdf

● 显示仿真结果指令(.print)：显示仿真结果指令，格式如表 4.11 所示。其中模式为分析方式，例如将模式设为 tran 即输出瞬时分析的结果，将模式设为 DC 即输出直流分析的结果等。如果在指令中没有设定输出文件名，则要在 Start Simulation 对话框中进行设定。参数部分则列出要观察的节点电压或电流，该仿真结果会记录在输出文件中。

表 4.11 显示仿真结果的语法

格 式	范 例
.print [模式] ["输出文件名"] [参数]	.print dc v(in) v(out)
	.print tran v(in) v(out, Gnd)

● 计算设定(.measure)：设定电路的特性计算值，例如计算信号的延迟、上升下降延迟时间等。由于.measure 的格式有很多种，以下说明本范例使用的格式，格式

如表 4.12 所示。

表 4.12 计算信号性质的语法

格 式	范 例
. measure 分析方式 计算结果名称 trig 计算节点 val=起算值 fall=第几个负缘 targ 计算节点 val=结算值 fall=第几个负缘	. measure tran falltime trig v(OUT) val=4.5 fall=2 targ v(OUT) val=0.5 fall=2

本范例计算瞬时分析结果的输出节点电压的下降时间，设定时必须设定要计算的是输出节点电压的第几个下降波形(负缘)，并要定出电压值的起算值与结算值。本范例计算输出节点电压值的第二个负缘，当电压从 4.5(起算值)到 0.5(结算值)所花的时间定为下降时间，并将计算结果名称取为 falltime。

- 保留字：T-Spice 的保留字如表 4.13 所示。请勿使用这些保留字作为名称。

表 4.13 T-Spice 的保留字

ac	Bit	biti	bus
busi	Dc	Exp	inoise
off	Onoise	params	pie
piei	Pwl	poly	pulse
r	Repeat	round	rounding
sffm	Sin	sini	Transfer

- 节点与元件命名规则：长度不限，除了 Tab 键、空格键、;、'、{}、/、=与( )键不能作为名字，其他字符都可以，例如 in、one[21]3_72 与 abc4 $ 等。注意，$ 不能单独用来命名。字母大小写是有分别的，例如 Vdd 与 VDD 不同，但 Gnd、GND、gnd 与 0 都被视为是 0.0V 的节点。
- Source_v_dc 模块：Source_v_dc 模块如图 4.27 所示，是元件库 spice 中的元件。

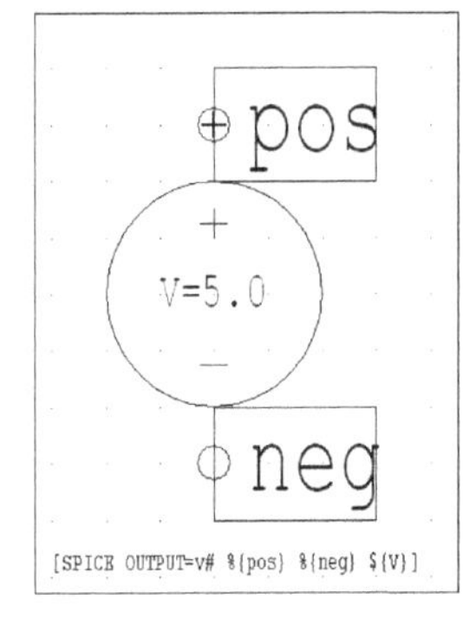

图 4.27 Source_v_dc 模块

将 Source_v_dc 模块的特性整理于表 4.14 中，特性 V 的意义为直流电压源的电压准位。

表 4.14 Source_v_dc 模块的特性

名 字	值	分隔符	显示与否	设定结果
V	5.0	=	元件被引用时显示名字与值	V=5.0

- 另外，还有一个特性 SPICE OUTPUT 为 SPICE 输出格式定义，Source_v_dc 模块的 SPICE 输出格式定义为 v# %{pos} %{neg} $ {V}。其说明如表 4.15 所示。

表 4.15 特性 SPICE OUTPUT 内容说明

格 式	说 明	输出结果范例
v#	v后面跟着整数，此整数会随着该输出模块所引用模块的个数递增。	v3
%{pos}	显示被引用模块正端(pos)接的节点名称	Vdd
%{neg}	显示被引用模块负端(neg)接的节点名称	Gnd
${V}	显示被引用模块特性 V 的值	5

● Source_v_pulse 模块：Source_v_pulse 模块如图 4.28 所示。元件库 spice 中的元件。

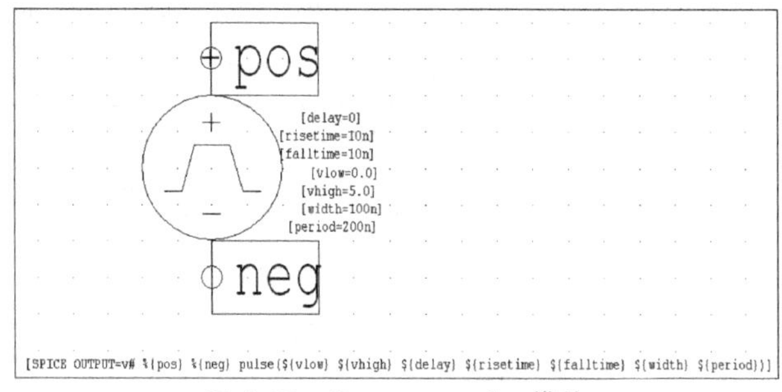

图 4.28 Source_v_pulse 模块

Source_v_pulse 模块的特性如表 4.16 所示。

表 4.16 Source_v_pulse 模块的特性

名 字	默认值	分隔符	显示与否	设定结果
delay	0	=	元件被引用时不显示名称与值	[delay=0]
risetime	10ns	=	元件被引用时不显示名称与值	[risetime=10ns]
falltime	10ns	=	元件被引用时不显示名称与值	[falltime=10ns]
vlow	0.0	=	元件被引用时不显示名称与值	[vlow=0.0]
vhigh	5.0	=	元件被引用时不显示名称与值	[vhigh=0.0]
width	100ns	=	元件被引用时不显示名称与值	[width=0.0]
period	200ns	=	元件被引用时不显示名称与值	[period=0.0]

各特性及其所代表的意义如表 4.17 所示。

另外，还有一个特性 SPICE OUTPUT 为 SPICE 输出格式定义，Source_v_pulse 模块的 SPICE 输出格式定义为 v# %{pos} %{neg} pulse(${vlow} ${vhigh} ${delay} ${risetime} ${falltime} ${width} ${period})。其具体说明如表 4.18 所示。

表 4.17　各特性及其所代表的意义

名　字	意　义
delay	起始脉冲延迟时间
risetime	脉冲上升时间
falltime	脉冲下降时间
vlow	脉冲的低电压准位
vhigh	脉冲的高电压准位
width	脉冲的宽度
period	脉冲的周期

表 4.18　特性 SPICE OUTPUT 的内容说明

格　式	说　明	输出结果范例
v#	v 后面跟着整数，此整数会随着该输出模块所引用模块的个数递增。	v3
%{pos}	显示被引用模块正端(pos)接的节点名称	Vdd
%{neg}	显示被引用模块负端(neg)接的节点名称	Gnd
${vlow}	显示被引用模块特性 vlow 的值	0
${vhigh}	显示被引用模块特性 vhigh 的值	5
${delay}	显示被引用模块特性 delay 的值	0
${risetime}	显示被引用模块特性 risetime 的值	10n
${falltime}	显示被引用模块特性 falltime 的值	10n
${width}	显示被引用模块特性 width 的值	100n
${period}	显示被引用模块特性 period 的值	200n

4.3　随堂练习

1. 计算出反相器的上升时间。
2. 计算出反相器的延迟时间

第5章

反相器直流分析

反相器为一种最基本的逻辑电路,依照所使用的逻辑电路类型的不同而具有不同的形式,在本书中主要以CMOS类型来学习Tanner软件的使用。在第2章和第3章中读者已了解了使用S-Edit绘制电路图的方法,但是如果要分析所绘制的电路图是否具备原先预估的功能,则需进一步使用电路分析软件来进行验证,在Tanner中,这种电路分析软件即为T-Spice。所以在本章中将以第3章的反相器电路为例,经适当修改并输出成SPICE文件后,利用T-Spice进行直流分析,观察反相器的输出对输入转换曲线,并以详细的步骤来引导读者学习T-Spice的基本功能。

操作流程:编辑S-Edit→输出SPICE文件→进入T-Spice→加载包含文件→分析设定→显示设定→执行仿真→显示结果。

5.1 反相器直流分析的详细步骤

(1) 打开S-Edit程序:依照第2章或第3章的方式打开S-Edit程序,S-Edit会自动将工作文件命名为File0.sdb,并显示在窗口的标题栏上,如图5.1所示。

(2) 环境设定:S-Edit默认的工作环境是黑底白线,但可以像第2章的步骤来设定自己喜欢的颜色。

S-Edit - File0.sdb : Module0 : Schematic : Page0
File Edit View Module Page Setup Help

图5.1 S-Edit标题栏

(3) 另存新文件:选择File→Save As命令,打开"另存为"对话框,在"保存在"列表框中选取保存的目录,在"文件名"文本框中输入新文件的名称,如ex4。由于在本章中所使用的电路需要一个反相器及其电源,读者可自行绘制如第3章所示的反相器电路,或从文件ex2复制反相器的模块到ex4文件,再对加入的工作电源做适当地修改即可,如下面的步骤所示。

(4) 复制inv模块:将inv模块从ex2文件中复制到ex4文件的方法可参考第4章的相关内容。

(5) 打开inv模块:由于步骤(4)的复制模块的动作,只是在ex4文件中增加了inv模块(还有inv引用到的Vdd、Gnd、MOSFET_N与MOSFET_P模块),而ex4依旧在Module0编辑环境下,所以要打开并编辑inv模块,必须选择Module→Open命令,之后打开ex4文件中的inv模块。

(6) 加入工作电源:确定inv模块在电路设计模块(Schematic Mode),再选择Module→Symbol Browser命令,打开Symbol Browser对话框,在Library列表框中选择spice元件库,其内含模块出现在Modules列表框中,其中有很多种电压源符号,选取出直流电压源Source_v_dc作为此电路的工作电压源。直流电压源Source_v_dc符号有正(+)端与负(-)端。在inv模块编辑窗口中将直流电压源Source_v_dc符号的正(+)端接Vdd,将直流电压源Source_v_dc符号的负(-)端接Gnd,连接的结果如图 5.2 所示。

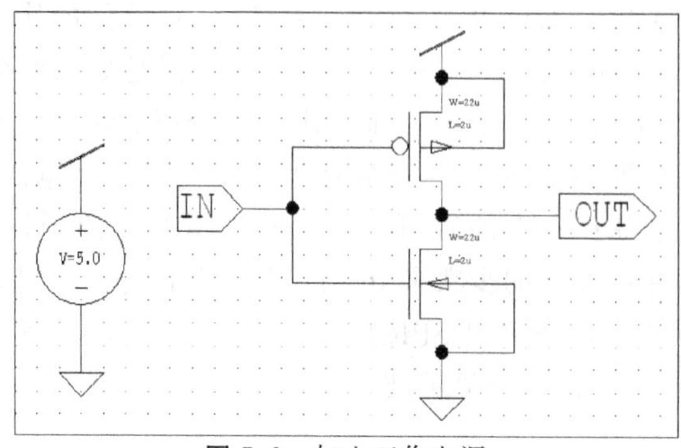

图 5.2 加入工作电源

(7) 加入输入信号：在此范例输入信号源也选用直流电压源 Source_v_dc，可以通过选择 Module→Instance 命令引用 Source_v_dc 模块，也可以选择编辑窗口内的 Source_v_dc 符号使之变为红色，再选择 Edit→Duplicate 命令复制一个 Source_v_dc 符号作为反相器输入信号，将直流电压源 Source_v_dc 符号的正(+)端接输入端口 IN，将直流电压源 Source_v_dc 符号的负(−)端接 Gnd，编辑完成的画面如图 5.3 所示。

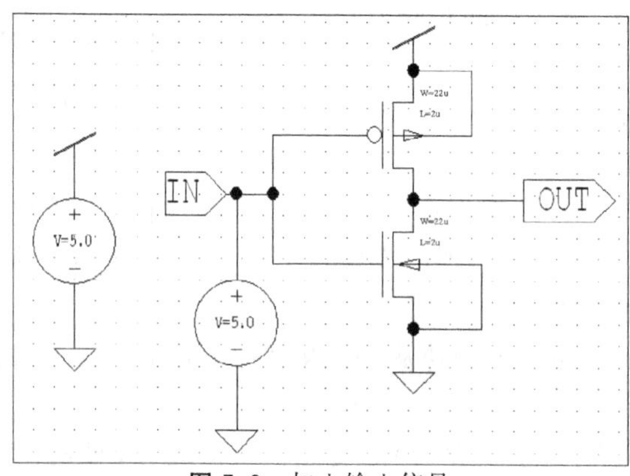

图 5.3 加入输入信号

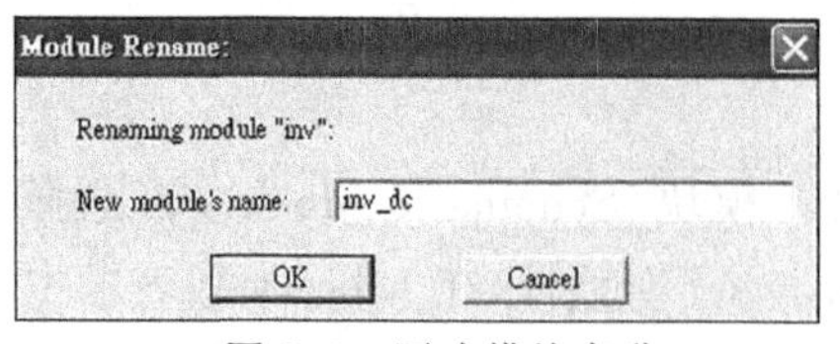

图 5.4 更改模块名称

(8) 更改模块名称：因在本章中是利用反相器电路来学习使用 T-Spice 的直流分析功能，后面还需要将该电路应用在其他种分析中，为了避免以后文件混杂状态，故将原本的模块名称 inv 改换成 inv_dc。选择 Module→Rename 命令，打开 Module Rename 对话框，在 New module's name 文本框中输入 inv_dc，如图 5.4 所示，之后单击 OK 按钮。

(9) 编辑 Source_v_dc 对象：inv_dc 模块有两个直流电压源 Source_v_dc 符号，

为了便于区别它们，可利用编辑对象更改其引用名称与 SPICE 输出形式。选取在 Vdd 与 Gnd 之间的 Source_v_dc 符号使之变为红色，选择 Edit→Edit Object 命令，打开 Edit Instance of Module Source_v_dc 对话框，将 Source_v_dc 符号引用名称 Instance name 更改为 vvdd，再将 Properties 选项组中的 SPICE OUTPUT 文本框中的内容“v#”改为“${instance}”，如图 5.5 所示，即 SPICE OUTPUT 文本框中的内容变为“${instance} %{pos} %{neg} $ {V}”。要注意，其中的 V 为默认值 5.0。做了这些修改后 SPICE 输出形式会是 vvdd Vdd Gnd 5.0。

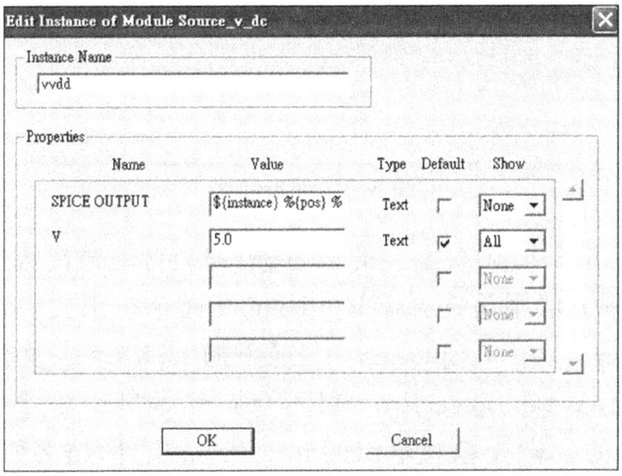

图 5.5 编辑 Source_v_dc 对象

再选取在 IN 与 Gnd 之间的 Source_v_dc 符号使之变成红色，再选择 Edit→Edit Object 命令，打开 Edit Instance of Module Source_v_dc 对话框，将 Source_v_dc 符号引用名称 Instance name 更改为“vin”，再将 Properties 选项组中的 SPICE OUTPUT 文本框中的内容“v#”改为“${instance}”，如图 5.6 所示，即 SPICE OUTPUT 文本框中的内容变为“${instance} %{pos} %{neg} $ {V}”。要注意，其中的 V 也已改为 1.0。作了这些修改后 SPICE 输出形式会是 vin IN Gnd 1.0。

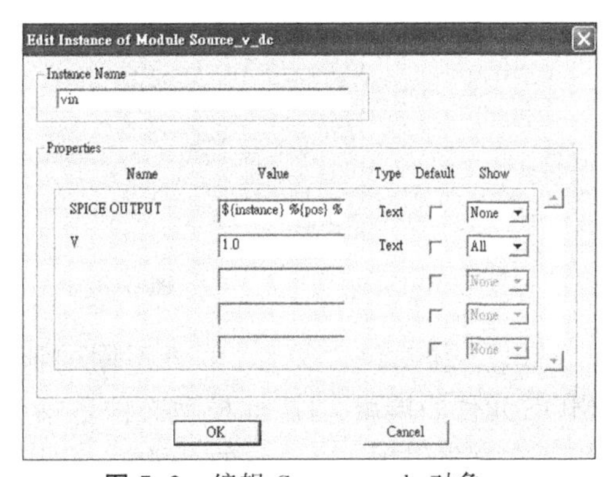

图 5.6 编辑 Source_v_dc 对象

编辑对象后的结果如图 5.7 所示，其中的工作电压源为 5.0V 的直流电压源，输入信号为 1.0V 的直流电压源。

(10) 输出成 SPICE 文件：要将设计好的 S-Edit 电路图借助 T-Spice 软件分析并模拟此电路的性质，需要先将电路图转换成 SPICE 格式。进行此操作共有两种方

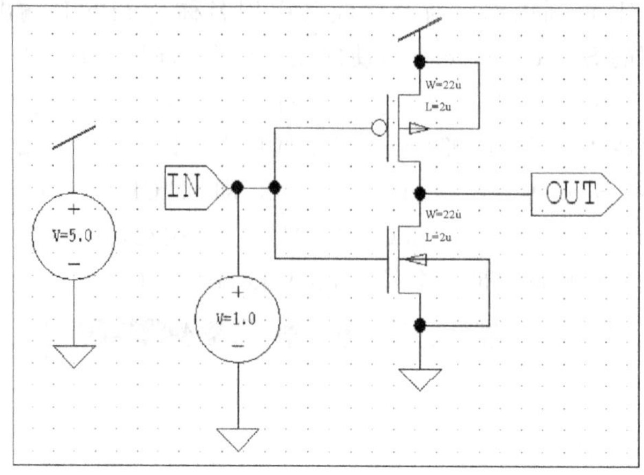

图 5.7 编辑结果

法，第一种方法是单击 S-Edit 右上方的按钮，则会自动输出成 SPICE 文件并打开 T-Spice 软件；第二种方法则是选择 File→Export 命令输出文件，再打开 T-Spice 程序，执行在..\Tanner EDA/T-Spice11.0 目录下的 tspice.exe 文件，或选择“开始”→“程序”→Tanner EDA→T-Spice Pro v11.0→T-Spice11.0 命令，即可打开 T-Spice 程序，再打开从 ex4 的 inv_dc 模块输出的 inv_dc.sp 文件，结果如图 5.8 所示。

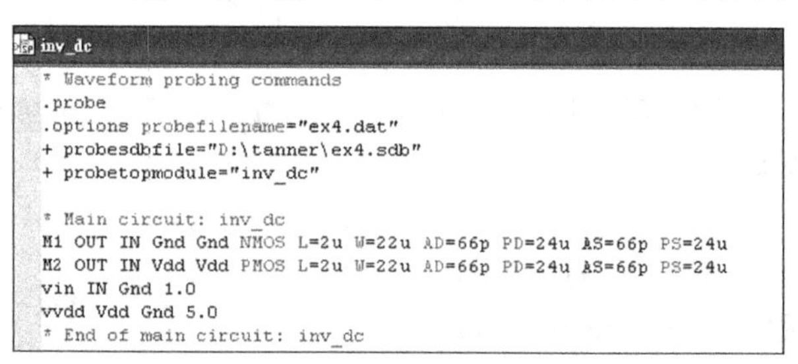

```
inv_dc
* Waveform probing commands
.probe
.options probefilename="ex4.dat"
+ probesdbfile="D:\tanner\ex4.sdb"
+ probetopmodule="inv_dc"

* Main circuit: inv_dc
M1 OUT IN Gnd Gnd NMOS L=2u W=22u AD=66p PD=24u AS=66p PS=24u
M2 OUT IN Vdd Vdd PMOS L=2u W=22u AD=66p PD=24u AS=66p PS=24u
vin IN Gnd 1.0
vvdd Vdd Gnd 5.0
* End of main circuit: inv_dc
```

图 5.8 输出成 SPICE 文件

(11) 加载包含文件：由于不同的流程有不同特性，在模拟之前，必须要引入 MOS 元件的模型文件，此模型文件包括电容电阻系数等数据，以供 T-Spice 模拟之用。在这里引用 1.25μm 的 CMOS 流程元件模型文件 ml2_125.md。将鼠标移至主要电路之前，选择 Edit→Insert Command 命令，在出现的对话框左侧的列表框中选择 Files 选项，此时在右边选项组将出现 4 个按钮，可直接单击 Include 按钮，或展开左侧列表框中的 Files 选项并选择 Include file 选项，具体如图 5.9 所示，此时单击 Browse 按钮，在出现的对话框中先找到..\Tanner EDA\ T-Spice 11.0\models\目录，接着选取模型文件 ml2_125.md，则在 Include file 选项组内将出现..\Tanner EDA\T-Spice 11.0\models\ ml2_125.md”。再单击 Insert Command 按钮，则会出现默认以红色字开头的“.include‘ C:\Tanner EDA\T-Spice 11.0\models\ml2_

125. md'”，如图 5.10 所示。

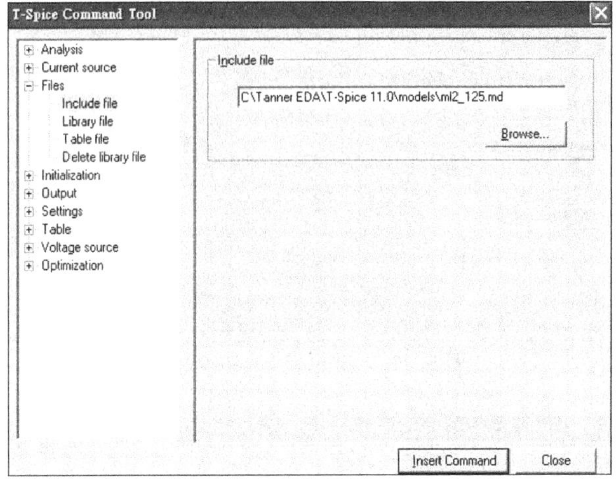

图 5.9 包含文件设定

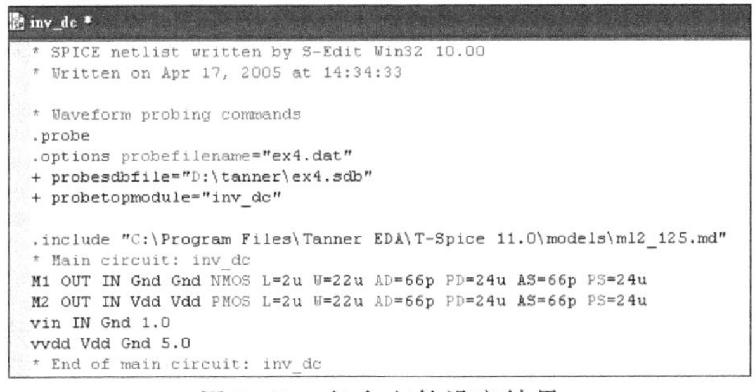

```
inv_dc *
* SPICE netlist written by S-Edit Win32 10.00
* Written on Apr 17, 2005 at 14:34:33

* Waveform probing commands
.probe
.options probefilename="ex4.dat"
+ probesdbfile="D:\tanner\ex4.sdb"
+ probetopmodule="inv_dc"

.include "C:\Program Files\Tanner EDA\T-Spice 11.0\models\ml2_125.md"
* Main circuit: inv_dc
M1 OUT IN Gnd Gnd NMOS L=2u W=22u AD=66p PD=24u AS=66p PS=24u
M2 OUT IN Vdd Vdd PMOS L=2u W=22u AD=66p PD=24u AS=66p PS=24u
vin IN Gnd 1.0
vvdd Vdd Gnd 5.0
* End of main circuit: inv_dc
```

图 5.10 包含文件设定结果

(12) 分析设定：由于本章是反相器的直流分析，模拟反相器的转换曲线，在这里模拟输入电压 vin 从 0V 变动到 5V 时(以 0.02V 线性增加)，输出电压对应于输入电压变动的情况。将鼠标移至文件尾，选择 Edit→Insert Command 命令，在出现的对话框的列表框中，选择 Analysis 选项，右边会出现 8 个按钮，选择 Analysis 选项下的 DC transfer sweep 选项，单击右侧的 Sweep1 按钮，打开 Sweep 对话框，如图 5.11 所示。在 Sweep type 下拉列表中选择 Linear 选项，在 Parameter type 下拉列表中选择 Source 选项，在 Source name 文本框中输入“vin”，在 Start 文本框中输入“0”，在 Stop 文本框中输入“5.0”，在 Increment 文本框中输入“0.02”，先单击 Accept 按钮。再单击 Insert Command 按钮则会出现默认以蓝色字开头的“.dc lin source vin 0 5.0 0.02”，如图 5.12 所示。

(13) 输出设定：在此要观察的是输出节点 OUT 电压 v(OUT)对 vin 电压作图的模拟结果。将鼠标移至文件尾，选择 Edit→Insert Command 命令。在出现的对话

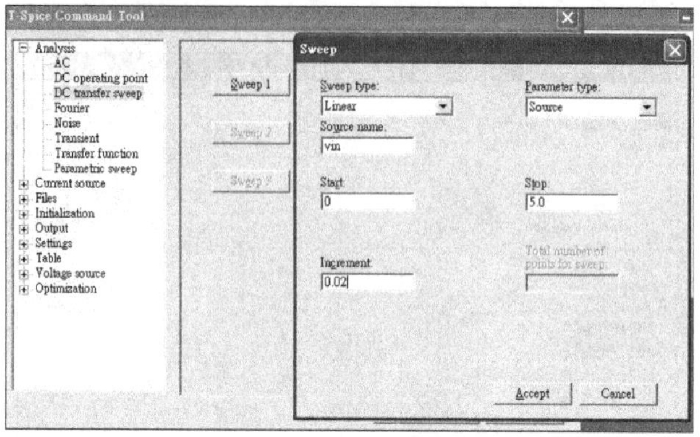

图 5.11 vin 电源 Sweep 设定

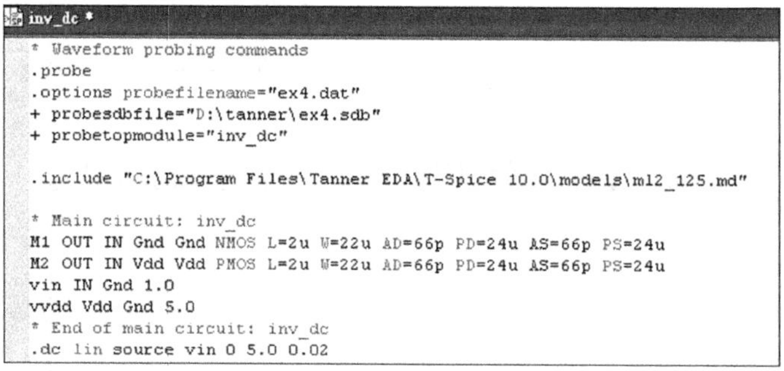

```
inv_dc *
* Waveform probing commands
.probe
.options probefilename="ex4.dat"
+ probesdbfile="D:\tanner\ex4.sdb"
+ probetopmodule="inv_dc"

.include "C:\Program Files\Tanner EDA\T-Spice 10.0\models\ml2_125.md"

* Main circuit: inv_dc
M1 OUT IN Gnd Gnd NMOS L=2u W=22u AD=66p PD=24u AS=66p PS=24u
M2 OUT IN Vdd Vdd PMOS L=2u W=22u AD=66p PD=24u AS=66p PS=24u
vin IN Gnd 1.0
vvdd Vdd Gnd 5.0
* End of main circuit: inv_dc
.dc lin source vin 0 5.0 0.02
```

图 5.12 vin 电源 Sweep 设定结果

框的左侧的列表框中选择 Output 选项，右边会出现 7 个选项，选择 Output 选项下的 DC results 选项，在右边的 Plot type 下拉列表中选择 Voltage 选项，在 Node name 文本框中输入“OUT”，单击 Add 按钮如图 5.13 所示。再单击 Insert Command 按钮，则会出现默认的以红色开头的“.print dc v(OUT)”，如图 5.14 所示。

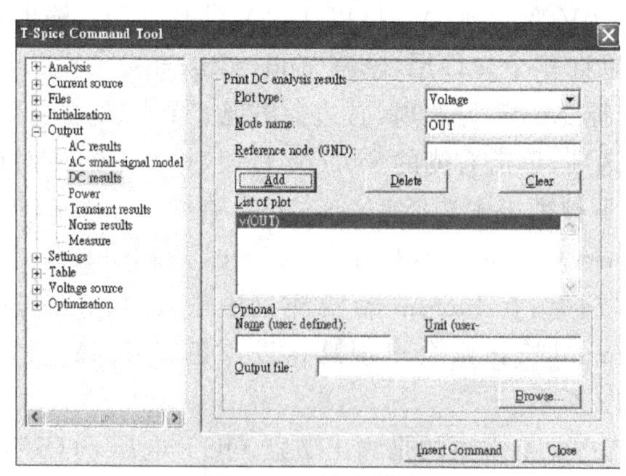

图 5.13 输出设定

```
inv_dc *
* Waveform probing commands
.probe
.options probefilename="ex4.dat"
+ probesdbfile="D:\tanner\ex4.sdb"
+ probetopmodule="inv_dc"

.include "C:\Program Files\Tanner EDA\T-Spice 10.0\models\ml2_125.md"

* Main circuit: inv_dc
M1 OUT IN Gnd Gnd NMOS L=2u W=22u AD=66p PD=24u AS=66p PS=24u
M2 OUT IN Vdd Vdd PMOS L=2u W=22u AD=66p PD=24u AS=66p PS=24u
vin IN Gnd 1.0
vvdd Vdd Gnd 5.0
* End of main circuit: inv_dc
.dc lin source vin 0 5.0 0.02
.print dc v(OUT)
```

图 5.14 输出设定结果

(14) 进行仿真:选择 Simulate→Start Simulation 命令,或单击▶按钮,打开 Run Simulation 对话框,如图 5.15 所示,单击其中的 Start Simulation 按钮。则会出现仿真状态窗口 Simulation Status,如图 5.16 所示,并自动打开 W-Editor 窗口以观看仿真波形图。

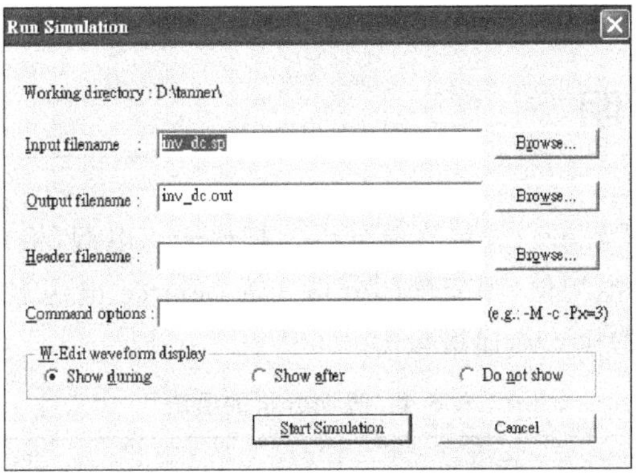

```
Run Simulation
Working directory : D:\tanner\
Input filename :  inv_dc.sp          Browse...
Output filename : inv_dc.out         Browse...
Header filename :                    Browse...
Command options :                    (e.g.: -M -c -Px=3)
W-Edit waveform display
  (•) Show during   ( ) Show after   ( ) Do not show
        Start Simulation        Cancel
```

图 5.15 进行仿真设定

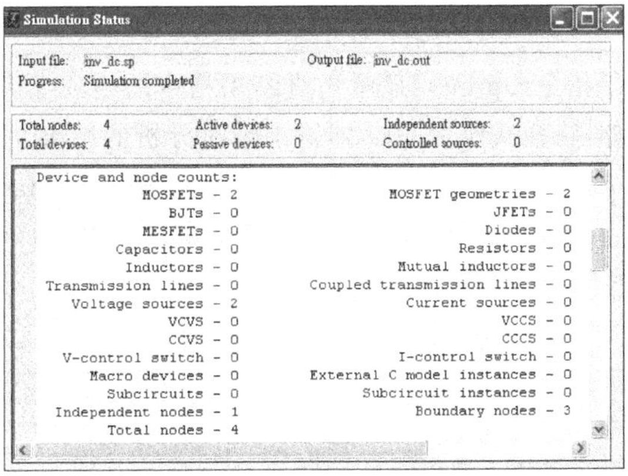

```
Simulation Status
Input file:  inv_dc.sp              Output file:  inv_dc.out
Progress:    Simulation completed

Total nodes:   4    Active devices:   2    Independent sources:  2
Total devices: 4    Passive devices:  0    Controlled sources:   0

Device and node counts:
             MOSFETs - 2               MOSFET geometries - 2
                BJTs - 0                           JFETs - 0
             MESFETs - 0                          Diodes - 0
          Capacitors - 0                       Resistors - 0
           Inductors - 0                Mutual inductors - 0
   Transmission lines - 0     Coupled transmission lines - 0
     Voltage sources - 2                 Current sources - 0
                VCVS - 0                            VCCS - 0
                CCVS - 0                            CCCS - 0
    V-control switch - 0                I-control switch - 0
       Macro devices - 0       External C model instances - 0
         Subcircuits - 0             Subcircuit instances - 0
   Independent nodes - 1                  Boundary nodes - 3
         Total nodes - 4
```

图 5.16 仿真状态窗口

(15) 观看结果:可在 T-spice 环境下打开仿真结果报告文件 inv_dc. out,如图 5.17 所示。

也可以在 W-Edit 下观看仿真结果 inv_dc. out,即反相器的转换曲线,如图 5.18 所示。其中,纵坐标为输出电压,横坐标为输入电压。

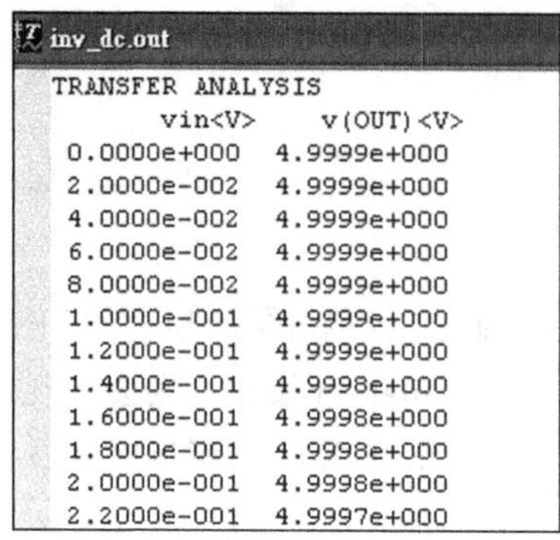
inv_dc.out

TRANSFER ANALYSIS

vin<V>	v(OUT)<V>
0.0000e+000	4.9999e+000
2.0000e-002	4.9999e+000
4.0000e-002	4.9999e+000
6.0000e-002	4.9999e+000
8.0000e-002	4.9999e+000
1.0000e-001	4.9999e+000
1.2000e-001	4.9999e+000
1.4000e-001	4.9998e+000
1.6000e-001	4.9998e+000
1.8000e-001	4.9998e+000
2.0000e-001	4.9998e+000
2.2000e-001	4.9997e+000

图 5.17 仿真结果报告文件

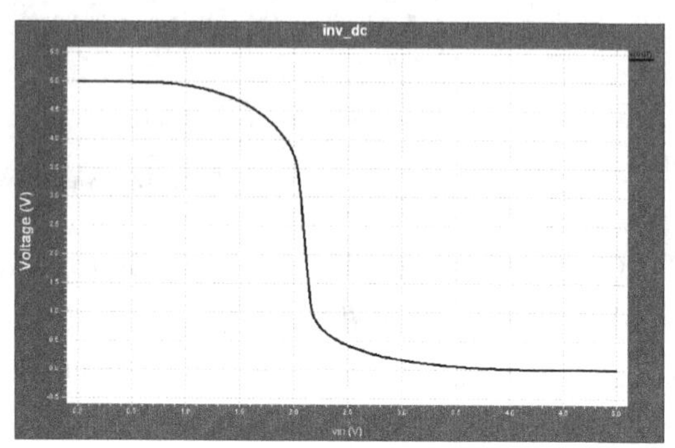

图 5.18 在 W-Edit 中观看仿真结果

5.2 说 明

● 直流分析方式(. dc):设定直流分析为扫描输入电源,格式如表 5.1 所示。其中的变量部分如果为电源值,则变量部分格式为"source 电源名"。此范例为设定电源 vin 从 0V 线性递增至 5V,递增量为 0.02V。

表 5.1 直流分析的语法

格 式	范 例
. dc [lin] 变量 开始值 结束值 增加量 [[sweep] [lin] 变量 开始值 结束值 增加量]	. dc lin source vin 0 5.0 0.02
	. dc lin source vin 0 5.0 0.02 sweep lin source vdd 2 4 0.5

● 显示仿真结果指令(. print):显示仿真结果指令的格式如表 5.2 所示。其中的模式为分析方式,例如,将模式设为 tran 即输出瞬时分析的结果,将模式设为 DC 即输出直流分析的结果。若在指令中没有设定输出文件名,则要在 Start Simulation 对话框中设定输出文件名。参数部分则列出要观察的节点电压或电流,该仿真结果会记录在输出文件中。直流分析的输出结果会将. dc 设定的第一个变量值列在第一行。

表 5.2 显示仿真结果的语法

格 式	范 例
. print [模式] ["输出文件名"] [参数]	. print tran v(in) v(out, Gnd)
	. print dc "abc. out" v(OUT)

● 修改对象：要修改引用的模块特性，可通过选择 Edit→Edit Object 命令，进入修改引用模块的窗口进行模块特性修改，如图 5.19 所示。其中 Instance Name 文本框只能修改成以 v 开头的名字，如 vin，在 Properties 选项组中，若选中 Default 的复选框，则模块特性值与该模块预设的特性值相同。在这里要引用 Source_v_dc 电源模块，并修改其模块特性，其中将 SPICE OUTPUT 特性内容中的“v＃”修改为“${instance}”，并将 V 值修改为 1.0（默认值为 5.0），如图 5.19 所示，即 SPICE OUTPUT 的特性内容变为“${instance} %{pos} %{neg} ${V}”。其中，${instance}的意义为显示模块被引用时的 Instance Name，如 vin，Source_v_dc 模块的特性内容如表 5.3 所示。

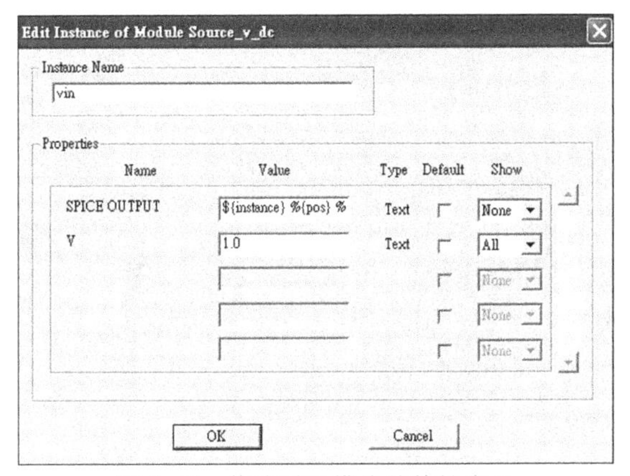

图 5.19 修改引用模块的特性窗口

表 5.3 Source_v_dc 模块的特性内容

格 式	说 明	输出结果范例
${instance}	显示被引用模块的 Instance Name	Vin
%{pos}	显示被引用模块正端(pos)接的节点名称	In
%{neg}	显示被引用模块负端(neg)接的节点名称	Gnd
${V}	显示被引用模块特性 V 的值	1

5.3 随堂练习

在 5.1 节步骤(13)的输出设定中，从 Plot type 下拉列表中选择 Current (by terminal ＃)或 Current (by node name)，并设定相关参数后观察输入电压对元件电流的直流分析。

第6章

与非门直流分析

在第 5 章中读者应该已经了解利用 T-Spice 作反相器直流分析的方法，在本章中将以第 3 章的与非门电路为例，经适当修改并输出成 SPICE 文件后，利用 T-Spice 进行与非门直流分析，对各种输入下的输出情况进行仿真，并以详细的步骤引导读者学习 T-Spice 的基本功能。

操作流程：编辑 S-Edit→输出 SPICE 文件→进入 T-Spice→加载包含文件→电源设定→输入设定→分析设定→显示设定→执行仿真→显示结果。

6.1 与非门直流分析的详细步骤

(1) 打开 S-Edit 程序：依照第 2 章或第 3 章的方式打开 S-Edit 程序，S-Edit 会自动将工作文件命名为 File0.sdb 并显示在窗口的标题栏上，如图 6.1 所示。

图 6.1 S-Edit 的标题栏

(2) 环境设定：S-Edit 默认的工作环境是黑底白线，但可以依照第 2 章的步骤来自定义颜色。

(3) 另存新文件：选择 File→Save As 命令，打开“另存为”对话框，在“保存在”下拉列表中选择存储的目录，在“文件名”文本框中输入新文件的名称，如 ex5。由于在本章中所使用的电路需要一个与非门及其电源，读者可自行绘制如第 3 章所示的与非门电路，或从文件 ex2 复制与非门的模块到 ex5 文件，再打开该文件加入电源并进行适当的修改即可，如后面的步骤所示。

(4) 复制 Nand2 模块：将 Nand2 模块从 ex2 文件中复制到 ex5 文件的方法可参考第 4 章。

(5) 打开 Nand2 模块：由于步骤(4)复制了模块的动作，只是在 ex5 文件中增加了 Nand2 模块(还有 Nand2 引用到的 Vdd，Gnd，MOSFET_N 与 MOSFET_P 模块)，而 ex5 依旧在 Module0 编辑环境下，所以要打开并编辑 Nand2 模块，必须选择 Module→Open 命令，打开 ex5 文件中的 Nand2 模块。

(6) 加入工作电源：确定 Nand2 模块在电路设计模式(Schematic Mode)下，再选择 Module→Symbol Browser 命令，打开 Symbol Browser 对话框，在 Library 列表框中选择 spice 元件库，其内含模块出现在 Modules 列表框中，其中有很多种电压源符号，选取出直流电压源 Source_v_dc 作为此电路的工作电压源。直流电压源 Source_v_dc 符号有正(+)端与负(−)端。在 Nand2 模块编辑窗口中将直流电压源 Source_v_dc 符号的正(+)端接 Vdd，将直流电压源 Source_v_dc 符号的负(−)端接 Gnd，连接的结果如图 6.2 所示。

(7) 加入输入信号：在此范例输入信号源也选用直流电压源 Source_v_dc，可以利用 Module→Instance 命令，引用 Source_v_dc 模块，或选取编辑窗口内的 Source_v_dc 符号使之变成红色，利用 Edit→Duplicate 命令复制两个 Source_v_dc 符号作为与非门输入信号，将其中一个直流电压源 Source_v_dc 符号的正(+)端接输入端口 A，将其负(−)端接 Gnd。再将另外一个直流电压源 Source_v_dc 符号的正(+)端接输入端口 B，将其负(−)端接 Gnd，则编辑完成画面出现，如图 6.3 所示

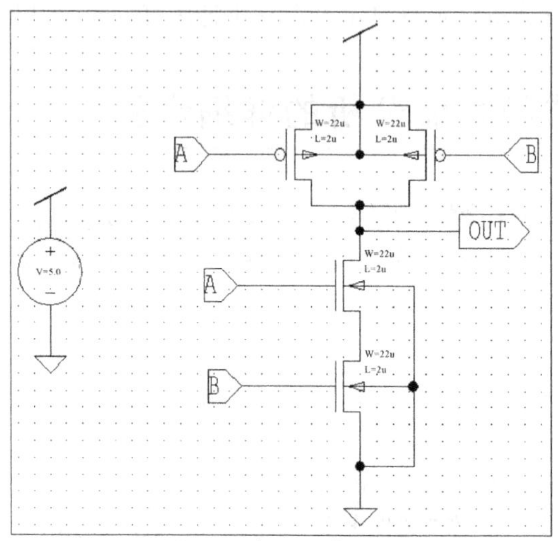

图 6.2 加入工作电源

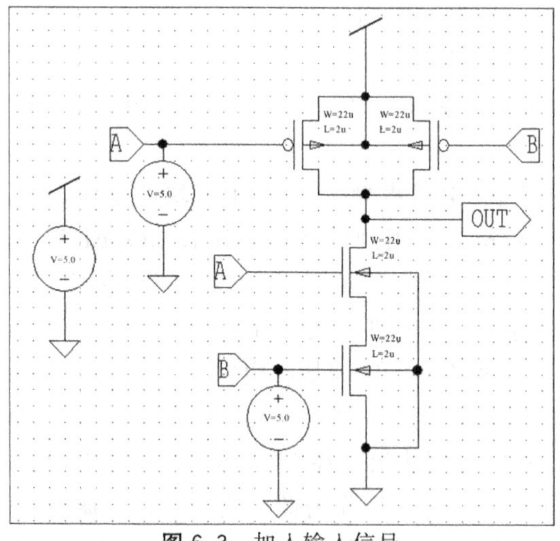

图 6.3 加入输入信号

(8) 更改模块名称：因在本章中是利用与非门电路学习使用 T-Spice 的直流分析功能，后面还需要将该电路应用在其他种的分析之中，为避免以后文件混杂，故将原来的模块名称 Nand2 改成 Nand2_dc。选择 Module→Rename 命令，打开 Module

Rename 对话框，在 New module's name 文本框中输入“Nand2_dc”，如图 6.4 所示，之后单击 OK 按钮。

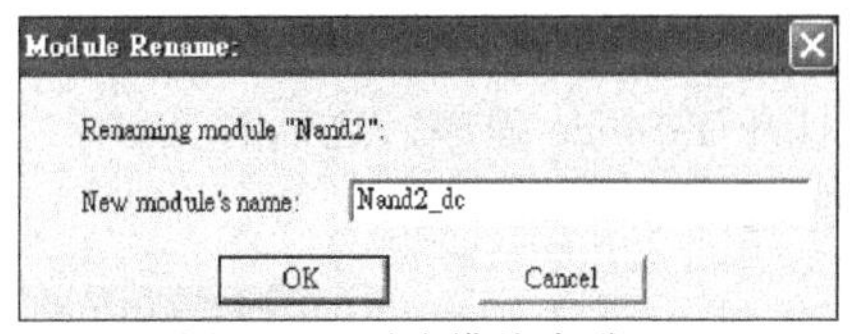

图 6.4 更改模块名称

(9) 编辑 Source_v_dc 对象：Nand2_dc 模块有 3 个直流电压源 Source_v_dc 符号，要便于区分这 3 个直流电压源 Source_v_dc 符号，利用编辑对象功能更改其引用名称与 SPICE 输出形式即可。选取在 Vdd 与 Gnd 之间的 Source_v_dc 符号使之成为红色，再选择 Edit→Edit Object 命令，打开 Edit Instance of Module Source_v_dc 对话框，更改 Source_v_dc 符号引用名称 Instance name 为“vvdd”，如图 6.5 所示，再将 Properties 选项组中的 SPICE OUTPUT 文本框的内容中的“v#”改为“${instance}”，即 SPICE OUTPUT 文本框的内容变为“${instance} %{pos} %{neg} ${V}”。要注意，其 V 为默认值 5.0。作此修改后，SPICE 输出形式会是 vvdd Vdd Gnd 5.0。

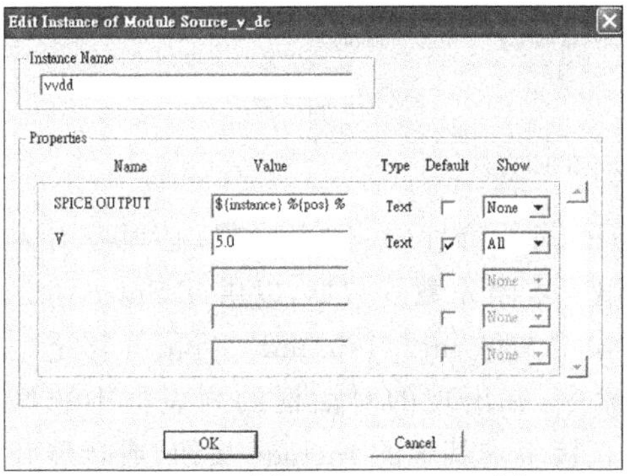

图 6.5 编辑 Source_v_dc 对象

再选取在 A 与 Gnd 之间的 Source_v_dc 符号使之变成红色，选择 Edit→Edit Object 命令，打开 Edit Instance of Module Source_v_dc 对话框，更改 Source_v_dc 符号引用名称 Instance name 为“va”，再将 Properties 选项组中的 SPICE OUTPUT 文本框的内容中的“v#”改为“${instance}”，即 SPICE OUTPUT 文本框的内容变为“${instance} %{pos} %{neg} $ {V}”。作此修改后 SPICE 输出形式会是 va A Gnd 5.0。

再选取在 B 与 Gnd 之间的 Source_v_dc 符号使之变成红色，选择 Edit→Edit Object 命令，打开 Edit Instance of Module Source_v_dc 对话框，更改 Source_v_dc 符号引用名称 Instance name 为“vb”，再将 Properties 选项组中的 SPICE OUTPUT 文本框的内容中的“v#”改为“${instance}”，即 SPICE OUTPUT 文本框的内容变为“${instance} %{pos} %{neg} ${V}”。作此修改后 SPICE 输出形式会是 vb B Gnd 5.0。

(10) 输出成 SPICE 文件：要将设计好的 S-Edit 电路图借助 SPICE 软件分析与模拟此电路的性质，需要先将电路图转换成 SPICE 格式，将电路图转换成 SPICE 格式共有两种，第一种方法是单击 S-Edit 右上方按钮，则系统会自动输出成 SPICE 文件并打开 T-Spice 软件，第二种方法则是选择 File→Export 命令输出文件，再打开 T-Spice 程序，(选择..\Tanner EDA\T-Spice 11.0 目录下的 tspice.exe 文件，或选择“开始”→“程序”→Tanner EDA→T-Spice Pro v11.0→T-Spice v11.0 命令，即可打开 T-Spice 程序），之后打开从 ex5 的 Nand2_dc 模块输出的 Nand2_dc.sp 文件，结果如图 6.6 所示。

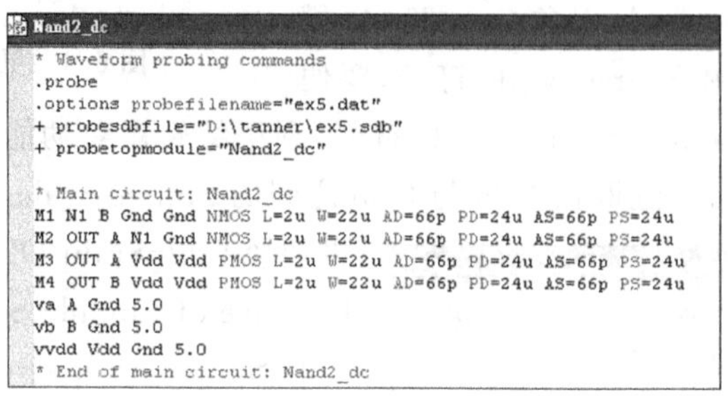

```
Nand2_dc
* Waveform probing commands
.probe
.options probefilename="ex5.dat"
+ probesdbfile="D:\tanner\ex5.sdb"
+ probetopmodule="Nand2_dc"

* Main circuit: Nand2_dc
M1 N1 B Gnd Gnd NMOS L=2u W=22u AD=66p PD=24u AS=66p PS=24u
M2 OUT A N1 Gnd NMOS L=2u W=22u AD=66p PD=24u AS=66p PS=24u
M3 OUT A Vdd Vdd PMOS L=2u W=22u AD=66p PD=24u AS=66p PS=24u
M4 OUT B Vdd Vdd PMOS L=2u W=22u AD=66p PD=24u AS=66p PS=24u
va A Gnd 5.0
vb B Gnd 5.0
vvdd Vdd Gnd 5.0
* End of main circuit: Nand2_dc
```

图 6.6　输出成 SPICE 文件

(11) 加载包含文件：由于不同的流程有不同的特性，在仿真之前，必须要引入 CMOS 元件的模型文件，此模型文件内包括电容电阻系数等数据，以供 T-Spice 仿真之用，本章引用 1.25μm 的 CMOS 流程元件模型文件 ml2_125.md。将鼠标移至主要电路之前，选择 Edit→Insert Command 命令，在出现的对话框的列表框中选择 Files 选项。在右边窗口将出现 4 个按钮，可直接单击其中的 Include 按钮，或者展开左侧列表框中的 Files 选项，并选择其中的 Include file 选项之后，打开如图 6.7 所示的画面，单击 Browse 按钮，在出现对话框中找到..\Tanner EDA\T-Spice 11.0\models\目录，选取其中的模型文件 ml2_125.md，这样，在 Include file 选项组中将会出现“..\Tanner EDA\T-Spice 11.0\models\ml2_125.md”。再单击 Insert Command 按钮，则会出现默认以红色字开头的“.include ‘ C:\Tanner EDA\T-Spice 11.0\models\ml2_125.md ’”，如图 6.8 所示。

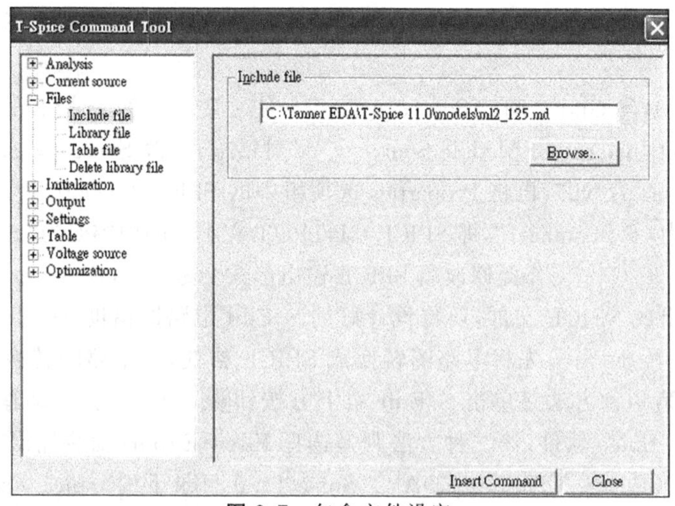

图 6.7　包含文件设定

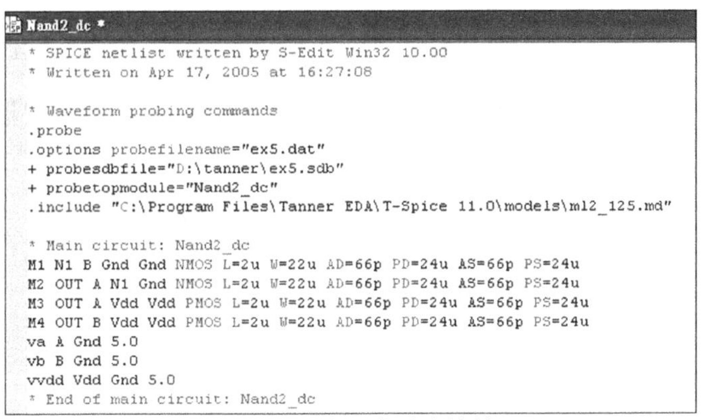

```
Nand2_dc *
* SPICE netlist written by S-Edit Win32 10.00
* Written on Apr 17, 2005 at 16:27:08

* Waveform probing commands
.probe
.options probefilename="ex5.dat"
+ probesdbfile="D:\tanner\ex5.sdb"
+ probetopmodule="Nand2_dc"
.include "C:\Program Files\Tanner EDA\T-Spice 11.0\models\ml2_125.md"

* Main circuit: Nand2_dc
M1 N1 B Gnd Gnd NMOS L=2u W=22u AD=66p PD=24u AS=66p PS=24u
M2 OUT A N1 Gnd NMOS L=2u W=22u AD=66p PD=24u AS=66p PS=24u
M3 OUT A Vdd Vdd PMOS L=2u W=22u AD=66p PD=24u AS=66p PS=24u
M4 OUT B Vdd Vdd PMOS L=2u W=22u AD=66p PD=24u AS=66p PS=24u
va A Gnd 5.0
vb B Gnd 5.0
vvdd Vdd Gnd 5.0
* End of main circuit: Nand2_dc
```

图 6.8 包含文件设定结果

(12) 分析设定:本范例为与非门的直流分析,在此模拟输入电压 va 从 0V 变动到 5V 时(以 0.1V 线性增加),vb 从 0V 变动 5V 时(以 1V 线性增加),输出电压对输入电压的变动结果。将鼠标移至文件尾,选择 Edit→Insert Command 命令。在出现的对话框中的列表框中选择 Analysis 选项,右边窗口出现 8 个选项,再在 Analysis 选项下选择 DC transfer sweep 选项,在右边窗口单击 Sweep1 按钮,打开 Sweep 对话框,如图 6.9 所示。在 Sweep type 下拉列表中选择 Linaer 选项,在 Parameter type 下拉列表中选择 Source 选项,在 Source name 文本框中输入“va”,在 Start 文本框中输入“0”,在 Stop 文本框中输入“5.0”,在 Increment 文本框中输入“0.1”,单击 Accept 按钮。

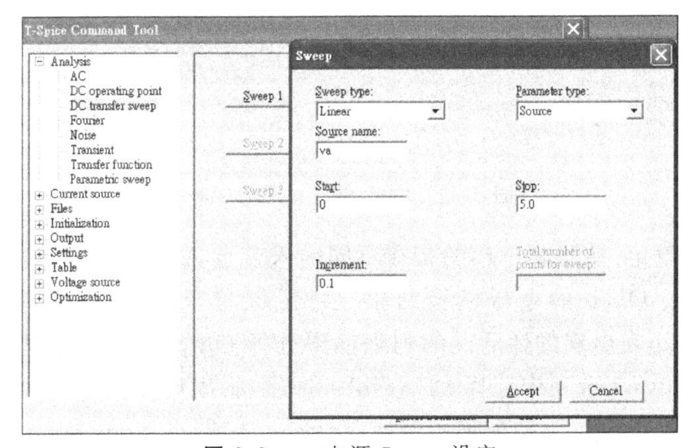

图 6.9 va 电源 Sweep 设定

单击 Sweep2 按钮,打开 Sweep 对话框,如图 6.10 所示。在 Sweep type 下拉列表中选择 Linear 选项,在 Parameter type 下拉列表中选择 Source 选项,在 Source name 文本框中输入“vb”,在 Start 文本框中输入“0”,在 Stop 文本框中输入“5.0”,

在 Increment 文本框中输入“1”，单击 Accept 按钮，之后单击 Insert Command 按钮，将会出现“. dc lin source va 0 5.0 0.1 sweep lin source vb 0 5.0 1”的文字，如图 6.11 所示。要注意，在上述步骤中，设定按钮 Sweep1 及 Sweep2 的内容时，按钮 Sweep2 中的 Increment 文本框中的值不应太小。

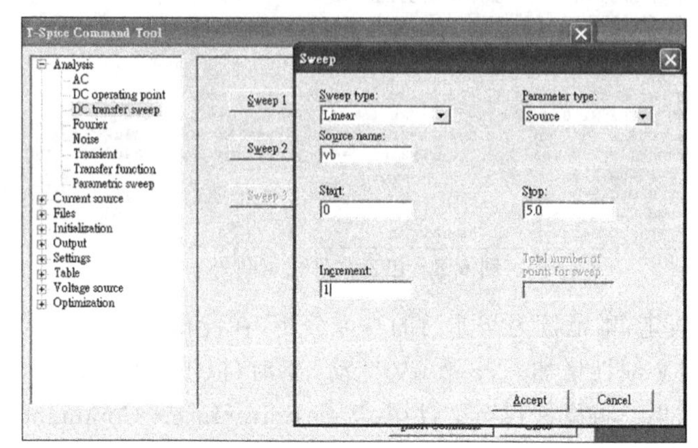

图 6.10 vin 电源 Sweep 设定

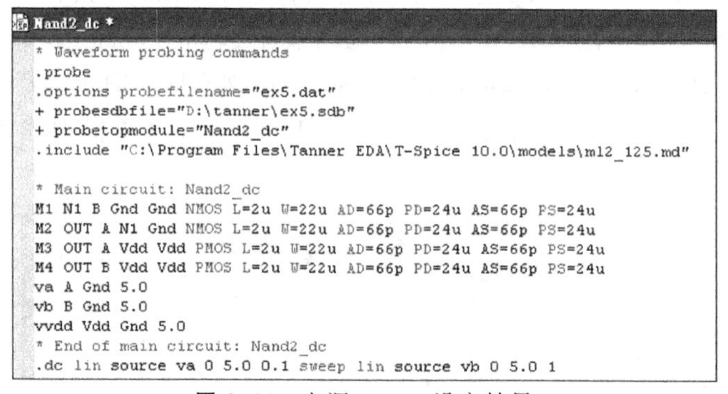

```
Nand2_dc *
* Waveform probing commands
.probe
.options probefilename="ex5.dat"
+ probesdbfile="D:\tanner\ex5.sdb"
+ probetopmodule="Nand2_dc"
.include "C:\Program Files\Tanner EDA\T-Spice 10.0\models\ml2_125.md"

* Main circuit: Nand2_dc
M1 N1 B Gnd Gnd NMOS L=2u W=22u AD=66p PD=24u AS=66p PS=24u
M2 OUT A N1 Gnd NMOS L=2u W=22u AD=66p PD=24u AS=66p PS=24u
M3 OUT A Vdd Vdd PMOS L=2u W=22u AD=66p PD=24u AS=66p PS=24u
M4 OUT B Vdd Vdd PMOS L=2u W=22u AD=66p PD=24u AS=66p PS=24u
va A Gnd 5.0
vb B Gnd 5.0
vvdd Vdd Gnd 5.0
* End of main circuit: Nand2_dc
.dc lin source va 0 5.0 0.1 sweep lin source vb 0 5.0 1
```

图 6.11 电源 Sweep 设定结果

(13) 输出设定：在此要观察的是在不同输入节点 A 电压 va 与输入节点 B 电压 vb 下，输出节点 OUT 的电压模拟结果。将鼠标移至文件尾，选择 Edit→Insert Command 命令。在出现的话话框的列表框中选择 Output 选项，右边窗口将出现 7 个选项，再在 Output 选项中选择 DC results 选项，将出现如图 6.12 所示的对话框，在右边出现的 Plot type 下拉列表中选择 Voltage 选项，在 Node name 文本框中输入“OUT”，单击 Add 按钮，之后单击 Insert Command 按钮，则会出现“. print dc v (OUT)”的文字，如图 6.13 所示。

(14) 进行仿真：选择 Simulate→Start Simulation 命令，或单击▶按钮，打开 Run Simulation 对话框，如图 6.14 所示。单击 Start Simulation 按钮，将出现仿真状况的窗

口 Simulation Status，如图 6.15 所示，并会自动打开 W -Editor 窗口来观看仿真波形图。

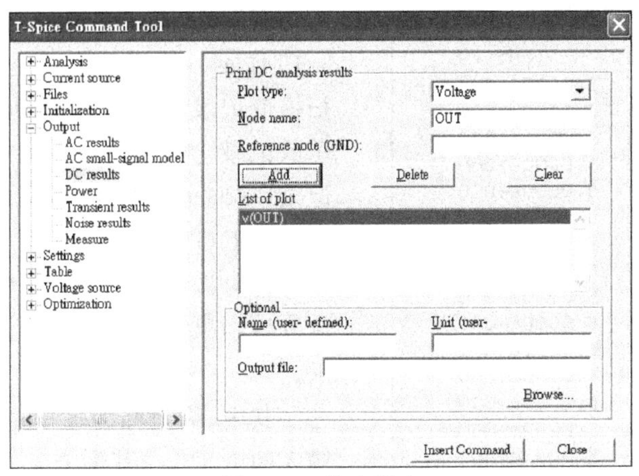

图 6.12　输出设定

```
Nand2_dc *
* SPICE netlist written by S-Edit Win32 10.00
* Written on Apr 17, 2005 at 16:27:08

* Waveform probing commands
.probe
.options probefilename="ex5.dat"
+ probesdbfile="D:\tanner\ex5.sdb"
+ probetopmodule="Nand2_dc"
.include "C:\Program Files\Tanner EDA\T-Spice 11.0\models\ml2_125.md"

* Main circuit: Nand2_dc
M1 N1 B Gnd Gnd NMOS L=2u W=22u AD=66p PD=24u AS=66p PS=24u
M2 OUT A N1 Gnd NMOS L=2u W=22u AD=66p PD=24u AS=66p PS=24u
M3 OUT A Vdd Vdd PMOS L=2u W=22u AD=66p PD=24u AS=66p PS=24u
M4 OUT B Vdd Vdd PMOS L=2u W=22u AD=66p PD=24u AS=66p PS=24u
va A Gnd 5.0
vb B Gnd 5.0
vvdd Vdd Gnd 5.0
* End of main circuit: Nand2_dc
.dc lin source va 0 5.0 1 sweep lin source vb 0 5.0 0.1
.print dc v(OUT)
```

图 6.13　输出设定结果

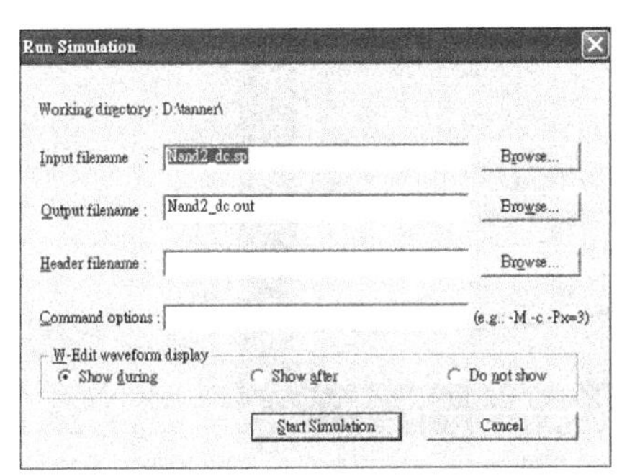

图 6.14　进行仿真设定

```
Simulation Status
Input file:  Nand2_dc.sp                    Output file:  Nand2_dc.out
Progress:    Simulation completed

Total nodes:    6    Active devices:   4    Independent sources:  3
Total devices:  7    Passive devices:  0    Controlled sources:   0

Device and node counts:
          MOSFETs - 4              MOSFET geometries - 2
             BJTs - 0                          JFETs - 0
           MESFETs - 0                        Diodes - 0
        Capacitors - 0                     Resistors - 0
         Inductors - 0             Mutual inductors - 0
 Transmission lines - 0   Coupled transmission lines - 0
   Voltage sources - 3               Current sources - 0
              VCVS - 0                          VCCS - 0
              CCVS - 0                          CCCS - 0
   V-control switch - 0             I-control switch - 0
     Macro devices - 0    External C model instances - 0
       Subcircuits - 0         Subcircuit instances - 0
 Independent nodes - 2                Boundary nodes - 4
       Total nodes - 6
```

图 6.15　仿真状态窗口

```
Nand2_dc.out
TRANSFER ANALYSIS
      va<V>          v(OUT)<V>
 0.0000e+000    5.0000e+000
 1.0000e-001    5.0000e+000
 2.0000e-001    5.0000e+000
 3.0000e-001    5.0000e+000
 4.0000e-001    5.0000e+000
 5.0000e-001    5.0000e+000
 6.0000e-001    5.0000e+000
 7.0000e-001    5.0000e+000
 8.0000e-001    5.0000e+000
 9.0000e-001    5.0000e+000
 1.0000e+000    5.0000e+000
 1.1000e+000    5.0000e+000
 1.2000e+000    5.0000e+000
 1.3000e+000    5.0000e+000
 1.4000e+000    5.0000e+000
 1.5000e+000    5.0000e+000
 1.6000e+000    5.0000e+000
```

图 6.16 仿真结果报告文件

(15)观看结果：可在 T-spice 环境下打开仿真结果 Nand2_dc. out 报告文件，如图 6.16 所示。注意第一行是 va 从 0～5V 的扫描值记录，第二行是输出节点 OUT 的电压值记录，共有 6 组 va 从 0～5V 的扫描值记录，它们分别配合不同的 vb 值，产生 6 组节点 OUT 的电压值。

也可以在 W-Edit 中观看 Nand2 的直流分析结果“Nand2_dc. out”，如图 6.17 所示。

其中，纵坐标为输出电压，横坐标为 A 输入的电压 va，其中有 6 条线分别为不同的 B 输入电压 vb，如图 6.17 中，粉红色为 vb=0V，蓝色为 vb=1V，黄色为 vb=2V，橘色为 vb=3V，绿色为 vb=4V，黑色为 vb=5V。可以连续单击线两次，观看曲线的性质，例如连续单击橘色曲线两次，打开 Trace Properties 对话框，如图 6.18 所示，可从图中看到此条曲线为 vb=3，输出电压 v(OUT)对 va 的直流分析图，而且从此图还可证明本实例的电路符合与非门的特性，例如，粉红色曲线 vb=0V 表示 vb 输入为 low，则无论 va 输入为 low 或 high(0V 或 5V)，输出皆为 high(5V)。而黑色曲线 vb=5V 表示 vb 输入为 high，当 va 输入为 low(va=0V)时输出为 high(5V)，而当 va 输入为 high(va=5V)时输出则为 low (0V)。

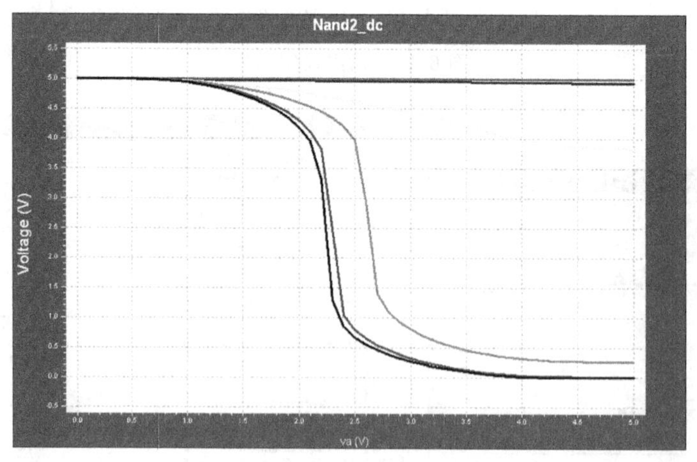

图 6.17 以 W-Edit 观看仿真结果

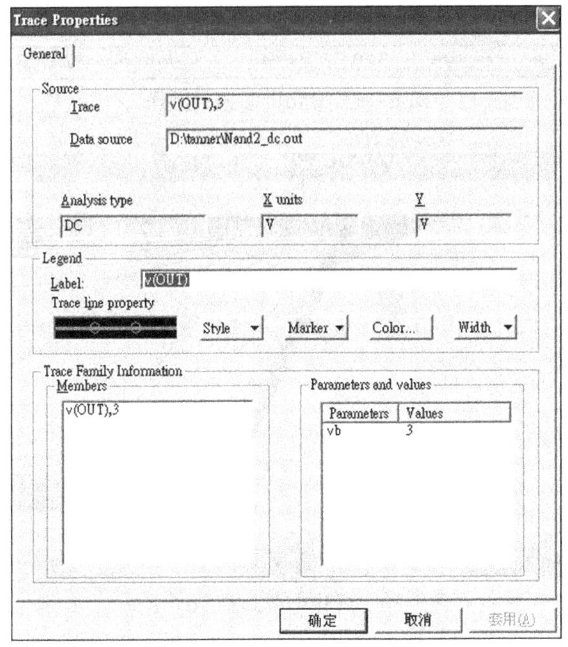

图 6.18 曲线性质

6.2 说 明

直流分析方式(.dc):设定分析电路的输出与输入的关系,格式如表 6.1 所示。例如,电源 va 从 0～5V 线性增加,增加量为 0.1;电源 vb 从 0～5V 线性增加,增加量为 1。直流分析的输出结果会将.dc 设定的第一个变量值列在第一行。故要注意扫描两项以上的变量时,会先扫描.dc 设定的第一个变量值,再将.dc 设定的第二个变量值变化一格,之后扫描.dc 设定的第一个变量值。故看到图 6.27 是以 va 为横坐标的曲线,每一条曲线代表的 vb 值不同。

表 6.1 直流分析语法

格 式	范 例
.dc [lin] [source] 电源 1 开始值 结束值 增加量 sweep [lin] [source] 电源 2 开始值 结束值 增加量	.dc lin source va 0 5.0 .1 sweep lin source vb 0 5.0 1
	.dc va 0 5 0.1 vb 0 5 1

注意,若扫描两项以上的关系时,需注意 Increment 值的设定,若此增量数值的设定方式不佳,则将导致图形难以观察,例如在设定 Sweep1 时将 Increment 设定为 1,而在设定 Sweep2 时将 Increment 设定为 0.1(与前例相反),则程序如图 6.19 所

示，而最后结果将如图6.20所示，与图6.17相差甚远。

```
.dc lin source va 0 5.0 1 sweep lin source vb 0 5.0 0.1
```

图6.19 变化电源扫描顺序

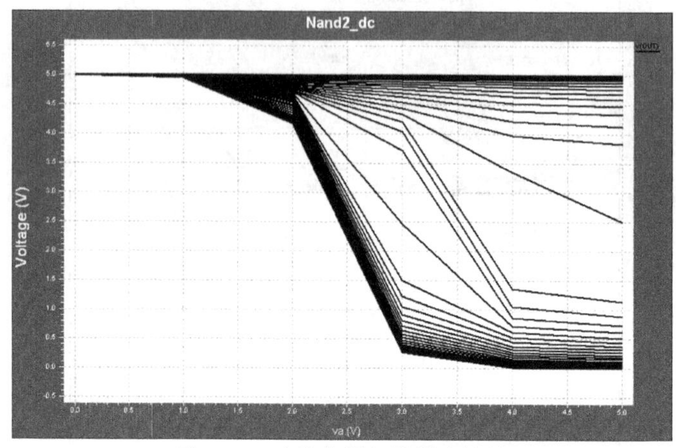

图6.20 变化电源扫描顺序结果

6.3 随堂练习

1. 进行或非门(NOR)的直流分析。
2. 进行异或门(XOR)的直流分析。

第 7 章

使用S-Edit设计全加器电路

- 7.1 使用S-Edit编辑全加器的详细步骤
- 7.2 说　明
- 7.3 随堂练习

在本书中,主要是以 CMOS 类型来学习 Tanner 软件的使用。在前面介绍了使用 S-Edit 编辑基本 PMOS、NMOS 符号与 CMOS 类型的反相器与与非门,在本章中,要利用多种基本逻辑电路,组合成全加器电路,并以详细的步骤来引导读者学习 S-Edit 的基本功能。

- 全加器输出输入端口:本章的全加器输出输入端口整理如表 7.1 所示。
- 全加器关系式:$Co = (A+B)Ci + BA$,$S = ((A+B+Ci)\overline{Co} + ABCi)$
- 操作流程:进入 S-Edit→建立新文件→环境设定→引用基本逻辑模块→合成全加器→建立全加器符号。

表 7.1 全加器输出输入端口

输　入	输　出
进位输入 Ci	和 S
数据输入 A	进位输出 Co
数据输入 B	

7.1 使用 S-Edit 编辑全加器的详细步骤

(1) 打开 S-Edit 程序:依照第 2 章或第 3 章的方式打开 S-Edit 程序,S-Edit 会自动将工作文件命名为 File0.sdb 并显示在窗口的标题栏上,如图 7.1 所示。

图 7.1 S-Edit 标题栏

(2) 环境设定:S-Edit 默认的工作环境是黑底白线,但也可以按照第 2 章的步骤来设定为自己喜欢的颜色。

(3) 另存新文件:选择 File→Save As 命令,打开"另存为"对话框,在"保存在"下拉列表中选择保存的目录,在"文件名"文本框中输入新文件的名称,如 ex6。

(4) 编辑模块:S-Edit 的编辑方式是以模块(Module)为单位而不是以文件(File)为单位,每一个文件可有多个模块,而每一个模块即表示一种基本元件或一种电路,所以,一个文件中可能包含多种元件或多个电路。每次打开一个新文件便会自动打开一个模块并将其命名为 Module0。

(5) 从元件库引用模块:可从 scmos 元件库分别复制 NOR2C、NAND2C、NOR3C、NAND3C 与 Inv 模块至 ex6 文件中,并在 Module0 编辑画面中引用。方法是选择 Module→Symbol Browser 命令,利用 Add Library 按钮加入 scmos 元件库,再从其内含模块中选取 NOR2C 符号,接着单击 Place 和 Close 按钮,则在 Module0 编辑窗口中将出现 NOR2C 的符号。注意,scmos 元件库中的 nmos 与 pmos 的特性 W 与 L,其值是以参数 l(英文小写)表示。

以同样操作再选出 NAND2C 符号,单击 Place 按钮后会出现模块名称冲突的对

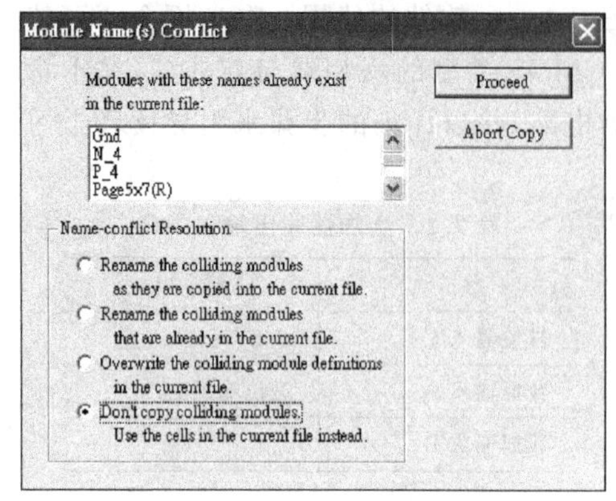

图7.2 模块名称冲突对话框

话框 Module Name(s) Conflict，在其中的列表框中列出复制时发生冲突的模块名称有 Gnd、Vdd、N_4 与 P_4 等。可选择第4项解决方式 Don't copy colliding modules. Use the cells in the current file instead.，即选择不要复制发生名称冲突的模块，使用文件中现有的模块，如图7.2所示。

接着单击 Proceed 按钮，则在 Module0 编辑窗口内将出现 NOR2C 的符号。也以同样的方式将 NOR3C，NAND3C 与 NOR2 项选择出来并放置在当前 Module0 编辑窗口中。

(6) 编辑全加器：按住 Alt 健的同时拖动鼠标可以移动各对象。需要重复使用的符号，可通过选择 Edit→Duplicate 命令或按住 Ctrl 健的同时拖动鼠标来进行。之后利用左边的联机按钮，完成各端点的信号连接，注意控制鼠标左键可将联机转向，右击可终止联机。当联机与元件节点正确相接时，节点上的小圆圈会消失，但若有3个以上的联机或元件节点接在一起时，则会出现实心圆圈，将各对象摆放成如图7.3所示的位置。注意，NOR2C，NOR3C，NAND2C 与 NAND3C 各有两个输出，而 NOR2C 与 NOR3C 偏下面的输出可作为 OR 输出，同样 NAND2C 与 NAND3C 偏下面的输出可作为 AND 输出。注意，两个对象相连接处的各节点上的小圆圈消失即代表连接成功。

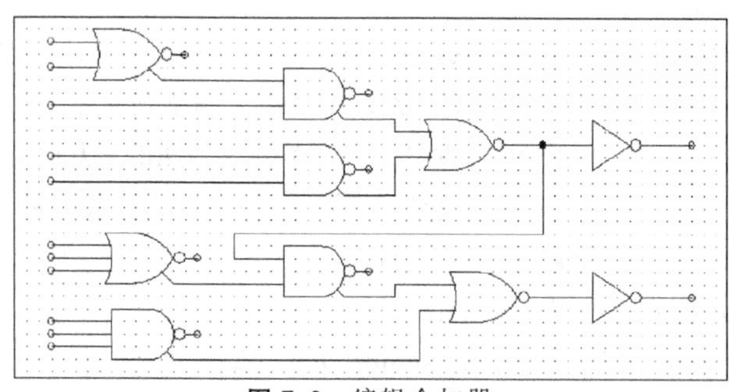

图7.3 编辑全加器

(7) 标注节点名称：要标注图7.3中的节点名称，可利用 S-Edit 提供的节点标签按钮，方法如下：单击节点标签按钮，再到工作区中选择要连接的端点，打开 Place Node Label 对话框，如图7.4所示，在 Name 文本框中输入节点的名称，在 Origin Location 选项组中选择节点名称与节点的相对位置，之后单击 OK 按钮即可。

节点名称标示可参考如图7.5所示的结果。最好配合 T-Spice 的节点命名规则，除了 Tab 键、空格键、;、'、{}、/、=与( )键不能作为名称，其他字符都可以。

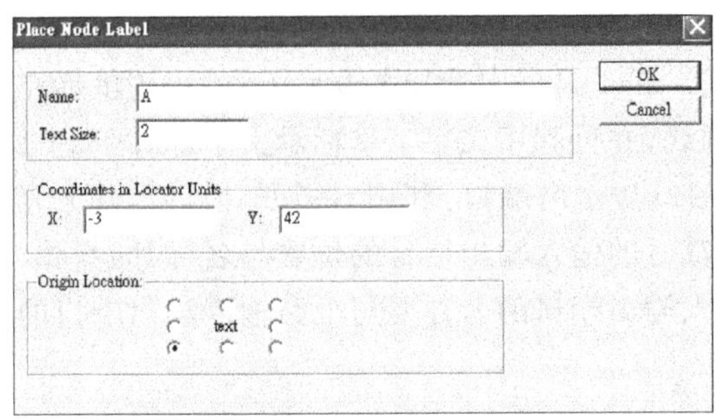

图 7.4 节点名称的设定

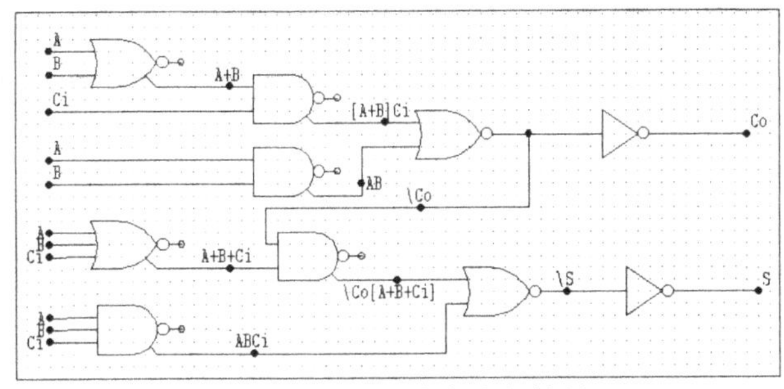

图 7.5 标注节点名称的结果

(8) 加入输入端口与输出端口：利用 S-Edit 提供的输入端口按钮与输出端口按钮，标明此全加器的输入输出信号的位置与名称，方法如下：单击输入端口按钮，到工作区中用鼠标左键选择要连接的端点，打开 Edit Selected Port 对话框，在 Name 文本框中输入输入端口的名称，单击 OK 按钮。在这里要分别建立 A，B 与 Ci 这 3 个输入端口；单击输出端口按钮，到工作区用鼠标左键选择要连接的端点，在出现的对话框中，在 Name 文本框中输入输出端口的名称，单击 OK 按钮。在这里分别要建立 Co 与 S 两个输出端口。若输入端口或输出端口未与所要连接的端点相接时，可利用移动功能将它们连接在一起，如图 7.6 所示。

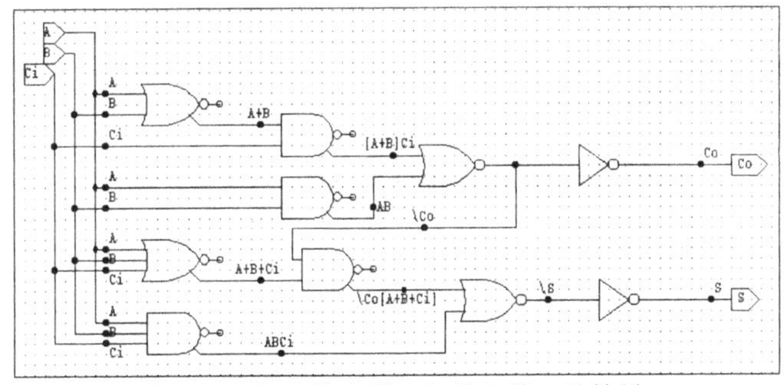

图 7.6 加入输入端口与输出端口的结果

(9) 建立全加器符号:在此步骤之前是电路设计模式,S-Edit的模块除了用于设计电路的窗口外,还可以建立该电路符号的窗口,选择View→Symbol Mode命令,即可切换至符号模式。在工具栏中选择画方形工具后,按鼠标左键拖动可画方形,之后可利用画线工具画线,并可利用文字工具标示文字,如图7.7所示。

(10) 加入输入端口与输出端口:利用S-Edit提供的输入端口按钮与输出端口按钮,标明此全加器符号的输入输出信号的位置与名称,同步骤(8),结果如图7.8所示。注意,符号的输入输出端口的名称要与电路输入输出端口的名称相同,大小写亦需一致。

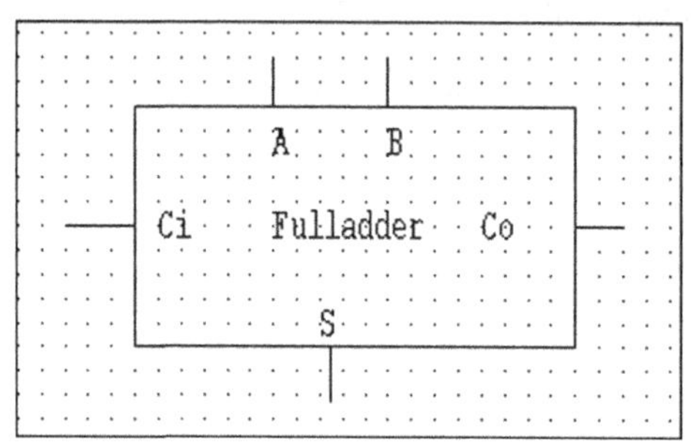

图7.7 编辑全加器符号

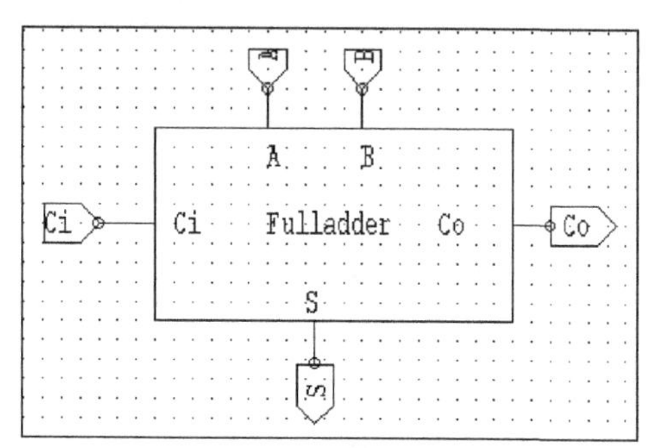

图7.8 编辑全加器符号

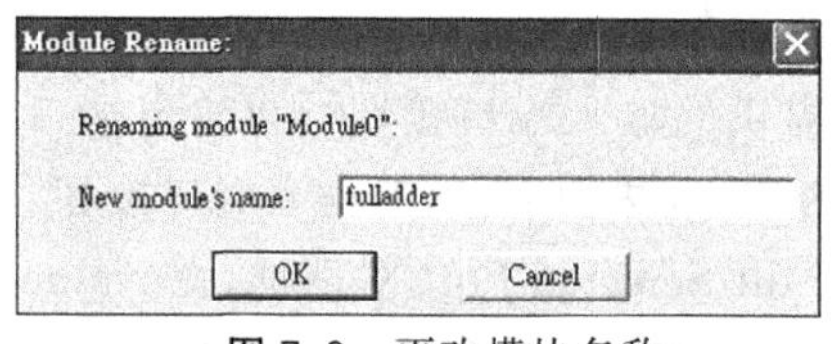

图7.9 更改模块名称

(11) 更改模块名称:将原本的模块名称Module0换成符合实际电路特性的名称。步骤为:选择Module→Rename命令,打开Module Rename对话框,在New module's name文本框中输入"fulladder",单击OK按钮,即可完成全加器模块的S-Edit设计。

(12) 全加器设计成果:观看最后全加器的设计成果,可分别选取View→Schematic Mode与View→Symbol Mode命令切换到电路设计模式和符号模式两个窗口,或者选择View→Change Mode命令可轮流在电路设计模式和符号模式这两个窗口之间进行切换,如图7.10与图7.11所示。

(13) 输出成SPICE文件:将设计好的S-Edit电路图输出成SPICE格式,可借助T-Spice来分析与模拟此设计电路的性质,之后可选择File→Export命令输出,或单击S-Edit右上方的按钮,将自动输出成SPICE文件并打开T-Spice与转出文件,如图7.12所示。

但此全加器的SPICE文件必须加入电源与设定,才能以T-Spice进行分析,在本章后面章节将详细说明。

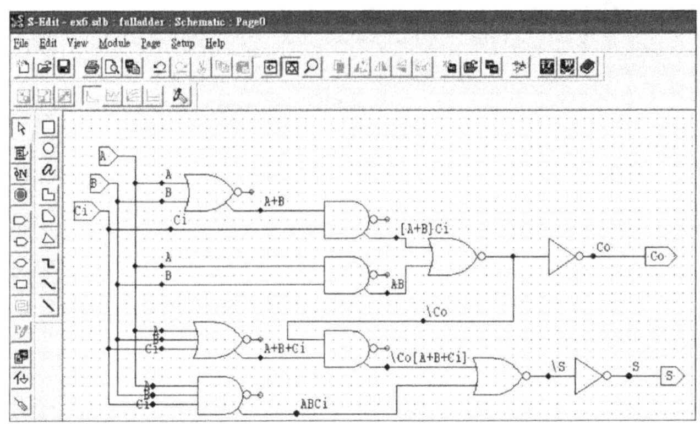

图 7.10 全加器电路

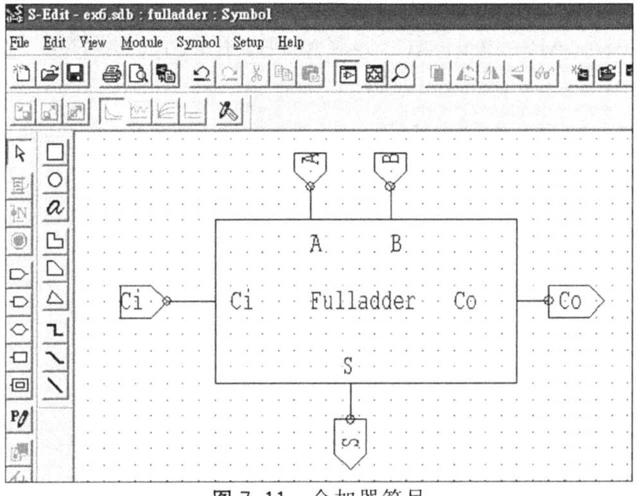

图 7.11 全加器符号

```
fulladder
* Main circuit: fulladder
XInv_1 \Co Co Gnd Vdd Inv
XInv_2 \S S Gnd Vdd Inv
XNAND2C_1 A+B Ci N16 [A+B]Ci Gnd Vdd NAND2C
XNAND2C_2 A B N14 AB Gnd Vdd NAND2C
XNAND2C_3 \Co A+B+Ci N13 \Co[A+B+Ci] Gnd Vdd NAND2C
XNAND3C_2 A B Ci N12 ABCi Gnd Vdd NAND3C
XNOR2C_1 A B N17 A+B Gnd Vdd NOR2C
XNOR2_1 [A+B]Ci AB \Co Gnd Vdd NOR2
XNOR2_2 \Co[A+B+Ci] ABCi \S Gnd Vdd NOR2
XNOR3C_1 A B Ci N15 A+B+Ci Gnd Vdd NOR3C
* End of main circuit: fulladder
```

图 7.12 全加器电路输出成 SPICE 文件

7.2 说 明

● 文件结构：在本章的文件 ex6.sdb 中有好几个模块，包括 fulladder、Vdd、Gnd，N_4，P_4，Inv，NOR2，NAND2C，NAND3C，NOR2C 与 NOR3C 等。其中 Inv、NOR2、NAND2C、NAND3C、NOR2C 这 5 个模块是在利用 Symbol Browser 功能时，从元件库复制到 ex6.sdb 文件中，同时也将这些模块引用到的模块 Vdd，Gnd，N_4，P_4 复制到 ex6.sdb 文件中。各模块内容可以通过选择 Module→Open 命令打开并进行修改。

● 全加器：全加器的输入(Ci, A, B)与输出(S, Co)关系式，一般来说是用以下布尔方程式来表示：

$$
\begin{aligned}
Co &= AB+BCi+ACi \\
\overline{Co} &= \overline{(AB+BCi+ACi)} = (\overline{A}+\overline{B})(\overline{B}+\overline{Ci})(\overline{A}+\overline{Ci}) \\
&= \overline{A}\,\overline{B}+\overline{B}\,\overline{Ci}+\overline{A}\,\overline{Ci}+\overline{A}\,\overline{B}\,\overline{Ci} \\
&= \overline{A}\,\overline{B}+\overline{A}\,\overline{Ci}+\overline{B}\,\overline{Ci}
\end{aligned}
$$

$$S = A \text{ XOR } B \text{ XOR } Ci \text{ 或 } S=(\overline{A}B+A\overline{B})\overline{Ci}+(AB+\overline{A}\,\overline{B})Ci$$

$$
\begin{aligned}
S &= \overline{(\overline{A}B+A\overline{B})}Ci+(AB+\overline{A}\,\overline{B})\overline{Ci} \\
&= ((A+\overline{B})(\overline{A}+B)+\overline{Ci})((\overline{A}+\overline{B})(A+B)+Ci) \\
&= (AB+\overline{A}\,\overline{B}+\overline{Ci})(\overline{A}B+A\overline{B}+Ci) \\
&= ABCi+\overline{A}\,\overline{B}Ci+\overline{A}B\overline{Ci}+A\overline{B}\,\overline{Ci} \\
&= (A+B+Ci)(\overline{A}\,\overline{B}+\overline{A}\,\overline{Ci}+\overline{B}\,\overline{Ci})+ABCi \\
&= (A+B+Ci)\overline{Co}+ABCi
\end{aligned}
$$

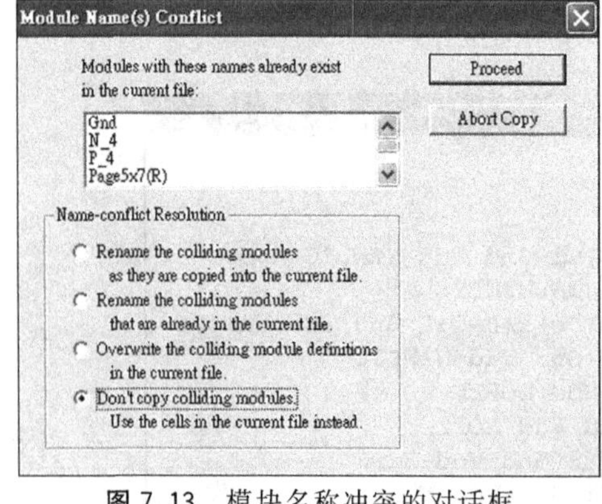

图 7.13 模块名称冲突的对话框

● Symbol Browser：利用 Symbol Browser 可以选用元件库或其他文件的模块，将选取的模块复制并摆放在所编辑的模块中，但是复制的不只是所选取的模块(如 NAND2C)，连该模块所引用到模块(Vdd，Gnd，P_4，N_4)也被复制。

● 复制模块：作复制模块操作时，或利用 Symbol Browser 引用模块时，若在同一个文件中已有相同的模块名称，则会出现一个模块名称冲突的对话框，如图 7.13 所示。

此对话框上方的列表框中列出名称发生冲突的模块名称，对话框下方的单选按钮为解决的方式,整理如表 7.2 所示。

表 7.2 模块名称冲突的对话框的选项说明

选 项	说 明
Rename the colliding modules as they are copied into the current file	当此名称冲突的模块要复制到文件中时,重新命名后再复制到文件中
Rename the colliding modules that are already in the current file	改变原来在文件中名称冲突的模块
Overwrite the colliding module definitions in the current file	覆盖文件中名称冲突的模块
Don't copy colliding modules. Use the cells in the current file instead	不要复制名称冲突的模块,用文件中现有的模块

选择处理方式后,单击 Proceed 按钮来执行,或者单击 Abort Copy 按钮放弃复制操作。

◎ N_4 与 P_4 模块:如图 7.14 与图 7.15 所示,N_4 与 P_4 模块为元件库 scmos 中的元件。

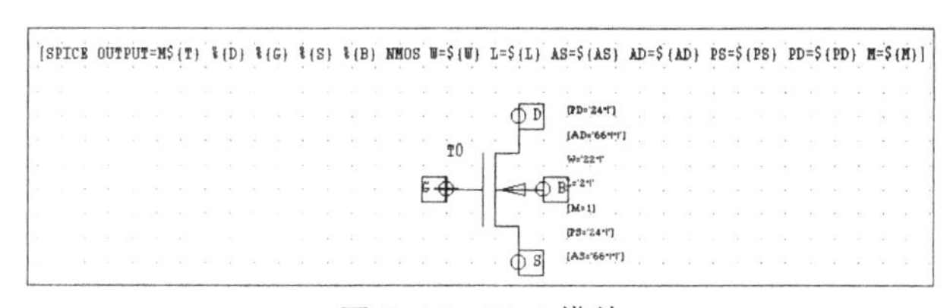

图 7.14 N_4 模块

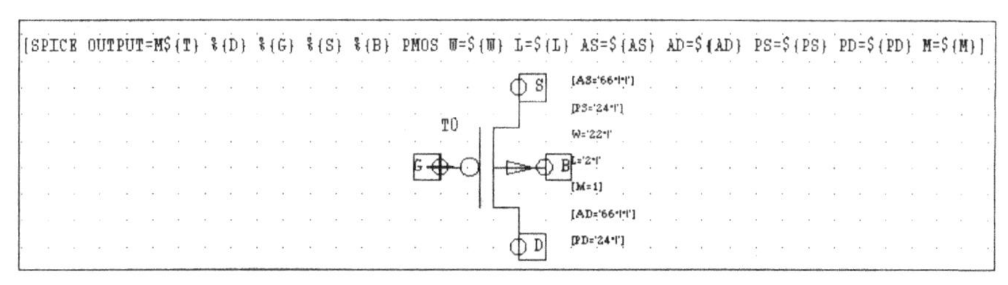

图 7.15 P_4 模块

将其模块特性整理于表 7.3 中。

表 7.3 N_4 与 P_4 模块特性

名 称	值	分隔符	显示与否	设定结果
W	'22 * l'	=	显示名称与值	W='22 * l'
L	'2 * l'	=	显示名称与值	L='2 * l'
AS	'66 * l * l'	=	不显示	[AS='66 * l * l']

续表 7.3

名 称	值	分隔符	显示与否	设定结果
PS	'24 * l'	=	不显示	[PS='24 * l']
AD	'66 * l * l'	=	不显示	[AD='66 * l * l']
PD	'24 * l'	=	不显示	[PD='24 * l']
M	1	=	不显示	[M=1]
T	0		显示名称与值	T0

另外,还有一个模块特性 SPICE OUTPUT 为 SPICE 输出格式定义,P_4 模块的 SPICE 输出格式定义为 M${T} %{D} %{G} %{S} %{B} PMOS W=${W} L=${L} AS=${AS} AD=${AD} PS=${PS} PD=${PD} M=${M},N_4 模块的 SPICE 输出格式定义为 M${T} %{D} %{G} %{S} %{B} NMOS W=${W} L=${L} AS=${AS} AD=${AD} PS=${PS} PD=${PD} M=${M}。其说明整理如表 7.4 所示。

表 7.4 模块特性 SPICE 输出格式的内容说明

格 式	说 明	输出结果范例
M${T}	M 后面加上被引用模块的特性 T 值	M0
%{D}	显示被引用模块漏极端 D 接的节点名称	OUT
%{G}	显示被引用模块栅极端 G 接的节点名称	A
%{S}	显示被引用模块源极端 S 接的节点名称	Vdd
%{B}	显示被引用模块基板端 B 接的节点名称	Vdd
W=${W}	W=后面加上被引用模块的特性 W 值	W='22 * l'
L=${L}	L=后面加上被引用模块的特性 L 值	L='2 * l'
AS=${AS}	AS=后面加上被引用模块的特性 AS 值	AS='66 * l * l'
PS=${PS}	PS=后面加上被引用模块的特性 PS 值	PS='24 * l'
AD=${AS}	AD=后面加上被引用模块的特性 AD 值	AD='66 * l * l'
PD=${PD}	PD=后面加上被引用模块的特性 PD 值	PD='24 * l'
M=${M}	M=后面加上被引用模块的特性 M 值	M=1

7.3 随堂练习

1. 设计另一种全加器电路,其方程式为 Co=AB+BCi+ACi,S=A XOR B XOR Ci。

2. 设计半加器电路,其方程式为 Co=AB,S=A XOR B。

第 8 章

全加器瞬时分析

在第 7 章中读者已了解到使用 S-Edit 绘制全加器电路图的方法，但若要分析所绘制的电路图是否有原来预估的功能，则需进一步使用电路分析软件来验证其功能，在 Tanner 中，这种电路分析软件即为 T-Spice。在本章中将以第 7 章的全加器电路为例，将之转换输出成 SPICE 文件后，利用 T-Spice 分析仿真全加器的瞬时响应，并以详细的步骤引导读者学习 T-Spice 的基本功能。

操作流程：进入 T-Spice→打开 fulladder. sp 文件→加载包含文件→参数设定→电源设定→输入设定→分析设定→显示设定→执行仿真→结果显示。

8.1 全加器瞬时分析的详细步骤

(1) 打开文件：可以执行在..\Tanner EDA\T-Spice 11.0 目录下的 tspice. exe 文件，或选择“开始”→“程序”→Tanner EDA→T-Spice Pro v11.0→T-Spice 命令，即可打开 T-Spice 程序，再打开从 ex6 的 fulladder 模块输出的 fulladder. sp 文件，如图 8.1 所示。

```
fulladder
* Main circuit: fulladder
XInv_1 \Co Co Gnd Vdd Inv
XInv_2 \S S Gnd Vdd Inv
XNAND2C_1 A+B Ci N16 [A+B]Ci Gnd Vdd NAND2C
XNAND2C_2 A B N14 AB Gnd Vdd NAND2C
XNAND2C_3 \Co A+B+Ci N13 \Co[A+B+Ci] Gnd Vdd NAND2C
XNAND3C_2 A B Ci N12 ABCi Gnd Vdd NAND3C
XNOR2C_1 A B N17 A+B Gnd Vdd NOR2C
XNOR2_1 [A+B]Ci AB \Co Gnd Vdd NOR2
XNOR2_2 \Co[A+B+Ci] ABCi \S Gnd Vdd NOR2
XNOR3C_1 A B Ci N15 A+B+Ci Gnd Vdd NOR3C
* End of main circuit: fulladder
```

图 8.1 fulladder. sp 文件

(2) 加载包含文件：由于不同的流程有不同的特性，在仿真之前，必须要引入 MOS 元件的模型文件，此模型文件内包括电容电阻系数等数据，以供 T-Spice 模拟之用。在本章是引用 1.25μm 的 CMOS 流程元件模型文件 ml2_125. md。将鼠标移至主要电路之前，选择 Edit→Insert Command 命令，在出现的对话框中的列表框选择 Files 选项。此时在右边窗口将出现 4 个按钮，可直接单击 Include 按钮，也可展开左侧列表框中 Files 选项并选择 Include file 选项，此时单击 Browse 按钮在出现的对话框中找到..\Tanner EDA\T-Spice 11.0\ models\目录，接着选取模型文件 ml2_125. m，则在 Include file 文本框中将出现..\Tanner EDA\T-Spice 11.0\models\ml2_125. md，如图 8.2 所示。再单击 Insert Command 按钮，则会出现默认的以蓝色字开头的“. include‘C:\Tanner EDA\T-Spice 11.0\models\ml2_125. md’”。

(3) 设定参数值：由于本章所使用 nmos 与 pmos 元件的 W 与 L 是以参数(l)来

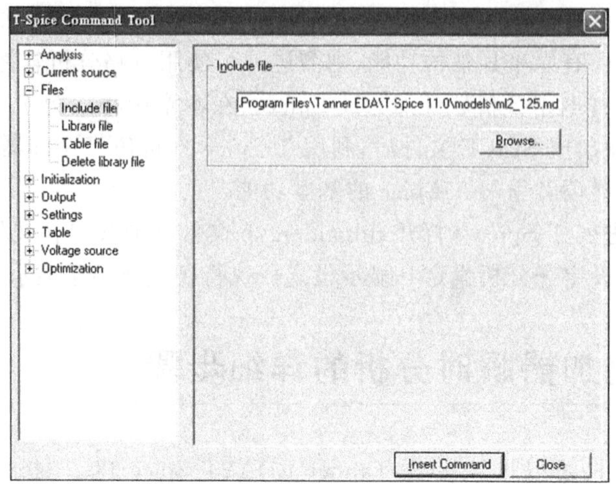

图 8.2 包含文件设定

表示，如图 8.3 所示，所以必须设定参数值才能进行仿真。

```
M3 Out1 A 1 Gnd NMOS W='28*l' L='2*l' AS='28*l*l' AD='148*l*l' PS='30*l' PD='68*l' M=1
M4 1 B Gnd Gnd NMOS W='28*l' L='2*l' AS='122*l*l' AD='28*l*l' PS='47*l' PD='30*l' M=1
M6 Out2 Out1 Gnd Gnd NMOS W='28*l' L='2*l' AS='148*l*l' AD='122*l*l' PS='68*l' PD='47*l' M=1
```

图 8.3 nmos 与 pmos 元件参数

选择 Edit→Insert Command 命令。在出现的对话框的列表框中选择 Settings 选项，对话框右侧会出现 6 个选项，在 Settings 选项下选择 Parameters 选项。在对话框右侧出现的 Parameter type 下拉列表中选择 General 选项，在 Parameter name 文本框中输入“l”，在 Parameter value 文本框中输入“0.5u”，如图 8.4 所示。再单击 Insert Command 按钮，则会出现默认的以蓝色字开头的“.param l = 0.5u”。

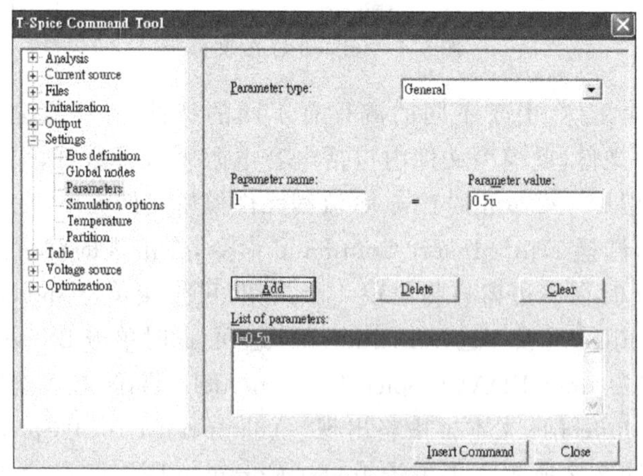

图 8.4 设定参数值

(4) Vdd 电压值的设定：设定 Vdd 的电压值为 5.0V。其方法为设定一个名称为 vvdd 的定电压源，加在 Vdd 与 GND 之间，定电压值为 5.0V。可以仿效前面在 S-Edit 中加入电源符号，再输出成 SPICE 文件的方式，也可用 T-Spice 中选择 Edit→Insert Command 命令设定，其方法如下：选择 Edit→Insert Command 命令。在出现的对话框的列表框中选择 Voltage Source 选项，在对话框的右侧出现 10 个选项，再在 Voltage Source 选项下选择 Constant 选项。在对话框右侧出现的 Voltage Source name 文本框中输入“vvdd”，在 Positive terminal 文本框中输入“Vdd”，在 Negative terminal(GND)文本框中输入“GND”，在 DC Value 文本框中输入“5.0”，如图 8.5 所示，单击 Insert Command 按钮，则会出现“vvdd Vdd GND 5.0”的文字。

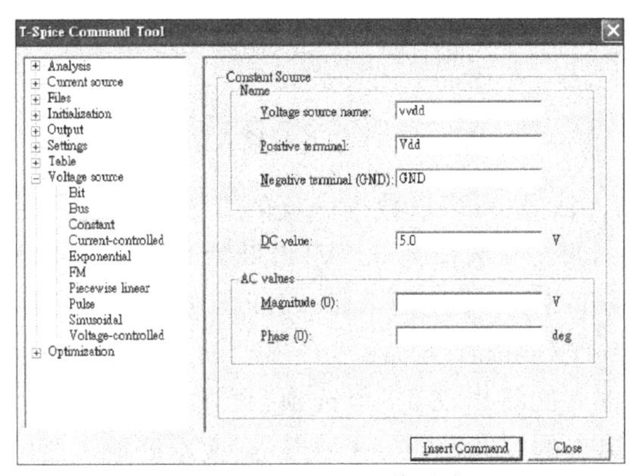

图 8.5 Vdd 电压值设定

(5) 设定 A 的输入信号：为了了解电路的正确性，需要观察输入与输出的波形变化，一般是以周期性倍增的周期方波作为输入。在本章中将以 3 种不同的方式设定 A、B 与 Ci 的输入波形，其中两种为周期性方波方式设定，一种为分段线性波形方式设定。首先以脉冲波的方式设定输入 A 的电压信号，其周期为 100ns，方波最大值为 5.0V，最低为 0V，5V 维持时间为 50ns。可以仿效前面在 S-Edit 中加入电源符号，接至输入端当作输入信号，再输出成 SPICE 文件的方式，也可在 T-Spice 中选择 Edit→Insert Command 命令进行设定，其方法如下：选择 Edit→Insert Command 命令，在出现的对话框的列表框中选择 Voltage Source 选项，在对话框右侧将出现 10 个选项，再在 Voltage Source 选项下选择 Pulse 选项，在对话框右侧的 Voltage source name(电压源名称)文本框输入“va”，在 Positive terminal(电源正端)文本框输入节点名称“A”，在 Negative terminal(GND)(电源负端)文本框输入“GND”，在 Initial(电源起始点)文本框输入“0”，在 Peak(电源脉冲最高点)文本框输入“5”，在 Rise time(脉冲波形的上升时间)文本框输入“5n”，在 Fall(脉冲波形的下降时间)文本框输入“5n”，在 Pulse width(脉冲波形的脉冲宽度)文本框输入“50n”，在 Pulse period(脉冲波形的脉冲周期)文本框输入“100n”，在 Initial delay(起始延迟时间)文本框输入“50n”，如图 8.6 所示。再单击 Insert Command 按钮，将会出现“va A GND

PULSE (0 5 50n 5n 5n 50n 100n)"的文字。

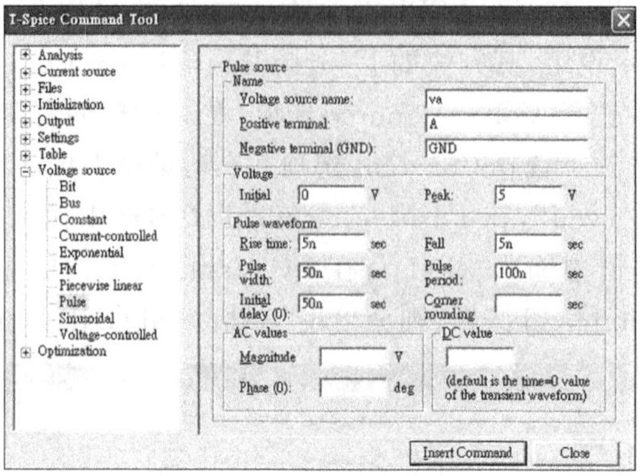

图 8.6 设定 A 的输入信号

(6) 设定 B 的输入信号:再来以数据串流的方式设定周期性方波输入 B 的电压信号,其周期为 200ns,每位最大值为 5.0V,最低为 0V。5V 维持时间为 50ns,0V 维持时间为 50ns。可在 T-Spice 中选择 Edit→Insert Command 命令进行设定,其方法如下:选择 Edit→Insert Command 命令,在出现的对话框的列表框中选择 Voltage Source 选项,在对话框右侧将出现 10 个选项,再在 Voltage Source 选项下选择 Bit 选项,在对话框右侧出现的 Voltage source name 文本框输入"vb",在 Positive terminal 文本框中输入节点名称"B",在 Negative terminal 文本框中输入"GND",在 Bit stream(位串设定外)文本框中输入"0011",在 ON value(位值为 1 的电压)文本框中输入"5",在 OFF value(位值为 0 的电压)文本框输入"0",在 Low time(脉冲为 Low 时的保持时间)文本框输入"50n",在 High time(脉冲为 High 时的保持时间)文本框输入"50n",在 Rise time 文本框输入"5n",在 Fall time 文本框输入"5n",如图 8.7 所示。再单击 Insert Command 按钮,则会出现"vb B GND BIT ({0011} lt=50n ht=50n on=5 off=0 rt=5n ft=5n)"的文字。

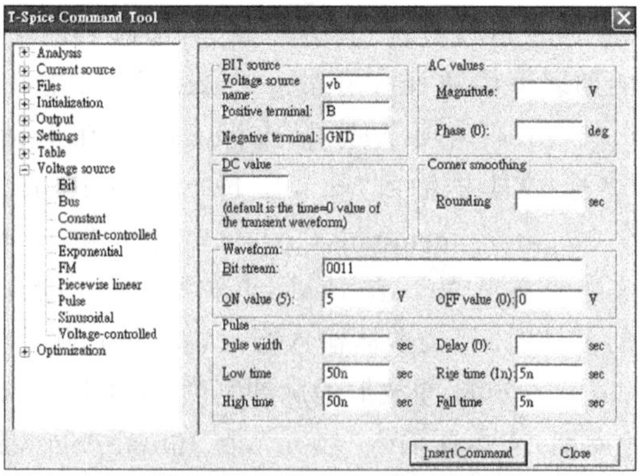

图 8.7 设定 B 的输入信号

(7) 设定 Ci 的输入信号:接着以分段线性波形的方式设定输入 Ci 的电压信号,方波最大值为 5.0V,最低为 0V,5V 维持时间为 200ns。选择 Edit→Insert Command 命令。在出现的对话框的列表框中选择 Voltage Source 选项,在对话框右侧将出现 10 个选项,再在 Voltage Source 选项下选择 Piecewise-linear 选项,在对话框右侧出现的 Voltage source name 文本框输入"vci",在 Positive terminal 文本框输入"A",在 Negative terminal(GND)文本框输入"GND"在 Waveform(波形设定)文本框输入"0ns 0V 200ns 0V 205ns 5V 400ns 5V",如图 8.8 所示。再单击 Insert Command 按钮,则会出现"vci Ci GND PWL (0ns 0V 200ns 0V 205ns 5V 400ns 5V)"的文字。

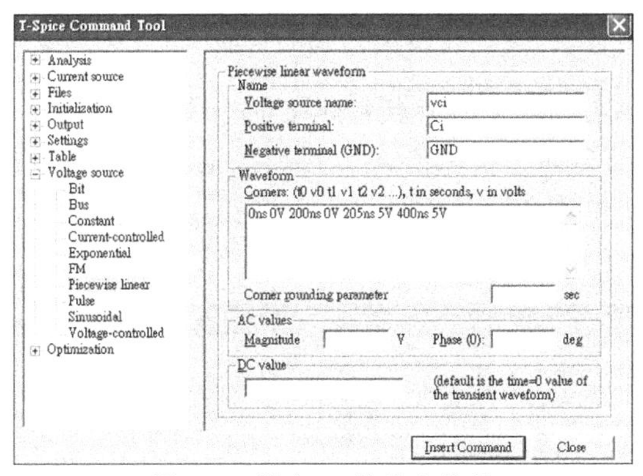

图 8.8 设定 Ci 的输入信号

(8) 分析设定:此范例为全加器的瞬时分析,必须下瞬时分析指令,将鼠标移至文件尾,选择 Edit→Insert Command 命令,在出现的对话框的列表框中选择 Analysis 选项,在对话框右侧出现 8 个选项,可直接单击 Transient(瞬时分析)按钮,也可展开左侧列表框的 Analysis 选项,并选择 Transient 选项。在对话框右侧有几项设定需要选择,并设定其时间间隔与分析时间范围,这里我们将仿真时间间隔设定为 1ns,总仿真时间设定为 400ns。首先在 Modes 选项组中选择 Standard (from DC op. point)单选按钮,在 Maximum time 文本框输入"1n",在 Simulation 文本框输入"400n",在 Methods 选项组中选择 Standard BDF 单选按钮,如图 8.9 所示。单击 Insert Command 按钮后,则会出现默认以蓝色字开头的". tran/op 1n 400n method=bdf"。

(9) 输出设定:若要观察瞬时分析的结果,首先要设定观察瞬时分析结果为哪些节点的电压或电流,在此要观察的是输入节点 A,B 与 Ci 与输出节点 S 与 Co 的电压仿真结果。将鼠标移至文件尾,选择 Edit→Insert Command 命令。在出现的对话框的列表框中选择 Output 选项,在对话框右侧出现 7 个选项,可直接单击 Transient results 按钮,也可展开列表框的 Output 选项,并选择 Transient results 选项,在右侧出现的 Plot type 下拉列表中选择 Voltage 选项,在 Node name 文本框中输入节点名

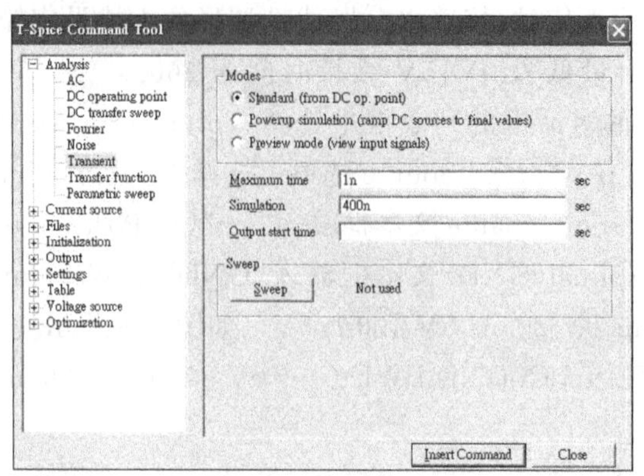

图 8.9 分析设定

称“A”,注意大小写需与程序中的节点名称完全一致,单击 Add 按钮。再回到 Node name 文本框输入节点名称“B”,单击 Add 按钮。重复该操作将 Ci,S 与 Co 加入后的效果如图 8.10 所示,单击 Insert Command 按钮,则会出现默认以红色字开头的“. print tran v(A) v(B) v(Ci) v(S) v(Co)”。

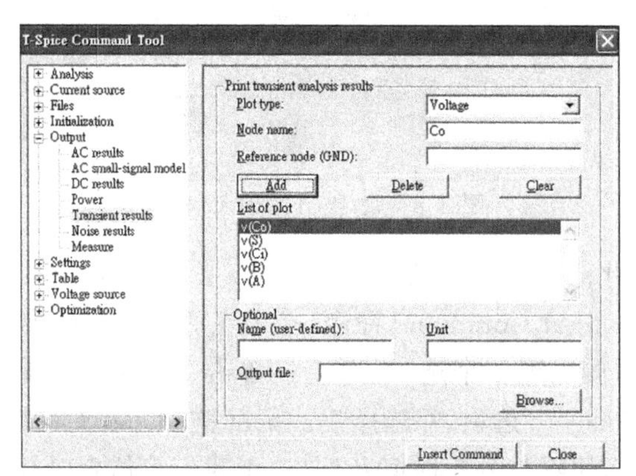

图 8.10 输出设定

(10) 进行仿真:完成指令设定的文件如图 8.11 所示,完成设定后开始进行仿真分析。选择 Simulate→Start Simulation 命令,或单击▶按钮,打开 Run Simulation 对话框,单击 Start Simulation 按钮,则会出现仿真结果的报告窗口 Simulation Status,并会自动打开 W-Editor 窗口来观看仿真波形图。

(11) 观看结果:可在 T-Spice 环境下打开仿真结果 fulladder. out 报告文件,如图 8.12 所示。

也可在 W-Edit 中观看仿真结果 fulladder. out,选取工具图样可分离 v(A)曲线、v(B)曲线、v(Ci)曲线、v(S)曲线与 v(Co)曲线,如图 8.13 所示。

图 8.13 中,从下而上依次为 A 端输入电压对时间的关系图(绿色曲线)、B 端输

```
fulladder *
* SPICE netlist written by S-Edit Win32 10.00
* Written on Apr 18, 2005 at 22:52:35

* Waveform probing commands
.probe
.options probefilename="ex6.dat"
+ probesdbfile="D:\tanner\ex6.sdb"
+ probetopmodule="fulladder"

* No Ports in cell: PageID_Tanner
* End of module with no ports: PageID_Tanner

.include "C:\Program Files\Tanner EDA\T-Spice 11.0\models\ml2_125.md"
.param l=0.5u
vvdd Vdd GND 5.0
va A GND PULSE (0 5 50n 5n 5n 50n 100n)
vb B GND BIT ((0011) lt=50n ht=50n on=5 off=0 rt=5n ft=5n)
vci Ci GND PWL (0ns 0V 200ns 0V 205ns 5V 400ns 5V)
.tran 1n 400n
.print tran v(A) v(B) v(Ci) v(S) v(Co)
```

图 8.11 完成指令设定的文件

fulladder.out

TRANSIENT ANALYSIS

Time<s>	v(A)<V>	v(B)<V>	v(Ci)<V>	v(S)<V>	v(Co)<V>
0.000000e+000	0.0000e+000	0.0000e+000	0.0000e+000	1.3805e-009	1.3805e-009
6.250000e-011	0.0000e+000	0.0000e+000	0.0000e+000	1.3805e-009	1.3805e-009
6.875000e-010	0.0000e+000	0.0000e+000	0.0000e+000	1.3805e-009	1.3805e-009
2.687500e-009	0.0000e+000	0.0000e+000	0.0000e+000	1.3805e-009	1.3805e-009
4.687499e-009	0.0000e+000	0.0000e+000	0.0000e+000	1.3805e-009	1.3805e-009
5.000000e-009	0.0000e+000	0.0000e+000	0.0000e+000	1.3805e-009	1.3805e-009
5.062499e-009	0.0000e+000	0.0000e+000	0.0000e+000	1.3805e-009	1.3805e-009
5.687499e-009	0.0000e+000	0.0000e+000	0.0000e+000	1.3805e-009	1.3805e-009
7.687499e-009	0.0000e+000	0.0000e+000	0.0000e+000	1.3805e-009	1.3805e-009
9.687499e-009	0.0000e+000	0.0000e+000	0.0000e+000	1.3805e-009	1.3805e-009
1.168749e-008	0.0000e+000	0.0000e+000	0.0000e+000	1.3805e-009	1.3805e-009
1.368749e-008	0.0000e+000	0.0000e+000	0.0000e+000	1.3805e-009	1.3805e-009
1.568749e-008	0.0000e+000	0.0000e+000	0.0000e+000	1.3805e-009	1.3805e-009
1.768749e-008	0.0000e+000	0.0000e+000	0.0000e+000	1.3805e-009	1.3805e-009
1.968750e-008	0.0000e+000	0.0000e+000	0.0000e+000	1.3805e-009	1.3805e-009
2.168750e-008	0.0000e+000	0.0000e+000	0.0000e+000	1.3805e-009	1.3805e-009
2.368750e-008	0.0000e+000	0.0000e+000	0.0000e+000	1.3805e-009	1.3805e-009

图 8.12 打开仿真结果

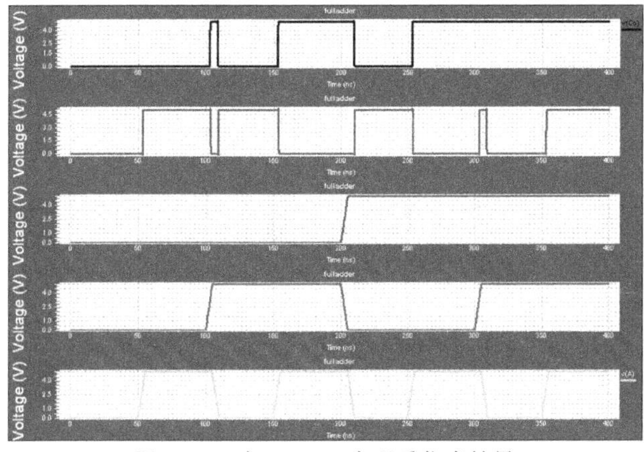

图 8.13 在 W-Edit 中观看仿真结果

入电压对时间的关系图(紫色曲线)、Ci 端输入电压对时间的关系图(蓝色曲线)、S 端输出电压对时间的关系图(红色曲线)、Co 端输出电压对时间的关系图(黑色曲线),注意在所有图中的横坐标皆为时间(ns)。

(12) 分析结果:观察仿真结果,验证全加器仿真结果是否正确。时间0～50ns的输入数据A,B与Ci分别为0,0与0,如图8.13所示,其进行加法操作(A+B+Ci)的结果应为00,即代表Co=0,S=0。从仿真结果来看(如图8.13所示),时间0～50ns的输出电压结果是正确的。

时间51ns至100ns的输入数据A,B与Ci分别为1,0与0,如图8.13所示,其进行加法操作(A+B+Ci)的结果应为01,即代表Co=0,S=1。从仿真结果来看(如图8.13所示),时间51～100ns的输出电压结果是正确的。

时间101～150ns的输入数据A,B与Ci分别为0,1与0,如图8.13所示,其进行加法操作 (A+B+Ci)的结果应为10,即代表Co=0,S=1。从仿真结果来看(如图8.13所示),时间101～150ns的输出电压结果是正确的。而约在100～110ns的位置,Co曾出现短暂的1,S曾出现短暂的0,这是因为输入数据A与B在电压转换时所造成的噪声。同样,约在301～310ns的位置,也因输入数据A与B的电压转换,S出现从0跳至1的噪声,并随即回复到0。

时间151～200ns的输入数据A,B与Ci分别为1,1与0,如图8.13所示,其进行加法操作(A+B+Ci)的结果应为10,即代表Co=1,S=0从仿真结果来看(如图8.13所示),时间151～200ns的输出电压结果是正确的。读者可自行对后面的数据进行分析。

8.2 说　明

● 元件类型:元件描述通常会以如Mxxx的形式来进行,其中,M为某种元件类型,大小写均表示相同意义,xxx代表用户自行设定的字符串。各元件的代号整理如第4章的表4.2所示。将本章使用到的元件代号整理如表8.1所示。

表8.1　元件代号

元件名字	意　义	范　例
M	MOSFET	M1 out A Vdd Vdd PMOS W='28 * l' L='2 * l' AS='84 * l * l' AD='144 * l * l' PS='34 * l' PD='68 * l' M=1
V	Voltage Source	Vvdd Vdd GND 5.0
X	Subcircuit Call	XNAND2C_2 A B N5 AB Gnd Vdd NAND2C

● 子电路(.SUBCKT):为一组元件与节点的集合,可以被更高层的电路重复使用。其语法如表8.2所示。

表 8.2 子电路语法

语 法	范 例
.SUBCKT 子电路名称 节点1[节点2 节点3][参数=参数值] 元件与节点描述 .ENDS	.SUBCKT Inv A Out GND Vdd M2 Out A GND GND NMOS W='28 * l' L='2 * l M1 Out A Vdd Vdd PMOS W='28 * l' L='2 * l .ENDS

引用子电路时,引用元件名称是以X或x开头,整理如表8.3所示。

表 8.3 引用子电路语法

子电路引用语法	范 例
X名字 节点1[节点2 节点3] 子电路名	XInv_1 a b GND Vdd Inv

设定参数值(.param):设定参数值的语法如表8.4所示。

表 8.4 设定参数值的语法

语 法	范 例
.param 参数 = 值或'表示'[参数 = 值或'表示']	.param l=0.5u k=2p

◎ 脉冲电压源:本章的脉冲电压源为两端点的理想电压源,在T-Spice中描述脉冲电压源的语法整理如表8.5所示。

表 8.5 T-Spice中描述脉冲电压源的语法

格 式	范 例
v名字 正端节点 负端节点 pulse(起始电压 最高电压 起始延迟时间 上升时间 下降时间 脉冲宽度 脉冲周期)	va A GND pulse(0 5 50ns 5ns 5ns 100ns 200ns)

所举范例为,名为va的电源,其正端接A,负端接GND,va的起始电压为0V,最高电压为5V,起始延迟时间为50ns,脉冲上升时间为5ns,脉冲下降时间为5ns。脉冲宽度为100ns,脉冲周期为200ns。

◎ 向量电压源:向量电压源设定位串波形的语法整理如表8.6所示。

表 8.6 设定位串波形的语法

格 式	范 例
v名字 正端点 负端点 BIT ({波形}[lt=低准位持续时间][ht=低准位持续时间][on=高准位值][off=低准位值][rt=上升时间][ft=下降时间])	vb B GND BIT ({0011} lt = 50ns ht=50ns on=5 off=0 rt =5ns ft=5ns)

所举范例为,名为vb的电源,其正端接B,负端接GND,vb的高准位为5V,低准位为0V,波形为0011周期性循环,数据低准位的延续的时间为50ns,高准位的延续的时间为50ns。上升时间为5ns,下降时间为5ns。

- 分段线性波形电压源:分段线性波形电压源为两端点的理想电压源,在 T-Spice 中描述分段线性波形电压源的语法整理入表 8.7 所示。

表 8.7 在 T-Spice 中描述分段线性波形电压源的语法

格 式	范 例
v名字 正端节点 负端节点 PWL(时间1 电压1 时间2 电压2 时间3 电压3…)	vci Ci GND PWL (0ns 0V 200ns 0V 205ns 5V 400ns 5V)

所举范例为,名为 vci 的电源,其正端接 Ci,负端接 GND,vci 的在时间为 0ns 时的电压值为 0V,在时间为 200ns 时的电压为 0V,在时间为 205ns 时的电压为 5V 波形,在时间为 400ns 时的电压为 5V。每两点之间波形皆以直线连接。

8.3 随堂练习

1. 进行半加器瞬时分析。

2. 比较第 7 章的范例及习题中两种全加器的输出信号(Co,S)对输入信号(A,B,Ci)的延迟时间。

第 9 章

四位加法器电路设计与仿真

在本书主要是以 CMOS 类型来学习 Tanner 软件的使用。前面我们介绍了使用 S-Edit 编辑基本 PMOS、NMOS 符号与 CMOS 类型的反相器与与非门,并进一步以多种基本逻辑电路组合成全加器电路的操作。在本章中先在 S-Edit 中利用 4 个全加器,组合成四位连波进位加法器,输出成 SPICE 文件后,再利用 T-Spice 进行四位连波进位加法器瞬时仿真,并以详细的步骤引导读者学习 T-Spice 的基本功能。

- 四位加法器输出输入端口:本章四位加法器的输出输入端口整理如表 9.1 所示。

表 9.1 四位加法器的输出输入端口

输 入	输 出
数据输入 A3,A2,A1,A0	和 S3,S2,S1,S0
数据输入 B3,B2,B1,B0	进位输出 Cout

- 四位加法器关系式为:{Cout, S} = A+B
- 操作流程:进入 S-Edit→建立新文件→环境设定→引用全加器模块→合成四位连波进位加法器→建立四位连波进位加法器符号→输出成.sp 文件→T-Spice 仿真。

9.1 使用 S-Edit 编辑四位连波进位加法器的详细步骤

(1) 打开 S-Edit 程序:按第 2 章或第 3 章的方式打开 S-Edit 程序,S-Edit 会自动将工作文件命名为 File0.sdb 并显示在窗口的标题栏上,如图 9.1 所示。

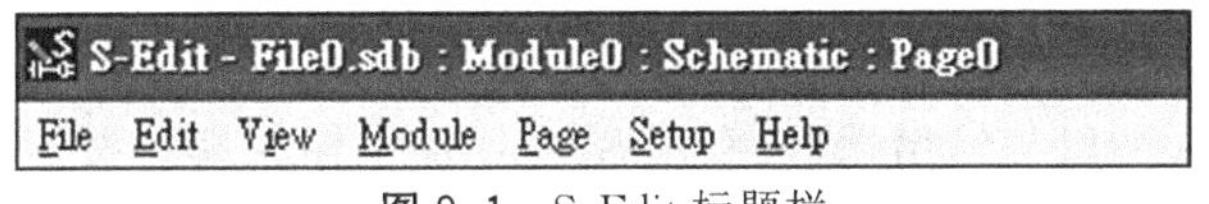

图 9.1 S-Edit 标题栏

(2) 环境设定:S-Edit 默认的工作环境是黑底白线,但也可按自己的喜好来自定义颜色。

(3) 另存新文件:选择 File→Save As 命令,打开"另存为"对话框,在"保存在"下拉列表中选择存储目录,在"文件名"文本框中输入新文件的名称,如 ex8。

(4) 引用模块:可从 ex6 文件复制 fulladder 模块至 ex8 文件,并在 Module0 编辑画面中引用。选择 Module→Symbol Browser 命令,利用 Add Library 按钮加入 ex6 元件库,再从其内部的模块中选择 fulladder 符号,接着单击 Place 及 Close 按钮,则在 Module0 编辑窗口中将出现 fulladder 的符号。

(5) 组合 4 个全加器:选择 Edit→Duplicate 命令或利用 Ctrl 键加鼠标拖动的方式复制出 3 个 fulladder 符号,再利用 Alt 键加鼠标拖动的方式可移动各对象。利用左边联机按钮,完成各端点的信号连接,注意控制鼠标左键可将联机转向,右击可终止联机。当联机与元件节点正确相接时,节点上小圆圈同样会消失,将各对象摆放成如图 9.2 所示的位置。

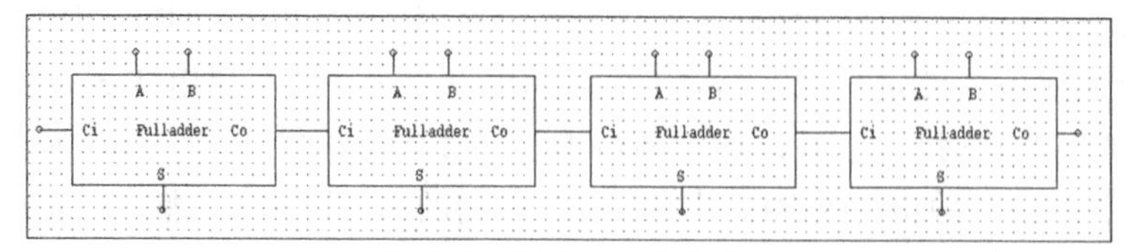

图 9.2 组合 4 个全加器

(6) 更改引用元件名称:将图 9.2 中的符号从左至右依次更改引用名称,方法为选择要编辑的对象,再选择 Edit→Edit Object 命令,打开 Edit Instance of Module fulladder 对话框。在 Instance name 文本框输入要更改的名称,如 f0。将本范例从左至右的符号引用名称依次更改为 f0,f1,f2 与 f3。

(7) 标注节点名称:要标注图 9.2 中的节点名称,可利用 S-Edit 提供的节点标签按钮。方法如下所述:选择节点标签按钮,再到工作区用鼠标左键选择要连接的端点,打开 Edit Selected Port 对话框,在 Name 文本框中输入节点名称,如 Co0,并在 Origin location 列表框中选择节点名字与节点相对位置,之后单击 OK 按钮即可,如图 9.3 所示。

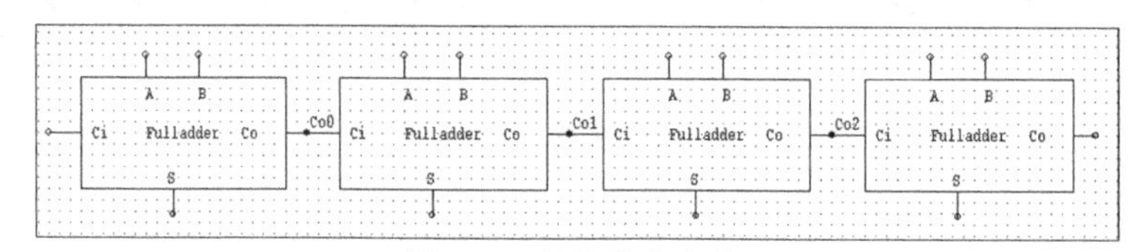

图 9.3 标注节点名称

(8) 加入输入端口与输出端口:利用 S-Edit 提供输入端口按钮与输出端口按钮,标明此全加器的输出入信号处与名称。方法如下所述:选择输入端口按钮,再到工作区用鼠标左键选取要连接的端点,将出现 Edit Selected Port 对话框,在 Name 文本框中输入输出端口的名称,单击 OK 按钮。分别要建立 A3,A2,A1,A0,B3,B2,B1 与 B0 这 8 个输入端口。再选取输出端口按钮,到工作区用鼠标左键选取要连接的端点,在出现的对话框的 Name 文本框中输入输出端口的名称,单击 OK 按钮。分别要建立 Co(out)与 S3,S2,S1,S0 这 5 个输出端口。若输入端口或输出端口未与所要连接的端点相接时,则可利用移动功能将它们连接在一起。并引用 Gnd 模块接至引用名为 f0 的全加器的进位输入,这是因为最低位的一个加法器并无进位输入,如图 9.4 所示。

(9) 建立四位加法器符号:在此步骤之前是电路设计模式(Schematic mode),S-Edit 的模块,除了可供设计电路的窗口外,还有可建立该电路符号的窗口,选取 View→ Symbol Mode 命令,即切换至符号模式。选择画方型工具后,按鼠标左键拖

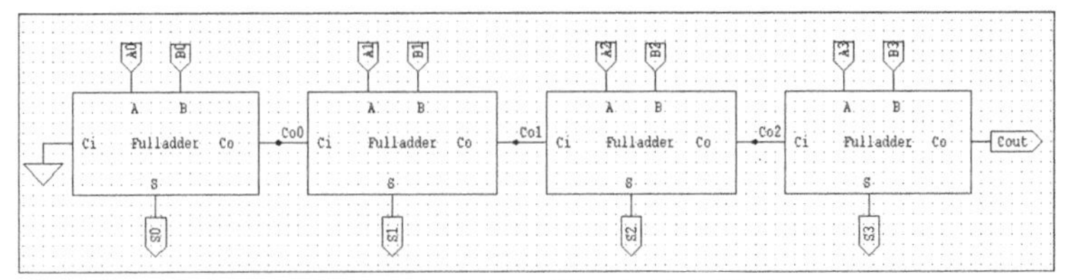

图 9.4 加入输入端口与输出端口

动可画方形,再利用画线工具画线,并可利用文字工具来标示文字。再利用输入端口按钮与输出端口按钮来标明此四位加法器符号的输入输出信号的位置与名称,结果如图 9.5 所示。这里要注意,符号的输入输出端口名称要与电路输入输出端口的名称相同,大小写亦需一致。

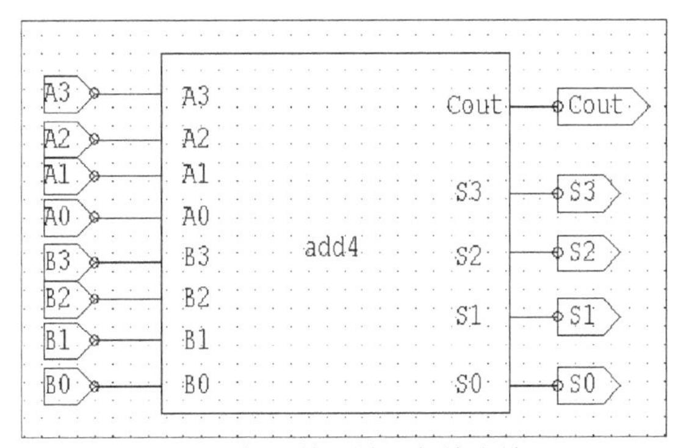

图 9.5 加入输入端口与输出端口

(10) 更改模块名称:要将原本模块名称Module0换成符合实际电路特性的名称,则可选择Module→Rename命令,打开Module Rename对话框,如图 9.6 所示,在其中的New module's name文本框中输入"add4",单击OK按钮,即完成四位加法器模块的S-Edit设计。

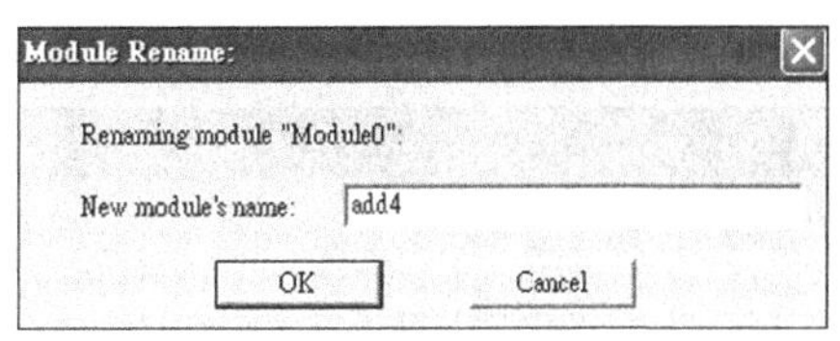

图 9.6 更改模块名称

(11) 四位加法器设计成果:观看最后四位加法器设计成果,可分别选择View→Schematic Mode与View→Symbol Mode命令切换到Schematic Mode与Symbol Mode这两个窗口,或者选择View→Change Mode命令也可轮流在Schematic Mode与Symbol Mode这两个窗口之间进行切换,如图 9.7 与图 9.8 所示。

(12) 输出成SPICE文件:如果要将设计好的S-Edit电路图,借助T-Spice软件分析与仿真此电路的性质,需先将电路图转换成SPICE格式。第一种方法是单击S-Edit右上方的按钮,则会自动输出成SPICE文件并打开T-Spice软件,第二种方法则可选择File→Export命令输出文件,再打开T-Spice程序,方法可为执行在..\

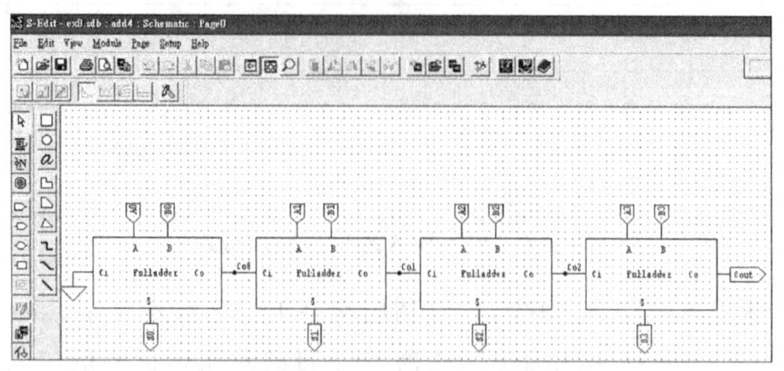

图 9.7 四位加法器电路图

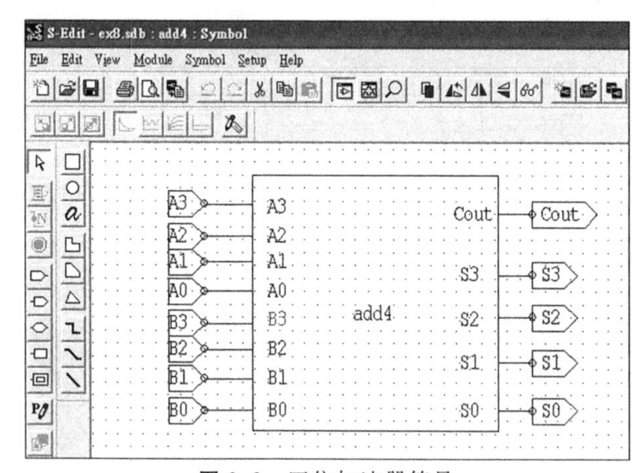

图 9.8 四位加法器符号

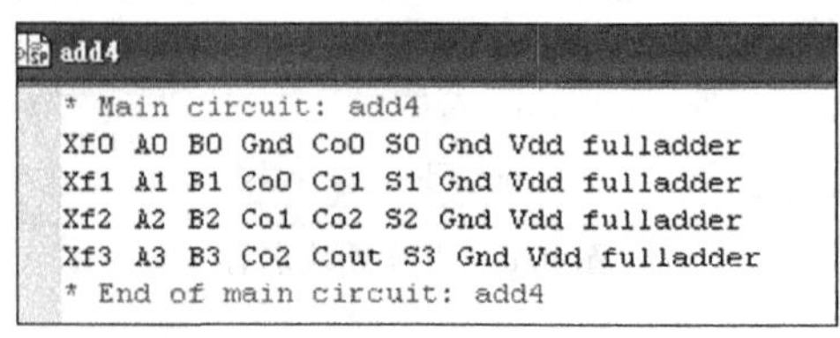

add4

```
* Main circuit: add4
Xf0 A0 B0 Gnd Co0 S0 Gnd Vdd fulladder
Xf1 A1 B1 Co0 Co1 S1 Gnd Vdd fulladder
Xf2 A2 B2 Co1 Co2 S2 Gnd Vdd fulladder
Xf3 A3 B3 Co2 Cout S3 Gnd Vdd fulladder
* End of main circuit: add4
```

图 9.9 输出成 SPICE 文件

Tanner EDA\T-Spice 11.0 目录下的“tspice.exe”文件，或选择“开始”→“程序”→Tanner EDA→T-Spice Pro v11.0→T-Spice 命令，即可打开 T-Spice 程序，再打开从 ex8 的 add4 模块输出的 add4.sp 文件，结果如图 9.9 所示。

(13) 加载包含文件：由于不同的流程有不同特性，在仿真之前，必须要引入 MOS 元件的模型文件，此模型文件内有包括电容电阻系数等数据，以供 T-Spice 模拟之用。在本范例中引用了 1.25μm 的 CMOS 流程元件模型文件“ml2_125.md”。将鼠标移至主要电路之前，选择 Edit→Insert Command 命令，在出现的对话框的列表框中选择 Files 选项，此时在对话框的右边将出现 4 个按钮，可直接单击 Include 按钮，或展开左侧列表框中的 Files 选项并选择其中的 Include file 选项，此时单击 Browse 按钮在目录窗口中先找到..\Tanner EDA\T-Spice 11.0\models\目录，接着选取模型文件 ml2_125.md，则在 Include file 对话框中将出现..\Tanner EDA\T-

Spice 11.0\models\ml2_125.md。再单击 Insert Command 按钮，则会出现默认以蓝色字开头的“.include C:\Tanner EDA\T-Spice 11.0\models\ml2_125.md”。

（14）设定参数值：选择 Edit→Insert Command 命令。在出现的对话框的列表框中选择 Settings 选项，对话框右边将出现 6 个按钮，单击 Parameters 按钮，在出现的 Parameter type 列表框中选择 General 选项。在 Parameter name 文本框中输入“l”，在 Parameter value 文本框中输入“0.5u”，再单击 Insert Command 按钮，则会出现默认以蓝色字开头的“.param l = 0.5u”。

（15）Vdd 电压值设定：设定 Vdd 的电压值为 5.0V。其方法为设定一个名称为 vvdd 的定电压源，加在 Vdd 与 GND 之间，定电压值为 5.0V。可以仿效前面在 S-Edit 中加入电源符号，再输出成 SPICE 文件的方式，也可利用选择 T-Spice 中的 Edit→Insert Command 命令来设定，其方法如下：选择 Edit→Insert Command 命令，在出现的对话框的列表框中选择 Voltage Source 选项，对话框右边将出现 10 个选项，单击其中的 Constant 按钮，在出现的 Voltage source name 文本框中输入“vvdd”，在 Positive terminal 文本框中输入“Vdd”，在 Negative terminal 文本框中输入“GND”，在 DC Value 文本框中输入“5.0”，再单击 Insert Command 按钮，则会出现“vvdd Vdd GND 5.0”的文字。

（16）设定向量：由于四位加法器数据输入为四位数据，模拟的输入信号可以采用向量（Vector）方式给值，但首先要将 A3，A2，A1 与 A0 设定为向量 A，并将 B3，B2，B1 与 B0 设定为向量 B。方法如下：选择 Edit→Insert Command 命令，在出现的对话框的列表框中选择 Settings 选项，对话框右侧将出现 6 个选项，单击其中的 Bus definition 按钮，然后在出现的 Bus name 文本框中输入“A”，在 Nodes in bus 文本框输入节点名称“A3 A2 A1 A0”，如图 9.10 所示。再单击 Insert Command 按钮，则会出现默认的以蓝色字开头的“.vector A {A3 A2 A1 A0}”。向量 B 的设定方式与向量 A 相同，设定后会出现默认的以红色字开头的“.vector B {B3 B2 B1 B0}”。

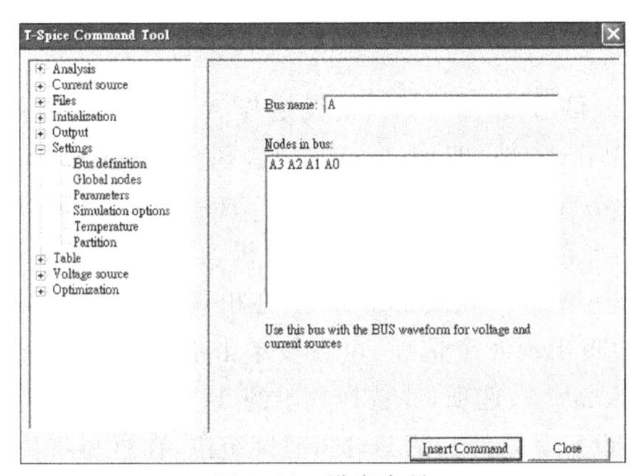

图 9.10 设定向量

(17) 设定A输入信号:由于A可被视为四位数据,输入方式可用十进制0～15的数值,或十六进制0～F的数值,或二进制0000～1111的数值。设定输入A的电压信号为一数据串,数据位最大值为5.0V,最低为0V,5V维持时间为50ns,0V维持时间亦为50ns。选择Edit→Insert Command命令,在出现的对话框中的列表框中选择Voltage Source选项,对话框右侧将出现10个选项,选择其中的bus选项,在出现的Voltage source name文本框中输入"va",在Bus name文本框中输入"A",在Reference node文本框中输入"GND",在Bit stream文本框中可输入数个输入波形,例如,以二进制表示四组输入"0011 1110 1100 1010",并在位值为1的电压设定文本框ON value输入"5",位值为0的电压设定文本框OFF value中输入"0",在脉冲为Low时的保持时间设定文本框Low time中输入"50n",在脉冲为High时的保持时间设定文本框High time中输入"50n",在脉冲波形的上升时间设定文本框Rise time中输入"5n",在脉冲波形的下降时间设定文本框Fall time中输入"5n",如图9.11所示。再单击Insert Command按钮,则会出现"va A GND BUS ({0011 1110 1100 1010} lt=50n ht=50n on=5 off=0 rt=5n ft=5n)"的文字。

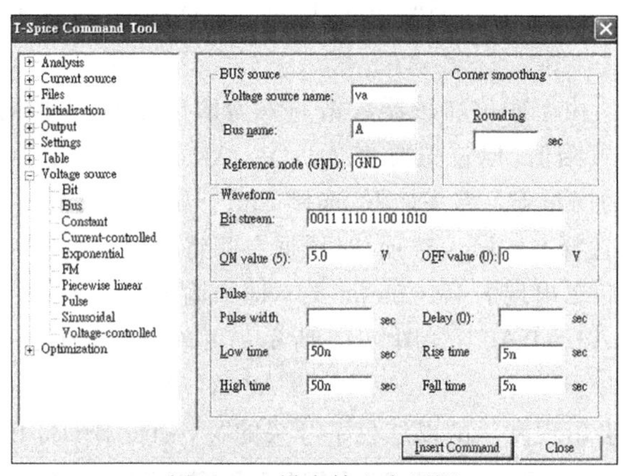

图9.11 设定输入电压源

(18) 设定B输入信号:B信号输入的设定与A信号的设定方式相同,其设定画面如图9.12所示,单击Insert Command按钮,则会出现"vb B GND BUS ({1101 0111 1010 0101} lt=50n ht=50n on=5 off=0 rt=5n ft=5n)"的文字。

(19) 分析设定:此范例为全加器的瞬时分析,必须下瞬时分析指令。将鼠标移至文件尾,选择Edit→Insert Command命令,在出现对话框的列表框中选择Analysis选项,对话框右边将出现8个选项,可直接单击瞬时分析按钮Transient,也可展开左侧列表框中的Analysis选项,并选择其中的Transient选项,在对话框的右侧有几项设定需选择,并设定其时间间隔与分析时间范围,在这里将仿真时间间隔设定为1ns,总仿真时间则为400ns。首先展开Modes选项,选择Standard (from DC op.

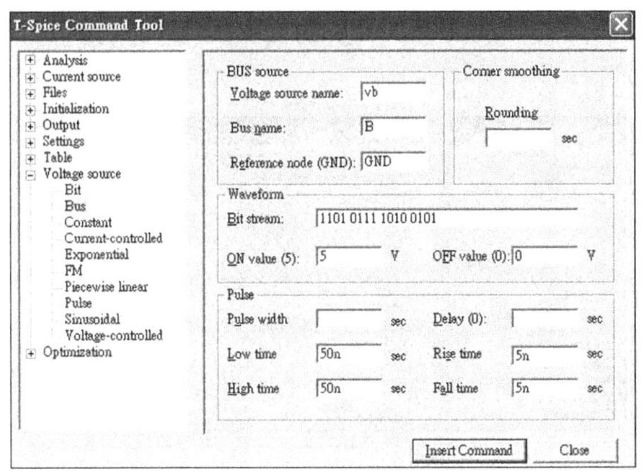

图 9.12 设定输入电压源

point)选项,在右边出现的 Maximum Time 文本框中输入"1n",在 Simulation 文本框输入"200n" ,之后在如图 9.13 所示。单击 Insert Command 按钮后,则会出现默认以蓝色字开头的". tran 10p 1n 200n=bdf"。

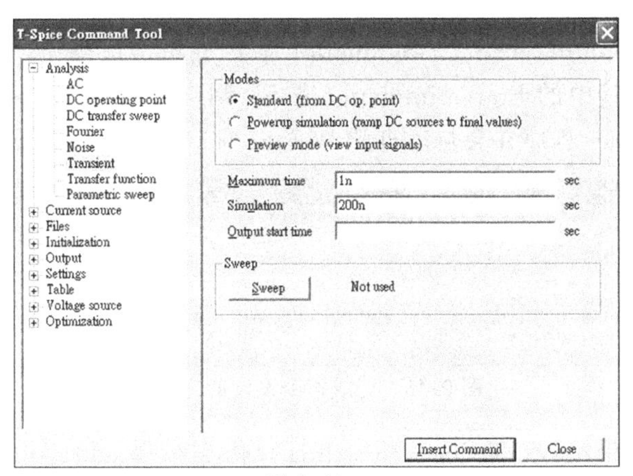

图 9.13

(20) 输出设定:观察瞬时分析结果,要设定观察瞬时分析结果为哪些节点的电压或电流,在此要观察的是输入节点 A3,A2,A1,A0,B3,B2,B1,B0 与输出节点 Cout,S3,S2,S1 与 S0 的电压仿真结果。选择 Edit→Insert Command 命令。在出现的对话框的列表框中选择 Output 选项,在对话框的右边将出现 7 个选项,可直接单击 Transient results 按钮,也可展开左侧列表框的 Output 选项,选择其中的 Transient results 选项,在对话框右边的 Plot type 下拉列表框中选择 Voltage 选项,在 Node name 文本框中输入输出节点名称"Cout",在这里要注意大小写需与程序中的节点名称完全一致,单击 Add 按钮。再回到 Node name 文本框输入输出节点名称"S3",单击 Add 按钮。重复该动作将 S2,S1 与 S0 加入后的结果如图 9.14 所示,单击 Insert Command 按钮，则会出现默认以蓝色字开头的“. print tran v(Cout) v(S3) v(S2) v(S1) v(S0)”。

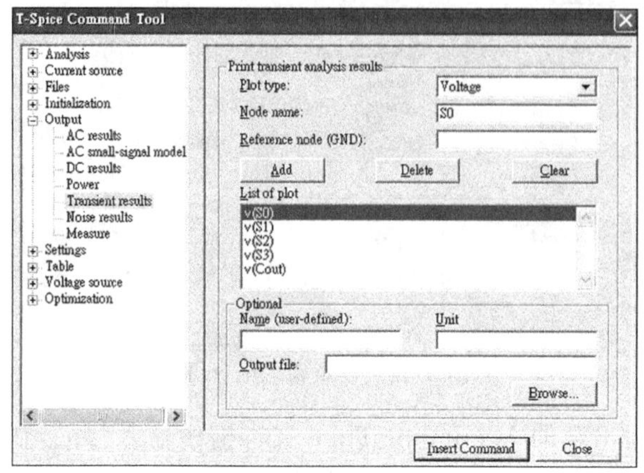

图 9.14 输出设定

(21) 进行仿真：完成指令设定的文件如图 9.15 所示，完成设定后就开始进行仿真分析了。选择 Simulate→Start Simulation 命令或单击▶按钮，打开 Run Simulation 对话框，单击其中的 Start Simulation 按钮，则会出现仿真结果的报告 Simulation Status。Tanner 程序并会自动打开 W-Edit 窗口来观看仿真波形图。

```
add4 *
.include "C:\Program Files\Tanner EDA\T-Spice 11.0\models\ml2_125.md"
.param l=0.5u
vvdd Vdd GND 5.0
.vector A {A3 A2 A1 A0}
.vector B {B3 B2 B1 B0}
va A GND BUS ({0011 1110 1100 1010} lt=50n ht=50n on=5.0 off=0 rt=5n ft=5n)
vb B GND BUS ({1101 0111 1010 0101} lt=50n ht=50n on=5 off=0 rt=5n ft=5n)
.tran 1n 200n
.print tran v(B3) v(B2) v(B1) v(B0)
```

图 9.15 完成指令设定的文件

(22) 观看结果：可在 T-Spice 环境下打开仿真结果 add4. out 报告文件，如图 9.16 所示。

add4.out

TRANSIENT ANALYSIS

Time<s>	v(Cout)<V>	v(S3)<V>	v(S2)<V>	v(S1)<V>	v(S0)<V>
0.000000e+000	4.9999e+000	1.3805e-009	1.3805e-009	1.3805e-009	1.3805e-009
6.250000e-011	4.9999e+000	1.3805e-009	1.3805e-009	1.3805e-009	1.3805e-009
6.875000e-010	4.9999e+000	1.3805e-009	1.3805e-009	1.3805e-009	1.3805e-009
2.687500e-009	4.9999e+000	1.3805e-009	1.3805e-009	1.3805e-009	1.3805e-009
4.687499e-009	4.9999e+000	1.3805e-009	1.3805e-009	1.3805e-009	1.3805e-009
5.000000e-009	4.9999e+000	1.3805e-009	1.3805e-009	1.3805e-009	1.3805e-009
5.062499e-009	4.9999e+000	1.3805e-009	1.3805e-009	1.3805e-009	1.3805e-009
5.687499e-009	4.9999e+000	1.3805e-009	1.3805e-009	1.3805e-009	1.3805e-009
7.687499e-009	4.9999e+000	1.3805e-009	1.3805e-009	1.3805e-009	1.3805e-009
9.687499e-009	4.9999e+000	1.3805e-009	1.3805e-009	1.3805e-009	1.3805e-009
1.168749e-008	4.9999e+000	1.3805e-009	1.3805e-009	1.3805e-009	1.3805e-009
1.368749e-008	4.9999e+000	1.3805e-009	1.3805e-009	1.3805e-009	1.3805e-009
1.568749e-008	4.9999e+000	1.3805e-009	1.3805e-009	1.3805e-009	1.3805e-009
1.768749e-008	4.9999e+000	1.3805e-009	1.3805e-009	1.3805e-009	1.3805e-009
1.968750e-008	4.9999e+000	1.3805e-009	1.3805e-009	1.3805e-009	1.3805e-009
2.168750e-008	4.9999e+000	1.3805e-009	1.3805e-009	1.3805e-009	1.3805e-009
2.368750e-008	4.9999e+000	1.3805e-009	1.3805e-009	1.3805e-009	1.3805e-009

图 9.16 仿真输出文件

也可在 W-Edit 中观看仿真结果 fulladder.out 的图形显示，选取工具图样工具 可分离 v(Cout)曲线、v(S3)曲线、v(S2)曲线、v(S1)曲线与 v(S0)曲线，如图 9.17 所示。

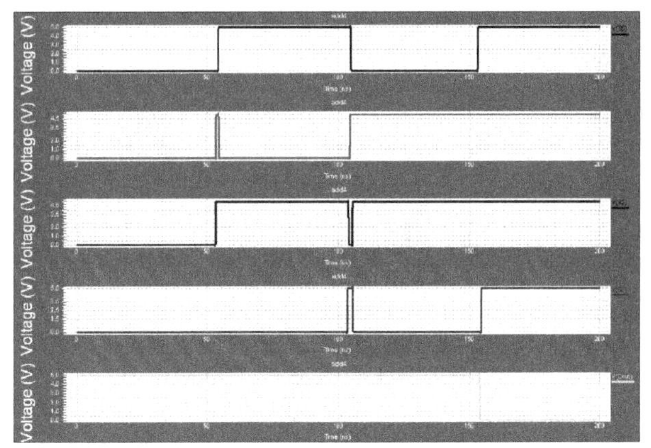

图 9.17 利用 W-Edit 观看仿真结果

在图 9.17 中，从下而上依次为 Cout 端输出电压对时间的关系图(最下一条曲线)、S3 端输出电压对时间的关系图(倒数第二条曲线)、S2 端输出电压对时间的关系图(倒数第三条曲线)、S1 端输出电压对时间的关系图(倒数第四条曲线)、S0 端输出电压对时间的关系图(第一条曲线)。要注意横坐标皆为时间(ns)。

(23) 分析结果：对仿真结果进行分析，验证四位加法器仿真结果是否正确。时间 0～50ns 的输入数据 A3 A2 A1 A0 与 B3 B2 B1 B0 分别为 0011 与 1101，如图 9.17 与图 9.18 所示，其进行加法的结果应为 10000，即代表 Cout=1，S3=0，S2=0，S1=0，S0=0。从仿真结果来看(如图 9.16 所示)，时间 0～50ns 的输出电压结果是正确的。

时间 51～100ns 的输入数据 A3 A2 A1 A0 与 B3 B2 B1 B0 分别为 1110 与 0111，如图 9.18 与图 9.19 所示，其进行加法的结果应为 10101，即代表 Cout=1，S3=0，S2=1，S1=0，S0=1。从仿真结果来看(如图 9.17 所示)，时间 51～100ns 的输出电压结果是正确的。

时间 101～150ns 的输入数据 A3 A2 A1 A0 与 B3 B2 B1 B0 分别为 1100 与 1010，如图 9.18 与图 9.19 所示，其进行加法的结果应为 10110，即代表 Cout=1，S3=0，S2=1，S1=1，S0=0。从仿真结果来看(如图 9.17 所示)，时间 101～150ns 的输出电压结果是正确的。

时间 151～200ns 的输入数据 A3 A2 A1 A0 与 B3 B2 B1 B0 分别为 1010 与 0101，如图 9.18 与图 9.19 所示，其进行加法的结果应为 01111，即代表 Cout=0，S3=1，S2=1，S1=1，S0=1。从仿真结果来看(如图 9.17 所示)，时间 151～200ns

的输出电压结果是正确的。

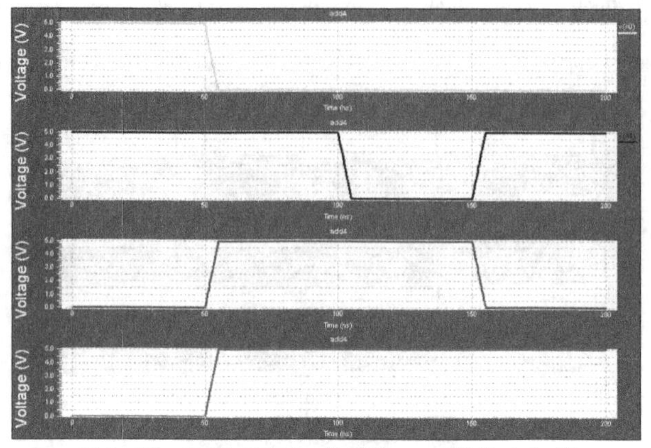

图 9.18 利用 W-Edit 观看端口 A 的输入电压

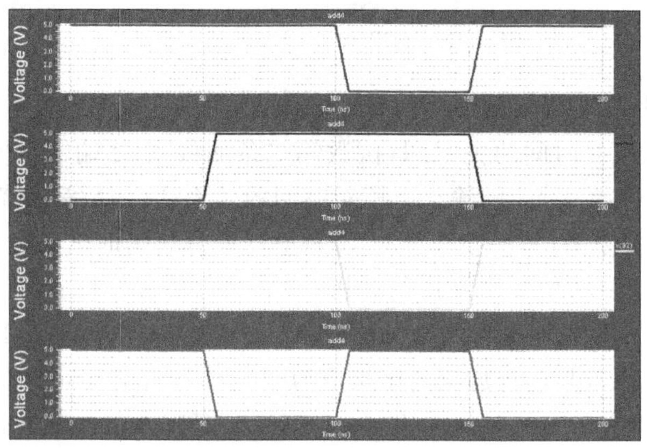

图 9.19 利用 W-Edit 观看端口 B 的输入电压

9.2 说 明

- 设定向量(.vector):创造一个巴士(bus)名称,并设定此 bus 包含哪些位,格式如表 9.2 所示。

表 9.2 设定向量语法

语 法	范 例
.vector 巴士名{节点 1[,]节点 2}	.vector A {A3 A2 A1 A0}
	.vector B {B3, B2, B1, B0}

- 向量电压源:向量电压源设定 bus 波形的语法整理如表 9.3 所示。

表 9.3 设定向量电压源的语法

语 法	范 例
v名字 正端点 负端点 BUS ({波形}[lt=低准位持续时间][ht=低准位持续时间][on=高准位值][off=低准位值][rt=上升时间][ft=下降时间])	va A GND BUS ({0011 1110 1100 1010} lt=50n ht=50n on=5 off=0 rt=5n ft=5n)
	vb B GND BUS ({7 F C 6} lt=50n ht=50n on=5 off=0 rt=5n ft=5n)

所举范例为,名为 va 的电源,其正端接 A,负端接 GND,假设 A 为 bus,其包含 4 个节点{A3 A2 A1 A0}。va 的高准位为 5V,低准位为 0V,波形第一组为 0011,即代表 A3=0,A2=0,A1=1,A0=0,第二组为 1110,第三组为 1100,第四组为 1100。每组数据低准位的延续时间为 50ns,高准位的延续时间为 50ns。上升时间为 5ns,下降时间为 5ns。波形亦可以十六进制数字表示。

9.3 随堂练习

1. 设计一个进位前瞻式四位加法器,并比较四位涟波进位加法器与进位前瞻式四位加法器的延迟时间。

2. 设计四位减法器并进行仿真分析。

第10章

使用L-Edit画布局图

L-Edit 是一个画布局图的工具，即以各种不同颜色或图样的图层组合光罩的图样，本范例先介绍各种绘制集成电路用的光罩所需要用到的基本图层，并以详细的步骤引导读者学习 L-Edit 的基本功能。

操作流程：进入 L-Edit→建立新文件→环境设定→编辑元件→绘制图层形状→设计规则检查→修改对象→设计规则检查。

10.1 使用 L-Edit 画布局图的详细步骤

(1) 打开 L-Edit 程序：执行在..\Tanner EDA\L-Edit11.1 目录下的 ledit.exe 文件，或选择“开始”→“程序”→Tanner EDA→L-Edit Pro v11.1→L-Edit v11.1 命令，即可打开 L-Edit 程序，L-Edit 会自动将工作文件命名为 Layoutl.sdb 并显示在窗口的标题栏上，并出现一个 cell0 编辑窗口，如图 10.1 所示。

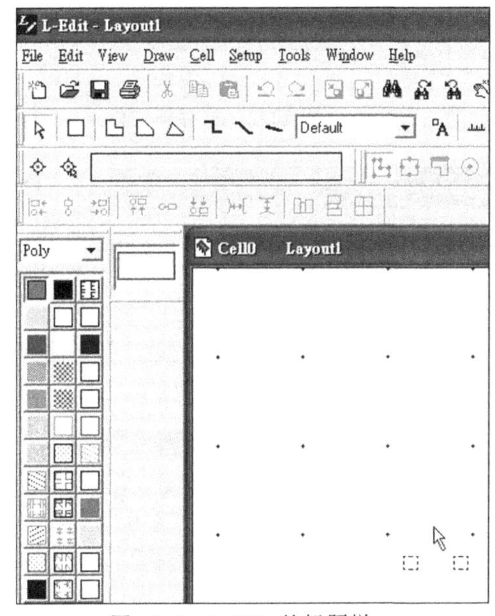

图 10.1 L-Edit 的标题栏

(2) 另存新文件：选择 File→Save As 命令，打开“另存为”对话框，在“保存在”下拉列表框中选择存储目录，在“文件名”文本框中输入新文件的名称，例如 ex9，如图 10.2 所示。

(3) 取代设定：选择 File→Replace Setup 命令，将出现一个对话框，单击 From file 下拉列表框右侧的 Browser 按钮，并选择 C:\Tanner EDA\L-Edit11.1\Semples\SPR\example1\lights.tdb 文件，如图 10.3 所示，单击 OK 按钮。接着会出现一个警告窗口，如图 10.4 所示，按确定钮，就可将 lights.tdb 文件的设定选择性应用在目前编辑的文件中。

(4) 编辑元件：L-Edit 编辑方式是以元件(Cell)为单位而不是以文件(File)为单位的，每一个文件可有多个 Cell，而每一个 Cell 可表示一种电路布局图或说明，每次打开新文件时也自动打开一个 Cell 并将其命名为 Cell0，如图 10.5 所示，其中编辑画面中的十字为坐标原点。

(5) 环境设定：绘制布局图，必须要有确实的大小，因此绘图前先要确认或设定坐标与实际长度的关系。选择 Set→Design 命令，打开 Setup Design 对话框，在其中的 Technology 选项卡中出现使用技术的名称、单位与设定，本范例中的技术单位

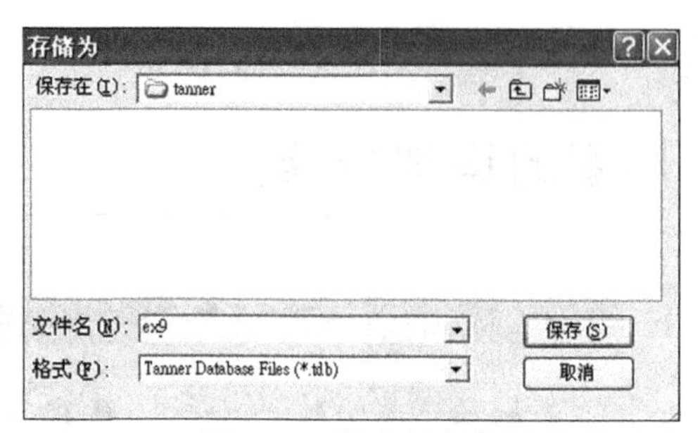

图 10.2 另存新文件

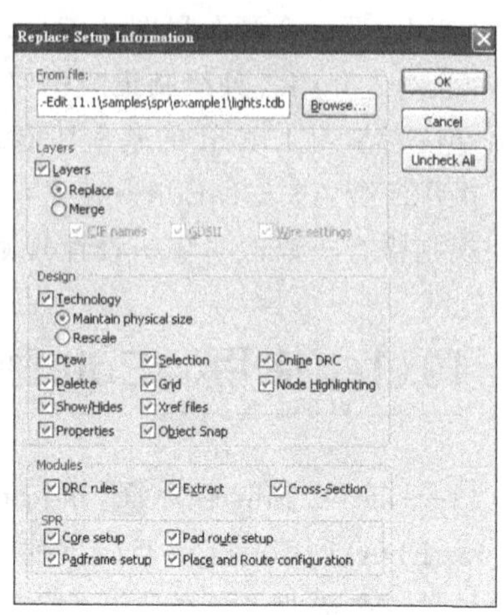

图 10.3 取代设定

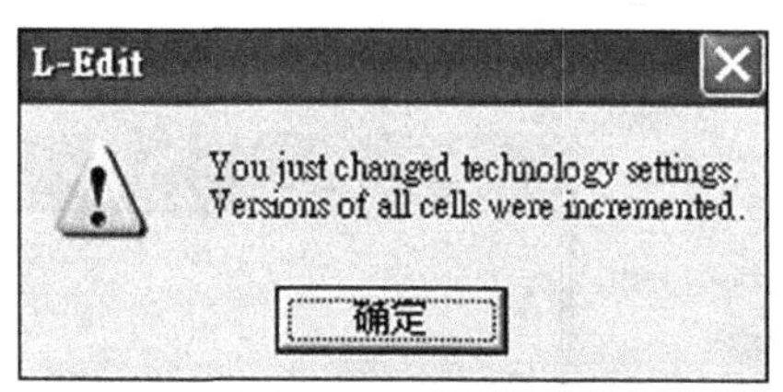

图 10.4 警告视窗

Technology units 为以 Lambda 为单位，而 Lambda 单位与内部单位 Internal Unit 的关系可在 Technology setup 选项组中进行设定，如图 10.6 所示，我们设定一个 Lmabda 为 1000 个 Internal Unit，也设定一个 Lambda 等于一个 Micron。

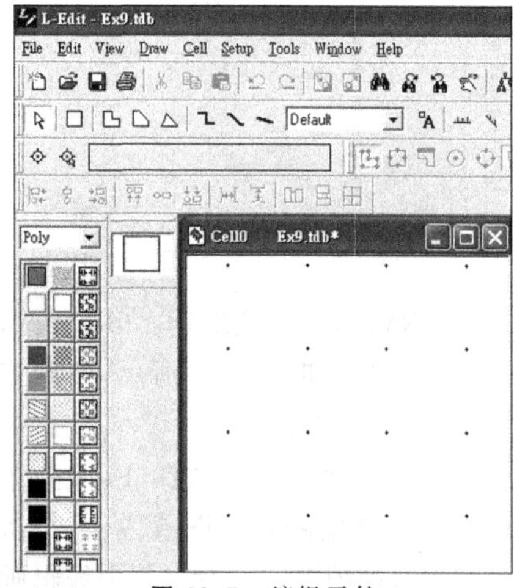

图 10.5 编辑元件

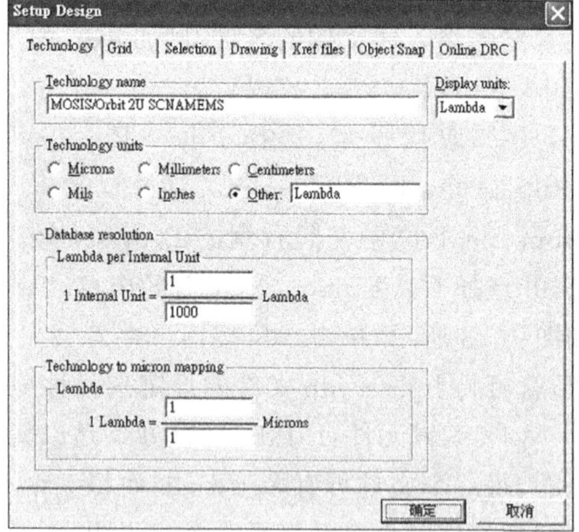

图 10.6 环境设定

在 Grid 选项卡中可进行使用格点显示设定，鼠标停格设定与坐标单位设定，如图 10.7 所示。在 Major display grid:处设定值为 10 Lambda，即设定显示的主要格点间距等于 10 个 Lambda。在 Suppress major grid less than:文本框中设定当格点距离小于 20 个像素(pixels)时不显示,在 Minor display grid:处设定值为 1 Lambda,即设定显示的小格点间距等于 1 个 Lambda。在 Suppress minor grid less than:文本框中设定当格点距离小于 8 个像素(pixels)时不显示,在 Cursor type:处设定鼠标光标显示为 Snapping 型态,在 Mouse snap grid:处设定鼠标锁定的格点为 0.5 个坐标单位(Locator unit),在 Manufacturing grid:处设定为 0.25 个 Lambda,如图 10.7 所示。

设定结果为一个格点距离等于一个 Lambda,也等于一个 Micron。

(6) 选取图层:在画面左边有一个 Layers 面板,如图 10.8 所示,其中有一个下拉列表,可从中选取要绘制的图层,例如 Poly,则 Layers 面板会选取代表 Poly 图层的红色。在 L-Edit 中的 Poly 图层代表制作集成电路中多晶硅(Poly Silicon)所需要的光罩图样。

图 10.7 格点设定

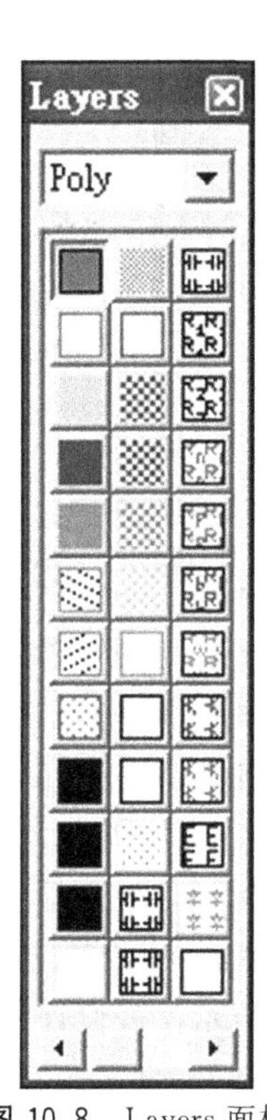

图 10.8 Layers 面板

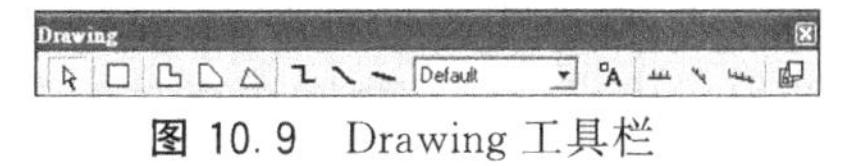

图 10.9 Drawing 工具栏

(7) 选择绘图形状:绘制布局图,除了选择要绘制的图层外,还要在 Drawing 工具栏中选择绘图方式,如图 10.9 所示,其中为选择功能按钮,为绘制方块按钮,为绘制直角转弯的多边型按钮,为绘制 45°转弯的多边型按钮,为绘制各种转弯角度的多边型按钮,为绘制直角转弯的线按钮,为绘制45°转弯的线按钮，为绘制各种转弯角度的线按钮。

本范例绘制一方形的poly图层，横向占据一个小格点（1μm），纵方向占据一个大格点（10μm），选择按钮，按鼠标左键拖动可画方形，结果如图10.10所示。注意左下角有状态栏，若选取所绘制的图样会标明出绘制的形状、图层、宽度（W）、高度（H）、面积（A）与周长（P）。若左下角没有出现状态列，可选择View→Status Bar命令，出现Status Bars对话框，选择Status Bar项目，如图10.11所示，再单击Close，则会在编辑窗口左下角出现状态栏。

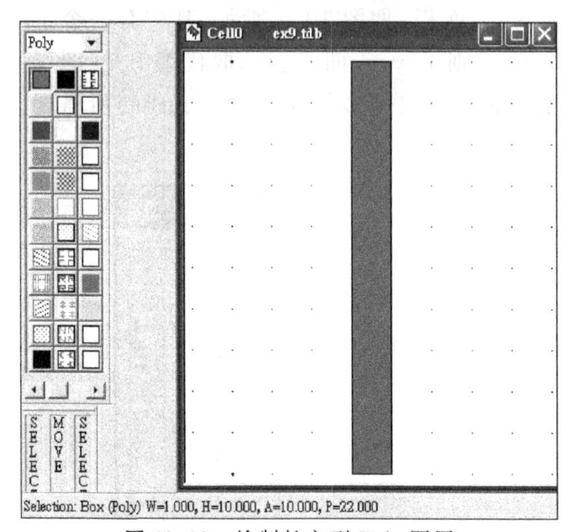

图10.10 绘制长方型Poly图层

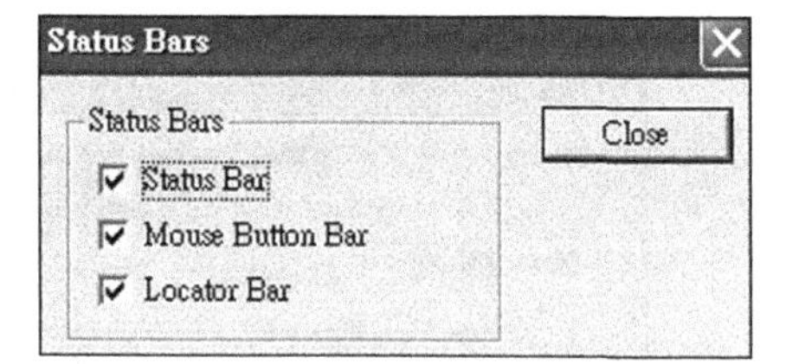

图10.11 状态栏菜单

（8）设计规则设定：由于绘制的图样是要制作集成电路的光罩图样，必须配合设计规则绘制图层，才能确保制作时的效率。可选择Tools→DRC Setup命令，或单击按钮，出现Setup DRC对话框，选择Edit按钮，打开Setup DRC Standard Rule Set对话框，如图10.12所示，可以设定设计规则，按OK按钮可关闭对话框。

（9）设计规则检查：绘制图层后要进行设计规则检查，可选择Tools→DRC命令，或单击按钮，出现DRC Progress窗口，显示设计规则检查进行状况，如图10.13所示。若设计规则检查有错误，会出现一个DRC Error Navigator窗口，如图10.14所示，显示违反了设计规则3.1 Poly Minimum Width的规定（注意按钮被按下），并标出错误原因为Poly宽度<2 Lambda。展开DRC Error Navigator窗口中3.1 Poly Minimum Width [1]<2 Lambda选项，单击Error 1 {1}，会在L-Edit编辑窗口中出现设计规则检查有错误的地方，如图10.15所示。一个大圈圈着Poly方块，纵方向有两条粗线代表是宽度违反了设计规则。可关闭DRC Error Navigator窗口。

（10）检查错误：观看本范例设计规则的3.1规则是什么，选择Tools→DRC Set-

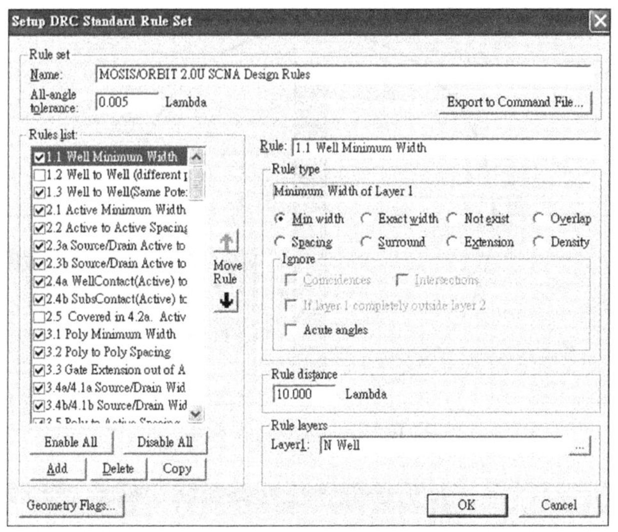

图 10.12　设计规则设定对话框

up 命令，或单击按钮，出现 Setup DRC 对话框，选择 Edit 按钮，打开 Setup DRC Standard Rule Set 对话框，再从 Rules list：选择“3.1 Poly Minimum Width”可以观看该条设计规则设定，如图 10.16 所示。

从 3.1 规则可以看出，Poly 图层有最小宽度为两个 Lambda 的限制，而本范例在图 10.10 所绘制的 poly 宽度只有一个格点，也就是宽度只有一个 Lambda，违反了设计规则，故将图 10.10 所绘制的 poly 图层改为两个格点宽即可。

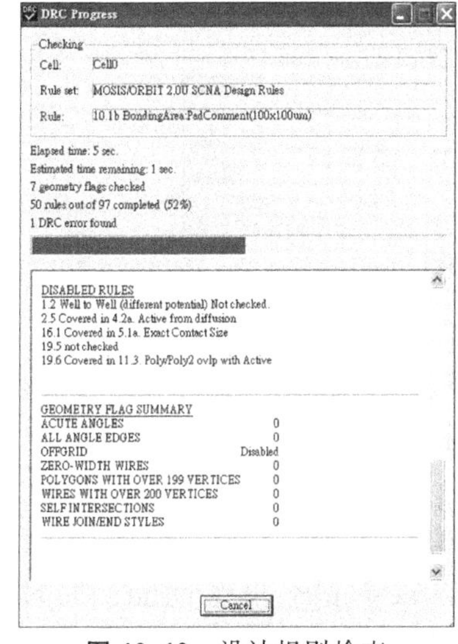

图 10.13　设计规则检查

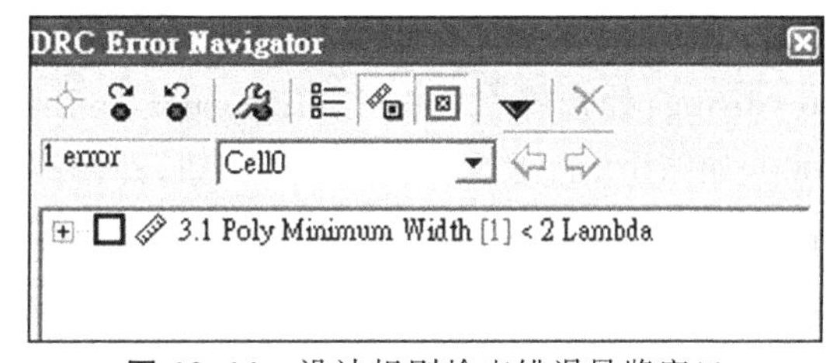

图 10.14　设计规则检查错误导览窗口

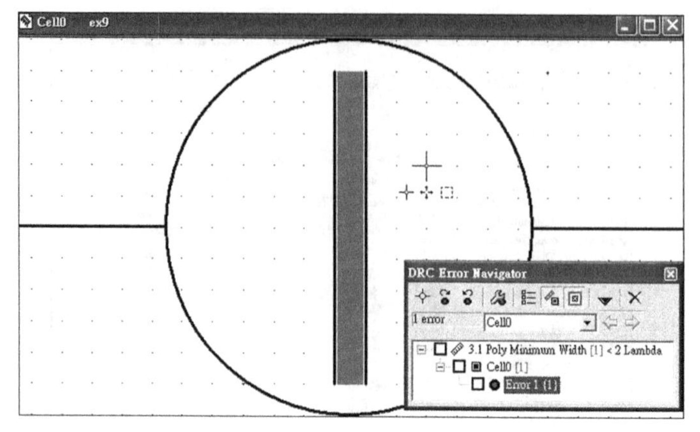

图 10.15 DRC错误标示

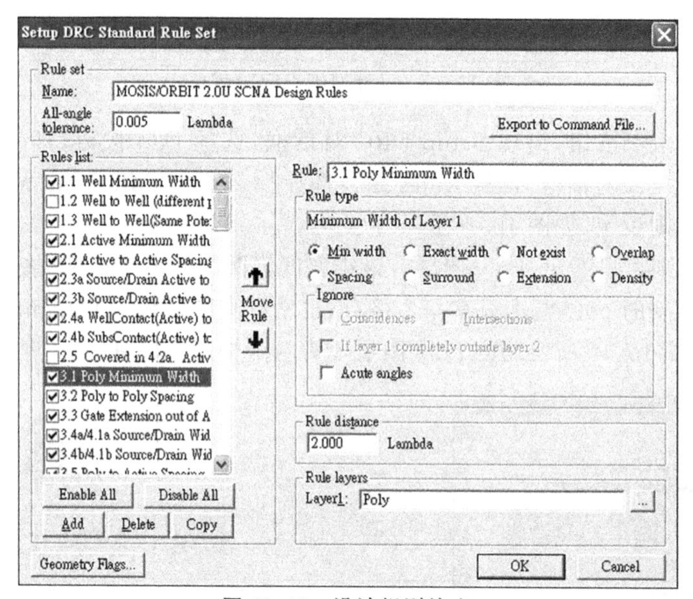

图 10.16 设计规则检查

(11) 修改对象：将图10.10所绘制的poly图层改为两个格点宽的方式，可选择Edit→Edit Object(s)命令，出现Edit Object(s)对话框，可在Show box coordinates using:处选择“bottom left corner and dimensions”，再将Width:处的值改为2.000，如图10.17所示，单击确定按钮，即修改完成。也可以利用Alt键加鼠标拖动修改对象大小。修改成宽度为两个格点后，再进行设计规则检查已无错误，如图10.18所示。可选择Tools→Clear Error Layor命令，或单击，出现Delete Objects on Error Layer对话框，如图10.19所示，单击OK按钮，可看到L-Edit编辑窗口上的“#IMCOMPLETE PLOT#”字消失。

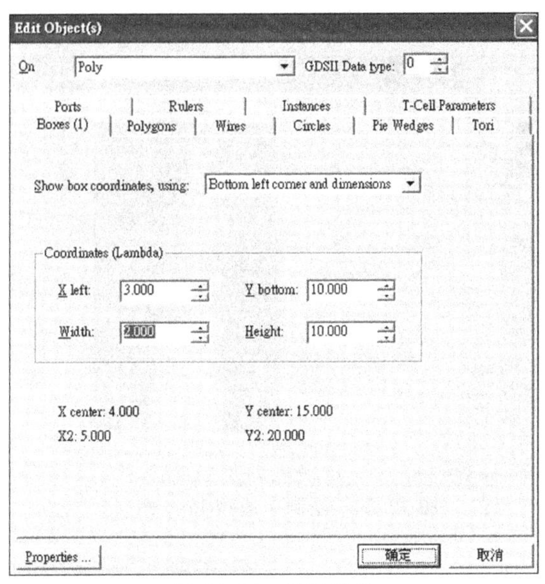

图 10.17　编辑对象

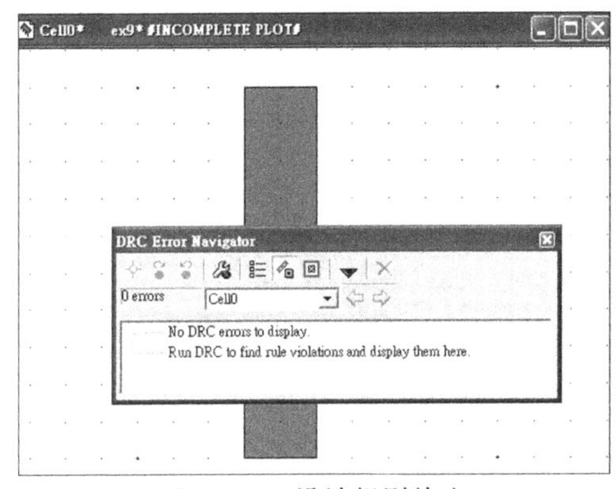

图 10.18　设计规则检查

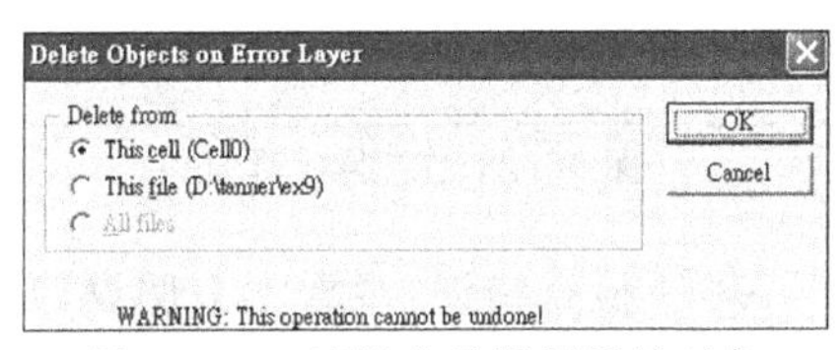

图 10.19　清除在错误图层的对象

（12）绘制多边型：在长方形 poly 旁间隔 1 个格点处，利用 Drawing 工具栏中选择，可利用鼠标左键拖动并点出多边型的端点，按鼠标右键结束，如图 10.20 所示。

（13）设计规则检查：选择 Tools→DRC 命令，或单击按钮，出现 DRC Progress 窗口，显示设计规则检查进行状况。若设计规则检查有错误，会出现一个 DRC Error Navigator 窗口，如图 10.21 所示，显示违反了设计规则 3.2 Poly to Poly Spacing 的规定（注意按钮被按下），并标出错误原因为 Poly 间距<2 Lambda。展开 DRC Error Navigator 窗口中 3.2 Poly to Poly Spacing [1]<2 Lambda 选项，单击 Error 1 {1}，会在 L-Edit 编辑窗口中出现设计规则检查有错误的地方，如图 10.22 所示。一个大圈圈着两个 Poly 对象，纵方向有两条粗线代表是间距违反了设计规

则。可关闭DRC Error Navigator窗口。

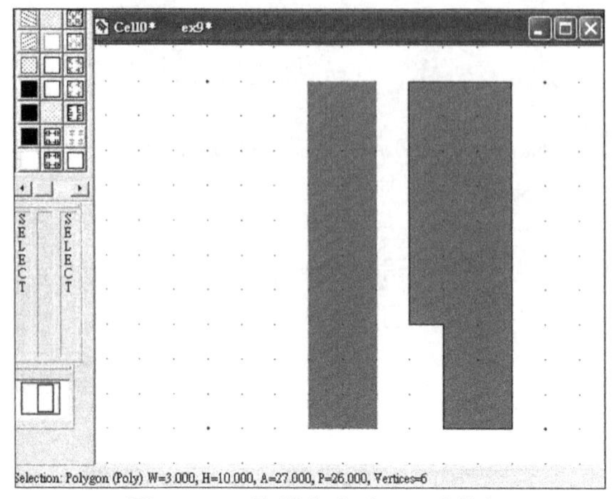

图10.20 绘制多边型Poly图层

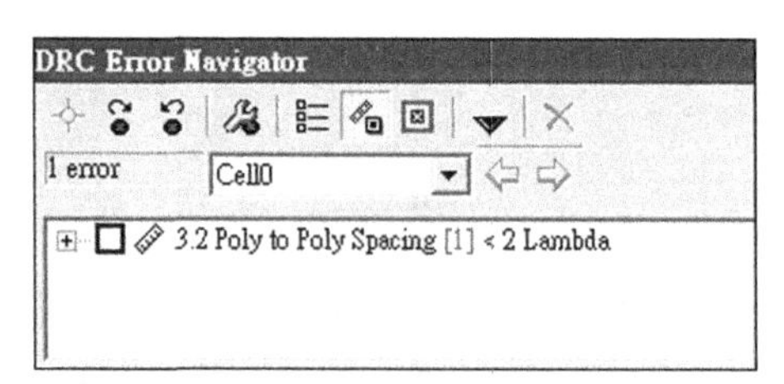

图10.21 错误导览窗口

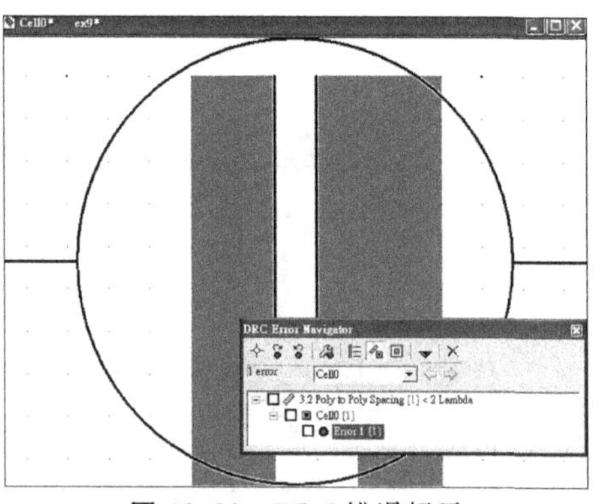

图10.22 DRC错误标示

(14) 检查错误：观看本范例设计规则的3.2规则是什么，选择Tools→DRC Setup命令，或单击按钮，出现Setup DRC对话框，选择Edit按钮，打开Setup DRC Standard Rule Set对话框，再从Rules list：选择“3.2 Poly to Poly Spacing”可以观看该条设计规则设定，如图10.23所示。

从3.2规则可以看出，poly图层与poly图层有最小间距为两个Lambda的限制，而本范例在图10.20所绘制的poly与poly间距只有一个格点，也就是间距只有一个Lambda，故违反了设计规则。故将图10.20所绘制的poly间距改为两个格点宽即可。

(15) 移动对象：将图10.20所绘制的多边型poly向右移动1个格点的方式修改，可选择Draw→Move By命令，出现Move对话框，设定移动量在X方向向右移动一格，即在X and Y offsets (Lambda)处填入“1.000 0.000”，如图10.24所示，按

OK 钮，即修改完成。

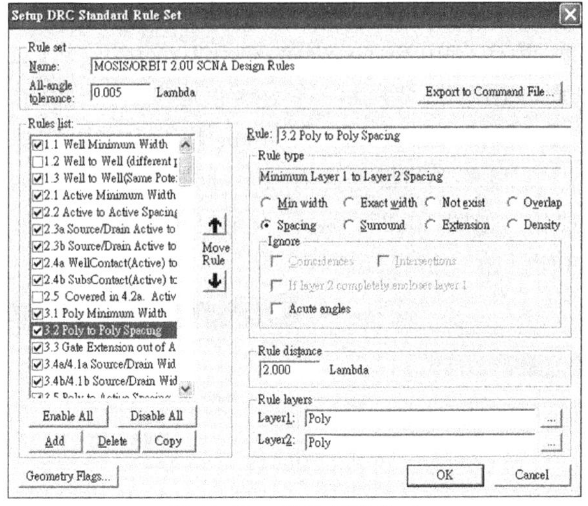

图 10.23 设计规则检查

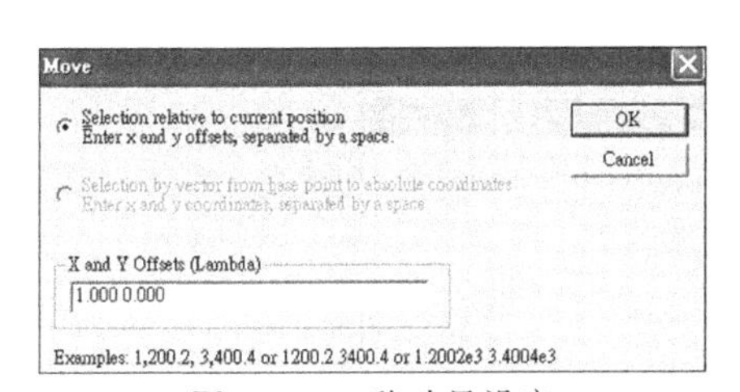

图 10.24 移动量设定

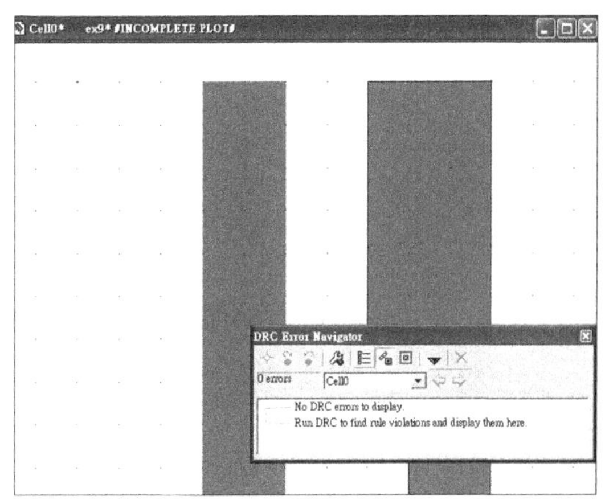

图 10.25 设计规则检查结果

再进行设计规则检查，检查完毕会出现一个 DRC Error Navigator 窗口可发现 0 个错误，如图 10.25 所示。可选择 Tools→Clear Error Layor 命令，或单击，出现 Delete Objects on Error Layer 对话框，单击 OK 按钮，可看到 L-Edit 编辑窗口上的“♯IMCOMPLETE PLOT♯”字消失。

10.2 利用 T-Cell 建立布局图

- 操作流程：建立新单元 Cell1→定义 T-Cell 参数→使用产生方块的函数→建

立新单元Cell2→引用Cell1→设计规则检查→修改参数值→设计规则检查→Cell1使用产生多边形函数→Cell1使用产生直线的函数→Cell1使用产生圆形的函数。

(1) 建立新单元:选择Cell→New命令,打开Create New Cell对话框,选取T-Cell Parameters页面,如图10.26所示。

在Name栏下方字段填入参数“W”,在Type栏下方字段选择型态“integer”,在Default Value栏下方字段填入预设整数值“1”。同样方式设定参数“L”,型态为“integer”,预设整数值“10”,如图10.27所示。设定好单击确定按钮,会打开一个Cell1的窗口,如图10.28所示。

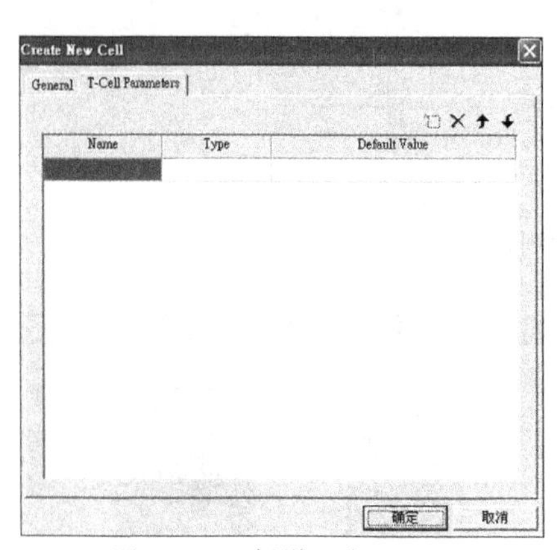

图10.26 新增一个T-Cell

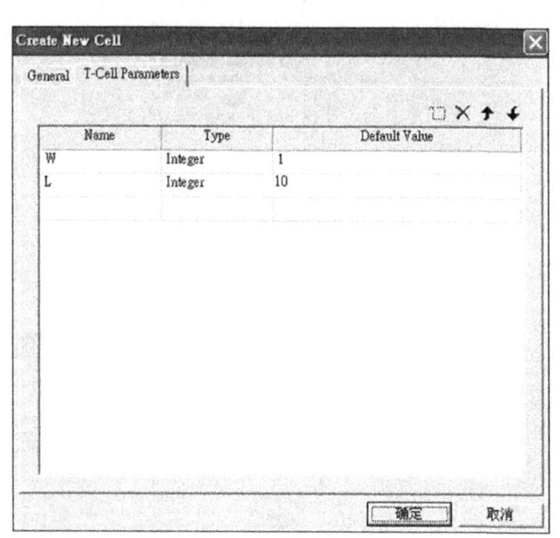

图10.27 新增一个T-Cell

Cell1 code ex9

```
module Cell1_code
{
#include <stdlib.h>
#include <math.h>
#include <string.h>
#include <stdio.h>
#include "ldata.h"
/* Begin -- Remove this block if you are not using L-Comp. */
#include "lcomp.h"
/* End */
   /* TODO: Put local functions here. */
   void Cell1_main(void)
   {
      /* Begin DO NOT EDIT SECTION generated by L-Edit */
      LCell          cellCurrent    = (LCell)LMacro_GetNewTCell();
      int            W              = (int)LCell_GetParameter(cellCurrent, "W");
      int            L              = (int)LCell_GetParameter(cellCurrent, "L");
      /* End DO NOT EDIT SECTION generated by L-Edit */
      /* Begin -- Remove this block if you are not using L-Comp. */
      LC_InitializeState();
      LC_CurrentCell = cellCurrent;
      /* End */
      /* TODO: Put local variables here. */
      /* TODO: Begin custom generator code.*/
      /* End custom generator code.*/
   }
}
Cell1_main();
```

图10.28 打开Cell1窗口

(2) 创建变量:在Cell1编辑区中,创建两个变量Wwidth与Lwidth,其数据型态为LCoord,创建两个坐标变量pt1与pt2,其数据型态为LPoint,如图10.29所示。

```
/* TODO: Put local variables here. */
LCoord Wwidth, Lwidth;
LPoint pt1, pt2;
```

图 10.29 创建变量

(3) 定义变量值：定义变量值 Wwidth 等于 LC_Microns(W)，定义变量值 Lwidth 等于 LC_Microns(L)。定义坐标变量 pt1 的 x 值等于(－Wwidth / 2)，y 值等于(－Lwidth / 2)；定义坐标变量 pt2 的 x 值等于(Wwidth / 2)，y 值等于(Lwidth / 2)，如图 10.30 所示。其中 LC_Microns 函数创建在“lcomp. h”中，如表 10.1 所示，会回传单位为 μm 的值。

```
/* TODO: Put local variables here. */
LCoord Wwidth, Lwidth;
LPoint pt1, pt2;
Wwidth = LC_Microns(W);
Lwidth = LC_Microns(L);
pt1.x = - Wwidth / 2;
pt1.y = - Lwidth / 2;
pt2.x =  Wwidth / 2;
pt2.y =  Lwidth / 2;
```

图 10.30 创建变量

表 10.1 函数 LC_Microns

文　件	lcomp. h
函数创建	LCoord LC_Microns(double dist); /* returns 'dist' um in int. units */
说　明	LC_Microns(3) 回传值为 3μm

(4) 引用创建方块函数：引用创建方块函数 LC_CreateBox，指定图层为 Poly，左下角坐标点为 pt1，右上角坐标点为 pt2，如图 10.31 所示。其中 LC_CreateBox 函数宣告在“lcomp. h”中，如表 10.2 所示。

```
/* TODO: Begin custom generator code.*/
{LC_CreateBox("Poly", pt1, pt2);}
```

图 10.31 引用创建方块函数

表 10.2 函数 LC_CreateBox

文　件	lcomp. h
函数创建	LObject LC_CreateBox(char *layername, LPoint ll, LPoint ur)
说　明	LC_CreateBox("Poly", pt1, pt2) 为创建一个图层为 Poly 的方块，其左下角坐标点为 pt1，右上角坐标点为 pt2

(5) 保存文件：编辑完 Cell1，如表 10.3 所示，保存文存，可选取窗口选单 File→Save，或按💾键。

表 10.3 Cell1 内容

```
module Cell1_code
{
#include <stdlib.h>
#include <math.h>
#include <string.h>
#include <stdio.h>
#include "ldata.h"
/* Begin -- Remove this block if you are not using L-Comp. */
#include "lcomp.h"
/* End */
   /* TODO: Put local functions here. */
   void Cell1_main(void)
   {
        /* Begin DO NOT EDIT SECTION generated by L-Edit */
        LCell          cellCurrent   = (LCell)LMacro_GetNewTCell();
        int          W             = (int)LCell_GetParameter(cellCurrent, "W");
        int          L             = (int)LCell_GetParameter(cellCurrent, "L");
        /* End DO NOT EDIT SECTION generated by L-Edit */
        /* Begin -- Remove this block if you are not using L-Comp. */
        LC_InitializeState();
        LC_CurrentCell = cellCurrent;
        /* End */
        /* TODO: Put local variables here. */
        LCoord Wwidth, Lwidth;
        LPoint pt1, pt2;
        Wwidth = LC_Microns(W);
        Lwidth = LC_Microns(L);
        pt1.x = - Wwidth / 2;
        pt1.y = - Lwidth / 2;
        pt2.x =   Wwidth / 2;
        pt2.y = Lwidth / 2;

        /* TODO: Begin custom generator code. */
   {LC_CreateBox("Poly", pt1, pt2);}
        /* End custom generator code. */
   }
}
Cell1_main();
```

(6) 建立新单元:选择 Cell→New 命令,打开 Create New Cell 对话框,选择 General 界面,在 Cell name 处填入 Cell2,如图 10.32 所示。单击确定按钮打开 Cell2 编辑窗口。

(7) 引用 Cell1:在 Cell2 编辑窗口中引用 Cell1,方法为选择 Cell→Instance 命令,打开 Select Cell to Instance 对话框,选择 ex9.tdb 的 Cell1,如图 10.33 所示,单击 OK 按钮。

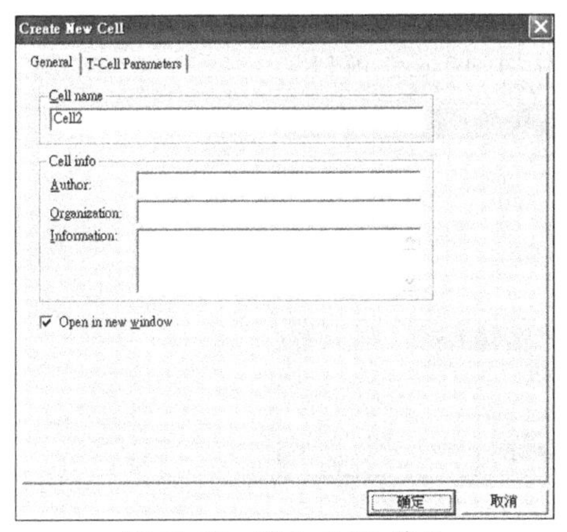

图 10.32 建立 Cell2 单元

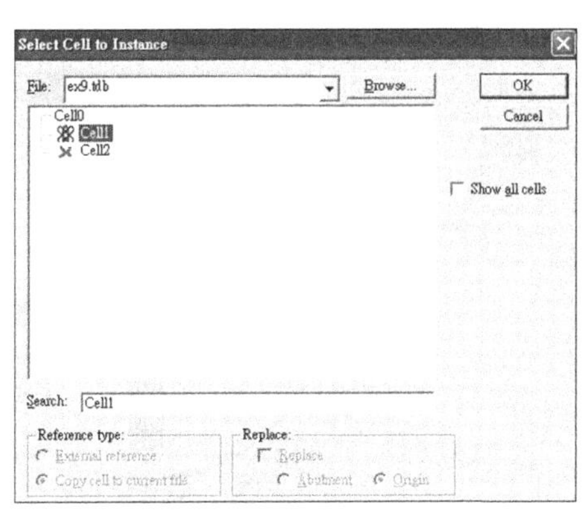

图 10.33 引用 Cell1

出现 Instancing Generator Cell1 对话框,显示预设的参数值,如图 10.34 所示,可以修改参数值再单击确定按钮。本范例先保持默认值即 W=1,L=10。引用 Cell1 结果如图 10.35 所示。选择此对象会在左下角看到 Instance of Cell'Cell1_Auto_1_10'。

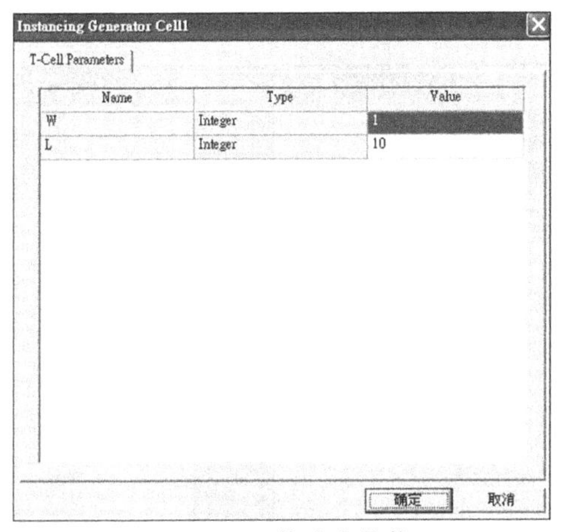

图 10.34 修改参数值

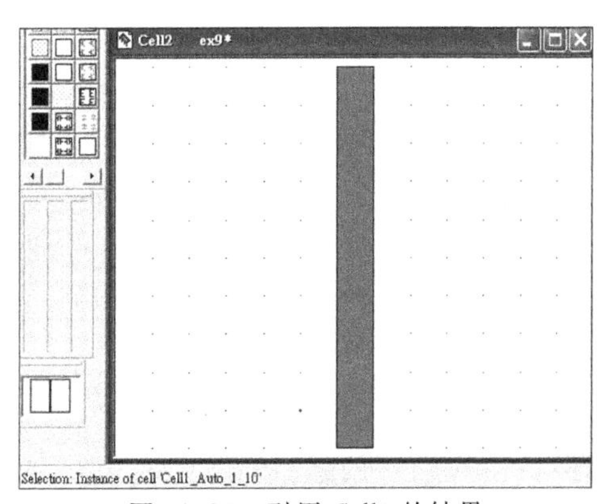

图 10.35 引用 Cell1 的结果

(8) 设计规则检查：进行设计规则检查，可选择Tools→DRC命令，或单击按钮，出现DRC Progress窗口，显示设计规则检查进行状况。若设计规则检查有错误，会出现一个DRC Error Navigator窗口，显示违反了设计规则3.1 Poly Minimum Width的规定(注意按钮被按下)，并标出错误原因为Poly宽度<2 Lambda。展开DRC Error Navigator窗口中3.1 Poly Minimum Width [1]<2 Lambda选项，选择Error 1 {1}，会在L-Edit编辑窗口中出现设计规则检查有错误的地方。一个大圈圈着Poly方块，如图10.36所示，纵方向有两条粗线代表是宽度违反了设计规则。可关闭DRC Error Navigator窗口与Cell1_Auto_1_10 ex9窗口。

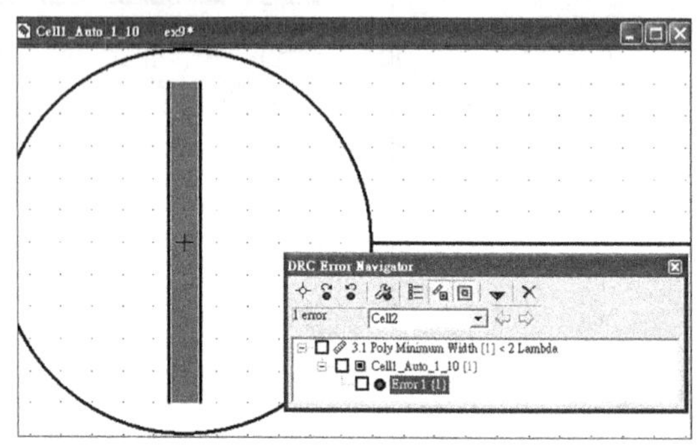

图10.36 设计规则检查错误处

(9) 修改参数：回到Cell2编辑窗口，选择Cell1_Auto_1_10对象，再选择Edit→Edit Object(s)命令，出现Edit Object(s)对话框，将T-Cell Parameters界面下的W数值改为2，如图10.37所示。再单击确定按钮，可以看到Cell1_Auto_1_10对象宽度变宽成2m，且左下角状态列变为Cell1_Auto_2_10，如图10.38所示。

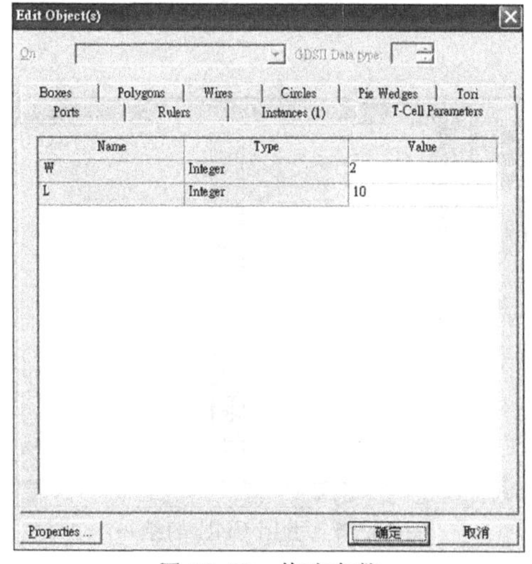

图10.37 修改参数

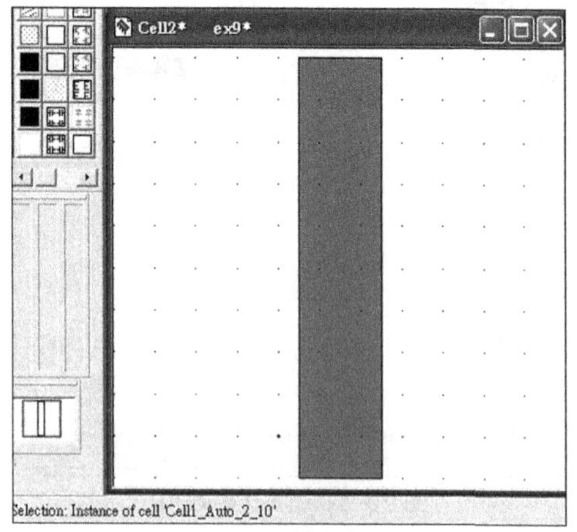

图10.38 参数修改结果

(10) 设计规则检查：进行设计规则检查，可选择 Tools→DRC 命令，或单击按钮，出现 DRC Progress 窗口，显示设计规则检查进行状况。设计完成出现一个 DRC Error Navigator 窗口，显示没有错误。可选择 Tools→Clear Error Layor 命令，或单击，出现 Delete Objects on Error Layer 对话框，单击 OK 按钮，可看到 L-Edit 编辑窗口上的"#IMCOMPLETE PLOT#"字消失。

(11) 保存文件：可选择 File→Save 命令，或单击保存文件。

(12) 创建变量：接着介绍 T-Cell 如何编辑多边形。回到 Cell1 编辑区中，创建一个变量 Space，其数据形态为 LCoord，创建六个坐标变量 pn1 与 pn2 与 pn3 与 pn4 与 pn5 与 pn6，其数据形态为 LPoint，如图 10.39 所示。

```
LCoord Space;
LPoint pn1, pn2,pn3,pn4,pn5,pn6;
```

图 10.39 创建变量

(13) 定义变量值：定义变量值 Space 等于 LC_Microns(2)。定义坐标变量 pn1、pn2、pn3、pn4、pn5 与 pn6 值，如图 10.40 所示。

```
Space = LC_Microns(2);
pn1.x = pt2.x+ Space;
pn1.y = pt2.y;
pn2.x = pn1.x;
pn2.y = pn1.y - LC_Microns(7);
pn3.x = pn2.x + LC_Microns(1);
pn3.y = pn2.y;
pn4.x = pn3.x;
pn4.y = pn3.y - LC_Microns(3);
pn5.x = pn4.x+ LC_Microns(2);
pn5.y = pn4.y;
pn6.x = pn5.x;
pn6.y = pn5.y+ LC_Microns(10);
```

图 10.40 定义变量值

(14) 引用创建多边形函数：引用创建多边形函数 LC_StartPolygon，指定图层为 Poly，引用加入多边形点函数 LC_AddPolygonPoint，坐标点为 pn1、pn2、pn3、pn4、pn5 与 pn6，再引用结束多边形函数 LC_EndPolygon，如图 10.41 所示。其中 LC_StartPolygon 函数、LC_AddPolygonPoint 函数与 LC_EndPolygon 函数创建在 lcomp.h 中，如表 10.4 所示。

```
LC_StartPolygon("Poly");
LC_AddPolygonPoint(pn1);
LC_AddPolygonPoint(pn2);
LC_AddPolygonPoint(pn3);
LC_AddPolygonPoint(pn4);
LC_AddPolygonPoint(pn5);
LC_AddPolygonPoint(pn6);
LC_EndPolygon();
```

图 10.41 引用创建方块函数

表 10.4　LC_StartPolygon 函数、LC_AddPolygonPoint 函数与 LC_EndPolygon 函数

文　件	lcomp. h
函数创建	LStatus LC_StartPolygon(char * layername) LPoint LC_AddPolygonPoint(LPoint point) LObject LC_EndPolygon(void)
说　明	LC_StartPolygon ("Poly")为创建一个图层为 Poly 的多边形，LC_AddPolygonPoint(pn1)为加入多边形点 pn1。LC_EndPolygon()为结束多边形

(15) 保存文件：修改编辑完 Cell1，如表 10.5 所示，保存文件，可选择 File→Save 命令，或单击▣。会出现一个询问窗口 Regenerate T-Cell，如图 10.42 所示，单击 Yes 按钮重新产生 Cell1_Auto_2_10。选择 Window→Cell2 ex9，打开 Cell2 窗口，可以看到引用 Cell1 的结果，如图 10.43 所示。

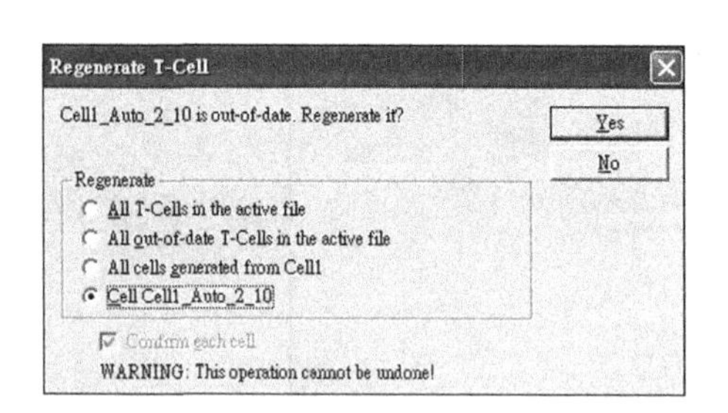

图 10.42　重新产生 T-Cell 询问窗口

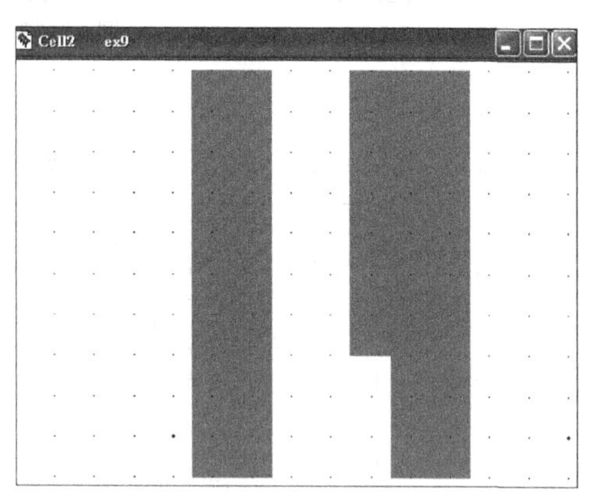

图 10.43　打开 Cell2 窗口观看 T-Cell 编辑多边形的结果

表 10.5　Cell1 修改后的内容

```
module Cell1_code
{
#include <stdlib.h>
#include <math.h>
#include <string.h>
#include <stdio.h>
#include "ldata.h"
/* Begin -- Remove this block if you are not using L-Comp. */
#include "lcomp.h"
/* End */
   /* TODO: Put local functions here. */
   void Cell1_main(void)
```

续表 10.5

```
{
    /* Begin DO NOT EDIT SECTION generated by L-Edit */
    LCell   cellCurrent  = (LCell)LMacro_GetNewTCell();
    int  W  = (int)LCell_GetParameter(cellCurrent, "W");
    int  L  = (int)LCell_GetParameter(cellCurrent, "L");
    /* End DO NOT EDIT SECTION generated by L-Edit */
    /* Begin -- Remove this block if you are not using L-Comp. */
    LC_InitializeState();
    LC_CurrentCell = cellCurrent;
    /* End */
    /* TODO: Put local variables here. */
    LCoord Wwidth, Lwidth;
    LPoint pt1, pt2;
    Wwidth = LC_Microns(W);
    Lwidth = LC_Microns(L);
    pt1.x = - Wwidth / 2;
    pt1.y = - Lwidth / 2;
    pt2.x = Wwidth / 2;
    pt2.y = Lwidth / 2;
    LCoord Space;
    LPoint pn1, pn2,pn3,pn4,pn5,pn6;
    Space = LC_Microns(2) ;
    pn1.x = pt2.x+ Space;
    pn1.y = pt2.y;
    pn2.x = pn1.x;
    pn2.y = pn1.y - LC_Microns(7) ;
    pn3.x = pn2.x + LC_Microns(1) ;
    pn3.y = pn2.y;
    pn4.x = pn3.x;
    pn4.y = pn3.y - LC_Microns(3) ;
    pn5.x = pn4.x+ LC_Microns(2) ;
    pn5.y = pn4.y;
    pn6.x = pn5.x;
    pn6.y = pn5.y+ LC_Microns(10) ;
/* TODO: Begin custom generator code. */
{LC_CreateBox("Poly", pt1, pt2);


LC_StartPolygon("Poly");
```

续表 10.5

```
    LC_AddPolygonPoint(pn1);
    LC_AddPolygonPoint(pn2);
    LC_AddPolygonPoint(pn3);
    LC_AddPolygonPoint(pn4);
    LC_AddPolygonPoint(pn5);
    LC_AddPolygonPoint(pn6);
    LC_EndPolygon();
    }
        /* End custom generator code. */
    }
}
Cell1_main();
```

(16) 设计规则检查:进行设计规则检查,可选择 Tools→DRC 命令,或单击按钮,出现 DRC Progress 窗口,显示设计规则检查进行状况。设计完成出现一个 DRC Error Navigator 窗口,显示没有错误。可选择 Tools→Clear Error Layor 命令,或单击,出现 Delete Objects on Error Layer 对话框,单击 OK 按钮,可看到 L-Edit 编辑窗口上的"#IMCOMPLETE PLOT#"字消失。

(17) 创建变量:接着介绍 T-Cell 如何编辑直线。回到 Cell1 编辑区中,创建一个变量 Linewidth,其数据形态为 LCoord,创建四个坐标变量 p1 与 p2 与 p3,其数据型态为 LPoint,如图 10.44 所示。

```
LCoord Linewidth;
LPoint p1, p2, p3;
```

图 10.44 创建变量

(18)定义变量值:定义变量值 Linewidth 等于 LC_Microns(4) 。定义坐标变量 p1、p2 与 p3 值,如图 10.45 所示。

```
Linewidth = LC_Microns(4);
p1.x = pn6.x + LC_Microns(6);
p1.y = pn6.y;
p2.x = p1.x;
p2.y = p1.y - LC_Microns(10);
p3.x = p2.x + LC_Microns(10);
p3.y = p2.y;
```

图 10.45 定义变量值

(19) 引用创建多边形函数:引用创建直线函数 LC_StartWire,指定图层为 Poly,引用加入多边直线点函数 LC_AddWirePoint,坐标点为 p1、p2 与 p3,再引用结束多边形函数 LC_EndWire,如图 10.46 所示。其中 LC_StartWire 函数、LC_AddWirePoint 函数与 LC_EndWire 函数创建在 lcomp.h 中,如表 10.6 所示。

```
LC_StartWire("Poly",Linewidth);
LC_AddWirePoint(p1);
LC_AddWirePoint(p2);
LC_AddWirePoint(p3);
LC_EndWire();
```

图 10.46 引用创建方块函数

表 10.6 LC_StartWire 函数、LC_AddWirePoint 函数与 LC_EndWire 函数

文　件	lcomp. h
函数创建	LStatus LC_StartWire(char * layername, LCoord width) LPoint LC_AddWirePoint(LPoint point) LObject LC_EndWire(void)
说　明	LC_StartWire ("Poly", LC_Microns(4))是创建一个图层为 Poly 的直线,线宽为 4μm。LC_AddWirePoint (p1)为加入直线点 p1。LC_EndWire()为结束直线

(20) 保存文件:修改编辑完 Cell1,如表 10.7 所示,保存文件,可选择 File→Save 命令,或单击▣。会出现一个询问窗口 Regenerate T-Cell,单击 Yes 按钮重新产生 Cell1。选择 Window→Cell2 ex9 命令,打开 Cell2 窗口,可以看到引用 Cell1 的结果,如图 10.47 所示。

表 10.7 Cell1 修改后的内容

```
module Cell1_code
{
#include <stdlib.h>
#include <math.h>
#include <string.h>
#include <stdio.h>
#include "ldata.h"
/* Begin -- Remove this block if you are not using L-Comp. */
#include "lcomp.h"
/* End */
   /* TODO: Put local functions here. */
   void Cell1_main(void)
   {
       /* Begin DO NOT EDIT SECTION generated by L-Edit */
       LCell      cellCurrent    = (LCell)LMacro_GetNewTCell();
       int        W              = (int)LCell_GetParameter(cellCurrent, "W");
       int        L              = (int)LCell_GetParameter(cellCurrent, "L");
```

续表 10.7

```
/* End DO NOT EDIT SECTION generated by L—Edit */
/* Begin —— Remove this block if you are not using L—Comp. */
LC_InitializeState();
LC_CurrentCell = cellCurrent;
/* End */
/* TODO: Put local variables here. */
LCoord Wwidth, Lwidth;
LPoint pt1, pt2;
Wwidth = LC_Microns(W);
Lwidth = LC_Microns(L);
pt1.x = - Wwidth / 2;
pt1.y = - Lwidth / 2;
pt2.x = Wwidth / 2;
pt2.y = Lwidth / 2;
LCoord Space;
LPoint pn1, pn2,pn3,pn4,pn5,pn6;
Space = LC_Microns(2) ;
pn1.x = pt2.x+ Space;
pn1.y = pt2.y;
pn2.x = pn1.x;
pn2.y = pn1.y - LC_Microns(7) ;
pn3.x = pn2.x + LC_Microns(1) ;
pn3.y = pn2.y;
pn4.x = pn3.x;
pn4.y = pn3.y - LC_Microns(3) ;
pn5.x = pn4.x+ LC_Microns(2) ;
pn5.y = pn4.y;
pn6.x = pn5.x;
pn6.y = pn5.y+ LC_Microns(10) ;

LCoord Linewidth;
LPoint p1, p2, p3;
Linewidth = LC_Microns(4) ;
p1.x = pn6.x + LC_Microns(6) ;
p1.y = pn6.y;
p2.x = p1.x;
p2.y = p1.y - LC_Microns(10) ;
p3.x = p2.x + LC_Microns(10) ;
```

续表 10.7

```
        p3.y = p2.y;

        /* TODO: Begin custom generator code. */
    {LC_CreateBox("Poly", pt1, pt2);

    LC_StartPolygon("Poly");
    LC_AddPolygonPoint(pn1);
    LC_AddPolygonPoint(pn2);
    LC_AddPolygonPoint(pn3);
    LC_AddPolygonPoint(pn4);
    LC_AddPolygonPoint(pn5);
    LC_AddPolygonPoint(pn6);
    LC_EndPolygon();

    LC_StartWire("Poly",Linewidth);
    LC_AddWirePoint(p1);
    LC_AddWirePoint(p2);
    LC_AddWirePoint(p3);
    LC_EndWire();
    }
        /* End custom generator code. */
    }
}
Cell1_main();
```

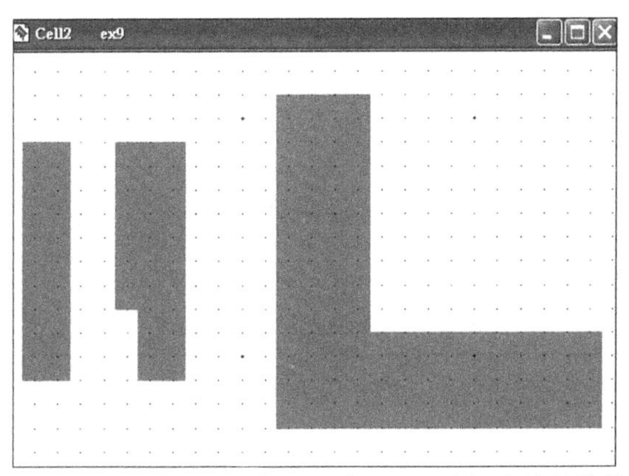

图 10.47 开启 Cell2 窗口观看 T-Cell 编辑直线的结果

(21) 设计规则检查:进行设计规则检查,可选择 Tools→DRC 命令,或单击按钮,出现 DRC Progress 窗口,显示设计规则检查进行状况。设计完成出现一个

DRC Error Navigator 窗口,显示没有错误。可选择 Tools→Clear Error Layor 命令,或单击[icon],出现 Delete Objects on Error Layer 对话框,单击 OK 按钮,可看到 L-Edit 编辑窗口上的"#IMCOMPLETE PLOT#"字消失。

(22) 创建变量:接着介绍 T-Cell 如何编辑圆形。回到 Cell1 编辑区中,创建一个变量 radius,其数据形态为 LCoord,创建一个坐标变量 center,其数据形态为 LPoint。

(23) 定义变量值:定义变量值 radius 等于 LC_Microns(4) 。定义坐标变量 center 值,如图 10.48 所示。

```
LCoord radius;
LPoint center;
radius = LC_Microns(4);
center.x = p3.x + LC_Microns(10);
center.y = p3.y;
```

图 10.48 定义变量值

(24) 引用创建圆形函数:引用创建圆形函数 LC_CreateCircle,指定图层为 Poly,圆心坐标为 center,圆半径为 radius,如图 10.49 所示。其中 LC_CreateCircle 函数宣告在"lcomp.h"中,如表 10.8 所示。

```
LC_CreateCircle("Poly",center, radius);
```

图 10.49 引用创建圆心函数

表 10.8 LC_CreateCircle 函数

文　件	lcomp.h
函数创建	LPort LC_CreatePort(char * layername, LPoint ll, LPoint ur, const char * portname)
说　明	LC_CreatePort("Poly", center, radius)为创造一个图层为 Poly 的圆形,圆心坐标为 center,半径为 radius

(25)保存文件:修改编辑完 Cell1,如表 10.9 所示,保存文件,可选择 File→Save 命令,或单击[icon]。会出现一个询问窗口 Regenerate T-Cell,单击 Yes 按钮重新产生 Cell1。选择 Window→Cell2 ex9 命令,打开 Cell2 窗口,可以看到引用 Cell1 的结果,如图 10.50 所示。

表 10.9 Cell1 修改后的内容

```
module Cell1_code
{
#include <stdlib.h>
#include <math.h>
#include <string.h>
#include <stdio.h>
```

续表 10.9

```
#include "ldata.h"
/* Begin -- Remove this block if you are not using L-Comp. */
#include "lcomp.h"
/* End */
  /* TODO: Put local functions here. */
  void Cell1_main(void)
  {
      /* Begin DO NOT EDIT SECTION generated by L-Edit */
      LCell   cellCurrent   = (LCell)LMacro_GetNewTCell();
      int   W   = (int)LCell_GetParameter(cellCurrent, "W");
      int   L   = (int)LCell_GetParameter(cellCurrent, "L");
      /* End DO NOT EDIT SECTION generated by L-Edit */
      /* Begin -- Remove this block if you are not using L-Comp. */
      LC_InitializeState();
      LC_CurrentCell = cellCurrent;
      /* End */
      /* TODO: Put local variables here. */
      LCoord Wwidth, Lwidth;
      LPoint pt1, pt2;
      Wwidth = LC_Microns(W);
      Lwidth = LC_Microns(L);
      pt1.x = - Wwidth / 2;
      pt1.y = - Lwidth / 2;
      pt2.x =   Wwidth / 2;
      pt2.y = Lwidth / 2;
      LCoord Space;
      LPoint pn1, pn2,pn3,pn4,pn5,pn6;
      Space = LC_Microns(2) ;
      pn1.x = pt2.x+ Space;
      pn1.y = pt2.y;
      pn2.x = pn1.x;
      pn2.y = pn1.y - LC_Microns(7) ;
      pn3.x = pn2.x + LC_Microns(1) ;
      pn3.y = pn2.y;
      pn4.x = pn3.x;
      pn4.y = pn3.y - LC_Microns(3) ;
      pn5.x = pn4.x+ LC_Microns(2) ;
```

续表 10.9

```
    pn5. y = pn4. y;
    pn6. x = pn5. x;
    pn6. y = pn5. y+ LC_Microns(10) ;

LCoord Linewidth;
    LPoint p1, p2, p3;
    Linewidth = LC_Microns(4) ;
    p1. x = pn6. x + LC_Microns(6) ;
    p1. y = pn6. y;
    p2. x = p1. x;
    p2. y = p1. y - LC_Microns(10) ;
    p3. x = p2. x + LC_Microns(10) ;
    p3. y = p2. y;

    LCoord radius;
    LPoint center;
radius = LC_Microns(4) ;
    center. x = p3. x + LC_Microns(10) ;
    center. y = p3. y;

    /* TODO: Begin custom generator code. */
{LC_CreateBox("Poly", pt1, pt2);

LC_StartPolygon("Poly");
LC_AddPolygonPoint(pn1);
LC_AddPolygonPoint(pn2);
LC_AddPolygonPoint(pn3);
LC_AddPolygonPoint(pn4);
LC_AddPolygonPoint(pn5);
LC_AddPolygonPoint(pn6);
LC_EndPolygon();

LC_StartWire("Poly",Linewidth);
LC_AddWirePoint(p1);
LC_AddWirePoint(p2);
LC_AddWirePoint(p3);
LC_EndWire();
```

续表 10.9

```
    LC_CreateCircle("Poly",center, radius);

    }

        /* End custom generator code. */
    }
}
Cell1_main();
```

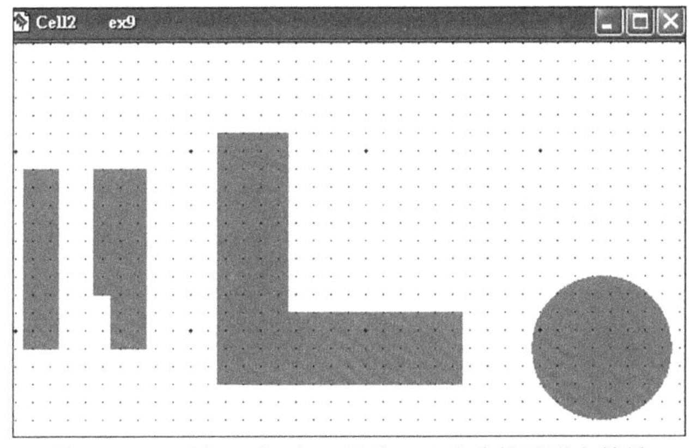

图 10.50 开启 Cell2 窗口观看 T-Cell 编辑圆形之结果

(26)设计规则检查：进行设计规则检查，可选择 Tools→DRC 命令，或单击按钮，出现 DRC Progress 窗口，显示设计规则检查进行状况。设计完成出现一个 DRC Error Navigator 窗口，显示没有错误。可选择 Tools→Clear Error Layor 命令，或单击，出现 Delete Objects on Error Layer 对话框，单击 OK 按钮，可看到 L-Edit 编辑窗口上的"#IMCOMPLETE PLOT#"字消失。

10.3 说 明

- 环境设定：在以 L-Edit 绘制布局图之前，必须先建立绘图坐标与实际大小的关联。L-Edit 环境的默认单位 Internal Units 为－536 870 912 到＋536 870 912，即位数为 30 的带符号的整数。绘图的坐标单位(Locator Unit)与默认单位 Internal Units 的关系设定已在 10.1 节步骤(5)中说明。本范例默认单位(Internal Units)、坐标单位(Locator Unit)、格点(Grid)与实际大小之间的整理如表 10.10 所示。

表 10.10 环境单位设定

设计环境设定	说明
1 Locator Unit=1000 Internal Unit	1 Locator Unit 等于 1 Lambda，都等于 1000 Internal Unit
1 Internal Unit = 1/1000 Lambda	
1 Lambda = 1 Micron	1 Lambda 等于 1μm
Display Grid=1 Locator Unit	每一个整数坐标点显示格子点

设计规则：设计规则(Design Rule)即所谓布局规则，是作为布局工程师与制作流程工程师之间沟通的桥梁，以避免电路制作出来会有断路或短路的情况发生。本范例设计规则可以分成6类，整理如表10.11所示。

表 10.11 设计规则

设计规则	说明
Minimum Width	最小宽度
Minimum Spacing	最小间距
Exact Width	标准宽度
Minimum Surround	最小环绕距离
Extension	延伸
Overlap	重叠

将图层的各种相对位置以下列范例说明。图10.51用标尺标示出图层宽度的定义，此宽度必须满足最小宽度规则的要求。

图10.52用标尺标示出图层与图层间距的定义，此间距必须满足最小间距规则的要求。

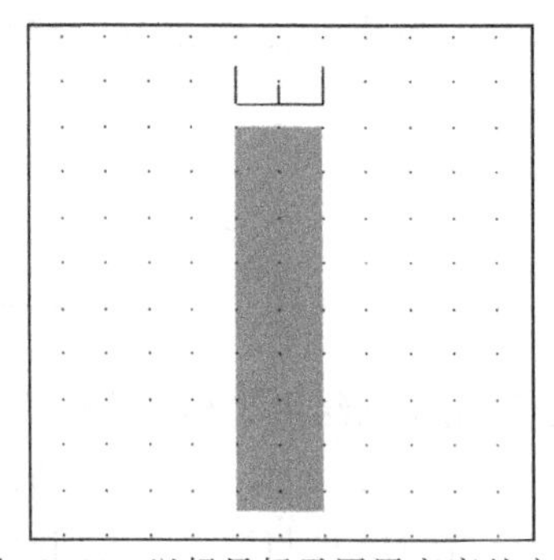

图 10.51 以标尺标示图层宽度的定义

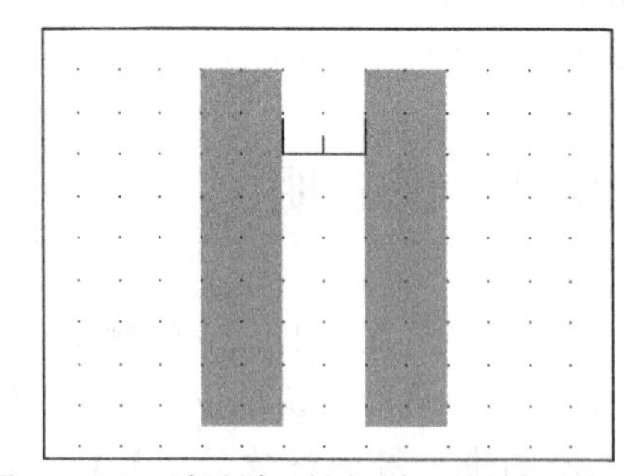

图 10.52 以标尺标示图层与图层间距的定义

图10.53用标尺标示出图层标准宽度的定义，此宽度必须满足标准宽度规则的要求。

图 10.54 用标尺标示出两图层间环绕距离的定义，必须满足最小环绕距离规则的要求。

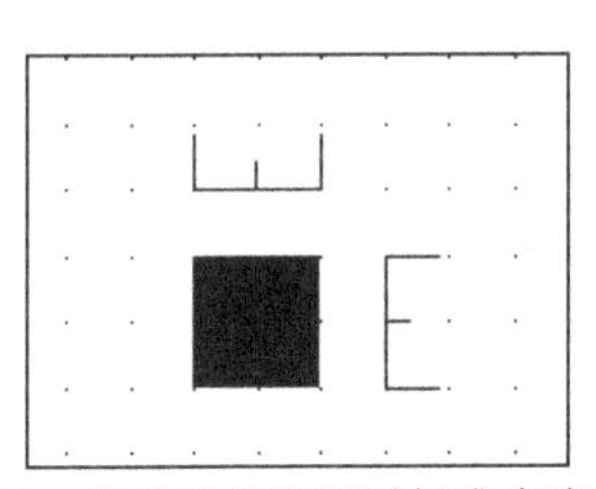
图 10.53 以标尺标示图层标准宽度的定义

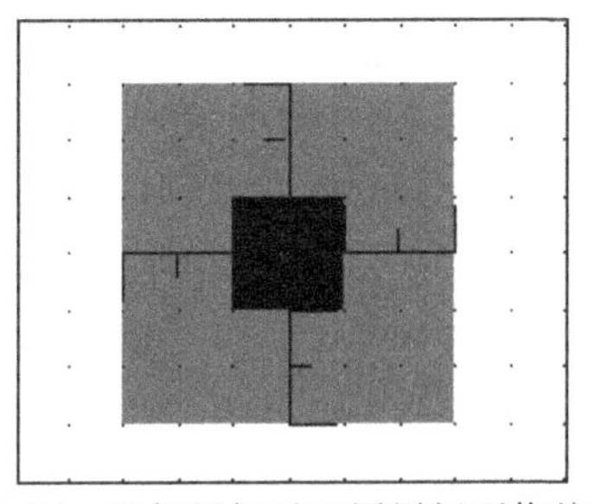
图 10.54 以标尺标示两图层间环绕的定义

图 10.55 用标尺标示出两图层间延伸的定义，必须满足最小延伸规则的要求。

图 10.56 用标尺标示出两图层间重叠的定义，必须满足最小重叠规则的要求。

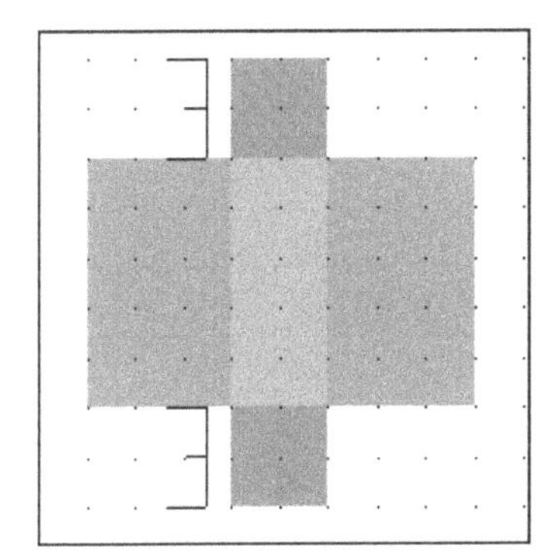
图 10.55 以标尺标示两图层间延伸的定义

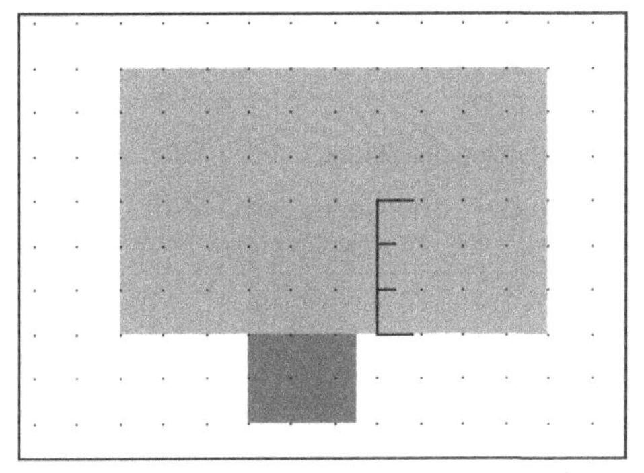
图 10.56 以标尺标示两图层间重叠的定义

- 坐标：L-Edit 编辑环境横坐标为 X，向右递增。纵坐标为 Y，向上递增。
- 编辑矩形(Box)图样：修改矩形图样时可利用 Edit Object 对象编辑窗口编辑，有三种方法可以修改图形，整理如表 10.12 所示。

表 10.12 编辑矩形(Box)图样说明

显示矩形坐标方式	说 明
Corners	显示出矩形左下角坐标(X1,Y1)与右上角坐标(X2,Y2)
Bottom left corner and dimensions	显示矩形左下角坐标(X left,Y bottom)与矩形宽度(width)与高度(Height)
Center and dimensions	显示矩形中心坐标(X center,Y center) 与矩形宽度(width)与高度(Height)

- 设计规则：本范例使用 MOSIS/ORBIT 2.0U SCNA 设计规则，部分规则内容整理如表 10.13 所示。

表 10.13 MOSIS/ORBIT 2.0U SCNA 设计规则

Rule	Rule Type	Rule Layers	Rule Distance
1.1 Well Minimum Width	Minimum Width	N Well	10 Lambda
1.2 Well to Well (Different potential) Not checked	Minimum Width		0
1.3 Well to Well(Same Potential) Spacing	Spacing	N well to N Well	6 Lambda
2.1 Active Minimum Width	Minimum Width	Active	3 Lambda
2.2 Active to Active Spacing	Spacing	Active to Active	3 Lambda
2.3a Source/Drain Active to Well Edge	Surround	P diff to N Well	5 Lambda
2.3b Source/Drain Active to Well Space	Spacing	N diff to N Well	5 Lambda
2.4a WellContact(Active) to Well Edge	Surround	N Active to N Well	3 Lambda
2.4b SubsContact(Active) to Well Spacing	Spacing	P Active to N Well	3 Lambda
3.1 Poly Minimum Width	Minimum Width	Poly	2 Lambda
3.2 Poly to Poly Spacing	Spacing	Poly to Poly	2 Lambda
3.3 Gate Extension out of Active	Extension	Active to Poly	2 Lambda
3.4a/4.1a Source/Drain Width	Extension	Poly to n Active	3 Lambda
3.4b/4.1b Source/Drain Width	Extension	Poly to p Active	3 Lambda
3.5 Poly to Active Spacing	Spacing	Poly to Active	1 Lambda
4.2a/2.5 Active to N-Select Edge	Surround	Active not in PN to N Select	2 Lambda
4.2b/2.5 Active to P-Select Edge	Surround	Active not in PN to P Select	2 Lambda
4.3a Select Edge to ActCnt	Surround	Active contact to ndiff	1 Lambda
4.3b Select Edge to ActCnt	Surround	Active contact to pdiff	1 Lambda
4.4a Select Minimum Width	Minimum Width	N Select	2 Lambda
4.4b Select Minimum Width	Minimum Width	P Select	2 Lambda
4.4c Select to Select Spacing	Spacing	N Select to N Select	2 Lambda
4.4d Select to Select Spacing	Spacing	P Select to P Select	2 Lambda

续表 10.13

Rule	Rule Type	Rule Layers	Rule Distance
5.1A Poly Contact Exact Size	Exact Width	Poly Contact	2 Lambda
5.2A/5.6B FieldPoly Overlap of PolyCnt	Surround	Poly Contact to Field Poly	1.5 Lambda
5.3A PolyContact to PolyContact Spacing	Spacing	Poly Contact to Poly Contact	2 Lambda
6.1A Active Contact Exact Size	Exact Width	Active Contact	2 Lambda
6.2A FieldActive Overlap of ActCnt	Surround	Active Contact to Field Contact	1.5 Lambda
6.3A ActCnt to ActCnt Spacing	Spacing	Active Contact to Active Contact	2 Lambda
6.4A Active Contact to Gate Spacing	Spacing	Active Contact to Gatel	2 Lambda
7.1 Metal1 Minimum Width	Minimum Width	Metal1	3 Lambda
7.2 Metal1 to Metal1 Spacing	Spacing	Metal1 to Metal1	3 Lambda
7.3 Metal1 Overlap of PolyContact	Surround	Poly Contact to Metal1	1 Lambda
7.4 Metal1 Overlap of ActiveContact	Surround	Active Contact to Metal1	1 Lambda
8.1 Via Exact Size	Exact Width	Via NotOnPad	2 Lambda
8.2 Via to Via Spacing	Spacing	Via NotOnPad	3 Lambda
8.3 Metal1 Overlap of Via	Surround	Via NotOnPad to Metal1	1 Lambda
8.4a Via to PolyContact spacing	Spacing	Via NotOnPad to Poly Contact	2 Lambda
8.5b. Via to ActiveContact Spacing	Spacing	Via NotOnPad to Active Contac	2 Lambda
8.5a Via to Poly Spacing	Spacing	Via NotOnPad to Poly	2 Lambda
8.5b Via(On Poly) to Poly Edge	Surround	Via NotOnPad to Poly	2 Lambda
8.5c Via to Active Spacing	Spacing	Via NotOnPad to Active	2 Lambda
8.5d Via (On Active) to Active Edge	Surround	Via NotOnPad to Active	2 Lambda
9.1 Metal2 Minimum Width	Minimum Width	Metal2	3 Lambda
9.2 Metal2 to Metal2 Spacing	Spacing	Metal2	4 Lambda

续表 10.13

Rule	Rule Type	Rule Layers	Rule Distance
9.3 Metal2 Overlap of Via1	Surround	Via to Metal2	1 Lambda

10.4 随堂练习

试着找出下列图层的设计规则：N Well、Active、P Select、N Select、Metal1、Metal2、Active Contact、Poly Contact，Via。

第 11 章

使用L-Edit画PMOS布局图

L-Edit 是一个画布局图的工具，即以各种不同颜色或图样的图层组合光罩的图样，本范例介绍各种绘制集成电路用的光罩所需要用到的基本图层，组合出 PMOS 布局图，并以详细的步骤引导读者学习 L-Edit 的基本功能。

操作流程：进入 L-Edit→建立新文件→环境设定→编辑元件→绘制多种图层形状→设计规则检查→修改对象→设计规则检查。

11.1 使用 L-Edit 画 PMOS 布局图的详细步骤

(1) 打开 L-Edit 程序：执行在..\Tanner EDA\L-Edit11.1 目录下的 ledit.exe 文件，或选择"开始"→"程序"→Tanner EDA→L-Edit Pro v11.1→L-Edit v11.1 命令，即可打开 L-Edit 程序，L-Edit 会自动将工作文件命名为 Layoutl.sdb 并显示在窗口的标题栏上，如图 11.1 所示。

(2) 另存新文件：选择 File→Save As 命令，打开"另存为"对话框，在"保存在"下拉列表框中选择存储目录，在"文件名"文本框中输入新文件的名称，例如 ex10。

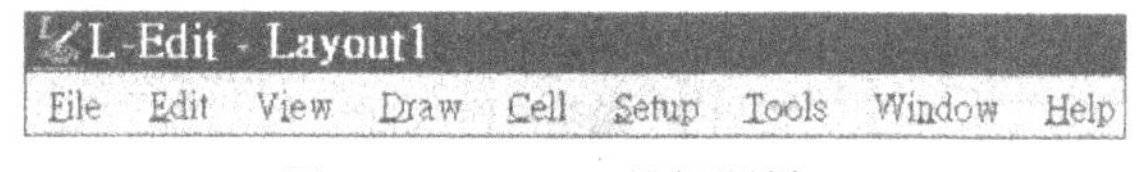

图 11.1 L-Edit 的标题栏

(3) 取代设定：选择 File→Replace Setup 命令，单击出现的对话框的 From file 下拉列表右侧的 Browser 按钮，选择 C:\Tanner EDA\L-Edit11.1\Semples\SPR\example1\lights.tdb 文件，如图 11.2 所示，再单击 OK 按钮。接着出现一个警告对

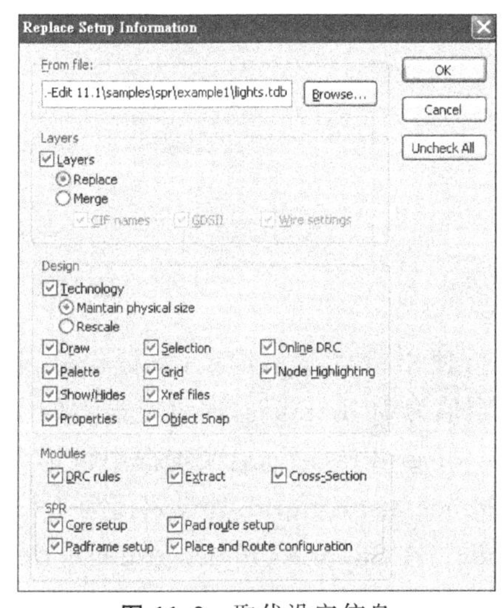

图 11.2 取代设定信息

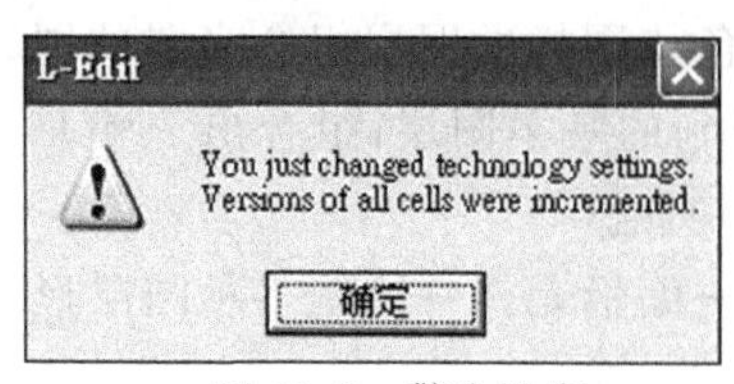

图 11.3 警告视窗

话框，如图 11.3 所示，按确定钮，就可将 lights. tdb 文件的设定选择性应用在目前编辑的文件，包括格点设定、图层设定等

(4) 编辑元件：L-Edit 编辑方式是以元件(Cell)为单位而不是以文件(File)为单位的，每一个文件可有多个 Cell，而每一个 Cell 可表示一种电路布局图或说明，每次打开新文件时自动打开一个 Cell 并将之命名为 Cell0，如图 11.4 所示，其中编辑画面中的十字为坐标原点。

(5) 设计环境设定：绘制布局图，必须要有确实的大小，因此要绘图前先要确认或设定坐标与实际长度的关系。选择 Set→Design 命令，打开 Setup Design 对话框，在 Technology 选项卡中出现使用技术的名称、单位与设定，本范例中的技术单位 Technology units 为以 Lambda 为单位，而 Lambda 单位与内部单位 Internal Unit 的关系可在 Technology setup 选项组中设定，如图 11.5 所示，设定一个 Lambda 为 1000 个 Internal Unit，也设定 1 个 Lambda 等于 1 个 Micron。

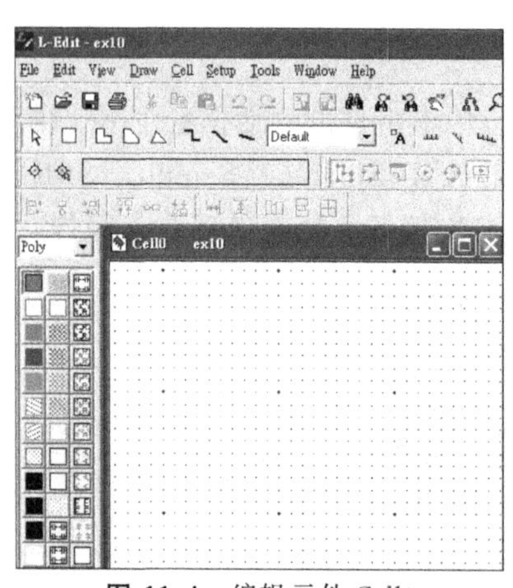

图 11.4 编辑元件 Cell0

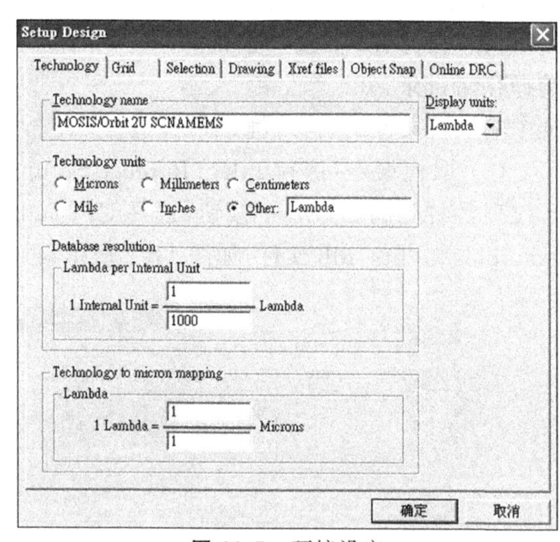

图 11.5 环境设定

在 Grid 选项中可进行使用格点显示设定，鼠标停格设定与坐标单位设定，在 Major display grid：处设定值为 10 Lambda，即设定显示的主要格点间距等于 10 个 Lambda。在 Suppress major grid less than：文本框中设定当格点距离小于 20 个像素(pixels)时不显示，在 Minor display grid：处设定值为 1 Lambda，即设定显示的小格点间距等于 1 个 Lambda。在 Suppress minor grid less than：文本框中设定当格点距离小于 8 个像素(pixels)时不显示，在 Cursor type：处设定鼠标光标显示为 Snapping 型态，在 Mouse snap grid：处设定鼠标锁定的格点为 0.5 个坐标单位(Locator unit)，在 Manufacturing grid：处设定为 0.25 个 Lambda，如图 11.6 所示。

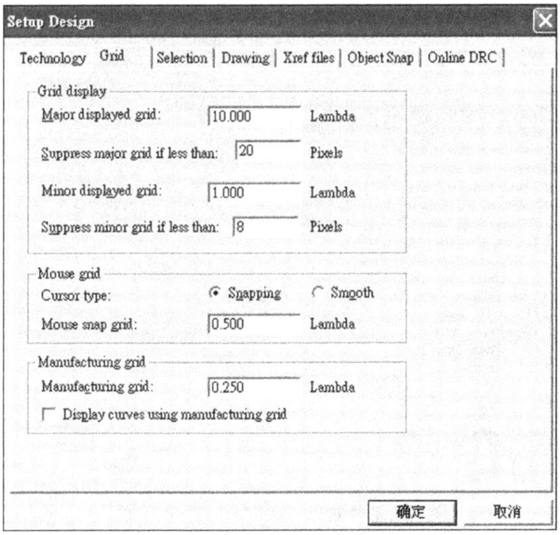

图 11.6 格点设定

设定结果为 1 个格点距离等于 1 个 Lambda，也等于 1 个 Micron。

(6) 选取图层：在画面左边有一个 Layers 面板，其中有一个下拉列表，可选取要绘制的图层，例如，Poly，则 Layers 面板会选取代表 Poly 图层的红色。在 L-Edit 中的 Poly 图层代表制作集成电路中多晶硅(Poly Silicon)所需要的光罩图样。本范例绘制 PMOS 布局图会用到的图层包括(N Well 图层)、(Active 图层)、(N Select 图层)、(P Select 图层)、(Poly 图层)、(Metal 1 图层)、(Metal 2 图层)、(Active Contact 图层)、(Via 图层)，其各自的绘制结果分别如下。

(7) 绘制 N Well 图层：L-Edit 编辑环境是预设在 P 型基板上，故读者不需要定义出 P 型基板范围，而在 P 型基板上制作 PMOS 的第一步，流程上要先作出 N Well 区，即需要设计光罩以限定 N Well 的区域。绘制 N Well 布局图必须先了解是使用哪种流程的设计规则，本范例是使用 MOSIS/ORBIT 2.0U 的设计规则。观看 N Well 绘制要遵守的设计规则可选择 Tools→DRC 命令，打开 Design Rule Check 对话框，单击其中的 Setup 按钮会出现 Setup Design Rules 对话框(或单击按钮)，再从其中的 Rules list 列表框选择 1.1 Well Minimum Width 选项，可知 N Well 的最小宽度有 10 个 Lambda 的要求，如图 11.7 所示。

选取 Layers 面板下拉列表中的 N Well 选项，使工具被选取，再从 Drawing 工具栏中选择工具，在 Cell0 编辑窗口画出占据横向 24 格纵向 15 格的方形 N Well，如图 11.8 所示。

(8) 截面观察：L-Edit 有一个观察截面的功能，可观察利用该布局图设计出的元件的制作流程与结果。选择 Tools→Cross-Section 命令(或单击按钮)，打开

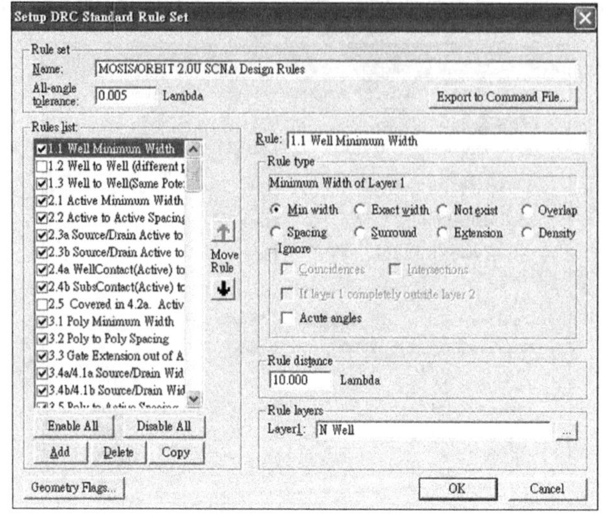

图 11.7　观看 N Well 设计规则

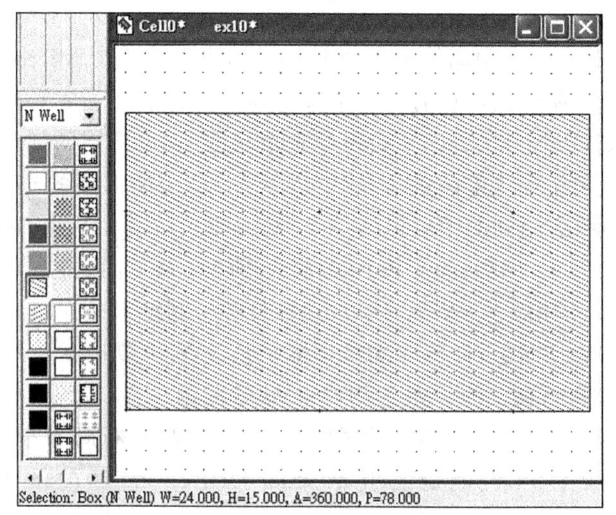

图 11.8　绘制 N Well 的结果

Generate Cross-Section 对话框，如图 11.9 所示。

单击 Generate Cross-Section 对话框的 Browser 按钮，在弹出的对话框中选择 ..\Tanner EDA\L-Edit11.1\Samples\SPR\example1\lights.xst 文件，再单击 Pick 按钮在编辑画面选择要观察的位置，再单击 Generate Cross-Section 对话框的 OK 按钮，结果如图 11.10 所示。截面图中所谓的 Well X 即指 N Well 的意思，它是仿真在基板上根据布局图制作出的 N Well 的结果，从图中可看出 N Well 的宽度与布局图中的 N Well 宽度相同。

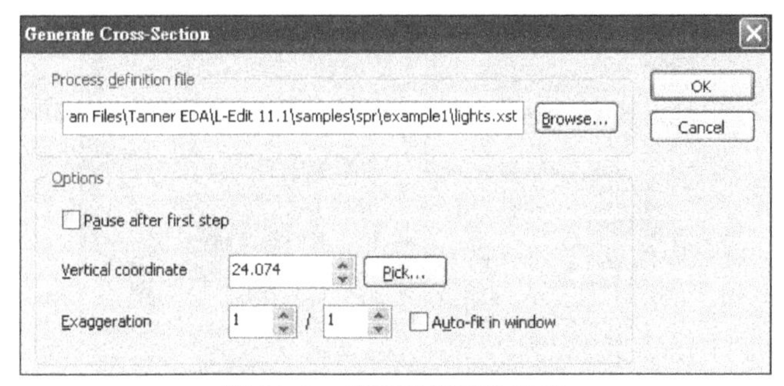

图 11.9　截面观察产生设定

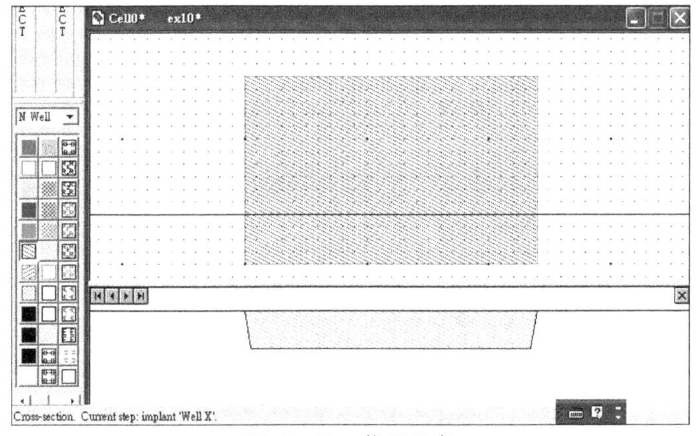

图 11.10　截面观察

(9) 绘制 Active 图层：设计了 N Well 的布局区域之后，接着设计主动区（Active）图层图样，Active 图层在流程上的意义是定义 PMOS 或 NMOS 的范围，Active 以外的地方是厚氧化层区（或称为场氧化层），故需要设计光罩以限定 Active 的区域，但要注意 PMOS 的 Active 图层要绘制在 N Well 图层之内。同样，绘制 Active 图层必须先了解是使用哪种流程的设计规则，在本范例中的使用 MOSIS/ORBIT 2.0U 的设计规则。观看 Active 图层绘制要遵守的设计规则可选择 Tools→DRC 命令，打开 Design Rule Check 对话框，单击其中的 Setup 按钮会出现 Setup Design Rules 对话框（或单击▣按钮）再从 Rules list 列表框中选择 2.1Active Minimum Width 选项，可知 Active 的最小宽度有 3 个 Lambda 的要求，如图 11.11 所示。

选取 Layers 面板中下拉列表中的 Active 选项，使□工具被选取，再从 Drawing 工具栏中选择▭工具，在 Cell0 编辑窗口中画出占据横向 10 格纵向 5 格的方形 Active 于 N Well 图层中，如图 11.12 所示。

(10) 截面观察：利用截面观察功能观察主动区绘制后的截面图。选择 Tools→Cross-Section 命令（或单击▭按钮），打开 Generate Cross-Section 对话框，单击该对

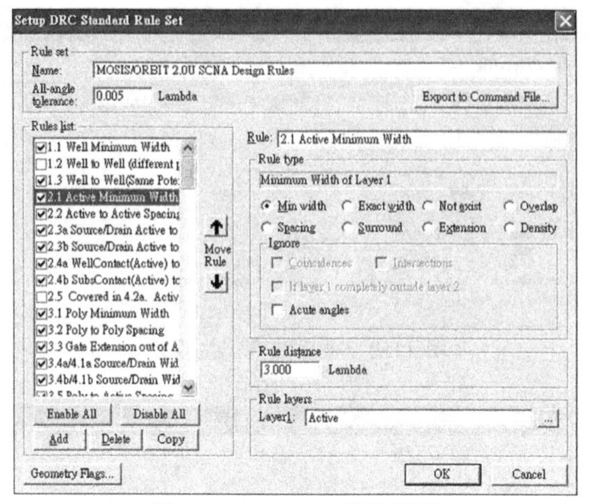

图 11.11　Active 设计规则

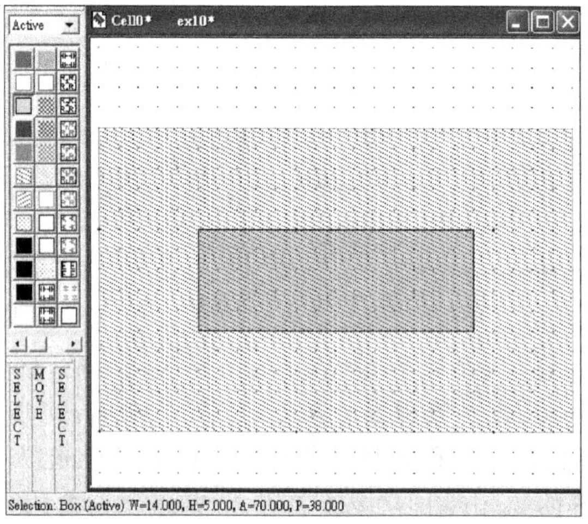

图 11.12　Active 绘制结果

话框中的 Browser 按钮，在弹出的对话框中选择..\Tanner EDA\L-Edit11.1\Samples\SPR\example1\lights.xst 文件，单击 Pick 按钮在编辑画面选择要观察的位置，再单击 Generate Cross-Section 对话框的 OK 按钮，结果如图 11.13 所示。根据布局图绘制的 Active 的部分，从图中可看出 Active 以外的部分皆被厚氧化层所覆盖。基板露出部分即为 Active 定义的部分。

(11) 设计规则检查：选择 Tools→DRC 命令，或单击，出现 DRC Progress 窗口，显示设计规则检查进行状况。若设计规则检查有错误，会出现一个 DRC Error Navigator 窗口，如图 11.14 所示，显示违反了设计规则 4.6 Not Existing: Not Selected Active 的规定(注意(viewbyrule.gif)按钮被按下)。展开 DRC Error Navi-

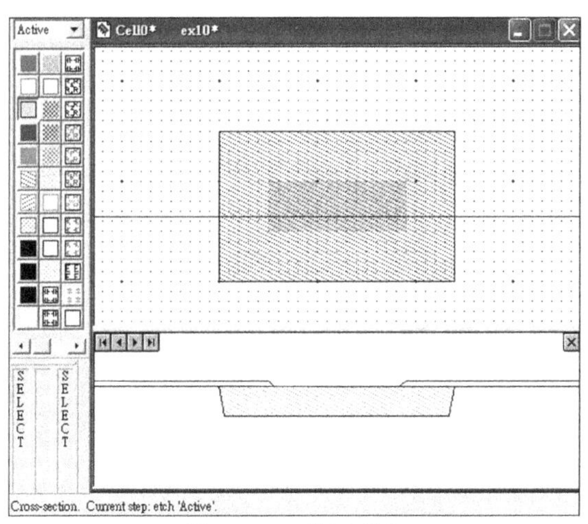

图 11.13 截面观察

gator 窗口中 4.6 Not Existing: Not Selected Active 选项，单击 Error 1{1}，会在 L-Edit 编辑窗口中出现设计规则检查有错误的地方，如图 11.15 所示。一个大圈圈着 Active 对象，可关闭 DRC Error Navigator 窗口。

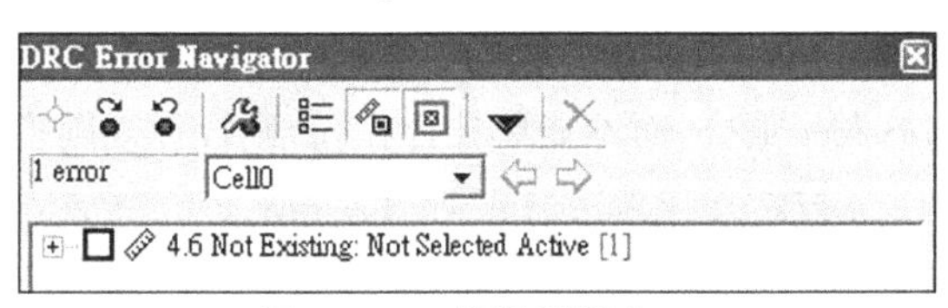

图 11.14 错误导览窗口

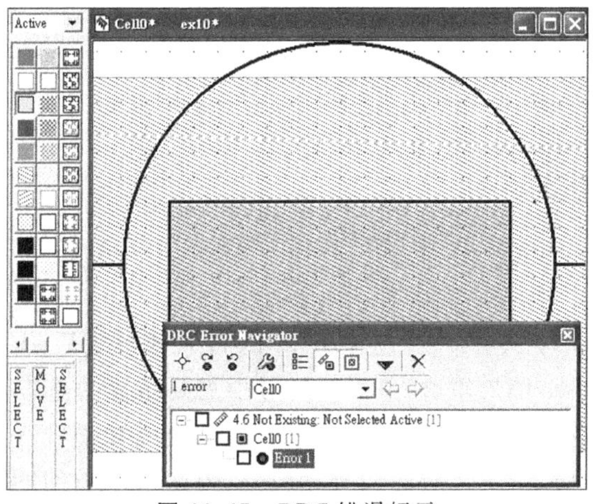

图 11.15 DRC 错误标示

先回到 ex10.tdb 文件观看本范例设计规则的 4.6 规则是什么，选择 Tools→DRC 命令，打开 Design Rule Check 对话框，单击其中的 Setup 按钮会打开 Setup

Design Rules 对话框(或单击按钮)从其中的 Rules list 列表框中选择 4.6Not Existing 选项,可以观看该条设计规则设定,如图 11.16 所示。

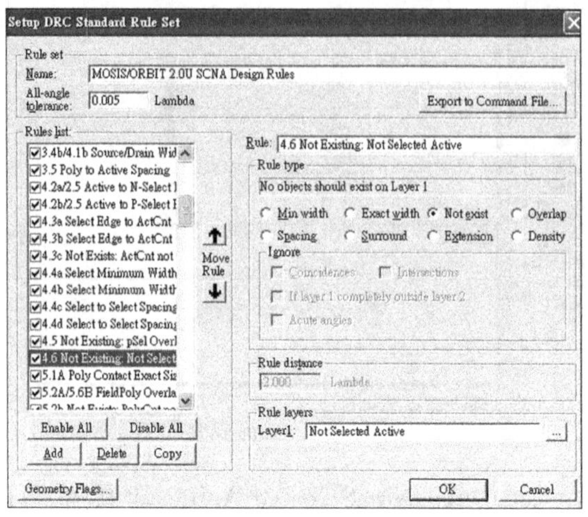

图 11.16 设计规则检查结果

此规则说明 Not Selected Active 层不能存在,Not Selected Active 层的定义可以选择 Setup→Layer 命令观看其定义,如图 11.17 所示。4.6 规则是说 Active 图层必须要与 P Select 图层或 N Select 重叠,而不能单独存在,否则设计规则检查会有错误。

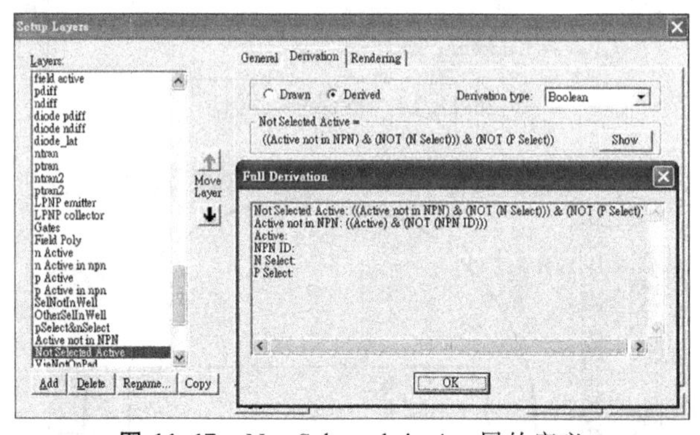

图 11.17 Not Selected Active 层的定义

(12) 绘制 P Select 图层:设计了 Active 的布局区域之后,并需加上 P Select 或 N Select 图层与 Active 图层重叠。在 PMOS 中需要布置的是 P 型杂质,P Select 图层在流程上的意义是定义要布置 P 型杂质的范围,故需要设计光罩以限定 P 型杂质的区域。但要注意 P Select 区域要包住 Active 图层,否则设计规则检查会有错误。同样,绘制 P Select 图层必须先了解是使用哪种流程的设计规则,本范例是使用 MOSIS/ORBIT 2.0U 的设计规则。要观看 P Select 图层绘制要遵守的设计规则可选择 Tools→DRC 命令,打开 Design Rule Check 对话框,单击 Setup 按钮会出现

Setup Design Rules 对话框(或单击按钮)再从 Rules list 列表框中选择 4.2b/2.5 Active to P-Select Edge Active Minimum Width 选项,如图 11.18 所示。

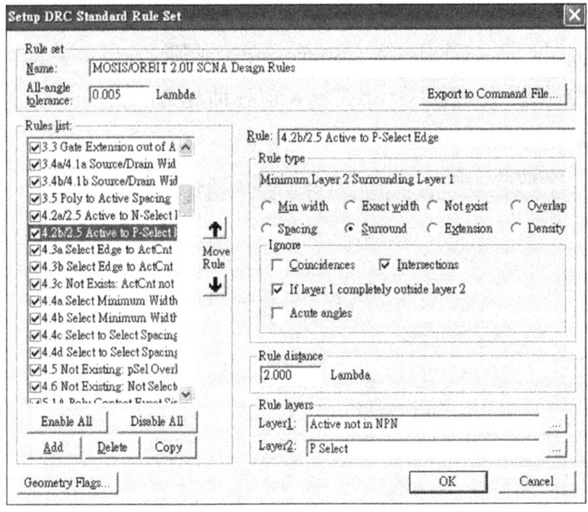

图 11.18 P Select 设计规则

从 4.2b 规则内容可知,若 Active 完全会在 P Select 内,则 Active 的边界要与 P Select 的边界至少要有两个 Lambda 的距离,这是环绕(Surround)规则。选取 Layers 面板中下拉列表中的 P Select 选项,使工具被选取,再从 Drawing 工具栏中选择工具,于 Cell0 编辑窗口中画出占据横向 18 格,纵向 9 格的方形于 N Well 图层中,绘制 P Select 图层的结果如图 11.19 所示,图中还利用标尺工具标示出 4.2b 环绕(Surround)规则所规定的地方。

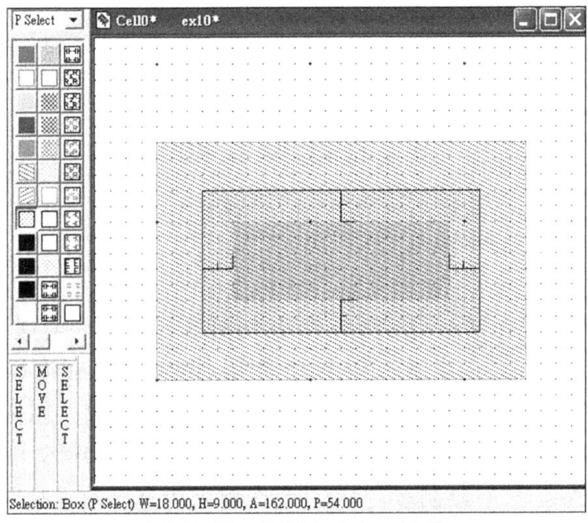

图 11.19 绘制 P Select 结果

另外，要注意的是 Active 与 P Select 交集处被定义为 pdiff 层，pdiff 与 N Well 也有一个环绕规则需要注意，设计规则 2.3a Source/Drain Active to Well Edge 如图 11.20 所示，此规则说明规定在 N Well 范围内，pdiff 的边界与 N Well 的边界至少要距离 5 个 Lambda，这是一个环绕（Surround）规则，pdiff 层的定义可以用选择 Setup→ Layer 命令来观看，在 Setup Layers 对话框的 Layers 中选择 pdiff，再单击 Show 按钮，如图 11.21 所示。

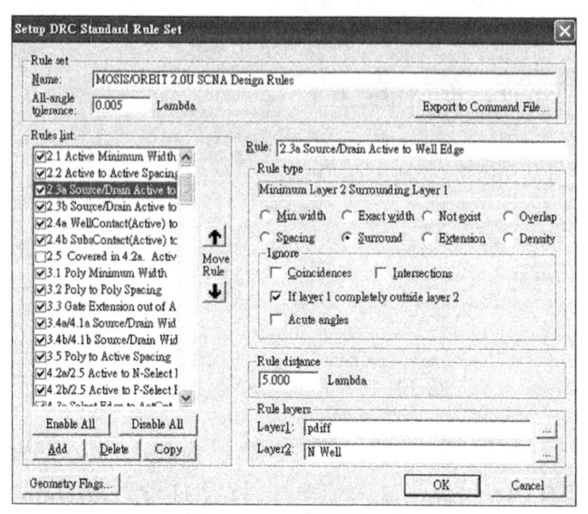

图 11.20 设计规则

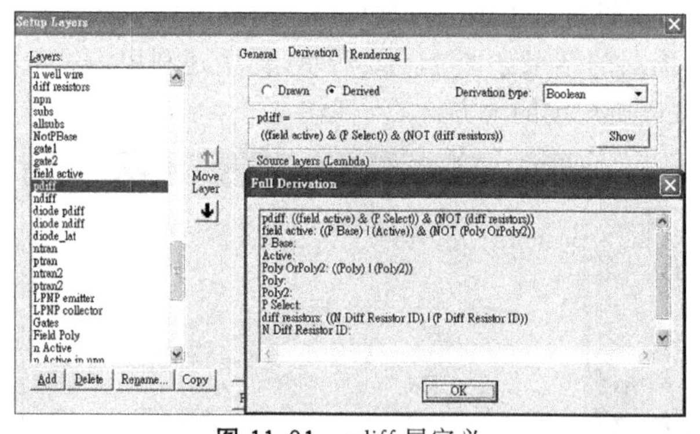

图 11.21 pdiff 层定义

图 11.22 中还利用标尺工具标示出 2.3a 环绕（Surround）规则所规定的地方。

（13）绘制 Poly 图层：接下来绘制 Poly 图层，Poly 图层在流程上的意义是定义成长多晶硅（Poly Silicon），需要设计光罩以限定多晶硅区域。同样，绘制 Poly 图层必须先了解是使用哪种流程的设计规则，本范例是使用 MOSIS/ORBIT 2.0U 的设计规则。要观看 Poly 图层绘制要遵守的设计规则可选择 Tools→DRC 命令，打开 Design Rule Check 对话框，单击其中的 Setup 按钮打开 Setup Design Rules 对话框

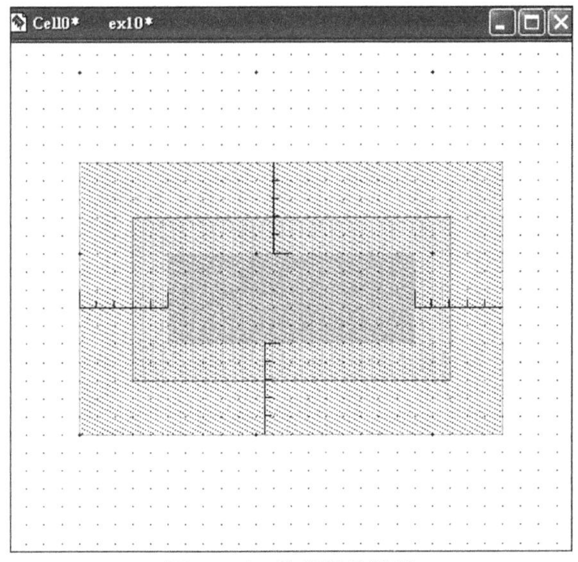

图 11.22 使用标尺测量

(或单击按钮),再从其中的 Rules list 列表框中选择 3.1 Poly Minimum Width 选项,如图 11.23 所示。从 3.1 规则内容可知,Poly 的最小宽度有两个 Lambda 的要求。

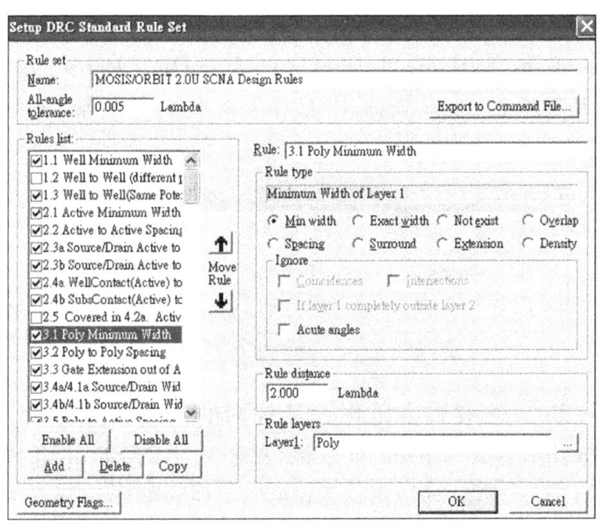

图 11.23 Poly 设计规则

选取 Layers 面板中下拉列表中的 Poly 选项,使工具被选取,再从 Drawing 工具栏中选择工具,在 Cell0 编辑窗口画出占据横向 2 格,纵向 7 格的方形于 N Well 图层中,绘制 Poly 图层的结果如图 11.24 所示。

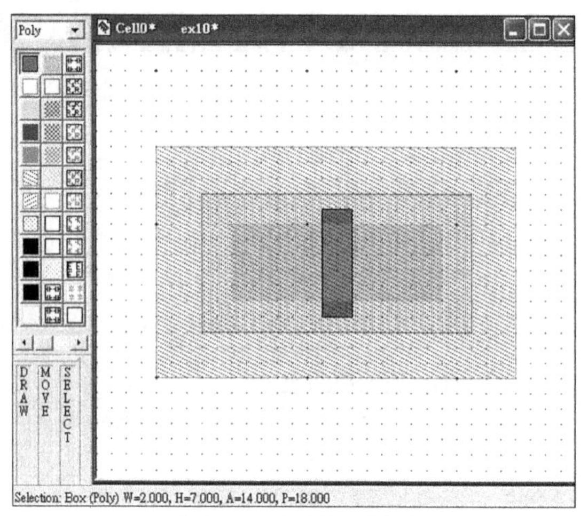

图 11.24 Poly 图层绘制结果

(14) 设计规则检查：选择 Tools→DRC 命令，或单击，出现 DRC Progress 窗口，显示设计规则检查进行状况。若设计规则检查有错误，会出现一个 DRC Error Navigator 窗口，如图 11.25 所示，显示违反了设计规则 3.3 Gate Extension out of Active 的规定（注意按钮被按下）。展开 DRC Error Navigator 窗口中 3.3 Gate Extension out of Active[2]<2 Lambda 选项，发现有两处错误，单击 Error 1{1}，会在 L-Edit 编辑窗口中出现设计规则检查有错误的地方，一个大圈圈着 Poly 延伸出 Active 对象下方的部分，如图 11.26 所示。再单击 DRC Error Navigator 窗口中的 Error 2{1}，一个大圈圈着 Poly 延伸出 Active 对象上方的部分，如图 11.27 所示。可关闭 DRC Error Navigator 窗口。

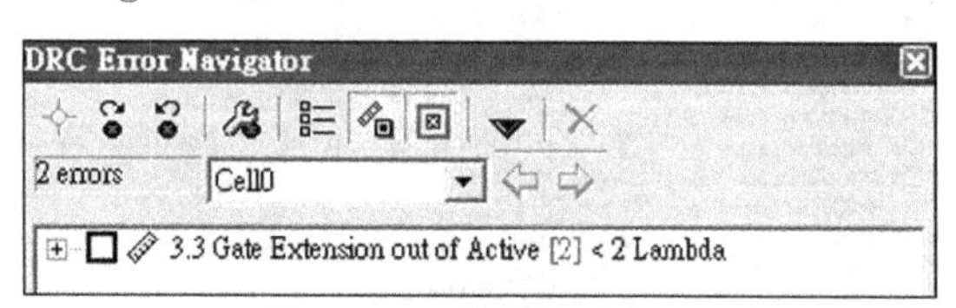

图 11.25 错误提示窗口

先回到 ex10.tdb 文件观看本范例设计规则的 3.3 规则是什么，选择 Tools→DRC 命令，打开 Design Rule Check 对话框，单击其中的 Setup 按钮打开 Setup Design Rules 对话框（或单击按钮）再从 Rules list 列表框中选择 3.3 Gate Extension out of Active 选项，可以观看该条设计规则设定，如图 11.28 所示。

从 3.3 延伸(Extension)规则可看出，Poly 图层必须延伸出 Active 区域有最小两个 Lambda 的限制，而本范例在第一个图所绘制的 Poly 延伸出 Active 区域只有 1 个格点，也就是延伸只有 1 个 Lambda，故违反了设计规则。故将图 11.24 所绘制的 Poly 图层延伸出 Active 区域为两个格点即可。

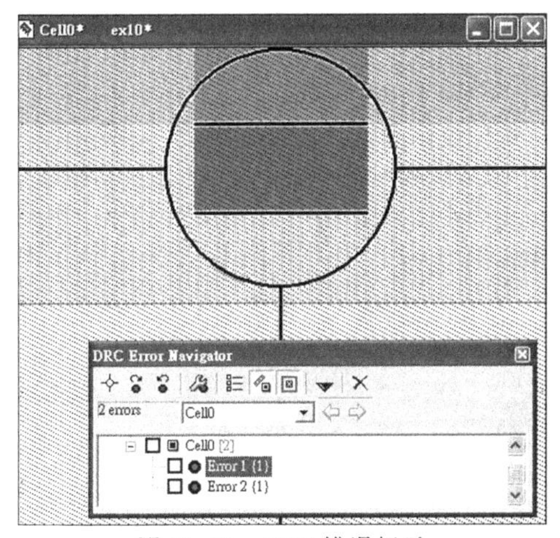

图 11.26　DRC 错误标示

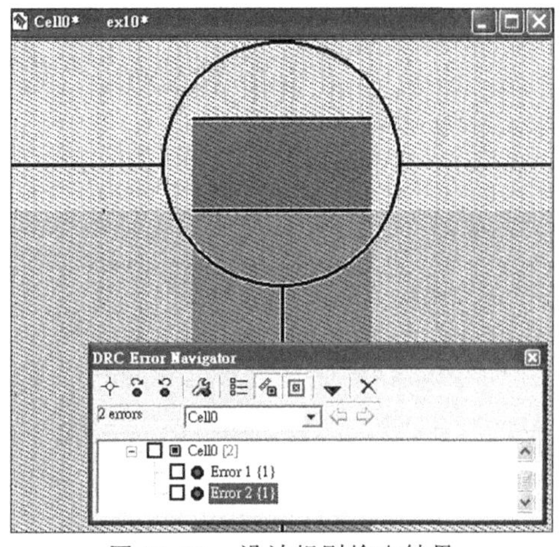

图 11.27　设计规则检查结果

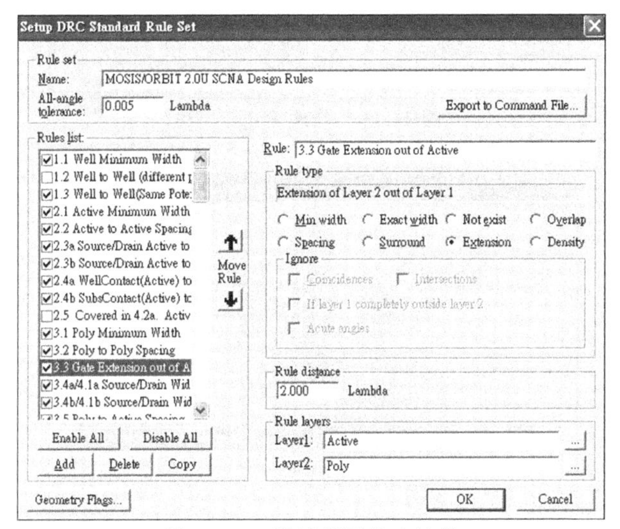

图 11.28　设计规则检查结果

(15) 修改对象：将图 11.24 所绘制的 Poly 图层改为延伸出 Active 区域为两个格点的方式，可选择 Edit→Edit Object (s)，打开 Edit Object (s)对话框，可在其中的 Show box coordinates using 下拉列表框中选择 Corners 选项，如图 11.29 所示。

在 Edit Object (s)对话框中，Y1 代表方形下边的 Y 坐标值，Y2 代表方形上边的坐标值，X1 代表方形左边的 X 坐标值，X2 代表方形右边的坐标值。Y 坐标值是往上增加，而 X 坐标值是往右增加。将 Y1 下降 1 即将 Y1 处改为 23.000，将 Y2 上升 1 即将 Y2 处改为 32.000，单击“确定”按钮，即可将 Poly 图层形状修改呈上下各延伸出 Active 区两个 Lambda 的要求。也可以利用 Alt 键加鼠标拖动的方式来修改对象大小。修改后再进行设计规则检查即无错误,如图 11.30 所示。

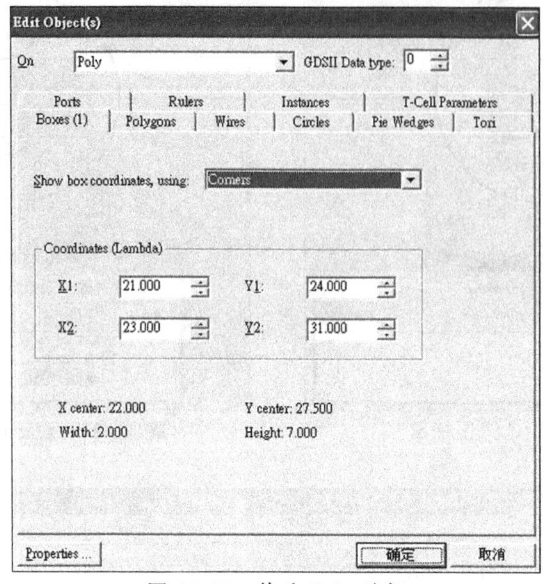

图 11.29 修改 Poly 对象

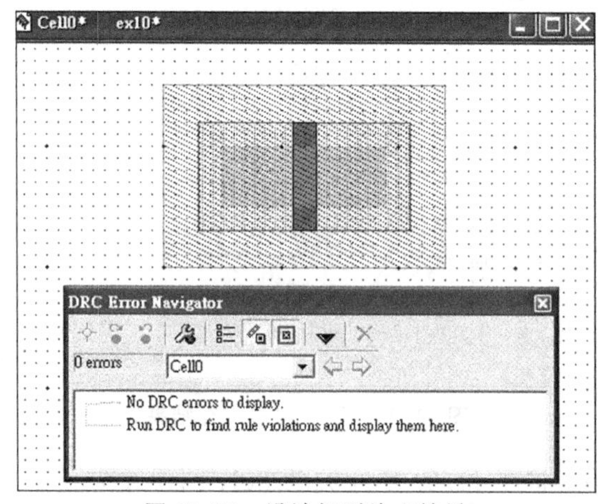

图 11.30 设计规则检查结果

(16) 截面观察:利用 L-Edit 的观察截面的功能来观察该布局图设计出的元件的制作流程与结果。选择 Tools→Cross-Section 命令,或单击按钮,打开 Generate Cross-Section 对话框,单击该对话框的 Browser 按钮,在弹出对话框中选择..\Tanner EDA\L-Edit11.1\Samples\SPR\example1\lights.xst 文件,再单击 Pick 按钮在编辑画面选择要观察的位置,再单击 Generate Cross-Section 对话框的 OK 按钮,结果如图 11.31 所示,它是模拟在基板上根据布局图制作出的结果,从图中可看出在N Well中的Poly栅极区与两旁pdiff扩散区(源极与漏极),栅极下方为通道。因为在实际流程上,先制作Poly栅极区再进行扩散,即在Poly栅极区下方的区域(信道)不会被扩散到,而形成分布在Poly两旁的两个pdiff扩散区。在绘制布局图时,可依读者的喜好及熟练度自行决定绘图顺序,不需要依照流程时的先后次序来绘制。

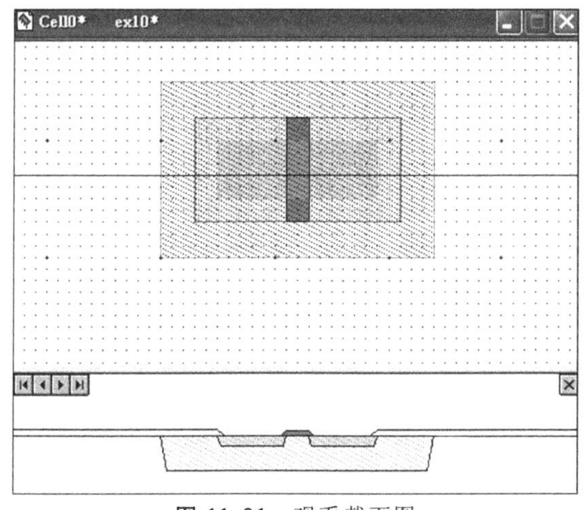

图11.31 观看截面图

(17)绘制Active Contact图层:PMOS的源极区与漏极区各要接上电极,才能在其上加入偏压。各元件之间的信号传递,也需要靠金属线连接,在最底层的金属线是以Metal1图层表示。在金属层制作之前,元件会被沉积上一层绝缘层(氧化层),为了让金属能接触至扩散区(源极与漏汲)必须在此绝缘层上蚀刻出一个接触孔,此接触孔是为了能使金属层能与扩散区接触,Metal1与扩散区之间的接触孔以Active Contact图层▧表示。要观看Active Contact图层绘制所要遵守的设计规则,可选择Tools→DRC命令,打开Design Rule Check对话框,单击其中的Setup按钮会打开Setup Design Rules对话框,再从其中的Rules list列表框中选择6.1A Active Contact Exact Size选项,如图11.32所示。

从6.1A规则的内容可知,Active Contact图层有一个标准宽度的限制,其宽度限定为两个Lambda的大小,这是标准宽度(Exact Width)规则。选择Layers面板中下拉列表中的Active Contact选项,使■按钮被选择,再从Drawing工具栏中选择回工具,在Cell0编辑窗口的Active图层中画出占据横向两格、纵向两格的方形,左右两个扩散区各画一个Active Contact,绘制Active Contact图层的结果如图11.33所示。

要注意Active Contact图层与Active图层之间还有一个环绕规则要遵守,如图11.34所示。

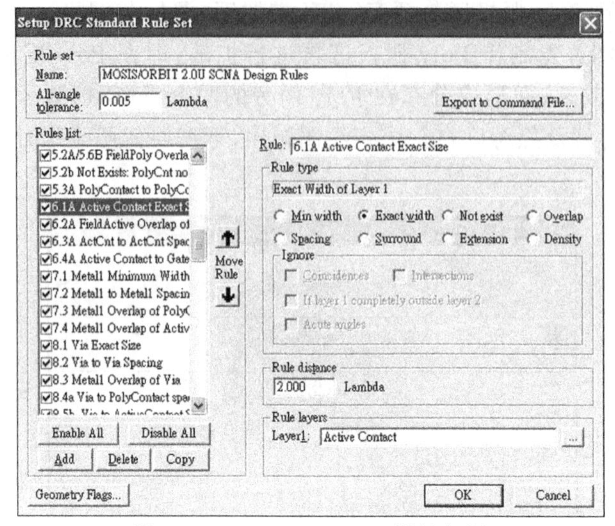

图 11.32 Active Contact 设计规则

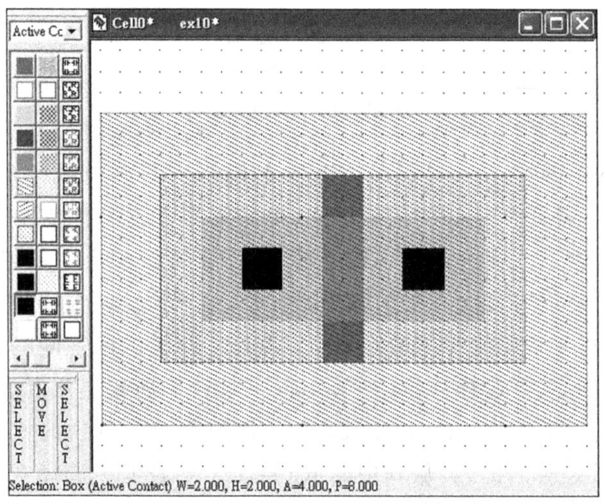

图 11.33 Active Contact 设计规则

从 6.2A 环绕(Surround)规则可看出,Active Contact 图层边界与 field active 图层边界必须至少有 1.5 个 Lambda 的限制,其中 field active 图层是 Poly 区以外的主动区部分,其定义如图 11.35 所示。图 11.35 中,Active Contact 与 field active 之间的环绕距离分别为 1.5 个 Lambda(上下)与两个 Lambda(左右),都符合该设计规则。

(18) 截面观察:利用 L-Edit 的观察截面的功能,观察该布局图设计出的元件的制作流程与结果。选择 Tools→Cross-Section 命令,选定截面观察的位置,结果如图 11.36 所示,它是模拟在基板上根据布局图制作出的元件截面图,从图中可看出在 N Well 中的栅极区(Poly)与两旁扩散区(源极与漏极),栅极下方为通道。元件表面有

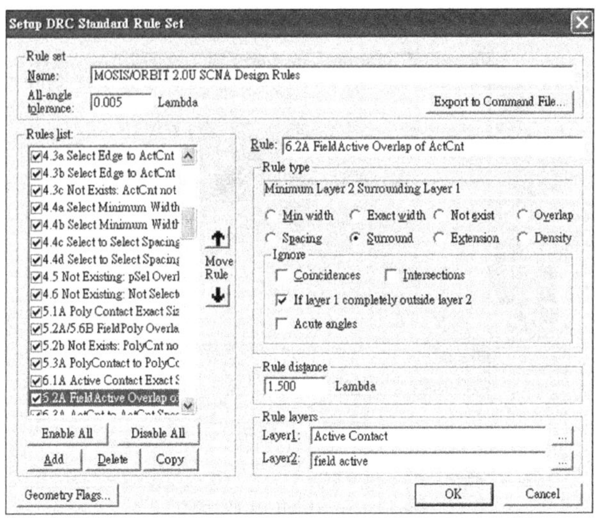

图 11.34 Active Contact 设计规则

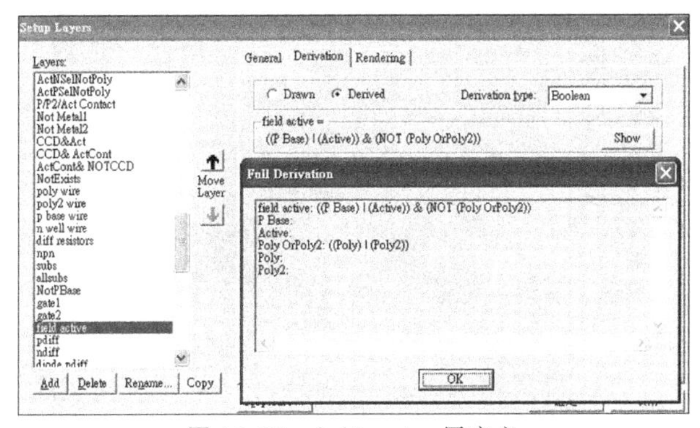

图 11.35 field active 层定义

一层绝缘层，但在画 Active Contact 区域的位置有被蚀刻到基板的孔，该接触孔是为了使金属层能与扩散区接触。

(19) 绘制 Metal1 图层：NMOS 的源极与漏极都要接上电极，才能在其上加入偏压，各元件之间的信号传递也需要靠金属线连接，在最底层的金属线以 Metal1 图层表示。要查看 Metal1 图层绘制要遵守的设计规则可通过选择 Tools→DRC 命令来进行，单击打开的 Design Rule Check 对话框中的 Setup 按钮会出现 Setup Design Rules 对话框（或单击▧按钮），从其中的 Rules list 列表框中选择 7.1Metal1 Minimum Width 选项，从中可以看到 Metal1 有最小宽度的限制，其宽度限定最小为 3 个 Lambda，这是最小宽度（Minimum Width）规则。选取 Layers 面板下拉菜单中的 Metal1 选项，使□工具被选取，再从 Drawing 工具栏中选择▭工具，在 Cell0 编辑窗口的 Active Contact 周围画出占据横向 3 格、纵向 3 格的方形，左右两个扩散区各画一个 Metal1 区块，绘制 Metal1 图层的结果如图 11.37 所示。

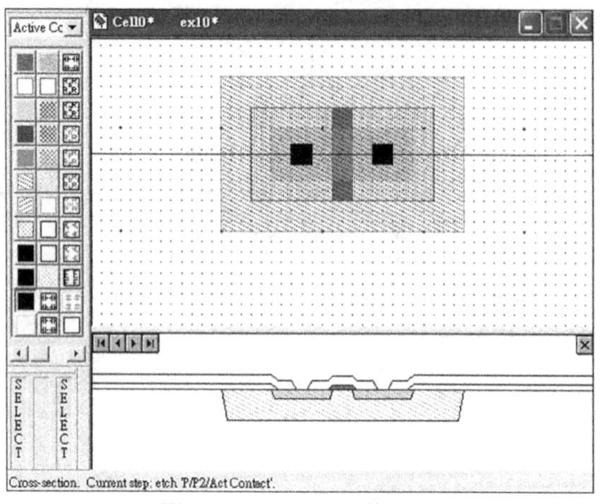

图 11.36　PMOS 截面图

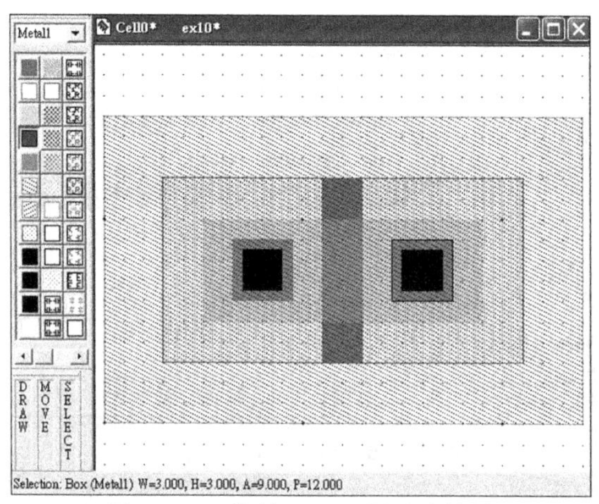

图 11.37　绘制 Metal1 图层的结果

(20) 设计规则检查：选择 Tools→DRC 命令，或单击，出现 DRC Progress 窗口，显示设计规则检查进行状况。若设计规则检查有错误，会出现一个 DRC Error Navigator 窗口，如图 11.38 所示，显示违反了设计规则 7.4 Metal1 Overlap of ActiveContact 的规定(注意按钮被按下)。并标出错误原因为 Poly 间距<2 Lambda。展开 DRC Error Navigator 窗口中 7.4 Metal1 Overlap of ActiveContact[8]<1 Lambda 选项，有 8 处错误，单击 Error 1{0.5}，会在 L-Edit 编辑窗口中出现设计规则检查有错误的地方，如图 11.39 所示。一个大圈圈着 Active Contact 与 Metal1。再单击 Error 8{0.5}，会在 L-Edit 编辑窗口中出现设计规则检查有错误的地方，如图 11.40 所示。可关闭 DRC Error Navigator 窗口。

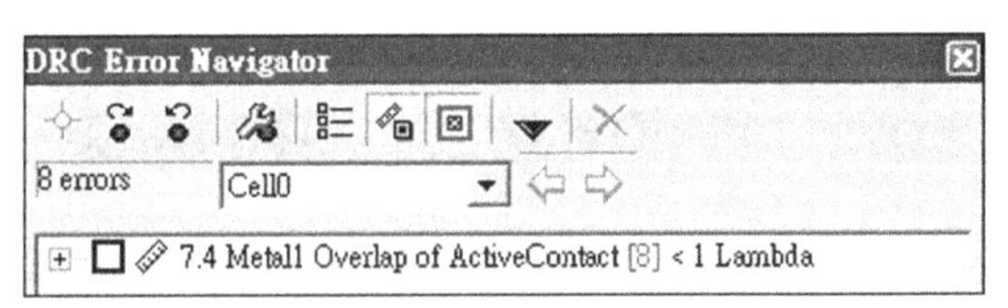

图 11.38 错误提示窗口

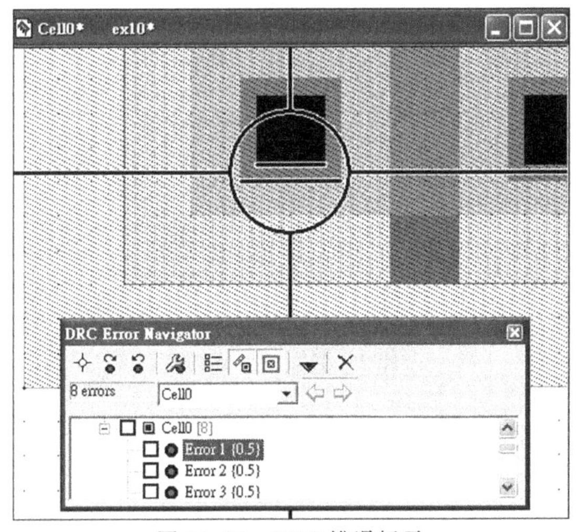

图 11.39 DRC 错误标示

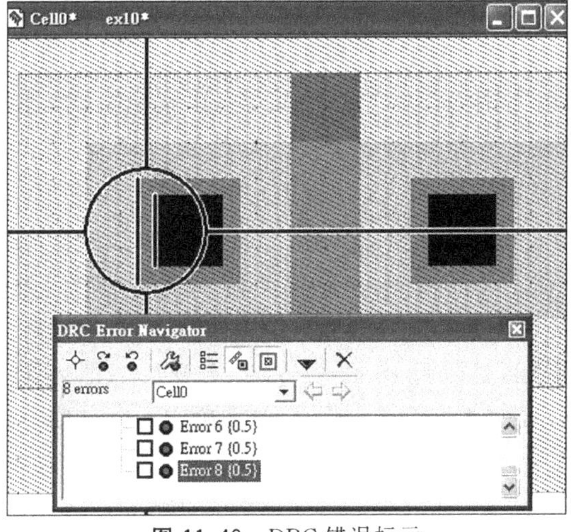

图 11.40 DRC 错误标示

先回到 ex10.tdb 文件观看本范例设计规则的 7.4 规则是什么，选择 Tools→DRC 命令，打开 Design Rule Check 对话框，单击其中的 Setup 按钮会出现 Setup Design Rules 对话框（或单击按钮）再从其中的 Rules list 列表框中选择 7.4Metal1

Overlap of ActiveContact 选项来观看该条设计规则的设定，如图 11.41 所示。

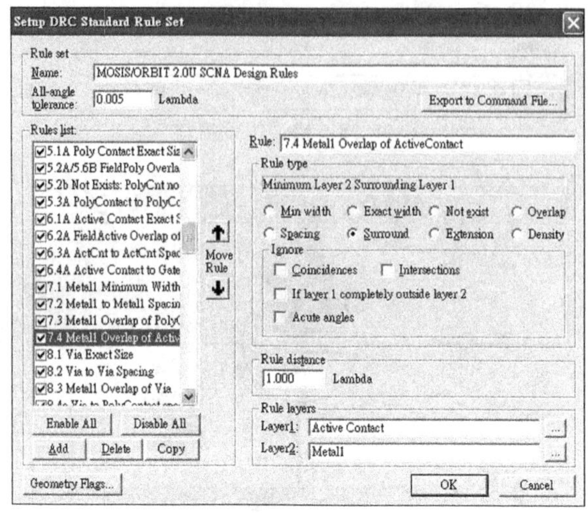

图 11.41 设计规则

从 7.4 环绕(Surround)规则可看出，Active Contact 图层边界与 Metal1 图层边界必须至少有 1 个 Lambda 的限制，而图 11.37 中 Active Contact 图层与 Metal1 图层边界只有 0.5 个格点，故不符合此设计规则而发生错误。修改方式为将 Metal1 放大成宽 4 个格点高 4 个格点即可。

(21) 修改对象：将图 11.37 所绘制的 Metal1 图层修改成宽为 4 个 Lambda，高为 4 个 Lambda 的方式，先要选择要修改的 Metal1 对象，再选择 Edit→Edit Object(s)命令，出现 Edit Object(s)对话框，可在 Show box coordinates using：文本框中选择"Corners"，如图 11.42 所示。

在 Edit Object(s)对话框中，Y1 代表方形下边的 Y 坐标值，Y2 代表方形上边的坐标值，X1 代表方形左边的 X 坐标值，X2 代表方形右边的坐标值。而 Y 坐标值是往上增加，而 X 坐标值是往右增加。将 Y1 下降 0.5，即将 Y1：处改为 25.500；将 Y2 上升 0.5，即将 Y2：处改为 29.500；将 Metal1 图层形状修改成高为 4 个 Lambda。再将 X1 下降 0.5，即将 X1：处改为 16.000；将 X2 上升 0.5，即将 X2：处改为 20.000；将 Metal1 图层形状修改成宽为 4 个 Lambda，单击确定，也可以利用 Alt 键加鼠标拖动修改对象大小。同样方式修改另一个 Metal1 对象。修改后再进行设计规则检查即无错误，如图 11.43 所示。

(22) 截面观察：利用 L-Edit 的观察截面的功能，可观察该布局图设计出的元件的制作流程与结果。选择 Tools→Cross-Section 命令(或单击按钮)，将打开 Generate Cross-Section 对话框，单击其中的 Browser 按钮，在弹出的对话框中选择..\Tanner EDA\L-Edit11.1\Samples\SPR\example1\lights.xst 文件，单击其中的

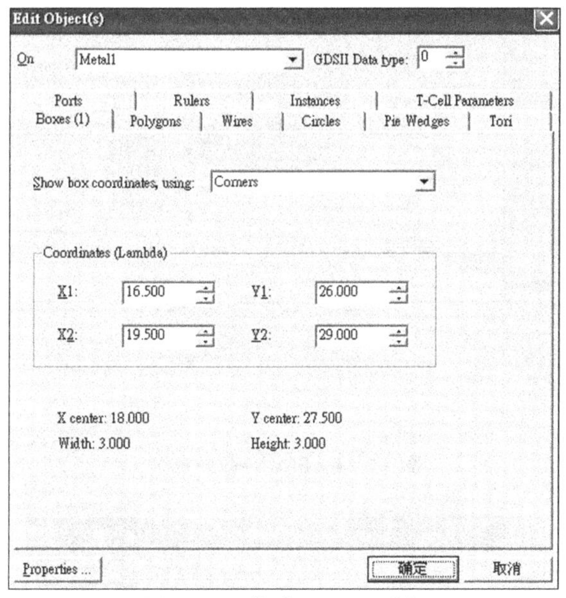

图 11.42　修改 Metal1 对象

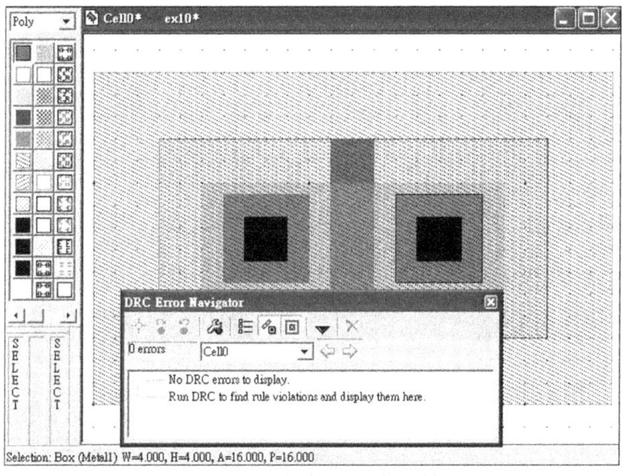

图 11.43　设计规则检查结果

Pick 按钮在编辑画面选择要观察的位置，再单击 Generate Cross-Section 对话框的 OK 按钮，结果如图 11.44 所示，它是模拟在基板上根据布局图制作出的元件截面图，从图中可看出在 N Well 中的栅极区(Poly)与两旁扩散区(源极与漏极)，栅极下方为通道。画有 Active Contact 区域的位置有被蚀刻到基板的孔，此接触孔是为了使金属层 Metal1 能与扩散区接触，图中看出 Meatl1 图层通过接触孔与扩散区相接。

(23) 重新命令：将 Cell0 的名称重新命令，可选择 Cell→Rename 命令，打开 Rename Cell Cell0 对话框，将 cell 名称改成 pmos，如图 11.45 所示。

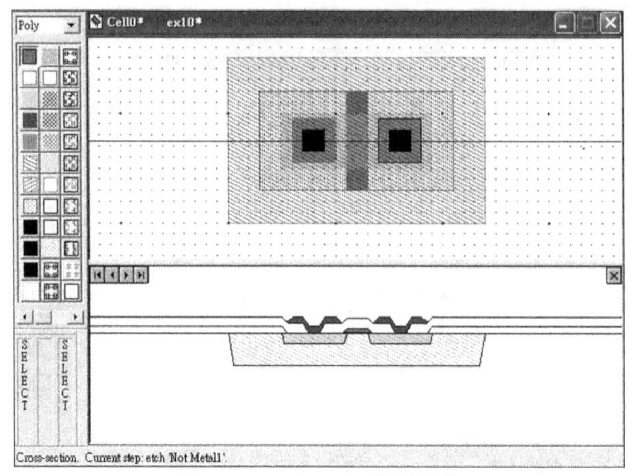

图 11.44　PMOS 截面观察

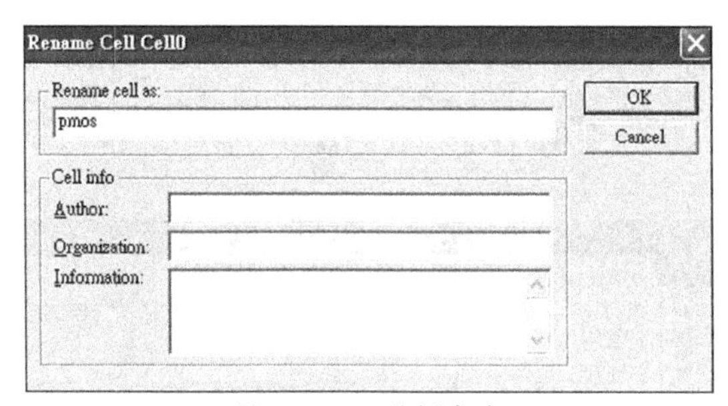

图 11.45　重新命令

(24) 设计成果:将设计结果保存之后,本实例先建立了一个 PMOS 元件,PMOS 布局成果如图 11.46 所示,读者可利用单独显示图层的功能,让图层个别显示。

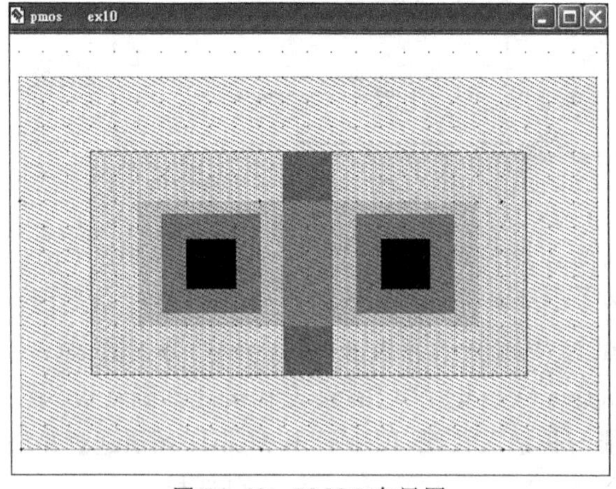

图 11.46　PMOS 布局图

例如，要单独显示Poly图层，可在Layers面板上选择Poly图样，右击，选择弹出菜单中的Hide All命令，如图11.47所示，将其他图层隐藏起来，即只显示出Poly图层，如图11.48所示。

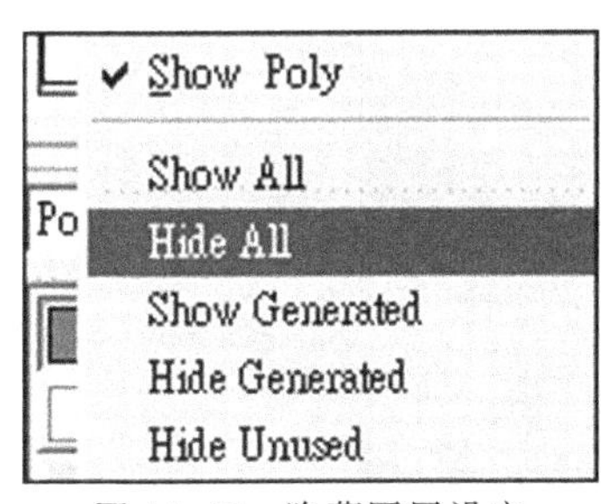

图11.47 隐藏图层设定

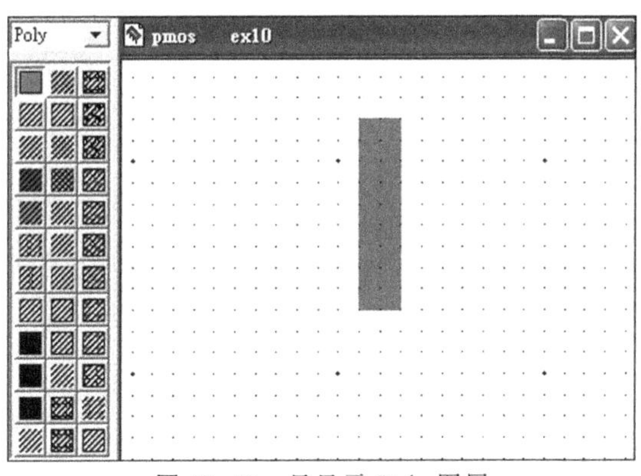

图11.48 只显示Poly图层

若要再同时显示出另一个图层，例如Active图层，则在Layers面板上选择Active图样，右击，会出现如图11.49所示的快捷菜单，选择其中的Show Active命令，可以再显示出Active图层，如图11.50所示。

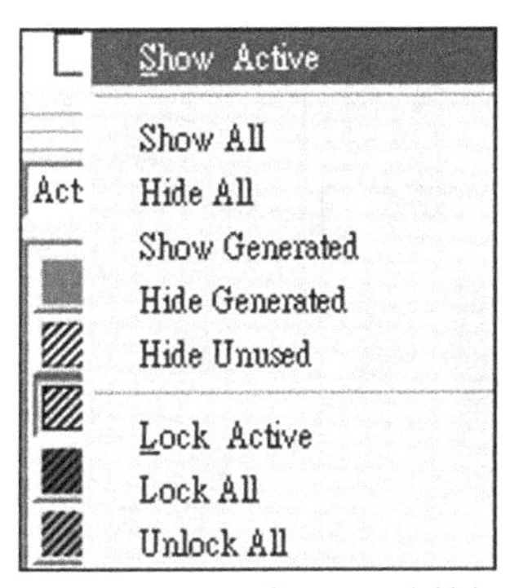

图11.49 显示Active图层

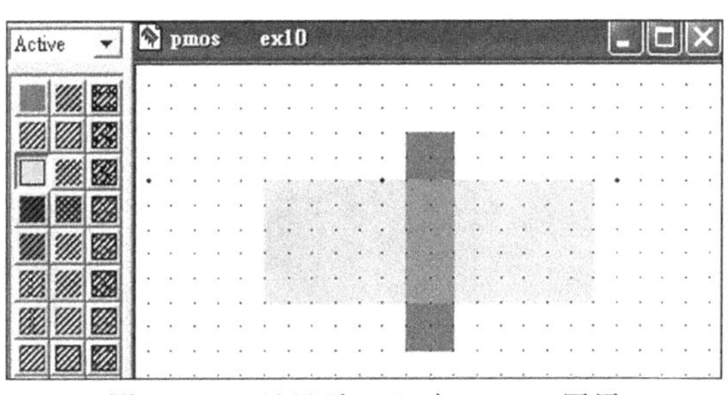

图11.50 只显示Poly与Active图层

要让全部的图层都显示，则右击Layers面板，打开如图11.51所示的菜单，选择其中的Show All命令，则会出现全部图层。

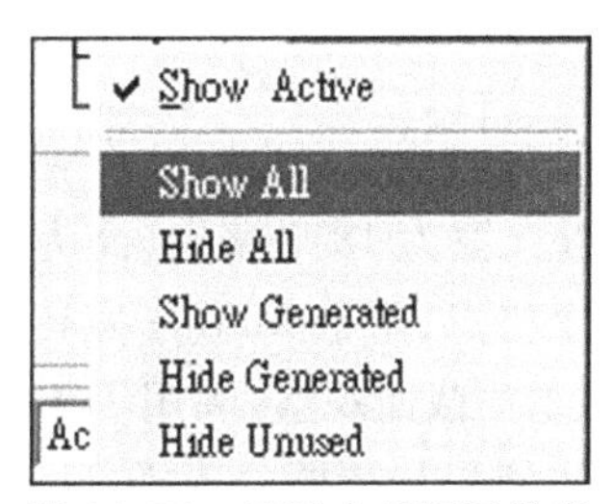

图11.51 显示全部图层设定

(25) 新增NMOS元件：选择Cell→New命令，打开Create New Cell对话框，在其中的New cell name文本框中输入“nmos”，单击OK按钮，如图11.52所示。

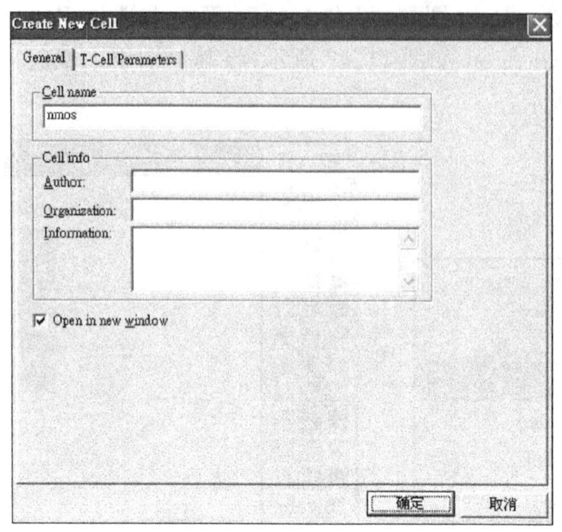

图 11.52 新增 NMOS 元件

(26) 编辑 NMOS 元件：依照 PMOS 元件的编辑流程，建立在 Active 图层、N Select 图层、Poly 图层、Active Contact 图层与 Metal1 图层，NMOS 元件的编辑结果如图 11.53 所示。

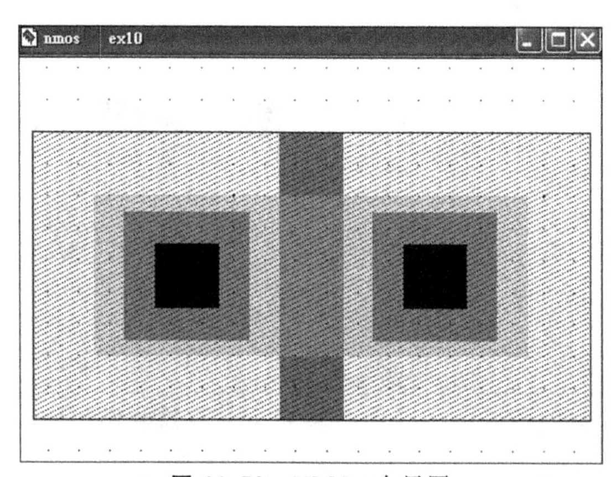

图 11.53 NMOS 布局图

其中，Active 宽为 14 个格点，高为 5 个格点；Poly 宽为 2 个格点，高为 9 个格点；N Select 宽为 18 个格点，高为 9 个格点；两个 Active Contact 宽皆为 2 个格点，高皆为 2 个格点；两个 Metal1 宽皆为 4 个格点，高皆为 4 个格点。

(27) 截面观察：利用 L-Edit 的观察截面的功能来观察该布局图设计出的元件的制作流程与结果。选择 Tools→Cross-Section 命令（或单击按钮），打开 Generate Cross-Section 对话框，单击其中的 Browser 按钮，在弹出的对话框中选择..\L-Edit11.1\Samples\SPR\example1\lights.xst 文件，单击 Pick 按钮在编辑画面选择要观察的位置，再单击 Generate Cross-Section 对话框的 OK 按钮，结果如图 11.54 所示。它是模拟在基板上根据布局图制作出的元件截面图，从图中可看出栅极区(Poly)与两旁扩散区(源极与漏极)，栅极下方为通道。画有 Active Contact 区域的位置有被蚀刻到基板的孔，此接触孔是为了使金属层 Metal1 能与扩散区接触，图中看出 Metal1 图层通过接触孔与扩散区相接。

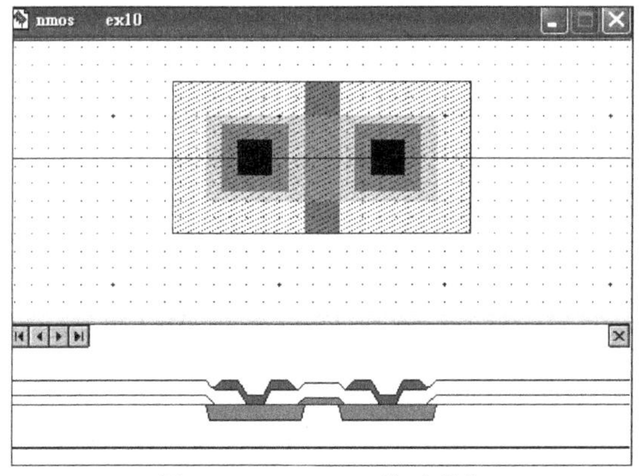

图 11.54 NMOS 截面观察

(28) 设计导览：打开 Design Navigator 窗口，可以看到 ex10 文件有 nmos 与 pmos 两个 cell，如图 11.55 所示。

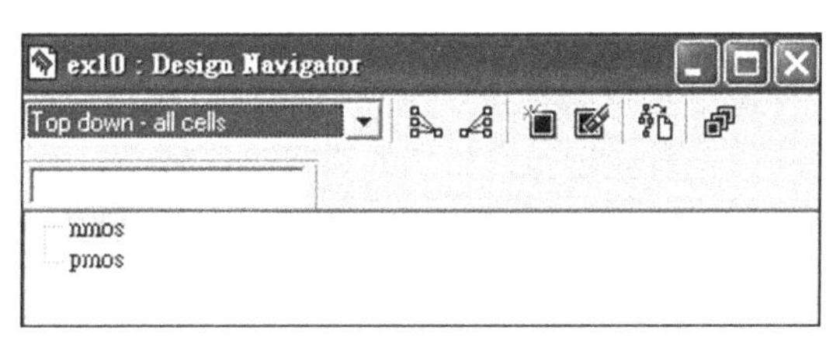

图 11.55 设计导览

11.2 利用 T-Cell 建立 PMOS 布局图

● 操作流程：建立新单元 PMOS_T→定义 T-Cell 参数→建立 Active 图层程序→建立新单元 Cell0→引用 PMOS_T→修改参数值→建立 Poly 图层程序→建立 Active Contact 图层程序→建立 Metal1 图层程序→建立 P Select 图层程序→建立 N Well 图层程序→设计规则检查。

(1) 建立新单元：同样在 ex10 文件中，选择 Cell→New 命令，打开 Create New Cell 对话框，在 Cell Name 处填入 PMOS_T，再选择 T-Cell Parameters 界面，设定参数 W 与 L，如图 11.56 所示。设定好后单击确定按钮，会开启一个 PMOS_T 的窗口，如图 11.57 所示。

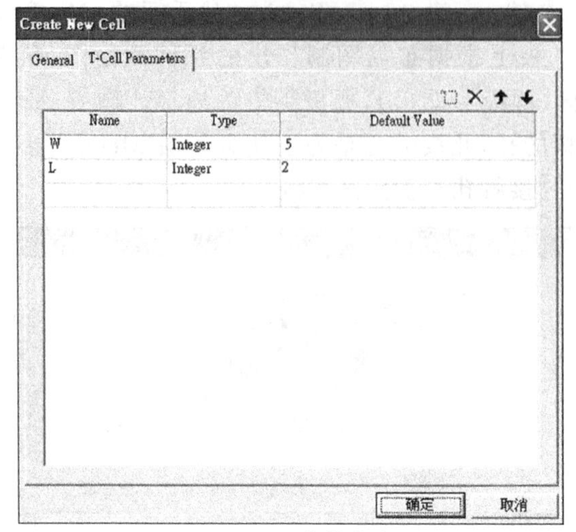

图 11.56 参数数定

PMOS_T code ex10

```
module PMOS_T_code
{
#include <stdlib.h>
#include <math.h>
#include <string.h>
#include <stdio.h>
#include "ldata.h"

/* Begin -- Remove this block if you are not using L-Comp. */
#include "lcomp.h"
/* End */
   /* TODO: Put local functions here. */
   void PMOS_T_main(void)
   {
      /* Begin DO NOT EDIT SECTION generated by L-Edit */
      LCell          cellCurrent     = (LCell)LMacro_GetNewTCell();
      int            W               = (int)LCell_GetParameter(cellCurrent, "W");
      int            L               = (int)LCell_GetParameter(cellCurrent, "L");
      /* End DO NOT EDIT SECTION generated by L-Edit */
      /* Begin -- Remove this block if you are not using L-Comp. */
      LC_InitializeState();
      LC_CurrentCell = cellCurrent;
      /* End */
      /* TODO: Put local variables here. */
      /* TODO: Begin custom generator code.*/
      /* End custom generator code.*/
   }
}
PMOS_T_main();
```

图 11.57 打开 MOS_T 窗口

(2) 转换参数单位：利用 LC_Microns 函数将 PMOS 参数 L 与 W 转成 μm 单位，LC_Microns 函数的说明可参考表 10.1 所示。在 PMOS_T 编辑区中，创建两个变量 Width 与 Length，其数据型态为 LCoord，Length 的值为 L 转换的结果，Width 的值为 W 转换的结果，如表 11.1 所示。

表 11.1 转换 L 与 W 的单位

```
LCoord Length = LC_Microns(L);
LCoord Width = LC_Microns(W);
```

(3) 创建 GetDimension 函数：在 PMOS_T 编辑区中，创建一个函数 GetDimension，如表 11.2 所示。GetDimension 函数可传回所使用的设计规则的规定的大小。其中的 layer1 与 layer2 为设计规则中有关系的图层，若只关系到一种图层，则在 GetDimension 的 layer2 相对位置传入 NULL。

表 11.2 创建 GetDimension 函数

```
/* TODO: Put local functions here. */
LCoord GetDimension( LDrcRuleType rule, char *layer1, char *layer2 )
{
    LDesignRuleParam DrcParam;
    LDrcRule DrcRule = LDrcRule_Find( LC_CurrentFile, rule, layer1, layer2 );
    if ( ! DrcRule )
    {
        char *ruletype;
        switch ( rule )
        {
        case LSPACING:
            ruletype = "SPACING";
            break;
        case LSURROUND:
            ruletype = "SURROUND";
            break;
        case LMIN_WIDTH:
            ruletype = "MIN WIDTH";
            break;
        case LEXACT_WIDTH:
            ruletype = "EXACT WIDTH";
            break;
        case LEXTENSION:
            ruletype = "EXTENSION";
            break;
        default:
            ruletype = "UNKNOWN";
            break;
        }
        if ( layer2 )
            LDialog_MsgBox(LFormat("Missing DRC rule %s for layers '%s' and '%
            s'", ruletype, layer1, layer2));
            else
              LDialog_MsgBox(LFormat("Missing DRC rule %s for layer '%s'",
```

续表 11.2

```
ruletype, layer1));
            LUpi_SetReturnCode(1) ; // Set an error code
            return 0;
        }
        LDrcRule_GetParameters( DrcRule, &DrcParam );
        return DrcParam.distance;
    }
```

(4) 使用 GetDimension 函数：将 11.1 小节考虑到的设计规则利用 GetDimension 函数将规则大小回传，整理如表 11.3 所示。各变量在本文件中代表的值则整理在表 11.4 中。

表 11.3 使用 GetDimension 函数

```
/* TODO: Begin custom generator code. */
LCoord PolyWidth = GetDimension( LMIN_WIDTH, "Poly", NULL );
// 3.1 Poly Minimum Width
LCoord PolyActiveExt= GetDimension( LEXTENSION, "Active", "Poly");
// 3.3 Gate Extension out of Active
LCoord ActiveSurroundCnt = GetDimension( LSURROUND, "Active Contact","field active");
                    // 6.2A FieldActive Overlap of ActCnt
LCoord CntWidth = GetDimension( LEXACT_WIDTH, "Active Contact", NULL);
                // 6.1A Active Contact Exact Size
LCoord M1SurroundCnt = GetDimension( LSURROUND, "Active Contact", "Metal1" );
            //7.4 Metal1 Overlap of ActiveContact
LCoord PSelectSurroundActive = GetDimension( LSURROUND, "Active not in NPN", "P Se-
lect");         //4.2b/2.5 Active to P-Select Edge
LCoord WellSurroundpdiff = GetDimension( LSURROUND, "pdiff", "N Well");
// 2.3a Source/Drain Active to Well Edge
```

表 11.4 变数值

变 数	设计规则	值
PolyWidth	3.1 Poly Minimum Width	2 Lambda
PolyActiveExt	3.3 Gate Extension out of Active	2 Lambda
ActiveSurroundCnt	6.2A FieldActive Overlap of ActCnt	1.5 Lambda
CntWidth	6.1A Active Contact Exact Size	2 Lambda
M1SurroundCnt	7.4 Metal1 Overlap of ActiveContact	1 Lambda
PSelectSurroundActive	4.2b/2.5 Active to P-Select Edge	2 Lambda
WellSurroundpdiff	2.3a Source/Drain Active to Well Edge	5 Lambda

(5) Active 图层：先考虑 PMOS 元件需要的 Active 图层的大小，从 11.1 小节中知道 Active 内需至少要能容下一个 Active Contact，再加上 6.2A FieldActive Overlap of ActCnt 规则规定 field active 与 Active Contact 之间的环绕规则，故 PMOS 的 W 参数值必须至少大于等于(CntWidth+2 ActiveSurroundCnt)，故加上一个判断程序，如表 11.5 所示，描述若设定的参数值小于(CntWidth+2 * ActiveSurroundCnt)，则会出现一个提示错误窗口，在窗口中有文字“Transistor too narrow. Min Width = 5 ”。

表 11.5 判断参数 W 数值大小

```
if(Width < (CntWidth + 2 * ActiveSurroundCnt))
    {
        LDialog_MsgBox(LFormat("Transistor too narrow. Min Width = %g",
            LC_InMicrons(CntWidth + 2 * ActiveSurroundCnt)));
        LUpi_SetReturnCode(1) ; // Set an error code
        return;
    } // endif(Width < (CntWidth + 2 * ActiveSurroundCnt))
```

本范例要设计的 Active 图层为矩型，宽度若为 Width，则其高度要考虑源极区与漏极区各要有一个 Active Contact 的情况，则 Active 图层高度至少要有 2 * (CntWidth + 2 * ActiveSurroundCnt)+Length，其中 Length 为 poly 宽度。定义两个变量 pt1_active 与 pt2_active，其数据形态为 LPoint，并定义其值，并使用 LC_CreateBox 函数创造一个 Active 图层，其左下角坐标为 pt1_Active，右上角坐标为 pt2_Active，如表 11.6 所示。

表 11.6 变量宣告与定义

```
LPoint pt1_Active, pt2_Active;
    pt1_Active.x = 0;
    pt1_Active.y = 0;
      pt2_Active.x = pt1_Active.x+Width;
      pt2_Active.y = pt1_Active.y+2 * (CntWidth + 2 * ActiveSurroundCnt)+Length;
      LC_CreateBox("Active", pt1_Active, pt2_Active);
```

(6) 保存文件：编辑完 PMOS_T 的 Active 图层部分，如表 11.7 所示，保存文件，可选择 File→Save 命令，或单击🖫。

表 11.7 PMOS_T 内容

```
module PMOS_T_code
{
#include <stdlib.h>
#include <math.h>
```

续表 11.7

```
#include <string.h>
#include <stdio.h>
#include "ldata.h"
/* Begin -- Remove this block if you are not using L-Comp. */
#include "lcomp.h"
/* End */
   /* TODO: Put local functions here. */
   LCoord GetDimension( LDrcRuleType rule, char *layer1, char *layer2 )
   {
       LDesignRuleParam DrcParam;
       LDrcRule DrcRule = LDrcRule_Find( LC_CurrentFile, rule, layer1, layer2 );
       if ( ! DrcRule )
       {
           char *ruletype;
           switch ( rule )
           {
           case LSPACING:
               ruletype = "SPACING";
               break;
           case LSURROUND:
               ruletype = "SURROUND";
               break;
           case LMIN_WIDTH:
               ruletype = "MIN WIDTH";
               break;
           case LEXACT_WIDTH:
               ruletype = "EXACT WIDTH";
               break;
           case LEXTENSION:
               ruletype = "EXTENSION";
               break;
           default:
               ruletype = "UNKNOWN";
               break;
           }
           if ( layer2 )
               LDialog_MsgBox(LFormat("Missing DRC rule %s for layers '%s'
```

续表 11.7

```
and '%s'", ruletype, layer1, layer2));
            else
                LDialog_MsgBox(LFormat("Missing DRC rule %s for layer '%s'",
ruletype, layer1));
            LUpi_SetReturnCode(1) ; // Set an error code
            return 0;
        }
        LDrcRule_GetParameters( DrcRule, &DrcParam );
        return DrcParam. distance;
    }
    void PMOS_T_main(void)
    {
        /* Begin DO NOT EDIT SECTION generated by L-Edit */
        LCell   cellCurrent   = (LCell)LMacro_GetNewTCell();
        int   W    = (int)LCell_GetParameter(cellCurrent, "W");
        int   L    = (int)LCell_GetParameter(cellCurrent, "L");
        /* End DO NOT EDIT SECTION generated by L-Edit */
        /* Begin -- Remove this block if you are not using L-Comp. */
        LC_InitializeState();
        LC_CurrentCell = cellCurrent;
        /* End */
        /* TODO: Put local variables here. */
        /* TODO: Begin custom generator code. */
            LCoord PolyWidth = GetDimension( LMIN_WIDTH, "Poly", NULL );//
3.1 Poly Minimum Width
        LCoord PolyActiveExt= GetDimension( LEXTENSION, "Active", "Poly"); //
3.3 Gate Extension out of Active
        LCoord ActiveSurroundCnt = GetDimension( LSURROUND, "Active
Contact","field active");           // 6.2A FieldActive Overlap of ActCnt
        LCoord CntWidth = GetDimension( LEXACT_WIDTH, "Active Contact",
NULL);                         // 6.1A Active Contact Exact Size
        LCoord M1SurroundCnt = GetDimension( LSURROUND, "Active Contact",
"Metal1" );          //7.4 Metal1 Overlap of ActiveContact
        LCoord PSelectSurroundActive = GetDimension( LSURROUND, "Active not
in NPN", "P Select");        //4.2b/2.5 Active to P-Select Edge
        LCoord WellSurroundpdiff = GetDimension( LSURROUND, "pdiff", "N
Well");          //2.3a Source/Drain Active to Well Edge
```

续表 11.7

```
        LCoord Length = LC_Microns(L);
    LCoord Width = LC_Microns(W);

        if(Width < (CntWidth + 2 * ActiveSurroundCnt))
        {
        LDialog_MsgBox(LFormat("Transistor too narrow. Min Width = %g",
               LC_InMicrons(CntWidth + 2 * ActiveSurroundCnt)));
        LUpi_SetReturnCode(1) ; // Set an error code
        return;
    } // endif(Width < (CntWidth + 2 * ActiveSurroundCnt))

  LPoint pt1_Active, pt2_Active;
    pt1_Active.x = 0;
    pt1_Active.y = 0;
  pt2_Active.x = pt1_Active.x+Width;
  pt2_Active.y = pt1_Active.y+2 * (CntWidth + 2 * ActiveSurroundCnt)+Length;
  LC_CreateBox("Active", pt1_Active, pt2_Active);
    /* End custom generator code. */
  }
}
PMOS_T_main();
```

(7) 建立新单元:选择 Cell→New,打开 Create New Cell 对话框,选择 General 界面,在 Cell name 处填入 Cell0。单击确定按钮打开 Cell0 编辑窗口。

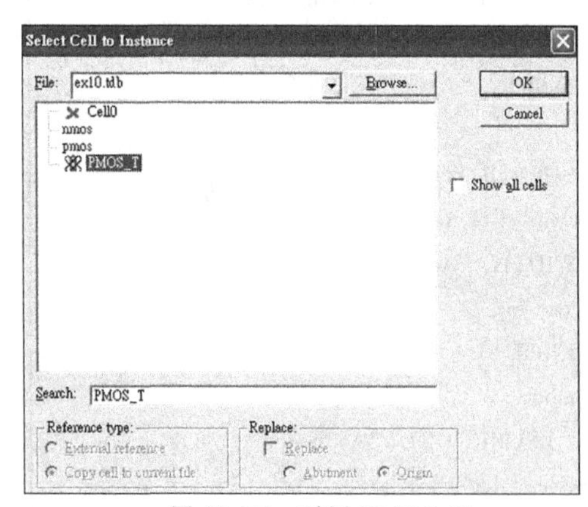

图 11.58 引用 PMOS_T

(8) 引用 PMOS_T:在 Cell0 编辑窗口中引用 PMOS_T,方法为选择 Cell→Instance 命令,打开 Select Cell to Instance 对话框,选择 ex10.tdb 的 PMOS_T,如图 11.58 所示,单击 OK 按钮。

出现 Instancing Generator PMOS_T 对话框,显示预设的参数值,如图 11.59 所示,可以修改参数值再单击确定按钮。本范例先保持默认值即 W=5,L=2。引用 PMOS_T 结果如图 11.60 所示。选取此对象会在左下角看到 Instance of Cell PMOS_T_Auto_5_2。

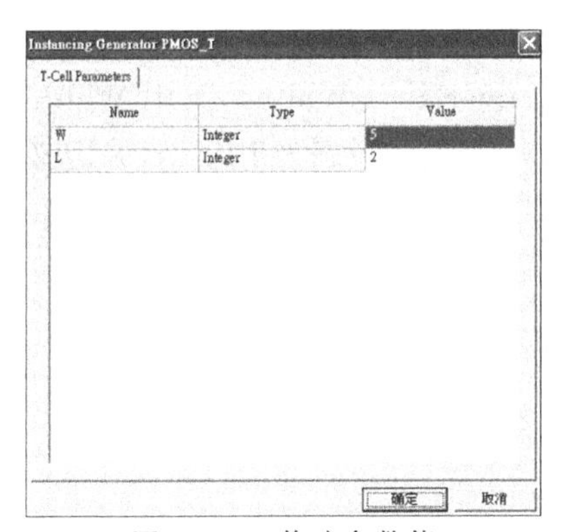

图 11.59 修改参数值

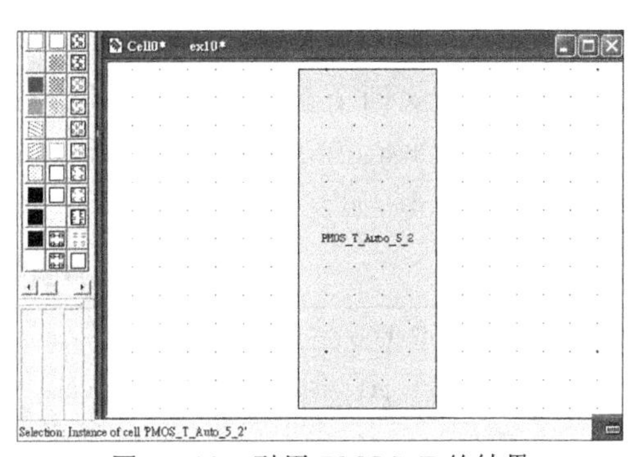

图 11.60 引用 PMOS_T 的结果

(9) 修改参数:在 Cell0 编辑窗口,选择 PMOS_T_Auto_5_2 对象,再选择 Edit→Edit Object(s)命令,出现 Edit Object(s)对话框,将 T-Cell Parameters 界面下的 W 数值改为 4,再单击确定按钮,可以看到出现一个提示错误的 Message 窗口,如图 11.61 所示。单击确定按钮关闭信息窗口。回到 Cell0 编辑窗口可看到 PMOS_T_Auto_5_2 对象没有被修改。因为程序中 W 值必须大于等于 5 才行。

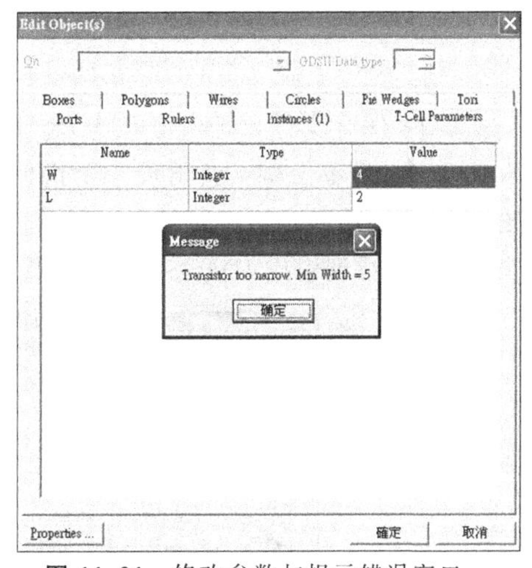

图 11.61 修改参数与提示错误窗口

(10) Poly 图层:回到 PMOS_T 的编辑窗口,考虑 PMOS 元件需要的 Poly 图层的大小。PMOS 的 L 参数值必须至少大于等于(PolyWidth),故加上一个判断程序,如表 11.8 所示,描述若设定的参数值小于(PolyWidth),则会出现一个提示错误窗口,窗口内有文字"Transistor too short. Min Width = 2"。

表 11.8 判断参数 L 数值大小

```
if(Length < PolyWidth)
    {
        LDialog_MsgBox(LFormat("Transistor too short.  Min Length = %g",
                LC_InMicrons(PolyWidth)));
        LUpi_SetReturnCode(1) ; // Set an error code
        return;
    } // endif(Length < PolyWidth)
```

本范例要设计的Poly图层为矩形，高度若为L，则其宽度要考虑延伸出Active图层的长度，Poly图层宽度至少要有(2 * PolyActiveExt + Width)，其中Width为Active宽度。定义两个变量pt1_Poly与pt2_Poly，其数据形态为LPoint，并定义其值，并使用LC_CreateBox函数创建一个Poly图层，其左下角坐标为pt1_Poly，右上角坐标为pt2_Poly，如表11.9所示。

表11.9 变量宣告与定义

```
LPoint pt1_Poly, pt2_Poly;
        pt1_Poly.x = pt1_Active.x-PolyActiveExt;
        pt1_Poly.y = pt1_Active.y+CntWidth + 2 * ActiveSurroundCnt;
    pt2_Poly.x = pt1_Poly.x+2 * PolyActiveExt +Width;
    pt2_Poly.y = pt1_Poly.y+Length;
    LC_CreateBox("Poly", pt1_Poly, pt2_Poly);
```

(11) 保存文件：编辑完PMOS_T的Poly图层部分，保存文件，可选择File→Save命令，或单击💾。会出现一个询问窗口Regenerate T-Cell，如图11.62所示，单击Yes按钮重新产生PMOS_T_Auto_5_2。选择Window→Cell0 ex10，打开Cell0窗口，可以看到引用PMOS_T的结果，如图11.63所示。

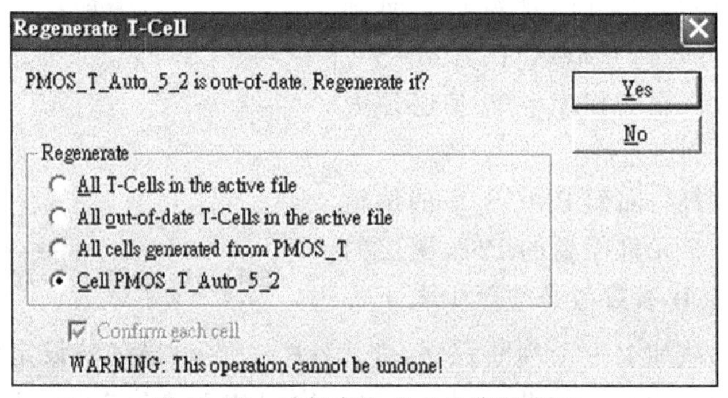

图11.62 重新产生T-Cell询问窗口

(12) Active Contact图层：回到PMOS_T的编辑窗口，考虑PMOS元件需要的Active Contact图层的大小。在图11.63中，Poly上下两区域各要摆放一个Active Contact，大小为正方形CntWidth * CntWidth，并且Active Contact与Active有环绕规则要遵守，Active Contact距离Active边缘不能小于ActiveSurroundCnt。定义四个变量pt1_AcCnt、pt2_AcCnt、pt3_AcCnt与pt4_AcCnt，其数据形态为LPoint，并定义其值，并使用LC_CreateBox函数创建两个Active Contact图层，其中一个(Poly下方)其左下角坐标为pt1_AcCnt，右上角坐标为pt2_AcCnt，另一个(Poly上方)其左下角坐标为pt3_AcCnt，右上角坐标为pt4_AcCnt，如表11.10所示。

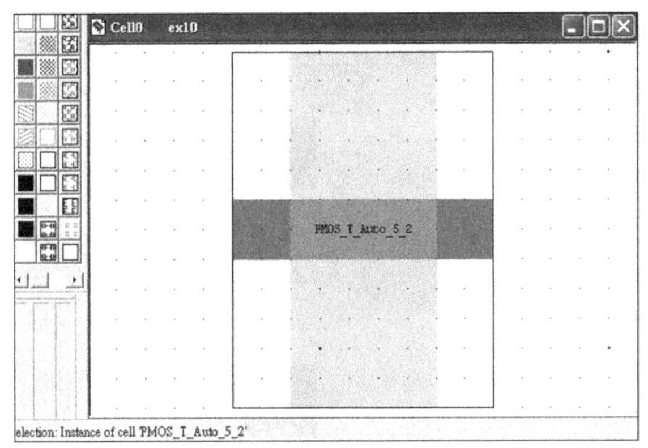

图 11.63 打开 Cell0 窗口观看 PMOS_T 编辑 Poly 的结果

表 11.10 变量创建与定义

```
LPoint pt1_AcCnt, pt2_AcCnt, pt3_AcCnt, pt4_AcCnt;
    pt1_AcCnt.x = pt1_Active.x+ActiveSurroundCnt;
    pt1_AcCnt.y = pt1_Active.y+ActiveSurroundCnt;
  pt2_AcCnt.x = pt1_AcCnt.x+CntWidth;
  pt2_AcCnt.y = pt1_AcCnt.y+CntWidth;
  LC_CreateBox("Active Contact", pt1_AcCnt, pt2_AcCnt);


  pt4_AcCnt.x = pt2_Active.x-ActiveSurroundCnt;
  pt4_AcCnt.y = pt2_Active.y-ActiveSurroundCnt;
  pt3_AcCnt.x = pt4_AcCnt.x-CntWidth;
  pt3_AcCnt.y = pt4_AcCnt.y-CntWidth;
  LC_CreateBox("Active Contact", pt3_AcCnt, pt4_AcCnt);
```

(13) 保存文件:编辑完 PMOS_T 的 Active Contact 图层部分,保存文件,可选择 File→Save 命令,或单击💾。会出现一个询问窗口 Regenerate T-Cell,单击 Yes 按钮重新产生 PMOS_T_Auto_5_2。选择 Window→Cell0 ex10,打开 Cell0 窗口,可以看到引用 PMOS_T 的结果,如图 11.64 所示。

(14) Metal1 图层:回到 PMOS_T 的编辑窗口,考虑 PMOS 元件需要的 Metal1 图层的大小。在图 11.63 中,Poly 上下两区域各要摆放一个 Metal1 包住 Active Contact,并要符合环绕规则,Active Contact 距离 Metal1 边缘不能小于 M1SurroundCnt。定义四个变量 pt1_Metal1、pt2_ Metal1、pt3_ Metal1 与 pt4_ Metal1,其数据形态为 LPoint,并定义其值,并使用 LC_CreateBox 函数创建两个 Metal1 图层,其中一个(Poly 下方)其左下角坐标为 pt1_ Metal1,右上角坐标为 pt2_ Metal1,另一个(Poly 上方)其左下角坐标为 pt3_ Metal1,右上角坐标为 pt4_ Metal1,如表 11.11 所示。

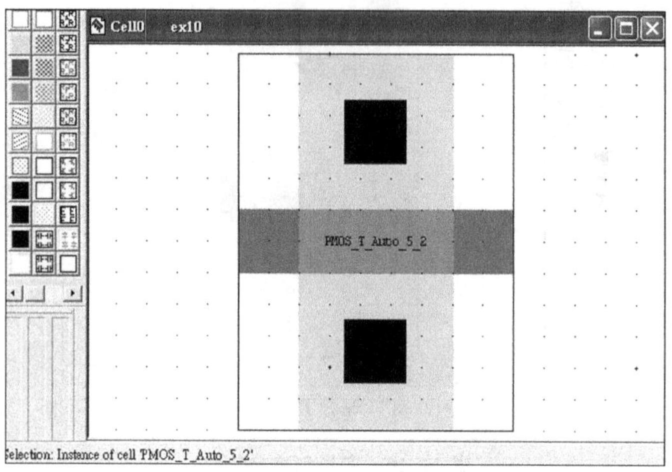

图 11.64 打开 Cell0 窗口观看 PMOS_T 编辑 Active Contact 的结果

表 11.11 变量创建与定义

```
LPoint pt1_Metal1, pt2_Metal1, pt3_Metal1, pt4_Metal1;
    pt1_Metal1.x = pt1_AcCnt.x－M1SurroundCnt;
    pt1_Metal1.y = pt1_AcCnt.y－M1SurroundCnt;
  pt2_Metal1.x = pt2_AcCnt.x＋M1SurroundCnt;
  pt2_Metal1.y = pt2_AcCnt.y＋M1SurroundCnt;
  LC_CreateBox("Metal1", pt1_Metal1, pt2_Metal1);


pt3_Metal1.x = pt3_AcCnt.x－M1SurroundCnt;
    pt3_Metal1.y = pt3_AcCnt.y－M1SurroundCnt;
  pt4_Metal1.x = pt4_AcCnt.x＋M1SurroundCnt;
  pt4_Metal1.y = pt4_AcCnt.y＋M1SurroundCnt;
  LC_CreateBox("Metal1", pt3_Metal1, pt4_Metal1);
```

（15）保存文件：编辑完 PMOS_T 的 Metal1 图层部分，保存文件，可选择 File→Save 命令，或单击保存按钮。会出现一个询问窗口 Regenerate T-Cell，单击 Yes 按钮重新产生 PMOS_T_Auto_5_2。选择 Window→Cell0 ex10，打开 Cell0 窗口，可以看到引用 PMOS_T 的结果，如图 11.65 所示。

（16）P Select 图层：回到 PMOS_T 的编辑窗口，考虑 PMOS 元件需要的 P Select 图层的大小。P Select 要包住 Active，并要符合环绕规则，Active 距离 P Select 边缘不能小于 PSelectSurroundActive。定义两个变量 pt1_P_Select 与 pt2_P_Select，其数据形态为 LPoint，并定义其值，并使用 LC_CreateBox 函数产生一个 P Select 图层，其左下角坐标为 pt1_P_Select，右上角坐标为 pt2_P_Select，如表 11.12 所示。

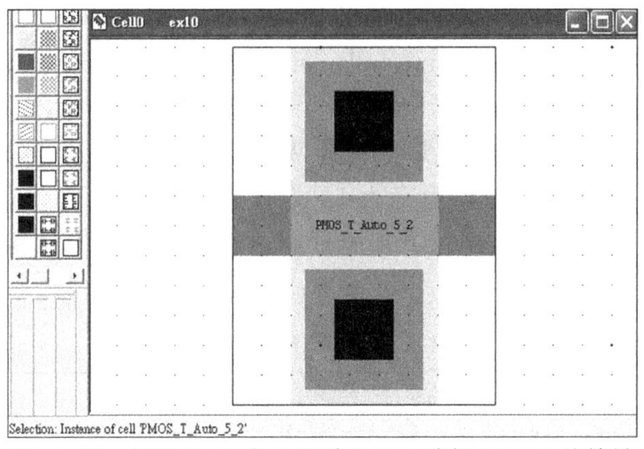

图 11.65 打开 Cell0 窗口观看 T-Cell 编辑 Metal1 的结果

表 11.12 变量创建与定义

```
LPoint pt1_P_Select, pt2_P_Select;
pt1_P_Select.x = pt1_Active.x-PSelectSurroundActive;
pt1_P_Select.y = pt1_Active.y-PSelectSurroundActive;
pt2_P_Select.x = pt2_Active.x+PSelectSurroundActive;
pt2_P_Select.y = pt2_Active.y+PSelectSurroundActive;
LC_CreateBox("P Select", pt1_P_Select, pt2_P_Select);
```

(17) 保存文件:编辑完 PMOS_T 的 P Select 图层部分,保存文件,可选择 File→Save 命令,或单击▣。会出现一个询问窗口 Regenerate T-Cell,单击 Yes 按钮重新产生 PMOS_T_Auto_5_2。选择 Window→Cell0 ex10 命令,打开 Cell0 窗口,可以看到引用 PMOS_T 的结果,如图 11.66 所示。

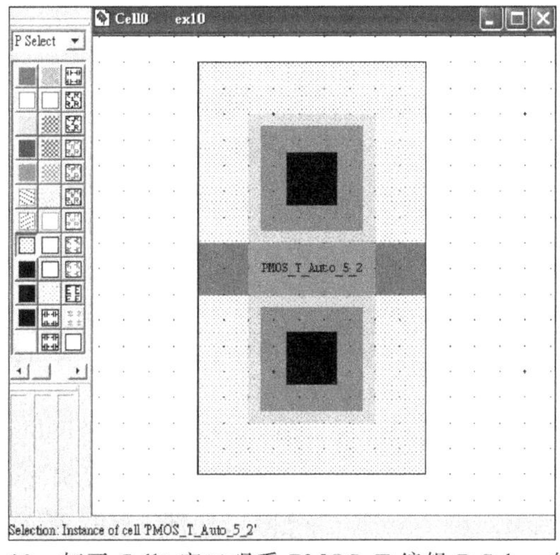

图 11.66 打开 Cell0 窗口观看 PMOS_T 编辑 P Select 的结果

(18) N Well 图层：回到 PMOS_T 的编辑窗口，考虑 PMOS 元件需要的 N Well 图层的大小。N Well 要包住 Active 与 P Select，注意的是 Active 与 P Select 交集处被定义为 pdiff 层，pdiff 与 N Well 也有一个环绕规则需要注意，在 N Well 范围内，pdiff 的边界与 N Well 的边界至少要距离 WellSurroundpdiff。定义两个变量 pt1_N_Well 与 pt2_N_Well，其数据形态为 LPoint，并定义其值，并使用 LC_CreateBox 函数产生一个 N Well 图层，其左下角坐标为 pt1_N_Well，右上角坐标为 pt2_N_Well，如表 11.13 所示。

表 11.13 变量创建与定义

```
LPoint pt1_N_Well, pt2_N_Well;
  pt1_N_Well.x = pt1_Active.x－WellSurroundpdiff;
  pt1_N_Well.y = pt1_Active.y－WellSurroundpdiff;
pt2_N_Well.x = pt2_Active.x＋WellSurroundpdiff;
pt2_N_Well.y = pt2_Active.y＋WellSurroundpdiff;
LC_CreateBox("N Well", pt1_N_Well, pt2_N_Well);
```

(19) 保存文件：编辑完 PMOS_T 的 N Well 图层部分，保存文件，可选择 File→Save 命令，或单击[保存]。会出现一个询问窗口 Regenerate T-Cell，单击 Yes 按钮重新产生 PMOS_T_Auto_5_2。选择 Window→Cell0 ex10，打开 Cell0 窗口，可以看到引用 PMOS_T 的结果，如图 11.67 所示。

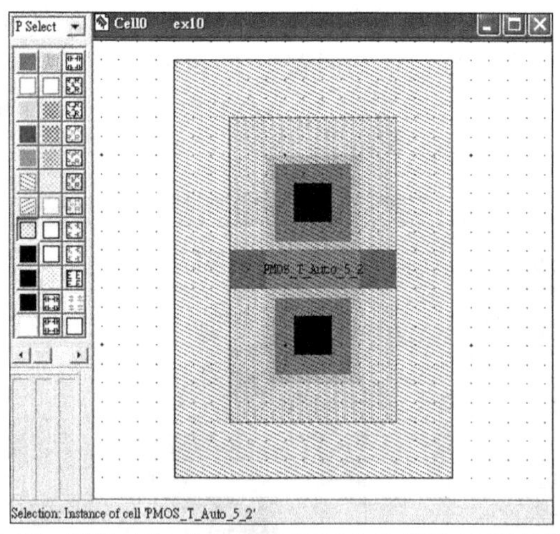

图 11.67 打开 Cell0 窗口观看 PMOS_T 编辑 N Well 的结果

(20) 设计规则检查[DRC]：在 Cell0 窗口编辑环境下选择 Tools→DRC 命令，或单击[DRC]按钮，出现 DRC Progress 窗口，显示设计规则检查进行状况。若设计规则检查有错误，会出现一个 DRC Error Navigator 窗口，如图 11.68 所示，显示违反了设计规则 6.4A Active Contact to Gate Spacing 的规定(注意[按钮]按钮被按下)，并标出错误原因为间距<2 Lambda。展开 DRC Error Navigator 窗口中 6.4A Active Contact to Gate Spacing [2] <2 Lambda 选项，有 2 处错误，选择 Error 1 {1.5}，会在 L-Edit 编辑窗口中出现设计规则检查有错误的地方，如图 11.69 所示。一个大圈圈着 Active Contact 与 Poly 之间。可关闭 DRC Error Navigator 窗口。

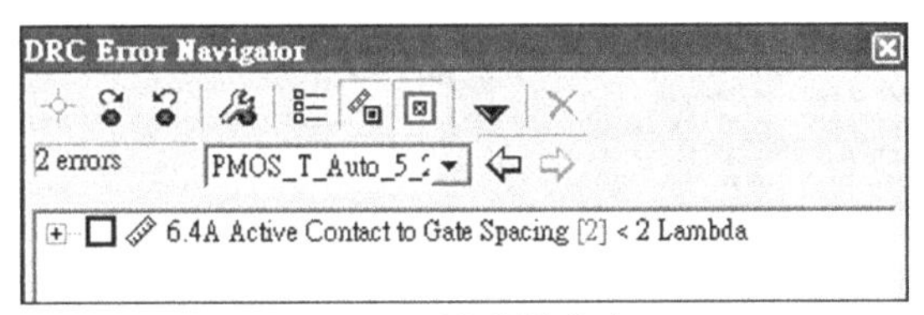

图 11.68 错误导览窗口

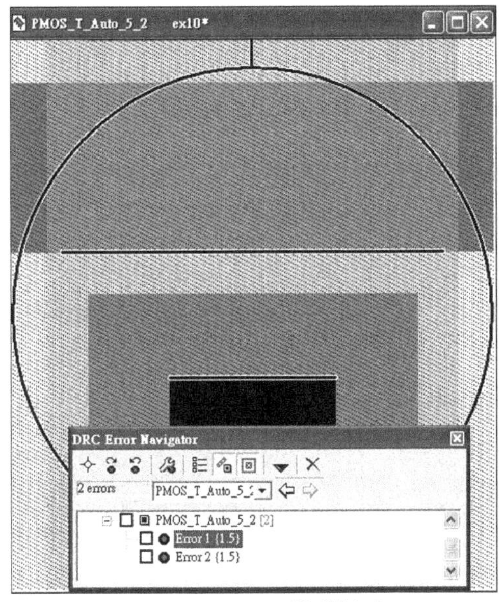

图 11.69 DRC 错误标示

观看本范例设计规则的 6.4A 规则是什么，选择 Tools→DRC Setup 命令，或单击按钮，出现 Setup DRC 对话框，选择 Edit 按钮，打开 Setup DRC Standard Rule Set 对话框，再从 Rules list：选择 6.4A Active Contact to Gate Spacing 可以观看该条设计规则设定，如图 11.70 所示。

从 6.4A 间距(Spacing)规则可看出，Active Contact 图层边界与 gate1 图层边界必须至少有 2 个 Lambda 的限制，gate1 的定义是 Poly 与 Active 重叠的地方，如图 11.71 所示。而图 11.67 中 Active Contact 图层与 gate1 边界只有 1.5 个 Lambda，故不符合此设计规则而发生错误。修改方式为回到 PMOS_T 单元修改程序。

(21) 修改程序：回到 PMOS_T 的编辑窗口，考虑 6.4A 间距规则，加入一个变量 Activegate1pace，程序如表 11.14 所示。

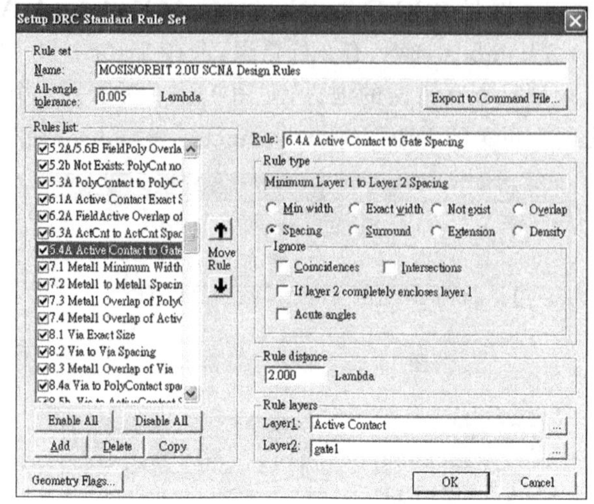

图 11.70 设计规则

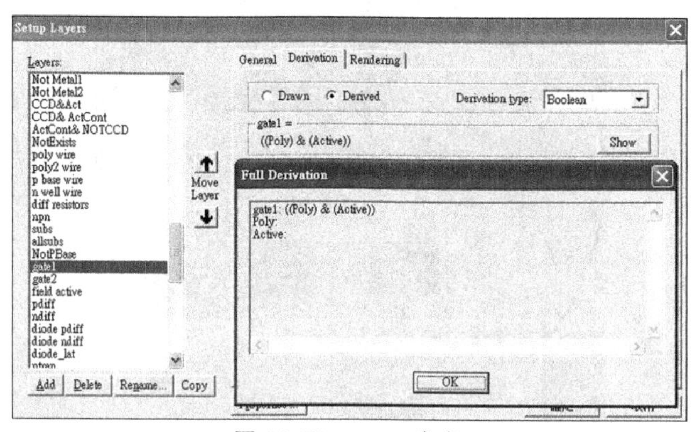

图 11.71 gate1 定义

表 11.14 变量 Activegate1pace 定义

```
LCoord Activegate1Space = GetDimension( LSPACING, "Active Contact",
"gate1");              //6.4A Active Contact to Gate Spacing
```

再将两行程序修改，整理如表 11.15 所示。

表 11.15 修改程序

原来程序	pt2_Active. y = pt1_Active. y+2 * (CntWidth +2 * ActiveSurroundCnt)+Length;
修正后程序	pt2_Active. y = pt1_Active. y+2 * (CntWidth + ActiveSurroundCnt+ Activegate1Space)+ Length;
原来程序	pt1_Poly. y = pt1_Active. y+CntWidth + 2 * ActiveSurroundCnt;
修正后程序	pt1_Poly. y = pt1_Active. y+CntWidth + ActiveSurroundCnt+Activegate1Space;

(22) 保存文件:修改完 PMOS_T 的程序部分,保存文件,可选择 File→Save 命令,或单击[图标]。会出现一个询问窗口 Regenerate T-Cell,单击 Yes 按钮重新产生 PMOS_T_Auto_5_2。选择 Window→Cell0 ex10,打开 Cell0 窗口,可以看到修改的结果,如图 11.72 所示。

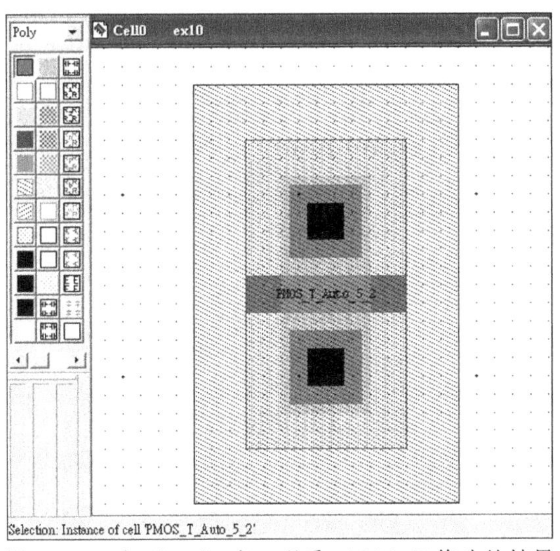

图 11.72 打开 Cell0 窗口观看 PMOS_T 修改的结果

(23) 设计规则检查[图标]:在 Cell0 窗口编辑环境下选择 Tools→DRC 命令,或单击[图标]按钮,出现 DRC Progress 窗口,显示设计规则检查进行状况。设计规则检查结束,会出现一个 DRC Error Navigator 窗口,显示已没有错误。

(24) 完整程序:将 PMOS_T 的完整程序整理在表 11.16 中。

表 11.16 PMOS_T 的完整程序

```
module PMOS_T_code
{
#include <stdlib.h>
#include <math.h>
#include <string.h>
#include <stdio.h>
#include "ldata.h"

/* Begin -- Remove this block if you are not using L-Comp. */
#include "lcomp.h"
/* End */
   /* TODO: Put local functions here. */
```

续表 11.16

```
LCoord GetDimension( LDrcRuleType rule, char * layer1, char * layer2 )
{
    LDesignRuleParam DrcParam;
    LDrcRule DrcRule = LDrcRule_Find( LC_CurrentFile, rule, layer1, layer2 );
    if ( ! DrcRule )
    {
        char * ruletype;
        switch ( rule )
        {
        case LSPACING:
            ruletype = "SPACING";
            break;
        case LSURROUND:
            ruletype = "SURROUND";
            break;
        case LMIN_WIDTH:
            ruletype = "MIN WIDTH";
            break;
        case LEXACT_WIDTH:
            ruletype = "EXACT WIDTH";
            break;
        case LEXTENSION:
            ruletype = "EXTENSION";
            break;
        default:
            ruletype = "UNKNOWN";
            break;
        }
        if ( layer2 )
            LDialog_MsgBox(LFormat("Missing DRC rule %s for layers '%s'
and '%s'", ruletype, layer1, layer2));
        else
            LDialog_MsgBox(LFormat("Missing DRC rule %s for layer '%s'",
ruletype, layer1));
        LUpi_SetReturnCode(1) ; // Set an error code
        return 0;
    }
```

续表 11.16

```
        LDrcRule_GetParameters( DrcRule, &DrcParam );
        return DrcParam.distance;
    }
    void PMOS_T_main(void)
    {
        /* Begin DO NOT EDIT SECTION generated by L-Edit */
        LCell   cellCurrent   = (LCell)LMacro_GetNewTCell();
        int   W   = (int)LCell_GetParameter(cellCurrent, "W");
        int   L   = (int)LCell_GetParameter(cellCurrent, "L");
        /* End DO NOT EDIT SECTION generated by L-Edit */
        /* Begin -- Remove this block if you are not using L-Comp.  */
        LC_InitializeState();
        LC_CurrentCell = cellCurrent;
        /* End */
        /* TODO: Put local variables here.  */
        /* TODO: Begin custom generator code. */
        LCoord PolyWidth = GetDimension( LMIN_WIDTH, "Poly", NULL );// 3.1
Poly Minimum Width
        LCoord PolyActiveExt= GetDimension( LEXTENSION, "Active", "Poly");
// 3.3 Gate Extension out of Active
        LCoord ActiveSurroundCnt = GetDimension( LSURROUND, "Active
Contact","field active");          // 6.2A FieldActive Overlap of ActCnt
        LCoord CntWidth = GetDimension( LEXACT_WIDTH, "Active Contact",
NULL);                          // 6.1A Active Contact Exact Size
        LCoord M1SurroundCnt = GetDimension( LSURROUND, "Active Contact",
"Metal1" );          //7.4 Metal1 Overlap of ActiveContact
        LCoord PSelectSurroundActive = GetDimension( LSURROUND, "Active not
in NPN", "P Select");          //4.2b/2.5 Active to P-Select Edge
        LCoord WellSurroundpdiff = GetDimension( LSURROUND, "pdiff", "N
Well");          //2.3a Source/Drain Active to Well Edge
      LCoord Activegate1Space = GetDimension( LSPACING, "Active Contact",
"gate1");          //6.4A Active Contact to Gate Spacing
      LCoord Length = LC_Microns(L);
        LCoord Width = LC_Microns(W);

        if(Width < (CntWidth + 2 * ActiveSurroundCnt))
        {
```

续表 11.16

```
            LDialog_MsgBox(LFormat("Transistor too narrow. Min Width = %g",
                    LC_InMicrons(CntWidth + 2 * ActiveSurroundCnt)));
            LUpi_SetReturnCode(1) ; // Set an error code
            return;
        } // endif(Width < (CntWidth + 2 * ActiveSurroundCnt))

    LPoint pt1_Active, pt2_Active;
        pt1_Active.x = 0;
        pt1_Active.y = 0;
    pt2_Active.x = pt1_Active.x+Width;
    pt2_Active.y = pt1_Active.y+2 * (CntWidth + ActiveSurroundCnt+
Activegate1Space)+Length;
        LC_CreateBox("Active", pt1_Active, pt2_Active);

            // Make sure the length is not less than minimum poly width.
        if(Length < PolyWidth)
        {
            LDialog_MsgBox(LFormat("Transistor too short. Min Length = %g",
                    LC_InMicrons(PolyWidth)));
            LUpi_SetReturnCode(1) ; // Set an error code
            return;
        } // endif(Length < PolyWidth)

        LPoint pt1_Poly, pt2_Poly;
        pt1_Poly.x = pt1_Active.x-PolyActiveExt;
        pt1_Poly.y = pt1_Active.y+CntWidth +
ActiveSurroundCnt+Activegate1Space;
        pt2_Poly.x = pt1_Poly.x+2 * PolyActiveExt +Width;
        pt2_Poly.y = pt1_Poly.y+Length;
        LC_CreateBox("Poly", pt1_Poly, pt2_Poly);

        LPoint pt1_AcCnt, pt2_AcCnt, pt3_AcCnt, pt4_AcCnt;
        pt1_AcCnt.x = pt1_Active.x+ActiveSurroundCnt;
        pt1_AcCnt.y = pt1_Active.y+ActiveSurroundCnt;
        pt2_AcCnt.x = pt1_AcCnt.x+CntWidth;
        pt2_AcCnt.y = pt1_AcCnt.y+CntWidth;
        LC_CreateBox("Active Contact", pt1_AcCnt, pt2_AcCnt);
```

续表 11.16

```
        pt4_AcCnt.x = pt2_Active.x-ActiveSurroundCnt;
        pt4_AcCnt.y = pt2_Active.y-ActiveSurroundCnt;
        pt3_AcCnt.x = pt4_AcCnt.x-CntWidth;
        pt3_AcCnt.y = pt4_AcCnt.y-CntWidth;
        LC_CreateBox("Active Contact", pt3_AcCnt, pt4_AcCnt);

        LPoint pt1_Metal1, pt2_Metal1, pt3_Metal1, pt4_Metal1;
        pt1_Metal1.x = pt1_AcCnt.x-M1SurroundCnt;
        pt1_Metal1.y = pt1_AcCnt.y-M1SurroundCnt;
        pt2_Metal1.x = pt2_AcCnt.x+M1SurroundCnt;
        pt2_Metal1.y = pt2_AcCnt.y+M1SurroundCnt;
        LC_CreateBox("Metal1", pt1_Metal1, pt2_Metal1);

        pt3_Metal1.x = pt3_AcCnt.x-M1SurroundCnt;
        pt3_Metal1.y = pt3_AcCnt.y-M1SurroundCnt;
        pt4_Metal1.x = pt4_AcCnt.x+M1SurroundCnt;
        pt4_Metal1.y = pt4_AcCnt.y+M1SurroundCnt;
        LC_CreateBox("Metal1", pt3_Metal1, pt4_Metal1);

        LPoint pt1_P_Select, pt2_P_Select;
        pt1_P_Select.x = pt1_Active.x-PSelectSurroundActive;
        pt1_P_Select.y = pt1_Active.y-PSelectSurroundActive;
        pt2_P_Select.x = pt2_Active.x+PSelectSurroundActive;
        pt2_P_Select.y = pt2_Active.y+PSelectSurroundActive;
        LC_CreateBox("P Select", pt1_P_Select, pt2_P_Select);

        LPoint pt1_N_Well, pt2_N_Well;
        pt1_N_Well.x = pt1_Active.x-WellSurroundpdiff;
        pt1_N_Well.y = pt1_Active.y-WellSurroundpdiff;
        pt2_N_Well.x = pt2_Active.x+WellSurroundpdiff;
        pt2_N_Well.y = pt2_Active.y+WellSurroundpdiff;
        LC_CreateBox("N Well", pt1_N_Well, pt2_N_Well);
/* End custom generator code. */
    }
}
PMOS_T_main();
```

11.3　利用 T-Cell 建立并联的 PMOS 布局图

● 操作流程：建立新单元 PMOS_M→定义 T-Cell 参数→建立 Active 图层程序→建立新单元 Cell1→引用 PMOS_M→修改参数值→建立 Poly 图层程序→建立 Active Contact 图层程序→建立 Metal1 图层程序→建立 P Select 图层程序→建立 N Well 图层程序→设计规则检查。

(1) 建立新单元：选择 Cell→New 命令，打开 Create New Cell 对话框，在 Cell Name 处填入 PMOS_M，如图 11.73 所示，再选择 T-Cell eParameters 界面，设定参数 W、L 与 M，如图 11.74 所示。单击确定按钮后打开 PMOS_M 单元，如图 11.75 所示。

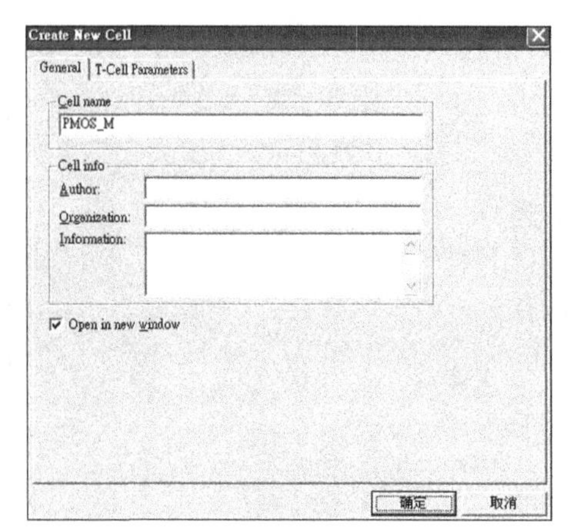

图 11.73　建立 Matched_PMOS 单元

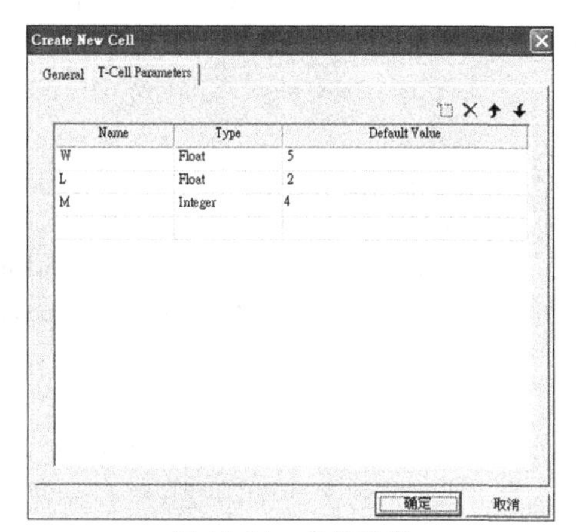

图 11.74　参数设定

```
PMOS_M* code    ex10*
module PMOS_M_code
{
#include <stdlib.h>
#include <math.h>
#include <string.h>
#include <stdio.h>
#include "ldata.h"
/* Begin -- Remove this block if you are not using L-Comp. */
#include "lcomp.h"
/* End */
   /* TODO: Put local functions here. */
   void PMOS_M_main(void)
   {
      /* Begin DO NOT EDIT SECTION generated by L-Edit */
      LCell          cellCurrent    = (LCell)LMacro_GetNewTCell();
      double         W              = LAtoF((const char*)LCell_GetParameter(cellCurrent, "W"));
      double         L              = LAtoF((const char*)LCell_GetParameter(cellCurrent, "L"));
      int            M              = (int)LCell_GetParameter(cellCurrent, "M");
      /* End DO NOT EDIT SECTION generated by L-Edit */
      /* Begin -- Remove this block if you are not using L-Comp. */
      LC_InitializeState();
      LC_CurrentCell = cellCurrent;
      /* End */
      /* TODO: Put local variables here. */
      /* TODO: Begin custom generator code.*/
      /* End custom generator code.*/
   }
}
PMOS_M_main();
```

图 11.75　打开 PMOS_M

(2) 转换参数单位:利用 LC_Microns 函数将 PMOS 参数 L 与 W 转成 μm 单位,LC_Microns 函数的说明可参考表 10.11 所示。在 PMOS_T 编辑区中,创建两个变量 Width 与 Length,其数据型态为 LCoord,Length 的值为 L 转换的结果,Width 的值为 W 转换的结果。

(3) 创建 GetDimension 函数:在 PMOS_T 编辑区中,创建一个函数 GetDimension,如表 11.2 所示。GetDimension 函数可传回所使用的设计规则的规定的大小。其中的 layer1 与 layer2 为设计规则中有关系的图层,若只关系到一种图层,则在 GetDimension 的 layer2 相对位置传入 NULL。

(4) 使用 GetDimension 函数:利用 11.1 小节考虑到的设计规则以及使用 GetDimension 函数将规则大小回传,整理在 11.17 中。

表 11.17 使用 GetDimension 函数

```
   /* TODO: Begin custom generator code. */
   LCoord PolyWidth = GetDimension( LMIN_WIDTH, "Poly", NULL );
// 3.1 Poly Minimum Width
   LCoord PolyActiveExt= GetDimension( LEXTENSION, "Active", "Poly");
// 3.3 Gate Extension out of Active
   LCoord ActiveSurroundCnt = GetDimension( LSURROUND, "Active
Contact","field active");         // 6.2A FieldActive Overlap of ActCnt
   LCoord CntWidth = GetDimension( LEXACT_WIDTH, "Active Contact", NULL);
                       //6.1A Active Contact Exact Size
   LCoord M1SurroundCnt = GetDimension( LSURROUND, "Active Contact",
"Metal1" );        //7.4 Metal1 Overlap of ActiveContact
   LCoord PSelectSurroundActive = GetDimension( LSURROUND, "Active not in
NPN", "P Select");         //4.2b/2.5 Active to P-Select Edge
   LCoord WellSurroundpdiff = GetDimension( LSURROUND, "pdiff", "N Well");
   //2.3a Source/Drain Active to Well Edge
   LCoord Activegate1Space = GetDimension( LSPACING, "Active Contact", "gate1");
           //6.4A Active Contact to Gate Spacing
```

(5) Active 图层:先考虑 PMOS 元件需要的 Active 图层的大小,从 11.1 小节中知道 Active 内需至少要能容下一个 Active Contact,再加上 6.2A FieldActive Overlap of ActCnt 规则规定 field active 与 Active Contact 之间的环绕规则,故 PMOS 的 W 参数值必须至少大于等于(CntWidth+2 ActiveSurroundCnt),故加上一个判断程序,如表 11.5 所示,描述若设定的参数值小于(CntWidth + 2 * ActiveSurroundCnt),则会出现一个提示错误窗口,内有文字"Transistor too narrow. Min Width =5 "。本范例要设计 M 个并联的 PMOS,所要设计的 Active 图层为矩形,宽度若为 Width,则其高度要考虑源极区与漏极区各要有一个 Active Contact 的情况且有 M 个 Ploy 并联,则

Active 图层高度至少要有(M－1) *(CntWidth ＋2 * Activegate1Space)＋M * Length＋2 *(CntWidth ＋ ActiveSurround Cnt＋Activegate1Space)，其中 Length 为 poly 宽度。定义两个变量 pt1_active 与 pt2_active，其数据形态为 LPoint，并定义其值，并使用 LC_CreateBox 函数创造一个 Active 图层，其左下角坐标为 pt1_Active，右上角坐标为 pt2_Active，如表 11.18 所示。

表 11.18 变量创建与定义

```
LPoint pt1_Active, pt2_Active;
        pt1_Active.x = 0;
        pt1_Active.y = 0;
      pt2_Active.x = pt1_Active.x+Width;
      pt2_Active.y = pt1_Active.y+(M-1) * (CntWidth
+2 * Activegate1Space)+M * Length+2 * (CntWidth +
ActiveSurroundCnt+Activegate1Space);
      LC_CreateBox("Active", pt1_Active, pt2_Active);
```

(6) 保存文件：编辑完 PMOS_M 的 Active 图层部分，如表 11.19 所示，保存文件，可选择 File→Save 命令，或单击▣。

表 11.19 PMOS_M 内容

```
module PMOS_M_code
{
#include <stdlib.h>
#include <math.h>
#include <string.h>
#include <stdio.h>
#include "ldata.h"
/* Begin -- Remove this block if you are not using L-Comp. */
#include "lcomp.h"
/* End */
   /* TODO: Put local functions here. */
   LCoord GetDimension( LDrcRuleType rule, char *layer1, char *layer2 )
   {
        LDesignRuleParam DrcParam;
        LDrcRule DrcRule = LDrcRule_Find( LC_CurrentFile, rule, layer1, layer2 );
        if ( ! DrcRule )
        {
             char *ruletype;
             switch ( rule )
             {
```

续表 11.19

```
            case LSPACING:
                ruletype = "SPACING";
                break;
            case LSURROUND:
                ruletype = "SURROUND";
                break;
            case LMIN_WIDTH:
                ruletype = "MIN WIDTH";
                break;
            case LEXACT_WIDTH:
                ruletype = "EXACT WIDTH";
                break;
            case LEXTENSION:
                ruletype = "EXTENSION";
                break;
            default:
                ruletype = "UNKNOWN";
                break;
            }
            if ( layer2 )
                LDialog_MsgBox(LFormat("Missing DRC rule %s for layers '%s'
and '%s'", ruletype, layer1, layer2));
            else
                LDialog_MsgBox(LFormat("Missing DRC rule %s for layer '%s'",
ruletype, layer1));
            LUpi_SetReturnCode(1) ; // Set an error code
            return 0;
        }
        LDrcRule_GetParameters( DrcRule, &DrcParam );
        return DrcParam.distance;
    }

    void PMOS_M_main(void)
    {
        /* Begin DO NOT EDIT SECTION generated by L-Edit */
        LCell   cellCurrent   = (LCell)LMacro_GetNewTCell();
        double  W   = LAtoF((const char *)LCell_GetParameter(cellCurrent, "W"));
```

续表 11.19

```
        double  L  = LAtoF((const char * )LCell_GetParameter(cellCurrent, "L"));
        int  M  = (int)LCell_GetParameter(cellCurrent, "M");
        /* End DO NOT EDIT SECTION generated by L-Edit */
        /* Begin -- Remove this block if you are not using L-Comp. */
        LC_InitializeState();
        LC_CurrentCell = cellCurrent;
        /* End */
        /* TODO: Put local variables here. */
        /* TODO: Begin custom generator code. */
        LCoord PolyWidth = GetDimension( LMIN_WIDTH, "Poly", NULL );// 3.1
Poly Minimum Width
        LCoord PolyActiveExt= GetDimension( LEXTENSION, "Active", "Poly"); //
3.3 Gate Extension out of Active
        LCoord ActiveSurroundCnt = GetDimension( LSURROUND, "Active
Contact","field active");          // 6.2A FieldActive Overlap of ActCnt
        LCoord CntWidth = GetDimension( LEXACT_WIDTH, "Active Contact",
NULL);                              // 6.1A Active Contact Exact Size
        LCoord M1SurroundCnt = GetDimension( LSURROUND, "Active Contact",
"Metal1" );           //7.4 Metal1 Overlap of ActiveContact
        LCoord PSelectSurroundActive = GetDimension( LSURROUND, "Active not
in NPN", "P Select");           //4.2b/2.5 Active to P-Select Edge
        LCoord WellSurroundpdiff = GetDimension( LSURROUND, "pdiff", "N
Well");           //2.3a Source/Drain Active to Well Edge
      LCoord Activegate1Space = GetDimension( LSPACING, "Active Contact",
"gate1");          //6.4A Active Contact to Gate Spacing
      LCoord Length = LC_Microns(L);
        LCoord Width = LC_Microns(W);

        if(Width < (CntWidth + 2 * ActiveSurroundCnt))
        {
            LDialog_MsgBox(LFormat("Transistor too narrow. Min Width = %g",
                    LC_InMicrons(CntWidth + 2 * ActiveSurroundCnt)));
            LUpi_SetReturnCode(1) ; // Set an error code
            return;
        } // endif(Width < (CntWidth + 2 * ActiveSurroundCnt))

      LPoint pt1_Active, pt2_Active;
```

续表 11.19

```
        pt1_Active.x = 0;
        pt1_Active.y = 0;
      pt2_Active.x = pt1_Active.x+Width;
      pt2_Active.y = pt1_Active.y+(M-1) * (CntWidth
+2 * Activegate1Space)+M * Length+2 * (CntWidth +
ActiveSurroundCnt+Activegate1Space);
      LC_CreateBox("Active", pt1_Active, pt2_Active);


        /* End custom generator code. */
    }
}
PMOS_M_main();
```

（7）建立新单元：选择 Cell→New 命令，打开 Create New Cell 对话框，选择 General 界面，在 Cell name 处填入 Cell1。单击确定按钮打开 Cell1 编辑窗口。

（8）引用 PMOS_M：在 Cell1 编辑窗口中引用 PMOS_M，方法为选择 Cell→Instance 命令，打开 Select Cell to Instance 对话框，选择 ex10.tdb 的 PMOS_M，如图 11.76 所示，按 OK 钮。

出现 Instancing Generator PMOS_M 对话框，显示预设的参数值，可直接单击确定按钮先保持默认值即 W=5，L=2 与 M=4。。引用 PMOS_M 结果如图 11.77 所示。选择此对象会在左下角看到 Instance of Cell 'PMOS_M_Auto_5_2_4'。

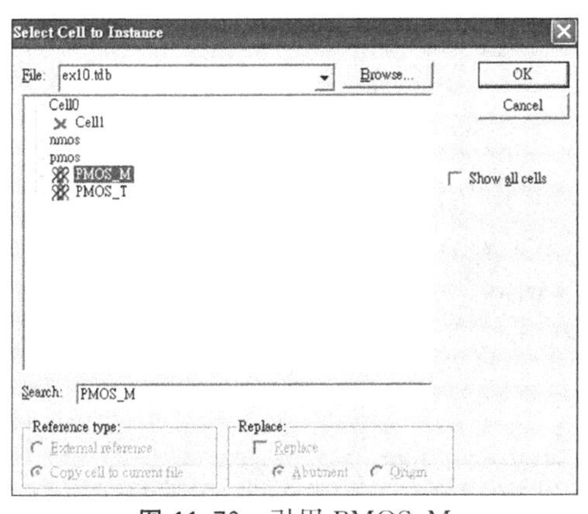

图 11.76　引用 PMOS_M

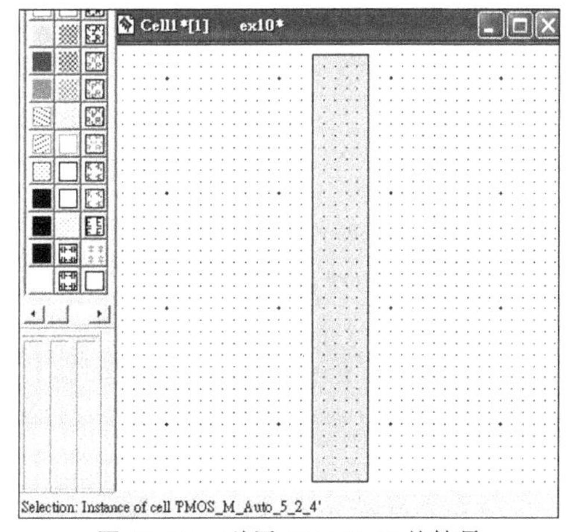

图 11.77　引用 PMOS_M 的结果

（9）Poly 图层：回到 PMOS_M 的编辑窗口，考虑 PMOS 元件需要的 Poly 图层的大小。PMOS 的 L 参数值必须至少大于等于(PolyWidth)，故加上一个判断程序，如表11.8所示，描述若设定的参数值小于(PolyWidth)，则会出现一个提示错误窗口，窗口内有文字“Transistor too short. Min Width = 2”。本范例要设计的Poly图层为矩型，高度若为L，则其宽度要考虑延伸出Active图层的长度，Poly图层宽度至少要有(2 * PolyActiveExt + Width)，其中Width为Active宽度。共要产生M个Poly图层，间距为CntWidth + 2 * Activegate1Space，定义两个变量pt1_Poly与pt2_Poly，其数据型态为LPoint，并定义其值，并使用LC_CreateBox函数创造Poly图层，其左下角坐标为pt1_Poly，右上角坐标为pt2_Poly，利用for循环与if判断句描述，如表11.20所示。

表11.20 变量创建与定义

```
LPoint pt1_Poly, pt2_Poly;
int i;
    for(i = 1; i < M+1; i++ )
    {
        if(i==1)
        {
        pt1_Poly.x = pt1_Active.x-PolyActiveExt;
        pt1_Poly.y = CntWidth + ActiveSurroundCnt+Activegate1Space;
      pt2_Poly.x = pt1_Poly.x+2 * PolyActiveExt +Width;
    pt2_Poly.y = pt1_Poly.y+Length;
      LC_CreateBox("Poly", pt1_Poly, pt2_Poly);
    }

      if (1 <i< M )
      {
      pt1_Poly.x = pt1_Active.x -PolyActiveExt;
      pt1_Poly.y = CntWidth +
ActiveSurroundCnt+Activegate1Space+(i-1) * (Length+CntWidth +2 * Activegate1Space);
      pt2_Poly.x = pt1_Poly.x+2 * PolyActiveExt +Width;
    pt2_Poly.y = pt1_Poly.y+Length;
        LC_CreateBox("Poly", pt1_Poly, pt2_Poly);
      }
```

(10) 保存文件：编辑完PMOS_M的Poly图层部分，保存文件，可选择File→Save命令，或单击💾。会出现一个询问窗口Regenerate T-Cell，单击Yes按钮重新产生PMOS_M_Auto_5_2_4。选择Window→Cell1 ex10，打开Cell1窗口，可以看到引用PMOS_M的结果，如图11.78所示。

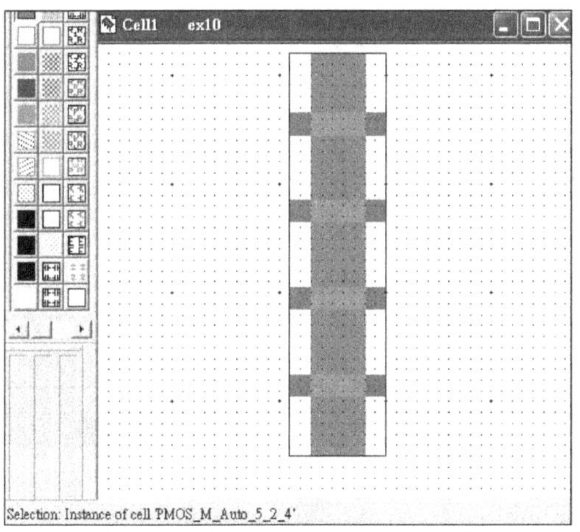

图 11.78 开启 Cell1 窗口观看 PMOS_M 编辑 Poly 的结果

由于本范例是设计 M 个 PMOS 并联，所以另外需再产生一个 Poly 对象连接图 11.78 中的 M 条 Poly，宽度为 PolyWidth，程序如表 11.21 所示。保存后打开 Cell1 窗口观看 PMOS_M 编辑 Poly 的结果如图 11.79 所示。

表 11.21 变量创建与定义

```
LPoint pt1_Poly, pt2_Poly;
int i;
    for(i = 1; i < M+1; i++ )
    {
        if(i==1)
        {
        pt1_Poly.x = pt1_Active.x-PolyActiveExt;
        pt1_Poly.y = CntWidth + ActiveSurroundCnt+Activegate1Space;
      pt2_Poly.x = pt1_Poly.x+2 * PolyActiveExt +Width;
    pt2_Poly.y = pt1_Poly.y+Length;
        LC_CreateBox("Poly", pt1_Poly, pt2_Poly);
    }

        if (1 <i < M )
        {
        pt1_Poly.x = pt1_Active.x -PolyActiveExt;
        pt1_Poly.y = CntWidth +
ActiveSurroundCnt+Activegate1Space+(i-1) * (Length+CntWidth +2 * Activegate1Space);
      pt2_Poly.x = pt1_Poly.x+2 * PolyActiveExt +Width;
    pt2_Poly.y = pt1_Poly.y+Length;
```

续表 11.21

```
            LC_CreateBox("Poly", pt1_Poly, pt2_Poly);
        }
        }
        pt1_Poly.x = pt1_Active.x-PolyActiveExt-PolyWidth;
        pt1_Poly.y = pt1_Active.y;
      pt2_Poly.x = pt1_Active.x-PolyActiveExt;
    pt2_Poly.y = pt2_Active.y;
      LC_CreateBox("Poly", pt1_Poly, pt2_Poly);
```

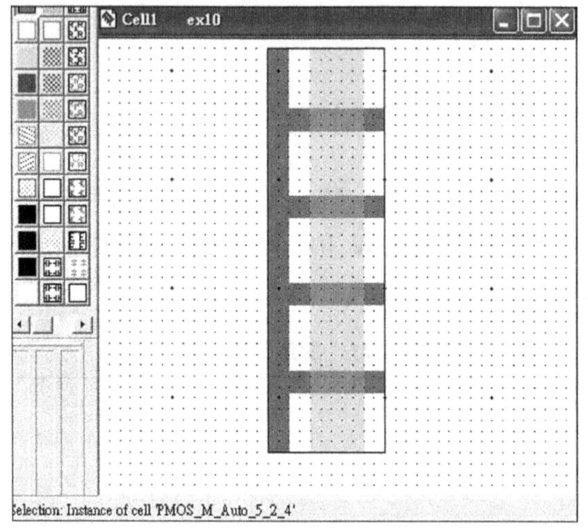

图 11.79 打开 Cell1 窗口观看 PMOS_M 编辑 Poly 的结果

(11) Active Contact 图层：回到 PMOS_M 的编辑窗口，考虑 PMOS 元件需要的 Active Contact 图层的大小。在图 11.79 中，每个 Poly 上下两区域各要摆放一个 Active Contact，大小为正方形 CntWidth * CntWidth，并且 Active Contact 与 Active 有环绕规则要遵守，Active Contact 距离 Active 边缘不能小于 ActiveSurroundCnt。定义两个变量 pt1_AcCnt 与 pt2_AcCnt，其数据形态为 LPoint，并定义其值，使用 LC_CreateBox 函数创建(M+1)个 Active Contact 图层，其左下角坐标为 pt1_AcCnt，右上角坐标为 pt2_AcCnt，利用 for 循环与 if 判断句描述，如表 11.22 所示。

表 11.22 变量创建与定义

```
LPoint pt1_AcCnt, pt2_AcCnt;
    for(i = 1; i < M+2; i++ )
    {
        if(i==1)
        {
```

续表 11.22

```
        pt1_AcCnt.x = pt1_Active.x+ActiveSurroundCnt;
        pt1_AcCnt.y = pt1_Active.y+ActiveSurroundCnt;
    pt2_AcCnt.x = pt1_AcCnt.x+CntWidth;
  pt2_AcCnt.y = pt1_AcCnt.y+CntWidth;
        LC_CreateBox("Active Contact", pt1_AcCnt, pt2_AcCnt);
}


        if (1 <i < M+2 )
            {
            pt1_AcCnt.x = pt1_Active.x+ActiveSurroundCnt;
          pt1_AcCnt.y =
pt1_Active.y+ActiveSurroundCnt+(i-1) * (CntWidth+2 * Activegate1Space+Length);
    pt2_AcCnt.x = pt1_AcCnt.x+CntWidth;
    pt2_AcCnt.y = pt1_AcCnt.y+CntWidth;
    LC_CreateBox("Active Contact", pt1_AcCnt, pt2_AcCnt);
            }
    }
```

(12) 保存文件:编辑完 PMOS_M 的 Active Contact 图层部分,保存文件,可选择 File→Save 命令,或单击[保存按钮]。会出现一个询问窗口 Regenerate T-Cell,单击 Yes 按钮重新产生 PMOS_M_Auto_5_2_4。选择 Window→Cell1 ex10,打开 Cell1 窗口,可以看到引用 PMOS_M 的结果,如图 11.80 所示。

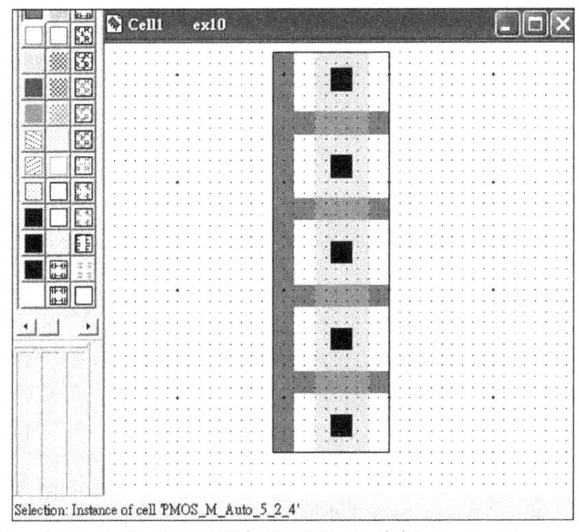

图 11.80 打开 Cell1 窗口观看 PMOS_M 编辑 Active Contact 的结果

(13) Metal1 图层:回到 PMOS_M 的编辑窗口,考虑 PMOS 元件需要的 Metal1

图层的大小。在图11.80中，共有(M+1)个扩散区域，各有(M+1)个Active Contact,Poly上下两区域各要摆放一个Metal1用以包住Active Contact,并要符合环绕规则,Active Contact距离Metal1边缘不能小于M1SurroundCnt。定义两个变量pt1_Metal1、pt2_Metal1,其数据形态为LPoint,并定义其值,使用LC_CreateBox函数创建Metal1图层,其左下角坐标为pt1_Metal1,右上角坐标为pt2_Metal1。将程序加入于描述Active Contact的for循环中,如表11.23所示。保存后打开Cell1窗口观看PMOS_M编辑Metal1的结果如图11.81所示。

表11.23 变量创建与定义

```
    LPoint pt1_AcCnt, pt2_AcCnt;
  LPoint pt1_Metal1, pt2_Metal1;
        for(i = 1; i < M+2; i++ )
            {
            if(i==1)
            {
        pt1_AcCnt.x = pt1_Active.x+ActiveSurroundCnt;
        pt1_AcCnt.y = pt1_Active.y+ActiveSurroundCnt;

      pt2_AcCnt.x = pt1_AcCnt.x+CntWidth;
      pt2_AcCnt.y = pt1_AcCnt.y+CntWidth;

        LC_CreateBox("Active Contact", pt1_AcCnt, pt2_AcCnt);
      pt1_Metal1.x = pt1_AcCnt.x-M1SurroundCnt;
      pt1_Metal1.y = pt1_AcCnt.y-M1SurroundCnt;
      pt2_Metal1.x = pt2_AcCnt.x+M1SurroundCnt;
      pt2_Metal1.y = pt2_AcCnt.y+M1SurroundCnt;
      LC_CreateBox("Metal1", pt1_Metal1, pt2_Metal1);
      }

        if (1 <i< M+2 )
            {
            pt1_AcCnt.x = pt1_Active.x+ActiveSurroundCnt;
          pt1_AcCnt.y =
pt1_Active.y+ActiveSurroundCnt+(i-1)*(CntWidth+2*Activegate1Space+Length);
        pt2_AcCnt.x = pt1_AcCnt.x+CntWidth;
        pt2_AcCnt.y = pt1_AcCnt.y+CntWidth;
        LC_CreateBox("Active Contact", pt1_AcCnt, pt2_AcCnt);
      pt1_Metal1.x = pt1_AcCnt.x-M1SurroundCnt;
```

续表 11.23

```
        pt1_Metal1.y = pt1_AcCnt.y－M1SurroundCnt;
        pt2_Metal1.x = pt2_AcCnt.x+M1SurroundCnt;
        pt2_Metal1.y = pt2_AcCnt.y+M1SurroundCnt;
        LC_CreateBox("Metal1", pt1_Metal1, pt2_Metal1);
        }
        }
```

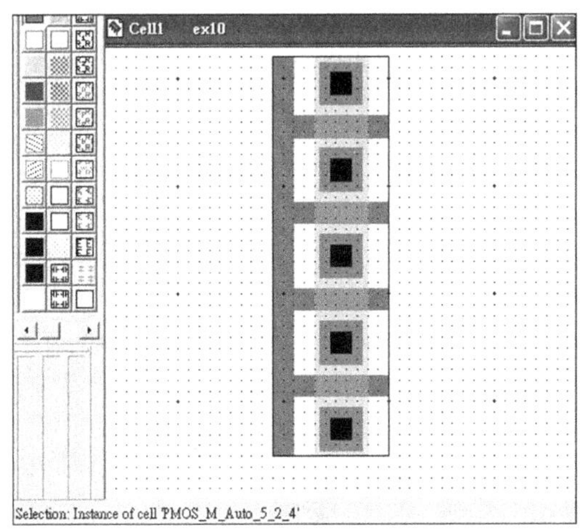

图 11.81 打开 Cell1 窗口观看 PMOS_M 编辑 Metal1 的结果

其中从下面数第 1,第 3 至第 5 个(奇数个)扩散区,将第 1,第 3 至第 5 个 Metal1 接在一起。将第 2 与第 4 个(偶数个)Metal1 接在一起,先创建一个变量 Metal1Space,其值为设计规则 7.2 Metal1 to Metal1 Spacing 所规定的 Metal1 的最小间距值。定义两个变量 pt3_Metal1 与 pt4_Metal1,其数据形态为 LPoint,并定义其值,使用 LC_CreateBox 函数创建 Metal1 图层,其左下角坐标为 pt3_Metal1,右上角坐标为 pt4_Metal1,如表 11.11 所示。保存后打开 Cell1 窗口观看 PMOS_M 编辑 Metal1 的结果如图 11.82 所示。

表 11.24 变量创建与定义

```
   LCoord Metal1Space = GetDimension( LSPACING, "Metal1", NULL);
//7.2 Metal1 to Metal1 Spacing
   LPoint pt1_AcCnt, pt2_AcCnt;
   LPoint pt1_Metal1, pt2_Metal1;
   LPoint pt3_Metal1, pt4_Metal1;
      for(i = 1; i < M+2; i++ )
   {
```

续表 11.24

```
            if(i==1)
            {
        pt1_AcCnt.x = pt1_Active.x+ActiveSurroundCnt;
        pt1_AcCnt.y = pt1_Active.y+ActiveSurroundCnt;
        pt2_AcCnt.x = pt1_AcCnt.x+CntWidth;
        pt2_AcCnt.y = pt1_AcCnt.y+CntWidth;

          LC_CreateBox("Active Contact", pt1_AcCnt, pt2_AcCnt);
        pt1_Metal1.x = pt1_AcCnt.x-M1SurroundCnt;
      pt1_Metal1.y = pt1_AcCnt.y-M1SurroundCnt;
      pt2_Metal1.x = pt2_AcCnt.x+M1SurroundCnt;
      pt2_Metal1.y = pt2_AcCnt.y+M1SurroundCnt;
      LC_CreateBox("Metal1", pt1_Metal1, pt2_Metal1);
      pt4_Metal1.x = pt1_Metal1.x;
      pt4_Metal1.y = pt2_Metal1.y;
      pt3_Metal1.x = pt1_Poly.x;
      pt3_Metal1.y = pt1_Metal1.y;
        LC_CreateBox("Metal1", pt3_Metal1, pt4_Metal1);
    }
          if (1 <i < M+2 )
              {
              pt1_AcCnt.x = pt1_Active.x+ActiveSurroundCnt;
            pt1_AcCnt.y =
pt1_Active.y+ActiveSurroundCnt+(i-1) * (CntWidth+2 * Activegate1Space+Length);
          pt2_AcCnt.x = pt1_AcCnt.x+CntWidth;
          pt2_AcCnt.y = pt1_AcCnt.y+CntWidth;
          LC_CreateBox("Active Contact", pt1_AcCnt, pt2_AcCnt);
            pt1_Metal1.x = pt1_AcCnt.x-M1SurroundCnt;
      pt1_Metal1.y = pt1_AcCnt.y-M1SurroundCnt;
      pt2_Metal1.x = pt2_AcCnt.x+M1SurroundCnt;
      pt2_Metal1.y = pt2_AcCnt.y+M1SurroundCnt;
      LC_CreateBox("Metal1", pt1_Metal1, pt2_Metal1);
            if ( i & 1 )
      {
        pt4_Metal1.x = pt1_Metal1.x;
      pt4_Metal1.y = pt2_Metal1.y;
      pt3_Metal1.x = pt1_Poly.x;
```

续表 11.24

```
    pt3_Metal1.y = pt1_Metal1.y;
      LC_CreateBox("Metal1", pt3_Metal1, pt4_Metal1);
      }
      else
      {
    pt3_Metal1.x = pt2_Metal1.x;
    pt3_Metal1.y = pt1_Metal1.y;
    pt4_Metal1.x = pt2_Metal1.x+Metal1Space;
    pt4_Metal1.y = pt2_Metal1.y;
    LC_CreateBox("Metal1", pt3_Metal1, pt4_Metal1);
LC_CreateBox("Metal1", pt3_Metal1, pt4_Metal1);
      }
}
```

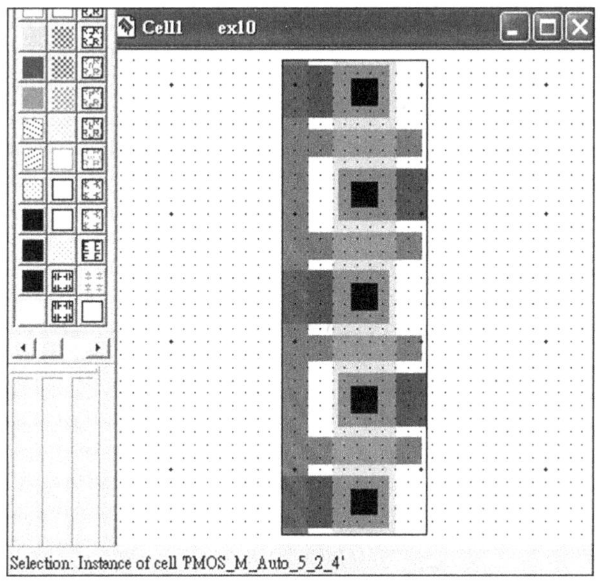

图 11.82 打开 Cell1 窗口观看 PMOS_M 编辑 Metal1 的结果

接着设计两条长方形 Metal1 分别连接奇数区的 Metal1 与偶数区的 Metal1，先创建一个变量 Metal1Width，其值为设计规则 7.1 Metal1 Minimum Width 所规定的 Metal1 的最小宽度值。定义两个变量 pt5_Metal1 与 pt6_ Metal1，其数据形态为 LPoint，并定义其值，并使用 LC_CreateBox 函数创造 Metal1 图层，其左下角坐标为 pt5_Metal1，右上角坐标为 pt6_ Metal1，如表 11.25 所示。保存后打开 Cell1 窗口观看 PMOS_M 编辑 Metal1 的结果如图 11.83 所示。

表11.25 变量创建与定义

```
  LCoord Metal1Space = GetDimension( LSPACING, "Metal1", NULL);
//7.2 Metal1 to Metal1 Spacing
LCoord Metal1Width = GetDimension( LMIN_WIDTH, "Metal1", NULL );
//7.1 Metal1 Minimum Width
  LPoint pt1_AcCnt, pt2_AcCnt;
  LPoint pt1_Metal1, pt2_Metal1;
  LPoint pt3_Metal1, pt4_Metal1;
  LPoint pt5_Metal1, pt6_Metal1;
  for(i = 1; i < M+2; i++ )
  {
  if(i==1)
  {
    pt1_AcCnt.x = pt1_Active.x+ActiveSurroundCnt;

    pt1_AcCnt.y = pt1_Active.y+ActiveSurroundCnt;
    pt2_AcCnt.x = pt1_AcCnt.x+CntWidth;
    pt2_AcCnt.y = pt1_AcCnt.y+CntWidth;
    LC_CreateBox("Active Contact", pt1_AcCnt, pt2_AcCnt);
    pt1_Metal1.x = pt1_AcCnt.x-M1SurroundCnt;
    pt1_Metal1.y = pt1_AcCnt.y-M1SurroundCnt;
    pt2_Metal1.x = pt2_AcCnt.x+M1SurroundCnt;
    pt2_Metal1.y = pt2_AcCnt.y+M1SurroundCnt;
    LC_CreateBox("Metal1", pt1_Metal1, pt2_Metal1);
    pt4_Metal1.x = pt1_Metal1.x;
    pt4_Metal1.y = pt2_Metal1.y;
    pt3_Metal1.x = pt1_Poly.x;
    pt3_Metal1.y = pt1_Metal1.y;
    LC_CreateBox("Metal1", pt3_Metal1, pt4_Metal1);

    pt6_Metal1.x = pt3_Metal1.x;
    pt6_Metal1.y = pt2_Active.y;
    pt5_Metal1.x = pt3_Metal1.x-Metal1Width;
    pt5_Metal1.y = pt1_Active.y;
    LC_CreateBox("Metal1", pt5_Metal1, pt6_Metal1);
  }
  if (1 <i< M+2 )
  {
    pt1_AcCnt.x = pt1_Active.x+ActiveSurroundCnt;
```

续表 11.25

```
pt1_AcCnt.y = pt1_Active.y+ActiveSurroundCnt+(i-1) * (CntWidth+2 * Activegate1Space+Length);
pt2_AcCnt.x = pt1_AcCnt.x+CntWidth;
pt2_AcCnt.y = pt1_AcCnt.y+CntWidth;
LC_CreateBox("Active Contact", pt1_AcCnt, pt2_AcCnt);
pt1_Metal1.x = pt1_AcCnt.x-M1SurroundCnt;
pt1_Metal1.y = pt1_AcCnt.y-M1SurroundCnt;
pt2_Metal1.x = pt2_AcCnt.x+M1SurroundCnt;
pt2_Metal1.y = pt2_AcCnt.y+M1SurroundCnt;
LC_CreateBox("Metal1", pt1_Metal1, pt2_Metal1);
if ( i & 1 )
{
pt4_Metal1.x = pt1_Metal1.x;
pt4_Metal1.y = pt2_Metal1.y;

pt3_Metal1.x = pt1_Poly.x;
pt3_Metal1.y = pt1_Metal1.y;
LC_CreateBox("Metal1", pt3_Metal1, pt4_Metal1);
}
else
{
pt3_Metal1.x = pt2_Metal1.x;
pt3_Metal1.y = pt1_Metal1.y;
pt4_Metal1.x = pt2_Metal1.x+Metal1Space;
pt4_Metal1.y = pt2_Metal1.y;
LC_CreateBox("Metal1", pt3_Metal1, pt4_Metal1);
if (i == 2)
{
pt5_Metal1.x= pt4_Metal1.x;
pt5_Metal1.y=pt1_Active.y;
pt6_Metal1.x=pt4_Metal1.x+Metal1Width;
pt6_Metal1.y=pt2_Active.y;
LC_CreateBox("Metal1", pt5_Metal1, pt6_Metal1);
}
}
```

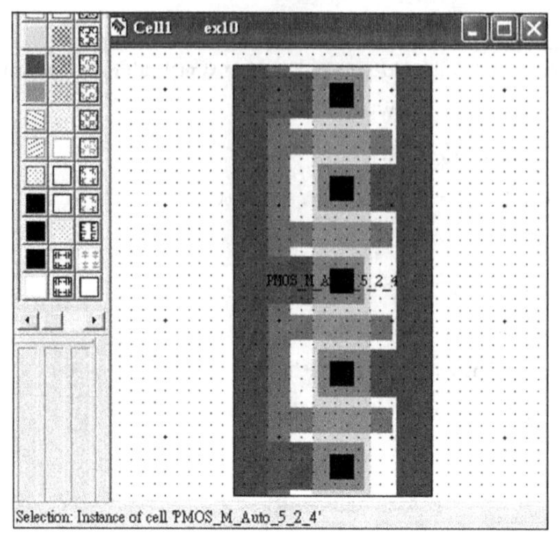

图 11.83 打开 Cell1 窗口观看 PMOS_M 编辑 Metal1 的结果

(14) P Select 图层:回到 PMOS_M 的编辑窗口,考虑 PMOS 元件需要的 P Select 图层的大小。P Select 要包住 Active,并要符合环绕规则,Active 距离 P Select 边缘不能小于 PSelectSurroundActive。定义两个变量 pt1_P_Select 与 pt2_P_Select,其数据形态为 LPoint,并定义其值,使用 LC_CreateBox 函数产生一个 P Select 图层,其左下角坐标为 pt1_P_Select,右上角坐标为 pt2_P_Select,如表 11.26 所示。保存后打开 Cell1 窗口观看 PMOS_M 编辑 Metal1 的结果如图 11.84 所示。

表 11.26 变量创建与定义

```
LPoint pt1_P_Select, pt2_P_Select;
pt1_P_Select.x = pt1_Active.x-PSelectSurroundActive;
pt1_P_Select.y = pt1_Active.y-PSelectSurroundActive;
pt2_P_Select.x = pt2_Active.x+PSelectSurroundActive;
pt2_P_Select.y = pt2_Active.y+PSelectSurroundActive;
LC_CreateBox("P Select", pt1_P_Select, pt2_P_Select);
```

(15) N Well 图层:回到 PMOS_M 的编辑窗口,考虑 PMOS 元件需要的 N Well 图层的大小。N Well 要包住 Active 与 P Select,需注意的是 Active 与 P Select 交集处被定义为 pdiff 层,pdiff 与 N Well 也有一个环绕规则需要注意,在 N Well 范围内,pdiff 的边界与 N Well 的边界至少要距离 WellSurroundpdiff。定义两个变量 pt1_N_Well 与 pt2_N_Well,其数据形态为 LPoint,并定义其值,并使用 LC_CreateBox 函数产生一个 N Well 图层,其左下角坐标为 pt1_N_Well,右上角坐标为 pt2_N_Well,如表 11.27 所示。保存后打开 Cell1 窗口观看 PMOS_M 编辑 Metal1 的结果如图 11.85 所示。

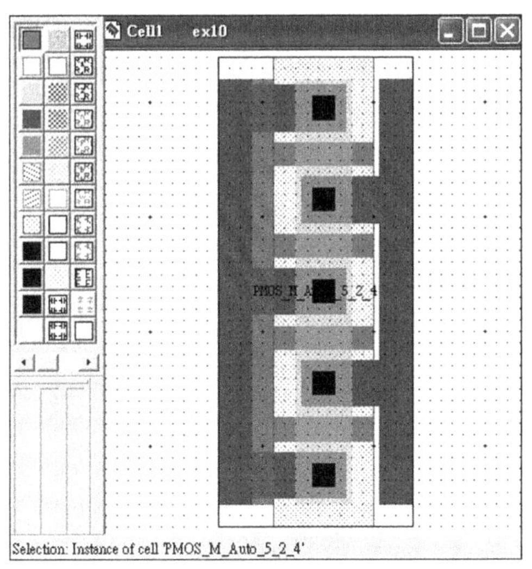

图 11.84 打开 Cell1 窗口观看 PMOS_M 编辑 P Select 的结果

表 11.27 变量创建与定义

```
LPoint pt1_N_Well, pt2_N_Well;
  pt1_N_Well.x = pt1_Active.x－WellSurroundpdiff;
  pt1_N_Well.y = pt1_Active.y－WellSurroundpdiff;
pt2_N_Well.x = pt2_Active.x＋WellSurroundpdiff;
pt2_N_Well.y = pt2_Active.y＋WellSurroundpdiff;
LC_CreateBox("N Well", pt1_N_Well, pt2_N_Well);
```

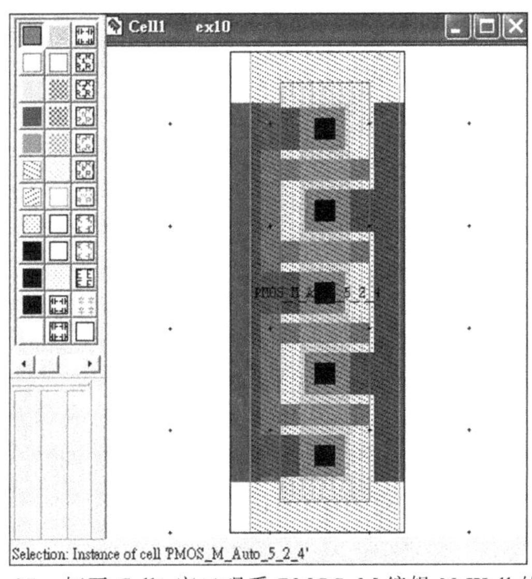

图 11.85 打开 Cell1 窗口观看 PMOS_M 编辑 N Well 的结果

(16) 设计规则检查:在 Cell1 窗口编辑环境下选择 Tools→DRC 命令,或单击按钮,出现 DRC Progress 窗口,显示设计规则检查进行状况。设计规则检查结束,会出现一个 DRC Error Navigator 窗口,显示没有错误。

(17) 完整程序:M 个并联的 PMOS 完整程序如表 11.28 所示。

表 11.28 M 个并联的 PMOS 完整程序

```
module PMOS_M_code
{
#include <stdlib.h>
#include <math.h>
#include <string.h>
#include <stdio.h>
#include "ldata.h"
/* Begin -- Remove this block if you are not using L-Comp. */
#include "lcomp.h"
/* End */
  /* TODO: Put local functions here. */
  LCoord GetDimension( LDrcRuleType rule, char *layer1, char *layer2 )
  {
      LDesignRuleParam DrcParam;
      LDrcRule DrcRule = LDrcRule_Find( LC_CurrentFile, rule, layer1, layer2 );
      if ( ! DrcRule )
      {
          char *ruletype;
          switch ( rule )
          {
          case LSPACING:
              ruletype = "SPACING";
              break;
          case LSURROUND:
              ruletype = "SURROUND";
              break;
          case LMIN_WIDTH:
              ruletype = "MIN WIDTH";
              break;
          case LEXACT_WIDTH:
              ruletype = "EXACT WIDTH";
              break;
          case LEXTENSION:
```

续表 11.28

```
                ruletype = "EXTENSION";
                break;
            default:
                ruletype = "UNKNOWN";
                break;
            }
            if ( layer2 )
                LDialog_MsgBox(LFormat("Missing DRC rule %s for layers '%s'
and '%s'", ruletype, layer1, layer2));
            else
                LDialog_MsgBox(LFormat("Missing DRC rule %s for layer '%s'",
ruletype, layer1));
            LUpi_SetReturnCode(1) ; // Set an error code
            return 0;
        }
        LDrcRule_GetParameters( DrcRule, &DrcParam );
        return DrcParam.distance;
    }

    void PMOS_M_main(void)
    {
        /* Begin DO NOT EDIT SECTION generated by L-Edit */
        LCell   cellCurrent   = (LCell)LMacro_GetNewTCell();
        double  W   = LAtoF((const char *)LCell_GetParameter(cellCurrent, "W"));
        double  L   = LAtoF((const char *)LCell_GetParameter(cellCurrent, "L"));
        int   M   = (int)LCell_GetParameter(cellCurrent, "M");
        /* End DO NOT EDIT SECTION generated by L-Edit */
        /* Begin -- Remove this block if you are not using L-Comp. */
        LC_InitializeState();
        LC_CurrentCell = cellCurrent;
        /* End */
        /* TODO: Put local variables here. */
        /* TODO: Begin custom generator code. */
        LCoord PolyWidth = GetDimension( LMIN_WIDTH, "Poly", NULL );// 3.1
Poly Minimum Width
        LCoord PolyActiveExt= GetDimension( LEXTENSION, "Active", "Poly"); //
3.3 Gate Extension out of Active
```

续表 11.28

```
        LCoord ActiveSurroundCnt = GetDimension( LSURROUND, "Active
Contact","field active");           // 6.2A FieldActive Overlap of ActCnt
        LCoord CntWidth = GetDimension( LEXACT_WIDTH, "Active Contact",
NULL);
        // 6.1A Active Contact Exact Size
        LCoord M1SurroundCnt = GetDimension( LSURROUND, "Active Contact",
"Metal1" );          //7.4 Metal1 Overlap of ActiveContact
        LCoord PSelectSurroundActive = GetDimension( LSURROUND, "Active not
in NPN", "P Select");          //4.2b/2.5 Active to P-Select Edge
    LCoord WellSurroundpdiff = GetDimension( LSURROUND, "pdiff", "N Well");
    //2.3a Source/Drain Active to Well Edge
    LCoord Activegate1Space = GetDimension( LSPACING, "Active Contact",
"gate1");          //6.4A Active Contact to Gate Spacing
    LCoord Length = LC_Microns(L);
    LCoord Width = LC_Microns(W);
    if(Width < (CntWidth + 2 * ActiveSurroundCnt))
    {
    LDialog_MsgBox(LFormat("Transistor too narrow. Min Width = %g",
    LC_InMicrons(CntWidth + 2 * ActiveSurroundCnt)));
    LUpi_SetReturnCode(1) ; // Set an error code
    return;
    } // endif(Width < (CntWidth + 2 * ActiveSurroundCnt))
    LPoint pt1_Active, pt2_Active;
    pt1_Active.x = 0;
    pt1_Active.y = 0;
    pt2_Active.x = pt1_Active.x+Width;
    pt2_Active.y = pt1_Active.y+(M-1) * (CntWidth
+2 * Activegate1Space)+M * Length+2 * (CntWidth +
ActiveSurroundCnt+Activegate1Space);
    LC_CreateBox("Active", pt1_Active, pt2_Active);
    LPoint pt1_Poly, pt2_Poly;
    int i;
    for(i = 1; i < M+1; i++ )
    {
    if(i==1)
    {
    pt1_Poly.x = pt1_Active.x-PolyActiveExt;
```

续表 11.28

```
    pt1_Poly.y = CntWidth + ActiveSurroundCnt+Activegate1Space;
    pt2_Poly.x = pt1_Poly.x+2 * PolyActiveExt + Width;
    pt2_Poly.y = pt1_Poly.y+Length;
    LC_CreateBox("Poly", pt1_Poly, pt2_Poly);
    }
    if (1 <i < M )
    {
    pt1_Poly.x = pt1_Active.x -PolyActiveExt;
    pt1_Poly.y = CntWidth +
ActiveSurroundCnt+Activegate1Space+(i-1) * (Length+CntWidth +2 * Activegate1Space);
    pt2_Poly.x = pt1_Poly.x+2 * PolyActiveExt + Width;
    pt2_Poly.y = pt1_Poly.y+Length;
    LC_CreateBox("Poly", pt1_Poly, pt2_Poly);
      }
    }
    pt1_Poly.x = pt1_Active.x-PolyActiveExt-PolyWidth;
    pt1_Poly.y = pt1_Active.y;
    pt2_Poly.x = pt1_Active.x-PolyActiveExt;
    pt2_Poly.y = pt2_Active.y;
    LC_CreateBox("Poly", pt1_Poly, pt2_Poly);
    LCoord Metal1Space = GetDimension( LSPACING, "Metal1", NULL);
//7.2 Metal1 to Metal1 Spacing
    LCoord Metal1Width = GetDimension( LMIN_WIDTH, "Metal1", NULL );
//7.1 Metal1 Minimum Width
    LPoint pt1_AcCnt, pt2_AcCnt;
    LPoint pt1_Metal1, pt2_Metal1;
    LPoint pt3_Metal1, pt4_Metal1;
    LPoint pt5_Metal1, pt6_Metal1;
    for(i = 1; i < M+2; i++ )
    {
    if(i==1)
    {
    pt1_AcCnt.x = pt1_Active.x+ActiveSurroundCnt;
    pt1_AcCnt.y = pt1_Active.y+ActiveSurroundCnt;
    pt2_AcCnt.x = pt1_AcCnt.x+CntWidth;
    pt2_AcCnt.y = pt1_AcCnt.y+CntWidth;
    LC_CreateBox("Active Contact", pt1_AcCnt, pt2_AcCnt);
```

续表 11.28

```
pt1_Metal1.x = pt1_AcCnt.x-M1SurroundCnt;
pt1_Metal1.y = pt1_AcCnt.y-M1SurroundCnt;
pt2_Metal1.x = pt2_AcCnt.x+M1SurroundCnt;
pt2_Metal1.y = pt2_AcCnt.y+M1SurroundCnt;
LC_CreateBox("Metal1", pt1_Metal1, pt2_Metal1);
pt4_Metal1.x = pt1_Metal1.x;
pt4_Metal1.y = pt2_Metal1.y;
pt3_Metal1.x = pt1_Poly.x;
pt3_Metal1.y = pt1_Metal1.y;
LC_CreateBox("Metal1", pt3_Metal1, pt4_Metal1);
pt6_Metal1.x = pt3_Metal1.x;
pt6_Metal1.y = pt2_Active.y;
pt5_Metal1.x = pt3_Metal1.x-Metal1Width;
pt5_Metal1.y = pt1_Active.y;
LC_CreateBox("Metal1", pt5_Metal1, pt6_Metal1);
}
if (1 <i< M+2 )
{
pt1_AcCnt.x = pt1_Active.x+ActiveSurroundCnt;
pt1_AcCnt.y =
pt1_Active.y+ActiveSurroundCnt+(i-1) * (CntWidth+2 * Activegate1Space+Length);
pt2_AcCnt.x = pt1_AcCnt.x+CntWidth;
pt2_AcCnt.y = pt1_AcCnt.y+CntWidth;
LC_CreateBox("Active Contact", pt1_AcCnt, pt2_AcCnt);
pt1_Metal1.x = pt1_AcCnt.x-M1SurroundCnt;
pt1_Metal1.y = pt1_AcCnt.y-M1SurroundCnt;
pt2_Metal1.x = pt2_AcCnt.x+M1SurroundCnt;
pt2_Metal1.y = pt2_AcCnt.y+M1SurroundCnt;
LC_CreateBox("Metal1", pt1_Metal1, pt2_Metal1);
if ( i & 1 )
{
pt4_Metal1.x = pt1_Metal1.x;
pt4_Metal1.y = pt2_Metal1.y;
pt3_Metal1.x = pt1_Poly.x;
pt3_Metal1.y = pt1_Metal1.y;
LC_CreateBox("Metal1", pt3_Metal1, pt4_Metal1);
}
```

续表 11.28

```
    else
    {
    pt3_Metal1.x = pt2_Metal1.x;
    pt3_Metal1.y = pt1_Metal1.y;
    pt4_Metal1.x = pt2_Metal1.x+Metal1Space;
    pt4_Metal1.y = pt2_Metal1.y;
    LC_CreateBox("Metal1", pt3_Metal1, pt4_Metal1);
  if (i == 2)
      {
    pt5_Metal1.x= pt4_Metal1.x;
    pt5_Metal1.y=pt1_Active.y;
    pt6_Metal1.x=pt4_Metal1.x+Metal1Width;
    pt6_Metal1.y=pt2_Active.y;
    LC_CreateBox("Metal1", pt5_Metal1, pt6_Metal1);
      }
        }
    LPoint pt1_P_Select, pt2_P_Select;
      pt1_P_Select.x = pt1_Active.x-PSelectSurroundActive;
      pt1_P_Select.y = pt1_Active.y-PSelectSurroundActive;
    pt2_P_Select.x = pt2_Active.x+PSelectSurroundActive;
    pt2_P_Select.y = pt2_Active.y+PSelectSurroundActive;
    LC_CreateBox("P Select", pt1_P_Select, pt2_P_Select);
    LPoint pt1_N_Well, pt2_N_Well;
      pt1_N_Well.x = pt1_Active.x-WellSurroundpdiff;
      pt1_N_Well.y = pt1_Active.y-WellSurroundpdiff;
    pt2_N_Well.x = pt2_Active.x+WellSurroundpdiff;
    pt2_N_Well.y = pt2_Active.y+WellSurroundpdiff;
    LC_CreateBox("N Well", pt1_N_Well, pt2_N_Well);
  }
    }
      /* End custom generator code. */
    }
  }
PMOS_M_main();
```

11.4 说 明

● 设定图层：要L-Edit中进行图层设定，读者可选择Setup→Layers命令打开Setup Layers对话框，如图11.86所示。

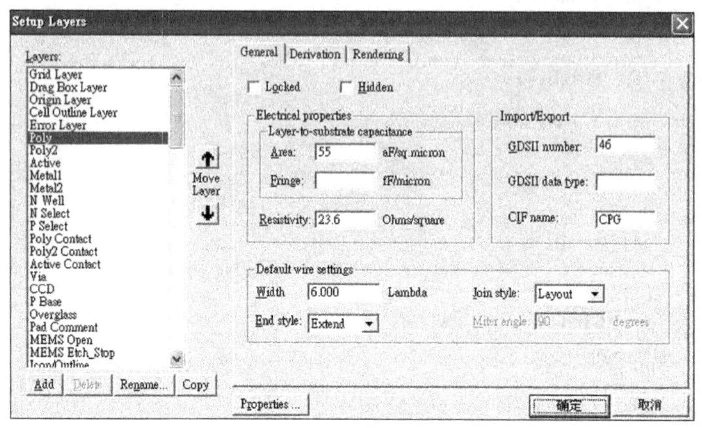

图11.86 定义图层

其中，在左边Layers:列表框中列出的图层，会依照顺序显示在绘图窗口中Layers面板的下拉列表中，如图11.87所示。图样是按照所列图层的顺序，由上到下、由左到右的顺序排列。

Layers面板的下拉列表中各图层的颜色也是在Setup Layers对话框中定义的，单击Setup Layers对话框中的Rendering按钮可以更改图层的颜色与图样，如图11.88所示。

图11.87 图层列表

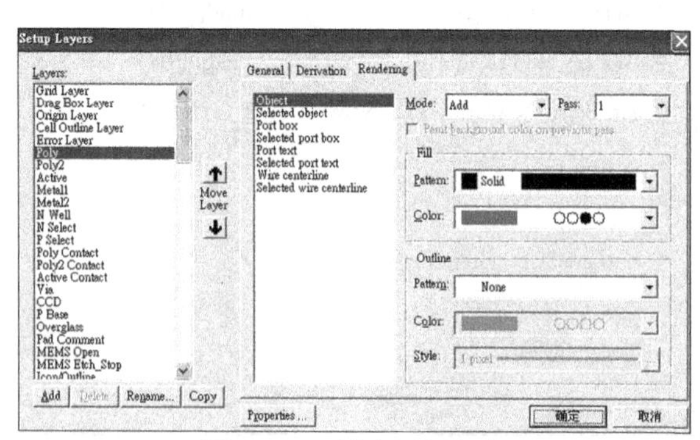

图11.88 设定图层颜色

- field active 图层：field active 图层的定义如表 11.29 所示。此图层为 Poly 或 Poly2 区域以外的 Active 区域或 P Base 区域。

表 11.29 field active 图层的定义

图 层	定 义	说 明
field active	(field active) = (P Base) OR (Active) AND NOT(Poly OrPoly2)	此图层为 Poly 或 Poly2 区域以外的 Active 区域或 P Base 区域
Poly OrPoly2	(Poly OrPoly2) = (Poly) OR (Poly2)	Poly 或 Poly2 的区域

- PMOS 晶体管：在 N Well CMOS 流程下的 PMOS 晶体管的截面图如图 11.89 所示。

PMOS 晶体管包括 5 个部分，整理如表 11.30 所示。

表 11.30 PMOS 晶体管

1	通道
2	源极端-邻接通道的 P 型扩散区
3	栅极端-通道上方有多晶硅
4	漏极端-邻接通道的 P 型扩散区
5	基板端-基板

- NMOS 晶体管：在 N Well CMOS 流程下的 NMOS 晶体管的截面图如图 11.90 所示。

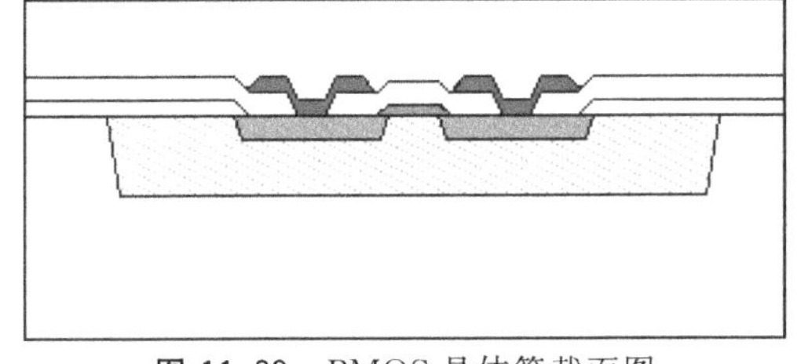

图 11.89 PMOS 晶体管截面图

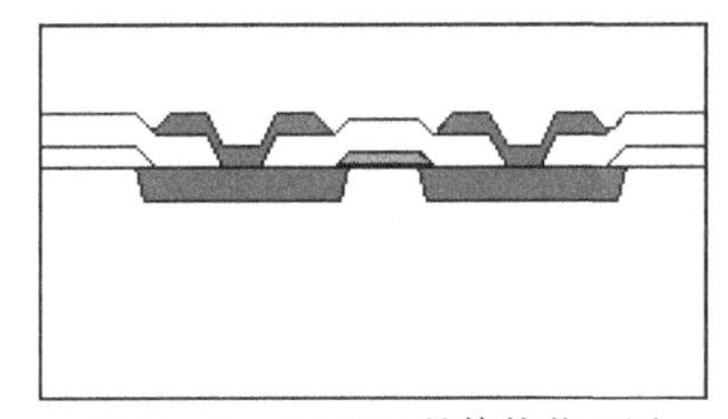

图 11.90 NMOS 晶体管截面图

NMOS 晶体管包括有 5 个部分，整理如表 11.31 所示。

表 11.31 NMOS 晶体管

1	通道
2	源极端-邻接通道的 N 型扩散区
3	栅极端-通道上方有多晶硅
4	漏极端-邻接通道的 N 型扩散区
5	基板端-基板

- 截面图(Cross-Section)：L-Edit 具有截面观察的功能，读者可以利用 Generate Cross-Section 对话框来设定截面流程观察点，其中需要有一个截面流程的定义文件，本范例的截面流程定义文件是 lights. xst，该文件的内容如图 11. 91 所示。

```
lights (Read-Only)
# File: mORBn20.xst / lights.xst
# For: Cross-section process definition file
# Vendor: MOSIS:Orbit Semiconductor
#         Technology: 2.0U N-Well (Lambda = 1.0um, Technology = SCNA)
# Technology Setup File: mORBn20.tdb
# Copyright ?S1991-2003
# Tanner Research, Inc.  All rights reserved
# **********************************************************************
#       L-Edit
#Step Layer Name Depth  Label [Angle[offset]]   Comment
#----------------------------------------------------------------------
gd   -                 10      p-                    #  1. Substrate
id  "Well X"           3       n-                    #  2. n-Well
id   ActPSelNotPoly 0.9       p+    75     0         #  3. p-Implant
id   ActNSelNotPoly 0.9       n+    75     0         #  4. n-Implant
id   CCD&Act           0.4     -                     #  5. CCD Implant
id  "P Base"           2       -                     #  6. NPN Base Implant
gd   -                 0.6     -                     #  7. Field Oxide
e    Active            0.6     -     45              #  8.
gd   -                 0.04    -                     #  9. Gate Oxide
gd   Poly              0.4     -                     # 10. Polysilicon
e    NotPoly           0.44    -     45              # 11.
gd   -                 0.07    -     45              # 12. 2nd Gate Oxide
gd   Poly2             0.4     -                     # 13. 2nd Polysilicon
```

图 11. 91 截面流程定义文件的内容

截面流程的定义文件内容的语法整理如表 11. 32 所示。

表 11. 32 截面流程的定义文件内容的语法

语法	Step	Layer	Depth	Label	[Angle[offset]]	Comment
范例	gd	—	10	p—		# 1. Substrate
	id	"Well X"	3	n—		# 2. n-Well
	e	Active	0. 6	—	45	# 8.

语法的第一项为 Step，代表流程的技术，有三项技术可以设定，整理如表 11. 33 所示。

表 11. 33 Step 说明

Step	说 明
gd 或 grow/deposit	成长/沉积
e 或 etch	蚀刻
id 或 implant/diffuse	布植/扩散

语法的第二项为 Layer，必须与 L-Edit 中定义的图层名字配合，要注意，如果图层名字是以数字开头或是其中有空格，必须以双引号将其包住，举例如表 11. 34 所示。

表 11.34 Layer 说明

Layer	说 明
Poly	多晶硅
"Not Metal1"	非 Metal1 部分
ActPSelNotPoly	在非 Poly 区内的 Active 与 P Select 交集处
—	与各图层无关

语法的第三项为 Depth,为非负的整数,代表该制作的深度,配合不同的 Step 定义,Depth 有不同的意义,举例如表 11.35 所示。

表 11.35 Depth 说明

范 例	说 明
gd Poly 0.4	沉积多晶硅 0.4 单位厚度
e NotPoly 0.4	蚀刻掉非多晶硅区 0.4 单位深度

语法的第四项为 Label,用来标示该步骤的特点,可以是任何字符串,如不使用标示则可以用-符号。字符串中若有空格,必须以""包住。

语法的第五项为[Angle[offset]],可以按照需要来设定,默认值为 Angle=80,Offset=0。这两个参数只能用在 Step 为 etch 或是 implant/diffusion 时。Angle 代表蚀刻出的倾角或扩散范围的倾角,范围可以为 0~180 的整数,offset 为侧向蚀刻或侧向扩散的长度,可以为非负的浮点数或整数,举例如表 11.36 所示。

表 11.36 [Angle[offset]]说明

范 例	说 明
e NotPoly 0.47 — 60 0.5	蚀刻掉非多晶硅区 0.4 单位深度,蚀刻出的倾角为 60°,侧向蚀刻为 0.5 个单位长度
id ActPSelNotPoly 0.9 p+ 75 0.05	在非 Poly 区内的 Active 与 PSelect 交集处作扩散,扩散区域角度为 75°,侧向扩散为 0.05 个单位长度

语法的第六项为 Comment,即批注内容,必须以#开头,举例如下。

1. Substrate

2. n-Well

3. p-Implant

将本范例使用的截面流程的定义文件 lights.xst 的内容整理在表 11.37 中。

表 11.37 截面流程的定义文件 lights.xst 的内容

Step	Layer	Depth	Label	[Angle[offset]]	Comment
gd	—	10	p—		# 1. Substrate
id	"Well X"	3	n—		# 2. n—Well
id	ActPSelNotPoly	0.9	p+	75 0—	# 3. p—Implant
id	ActNSelNotPoly	0.9	n+	75 0	# 4. n—Implant
id	CCD&Act	0.4	—		# 5. CCD Implant
id	"P Base"	2	—		# 6. NPN Base Implant
gd	—	0.6	—		# 7. Field Oxide
e	Active	0.6	—	45	# 8.
gd	—	0.04	—		# 9. Gate Oxide
gd	Poly	0.4	—		# 10. Polysilicon
e	NotPoly	0.44	—	45	# 11.
gd	—	0.07	—	45	# 12. 2nd Gate Oxide
gd	Poly2	0.4	—		# 13. 2nd Polysilicon
e	NotPoly2	0.47	—	60	# 14.
gd	—	0.9	—		# 15.
e	"P/P2/Act Contact"	0.9	—	60	# 16.
gd	Metal1	0.6	—		# 17. Metal 1
e	"Not Metal1"	0.6	—	45	# 18.
gd	—	1	—		# 19.
e	Via	1	—	60	# 20.
gd	Metal2	1.15	—		# 21. Metal 2
e	"Not Metal2"	1.15	—	45	# 22.
gd	—	2	—		# 23. Overglass
e	Overglass	2	—		# 24.

11.5 随堂练习

1. 修改本范例截面流程的定义文件 lights.xst 的内容，将 Ploy 流程的顺序提至 p+扩散与 n+扩散的前面，并观看截面观察功能显示的结果。

2. 修改本范例截面流程的定义文件 lights.xst 的内容，去掉 Poly2 相关流程的步骤，并观看截面观察功能显示的结果。

3. 修改 11.3 小节的参数值，观察修改的结果。

4. 利用 T-Cell 设计 M 个 NMOS 并联。

第12章

使用L-Edit画反相器布局图

L-Edit 是一个画布局图的工具，即以各种不同颜色或图样的图层组合光罩的图样，本书前面的范例绘制了 pmos 元件与 nmos 元件的布局图，本章的范例将介绍运用前面绘制好的 nmos 元件与 pmos 元件来绘制出反相器布局图，并以详细的步骤引导读者学习 L-Edit 的基本功能。

操作流程：进入 L-Edit→建立新文件→环境设定→编辑元件→绘制多种图层形状→设计规则检查→修改对象→设计规则检查→电路转化。

12.1 使用 L-Edit 画反相器布局图的详细步骤

（1）打开 L-Edit 程序：执行在..\Tanner EDA\L-Edit11.1 目录下的 ledit.exe 文件，或选择“开始”→“程序”→Tanner EDA→L-Edit Pro v11.1→L-Edit v11.1 命令，即可打开 L-Edit 程序，L-Edit 会自动将工作文件命名为 Layout1.sdb 并显示在窗口的标题栏上，如图 12.1 所示。

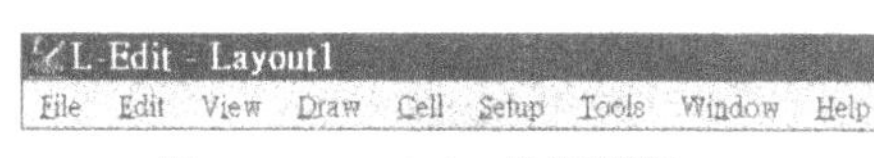

图 12.1 L-Edit 的标题栏

（2）另存新文件：选择 File→Save As 命令，打开“另存为”对话框，在其中的“保存在”下拉列表框中选择选取存储的目录，在“文件名”文本框中输入新文件名称，例如，Exll。

（3）取代设定：选择 File→Replace Setup 命令，单击出现的对话框中的 Browser 按钮，在弹出的对话框中选择 C:\Tanner EDA\L-Edit11.1 \Samples\SPR\example1\lights.tdb 文件，再单击 OK 按钮，就可将 lights.tdb 文件的设定选择性地应用在目前编辑的文件中，包括格点设定、图层设定等。

（4）编辑元件：L-Edit 编辑方式是以元件（Cell）为单位而不是以文件（File）为单位，每一个文件可有多个 Cell，而每一个 Cell 可表示一种电路布局图或说明，每次打开新文件时便自动打开一个 Cell 并将之命名为 Cell0。其中，编辑画面中的十字为坐标原点。

（5）坐标设定：坐标与格点的设定与第 11 章相同。

（6）复制元件：选择 Cell→Copy 命令，或单击按钮，打开 Select Cell to Copy 对话框，单击其中的 Browser 按钮，在出现的对话框中选择第 11 章所编辑的文件 ex10.tdb，再在 Select Cell to Copy 对话框中选择 nmos 元件，如图 12.2 所示，单击 OK 按钮，则可将 nmos 元件复制至 ex11.tdb 文件中。之后再以同样的方式交 pmos 元件复制到 ex11.tdb 文件中。

（7）引用 nmos 元件：选择 Cell→Instance 命令，打开 Select Cell to Instance 对话框，可以看到，在元件列表中有 Cell0，nmos 与 pmos 这 3 个元件，如图 12.3 所示，选择 nmos 元件再单击 OK 按钮，可以看到编辑画面出现一个 nmos 元件，如图 12.4

所示。

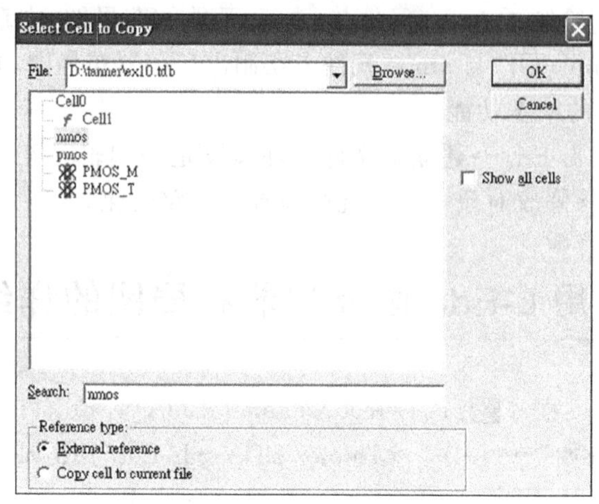

图 12.2 复制 nmos 元件

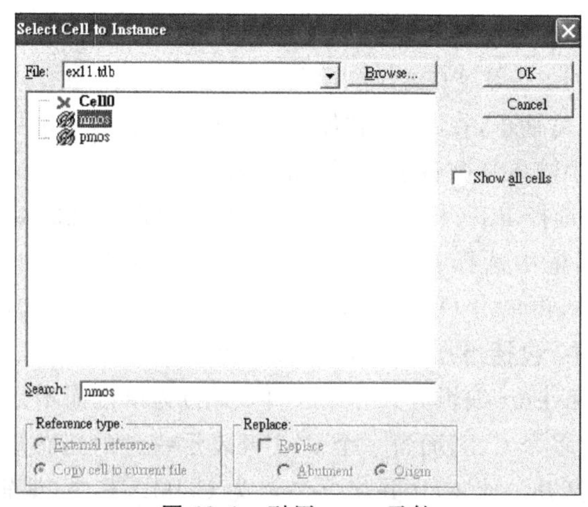

图 12.3 引用 nmos 元件

(8) 引用 pmos 元件：选择 Cell→Instance 命令，打开 Select Cell to Instance 对话框，可以看到，在元件列表中有 Cell0，nmos 与 pmos 这 3 个元件，选择 pmos 元件再单击 OK 按钮，在编辑画面多出一个与 nmos 重叠的 pmos 元件，可利用 Alt 键加鼠标拖动的方式分开 pmos 与 nmos，如图 12.5 所示。

(9) 设计规则检查：在 Cell0 窗口编辑环境下选择 Tools→DRC 命令，或单击，出现 DRC Progress 窗口，显示设计规则检查进行状况。若设计规则检查有错误，会出现一个 DRC Error Navigator 窗口，如图 12.6 所示，显示违反了设计规则 2.3b Source/Drain Active to Well Space 的规定(注意按钮被按下)，并标出错误原因为间距<5 Lambda。展开 DRC Error Naivgator 窗口中 2.3bSource/Drain Active to

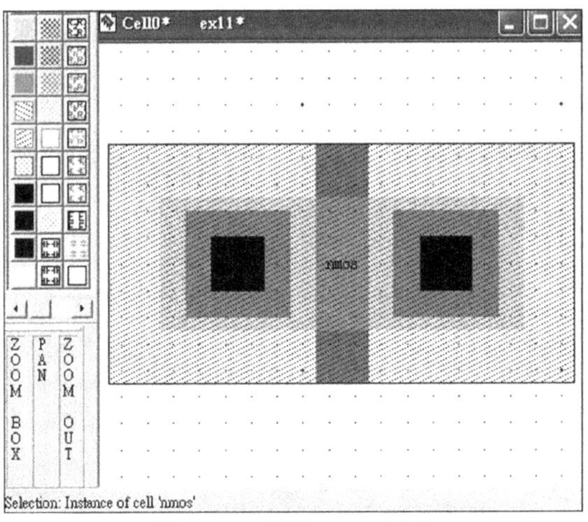

图 12.4 引用 nmos 元件

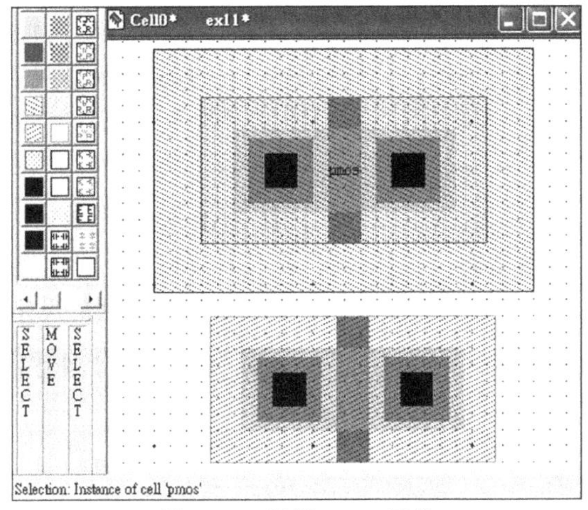

图 12.5 引用 pmos 元件

Well Space [2]<5 Lambda 项，有 2 处错误，单击 Error 1{3.5}，会在 L-Edit 编辑窗口中出现设计规则检查有错误的地方，如图 12.7 所示。一个大圈圈着 nmos 的 Active 与 pmos 的 N Well 之间。可关闭 DRC Error Navigator 窗口。

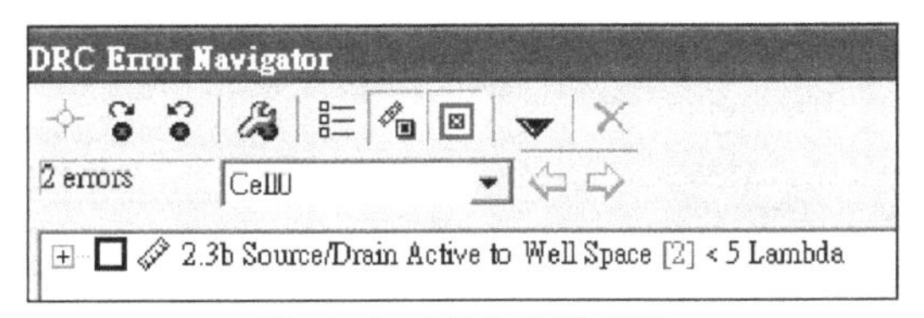

图 12.6 DRC 错误指示

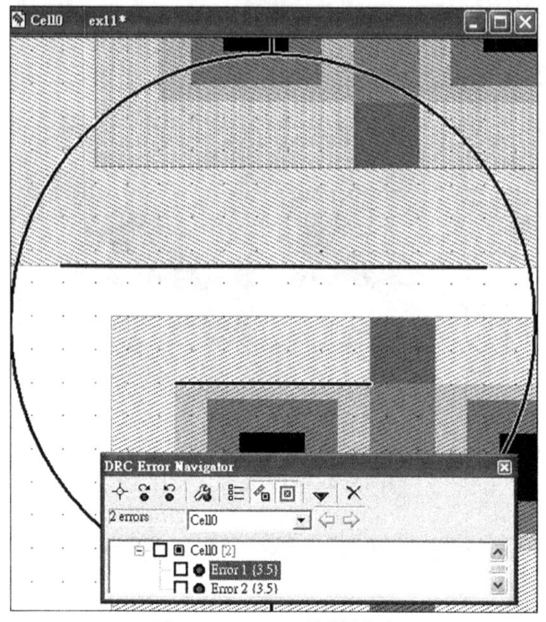

图 12.7 DRC 错误标示

先回到 ex11.tdb 文件，观看本范例设计规则的 2.3b 规则是什么，选择 Tools→DRC 命令，打开 Design Rule Check 对话框，单击其中的 Setup 按钮会出现 Setup Design Rules 对话框（或单击按钮），再从 Rules list 列表框中选择 2.3b Source/Drain Active to Well Space 选项就可以观看该条设计规则的设定，如图 12.8 所示。

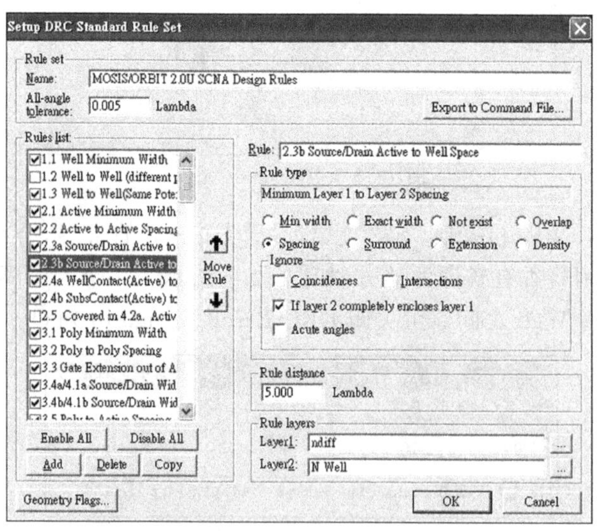

图 12.8 设计规则设定

从 2.3b 间距(Spacing)规则可看出,ndiff 层与 N Well 的距离有最小距离的限制,最小距离为 5 个 Lambda。其中 naiff 即为 field active 与 N Select 交集其定义如图 12.9 所示。而图 12.7 中 ndiff 层与 N Well 边界只有 3.5 个 Lambda,故不符合此设计规则而发生错误。

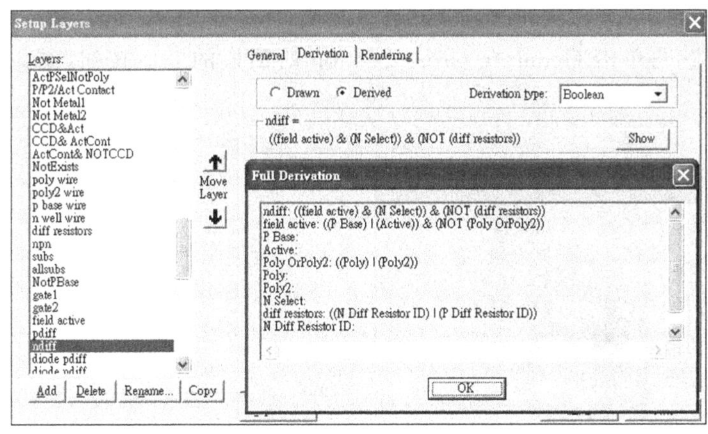

图 12.9 gate 定义

将 nmos 距离与 pmos 距离拉开一点,使 N Well 与 nmos 的 Active 区至少大于 5 个格点即可通过设计规则检查,如图 12.10 所示。

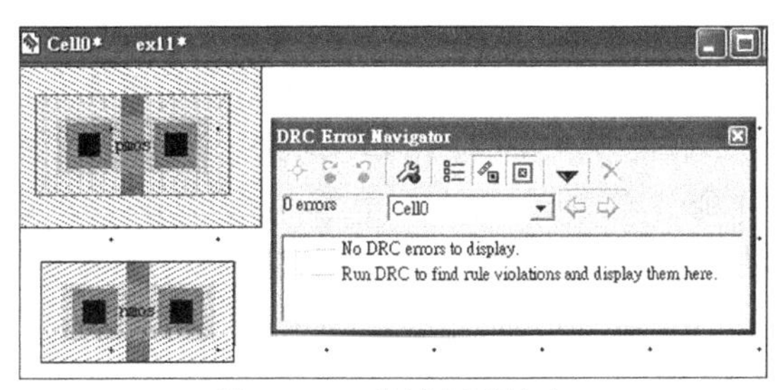

图 12.10 设计规则检查

(10) 新增 PMOS 基板节点元件:选择 Cell→New 命令,打开 Create New Cell 对话框,在 New cell name 文本框中输入"Basecontactp",单击 OK 按钮。

(11) 编辑 PMOS 基板节点元件:由于 PMOS 的基板也需要接通电源,故需要在 N Well 上面建立一个欧姆节点,其方法为在 N Well 上制作一个 N 型扩散区,再利用 Active Contact 将金属线接至此 N 型扩散区。N 型扩散区必须在 N Well 图层绘制出 Active 图层与 N Select 图层,再加上 Active Contact 图层与 Metal1 图层,使金属线与扩散区接触,绘制结果如图 12.11 所示。

其中,N Well 宽为 15 个格点、高为 15 个格点,Active 宽为 5 个格点、高为 5 个格点,N Select 宽为 9 个格点、高为 9 个格点,Active Contact 宽为两个格点、高为两个格点,Metal1宽为4个格点、高为4个格点。

我们要利用L-Edit的观察截面的功能来观察该布局图设计出的元件的制作流程与结果。选择Tools→Cross-Sectian命令(或单击钮),打开Generate Cross-Section对话框,单击其中的Browser按钮,在出现的对话框中选择..\Tanner EDA\LEdit82\Samples\SPR\examplel\lights. xst文件,单击Pick按钮,在编辑画面选择要观察的位置,再单击Generate Cross-Section对话框的OK按钮,结果如图12.12所示。

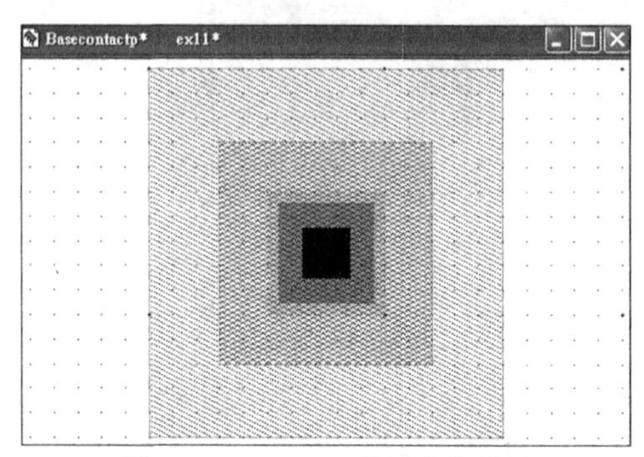

图12.11 PMOS基板节点元件

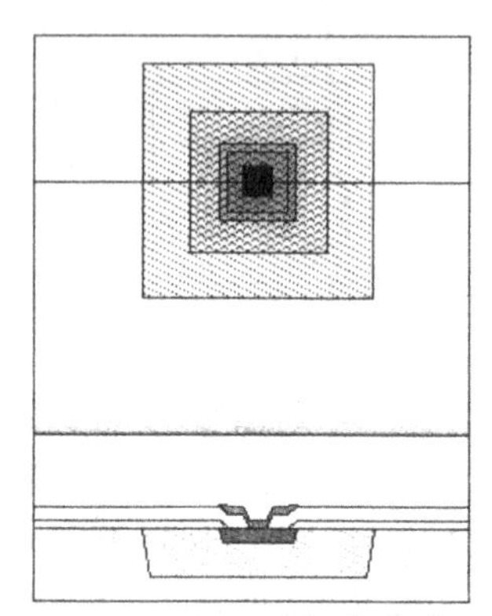

图12.12 PMOS基板节点截面图

(12) 新增NMOS基板接触点:选择Cell→New,出现Create New Cell窗口选单,在New cell name :中填入Basecontactn,单击OK按钮。

(13) 编辑NMOS基板节点元件:由于NMOS的基板也需要接地,故需要在P Base上面建立一个欧姆节点,其方法为在P Base上制作一个P型扩散区,再利用Active Contact将金属线接至此P型扩散区。P型扩散区必须绘制出Active图层与P Select图层,再加上Active Contact图层与Metal1图层,使金属线与扩散区接触,绘制结果如图12.13所示。

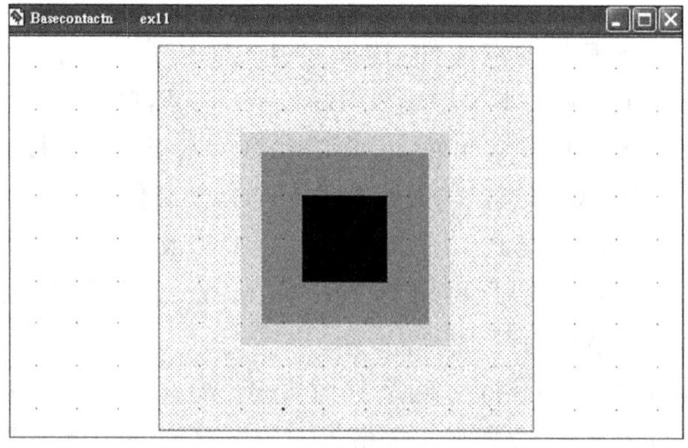

图12.13 NMOS基板节点元件

其中，Active 宽为 5 个格点、高为 5 个格点，P Select 宽为 9 个格点、高为 9 个格点，Active Contact 宽为 2 个格点、高为 2 个格点，Metal1 宽为 4 个格点、高为 4 个格点。

我们要利用 L-Edit 的观察截面的功能来观察该布局图设计出的元件的制作流程与结果。选择 Tools→Cross-Section 命令（或单击按钮），打开 Generate Cross-Section 对话框，单击其中的 Browser 按钮，在弹出的对话框中选择..\Tanner EDA\L-Edit11.0\Samples\SPR\examplel\lights.xst 文件，单击 Pick 按钮，在编辑画面选择要观察的位置，再单击 Generate Cross-Section 对话框的 OK 按钮，结果如图 12.14 所示。

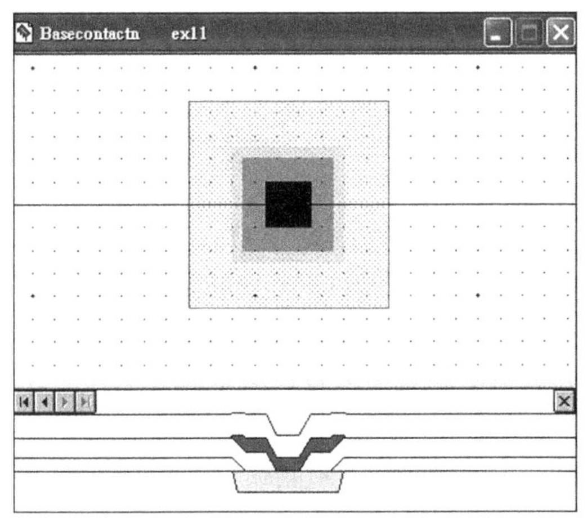

图 12.14 NMOS 基板节点截面图

（14）引用 Basecontactp 元件：选择 Cell→Instance 命令，打开 Select Cell to Instance 对话框，在其中选择 Basecontactp 元件，如图 12.15 所示，单击 OK 按钮，则可将 Basecontactp 元件复制至 ex11.tdb 文件中，并且将其引入到目前编辑的元件中。

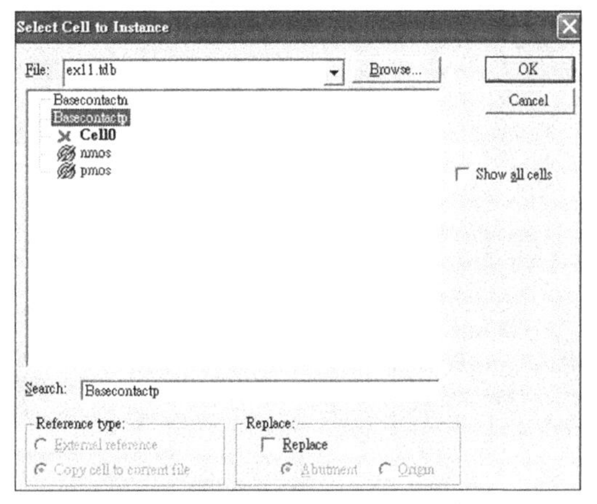

图 12.15 引用 Basecontactp 元件

引入 Basecontactp 元件后，利用 Alt 键加上鼠标左键拖动的方式将其移动到 pmos 元件左边，并进行 DRC 检查，没有错误，如图 12.16 所示，则可关闭 DRC Error Navigator 文本框。

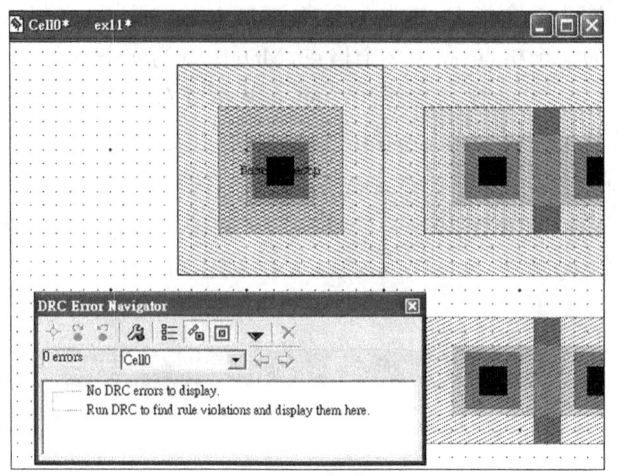

图 12.16 设计规则检查

(15) 引用 Basecontactn 元件:选择 Cell→Instance 命令,打开 Select Cell to Instance 对话框,单击其中的 Browser 按钮,在弹出的对话框中选择第11章所编辑的文件 ex10.tdb,再选择 Basecontactn 元件,单击 OK 按钮,则可将 Basecontactn 元件复制到 ex11.tdb 文件中,并且将其引入目前编辑的元件中。

引入 Basecontactp 元件后,利用 Alt 加上鼠标左键拖动的方式将其移动到 NMOS 元件左边,并进行 DRC 检查,没有错误,如图 12.17 所示,则可关闭 DRC Error Narigator 文本框。

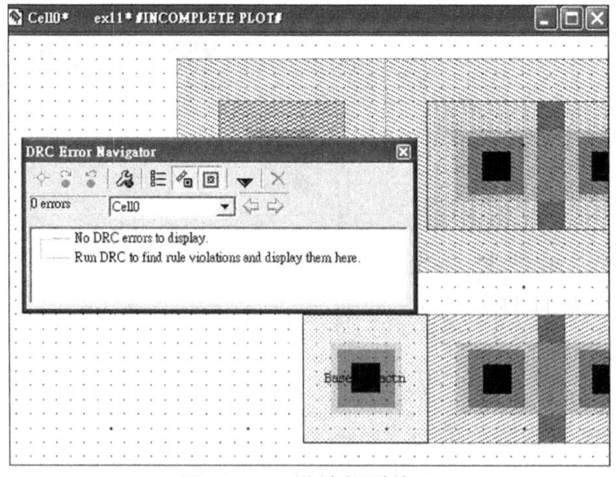

图 12.17 设计规则检查

(16) 连接栅极 Poly:由于反相器电路的 PMOS 与 NMOS 的栅极是要相连的,故直接以 Poly 图层将 PMOS 与 NMOS 的 Poly 相连接,绘制出 Poly 宽 2 个格点、高 6 个格点,如图 12.18 所示。绘制后进行 DRC 检查,没有错误。

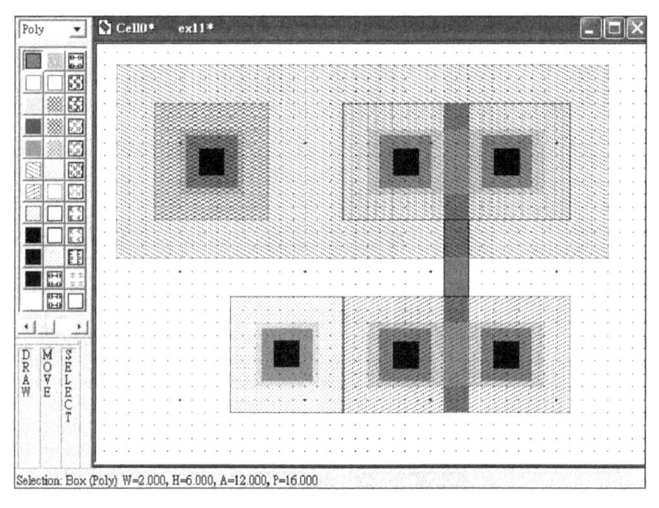

图 12.18 连接栅极 Poly

(17) 连接漏极:由于反相器电路的 NMOS 漏极与 PMOS 漏极是要相连的,则以 Metal1 连接即可,利用 Metal1 将图 12.18 中的 NMOS 与 PMOS 的右边扩散区有接触点处相连接,绘制出 Metal1 宽 2 个格点、高 6 个格点,如图 12.19 所示。绘制后进行检查,没有错误。

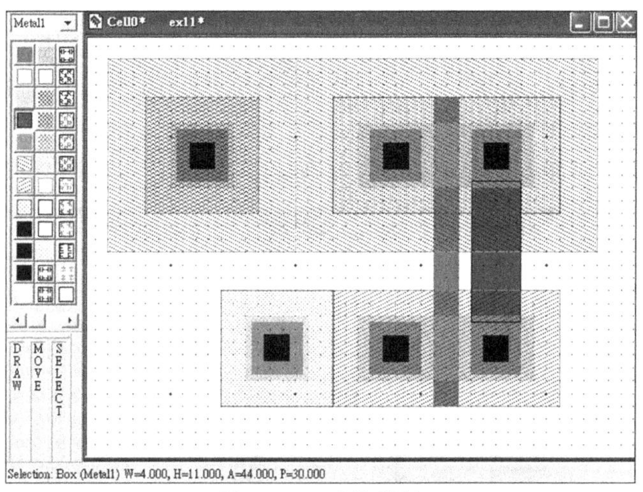

图 12.19 连接漏极

(18) 绘制电源线:由于反相器电路需要有 Vdd 电源与 GND 电源,电源绘制是以 Metal1 图层表示,利用 Metal1 将图 12.19 中 PMOS 上方与 NMOS 下方各绘制一个宽为 39 个格点高为 5 个格点的电源图样,绘制后进行 DRC 检查,出现 DRC Progress 窗口,显示设计规则检查进行状况。若设计规则检查有错误,会出现一个 DRC Error Navigator 窗口,显示违反了设计规则 7.2 Metal1 to Metal1 Spacing 的规定(注意[图标]按钮被按下),并标出错误原因为间距<3 Lambda。展开DRC Error Navigator窗口中7.2 Metal1 to Metal1 Spacing[6]<3 Lambda项,有6处错误,选择Error 6 {2.5},会在L-Edit编辑窗口中出现设计规则检查有错误的地方,如图12.20所示。一个大圈圈着两个Metal 1与Metal1区块。可关闭DRC Error Navigator窗口。

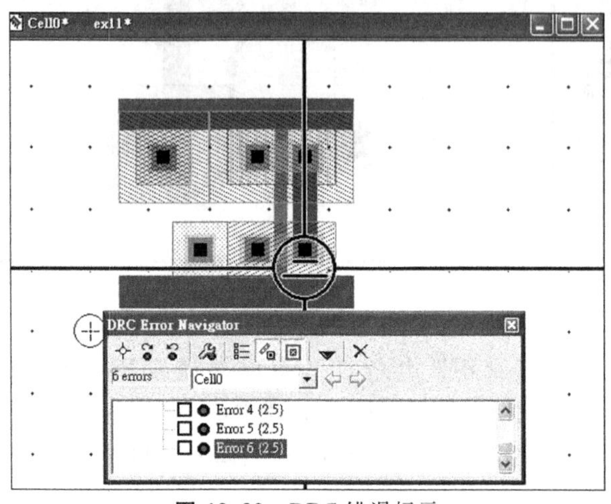

图 12.20 DRC错误标示

先回到ex10.tdb文件观看本范例设计规则的7.2规则是什么,选择Tools→DRC命令,打开Design Rule Check对话框,单击其中的Setup按钮会出现Setup Design Rules对话框(或单击[图标]按钮),从其中的Rules list列表框选择7.2 Metal1 to Metal1 Spacing选项可以观看该条设计规则设定,如图12.21所示。

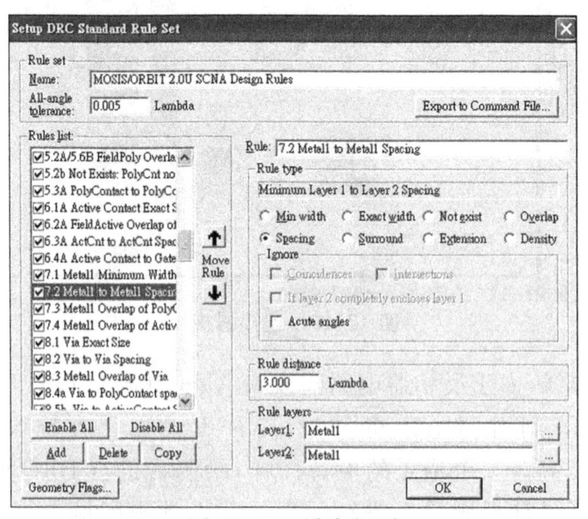

图 12.21 设定规则

此规则为最小间距(Minimum Spacing)规则，7.2 规则说明 Meta 1 层与 Meatl 1 层间有最小间距的规则，其最小间距为 3 个 Lambda。而图 12.20 中的上方作为电源的 Metal1 图层与 pmos 中的 Metal1 图层只有 2.5 个格点，下方作为电源的 Metal1 图层与 nmos 中的 Metal1 图层也只有 2.5 个格点，故将其修改为至少相隔 3 个格点，可利用 Draw→Move By 命令移动对象，再以设计规则检查按钮设置至无误为止，如图 12.22 所示。

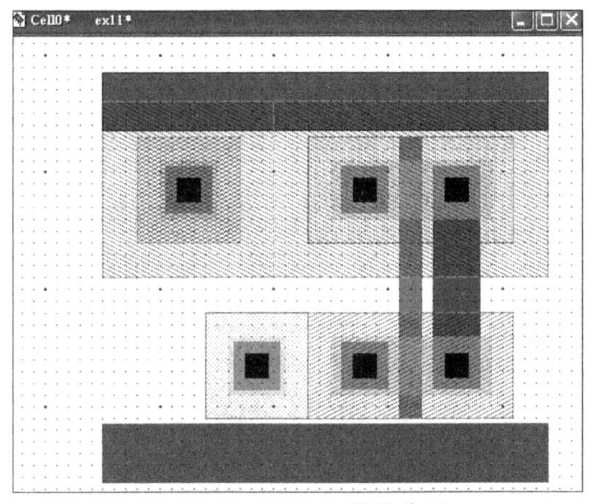

图 12.22 调整电源线位置

(19) 标出 Vdd 与 GND 节点：单击插入节点按钮□，再到编辑窗口中用鼠标左键拖出一个与上方电源图样重叠的宽为 39 个格点、高为 5 个格点的方格后，将出现 Edit Object (s)对话框，如图 12.23 所示。

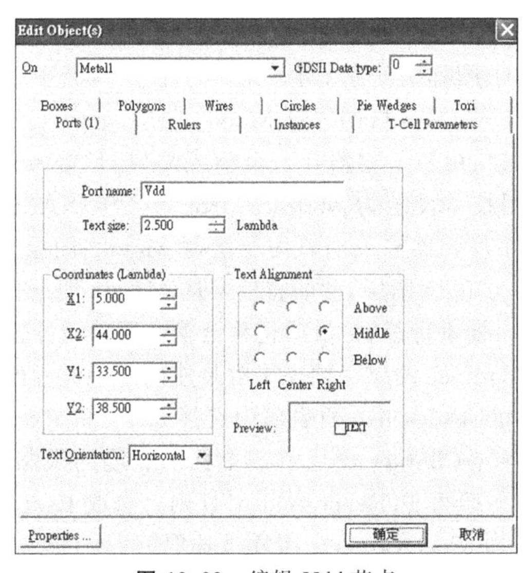

图 12.23 编辑 Vdd 节点

在Port name文本框中输入节点名称“Vdd”，在Text Alignment选项组中选择文字相对于框的位置的右边，单击“确定”按钮。再单击按钮，再到编辑窗口中用鼠标左键拖出一个与下方电源图样重叠的宽为39个格点、高为5个格点的方格后，出现Edit Object (s)对话框，首先需要确定最上方的On下拉列表框选择的是Metal1，接着在Port name文本框输入节点名称“GND”，在Text Alignment选项组选择文字相对于框位置的左边，再单击“确定”按钮，结果如图12.24所示。

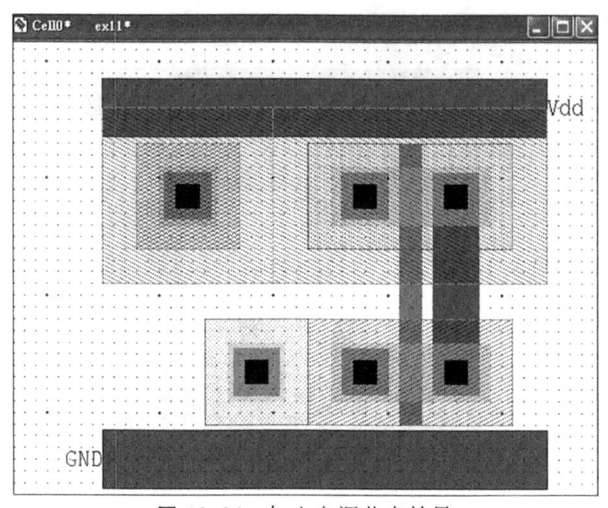

图12.24 加入电源节点结果

(20) 连接电源与接触点：将PMOS的左边接触点与Basecontactp的接触点利用Metal1图层与Vdd电源相连接，而将NMOS的左边接触点与Basecontactn的接触点利用Metal1图层与GND电源相连接。在Layers面板中的下拉列表中选择Metal1选项，使Metal1图样被选取，再从Drawing工具栏中选择工具，在Cell0编辑窗口画出4个宽4格、高3格的方形Metal1图层，如图12.25所示。

(21) 加入输入端口：由于反相器有一个输入端口，且输入信号是从栅极(Poly)输入，由于此范例使用技术设定为MOSIS/Orbit 2U SUNAMEMS，输入输出信号由Metal2传入，故一个反相器输入端口需要绘制Metal2图层、Via图层、Metal1图层、Poly Contact图层与Poly图层，才能将信号从Metal2图层传至Poly层。

先在编辑窗口空白处进行编辑，最后再移至整个元件的位置。先绘制Poly Contact图层，绘制Poly Contact图层必须先了解是使用哪种流程的设计规则，单击按钮，从弹出的对话框中的Rules list列表框中选择8.1 Via Exact Size选项。从8.1规则的内容可知，若Poly Contact图层有一个标准宽度的限制，其宽度限定为两个Lambda的大小，这是标准宽度(Exact Width)规则。选取Layers面板中下拉列表中的Poly Contact选项，使Poly Contact图样被选取，再从Drawing工具栏中选择工具，在Cell0编辑窗口画出横向两格、纵向两格的方形。

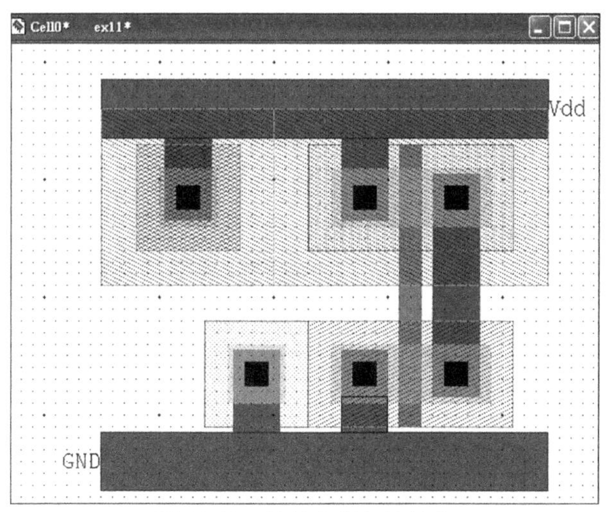

图 12.25 连接电源与接触点

再绘制 Poly 图层，Poly 图层与 Ploy Contact 图层间有一个环绕规则要遵守，单击按钮，从弹出的对话框中的 Rules list 列表框中选择 5.2A/5.6B FieldPoly Overlap of PolyCnt 选项，如图 12.26 所示。

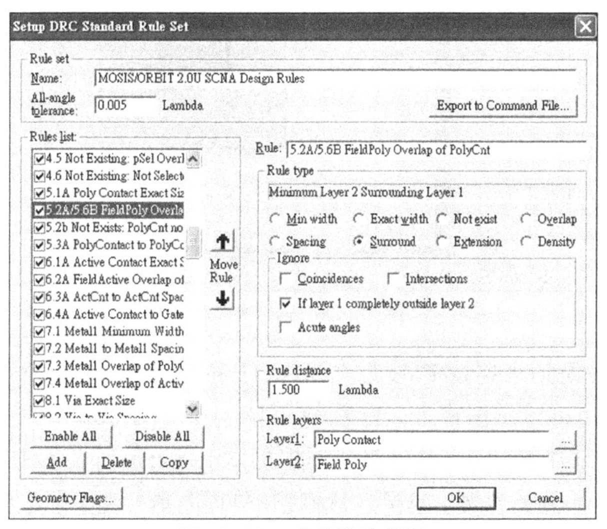

图 12.26 观看设计规则

从 5.2A 规则内容可知，Poly Contact 边缘与 Field Poly 边缘至少要有 1.5 个 Lambda 的距离。Field Poly 层的定义可以通过选择 Setup→Layer 命令来观看，如图 12.27 所示，即代表不在 Active 上的 Poly。

在 Layers 面板的下拉列表中选择 Poly 选项，使 Poly 图样被选取，再从 Drawing

工具栏中选择□工具，在 Cell0 编辑窗口画出横向 5 格、纵向 5 格的方形，将刚才绘制的 Poly Contact 包围住，如图 12.28 所示。

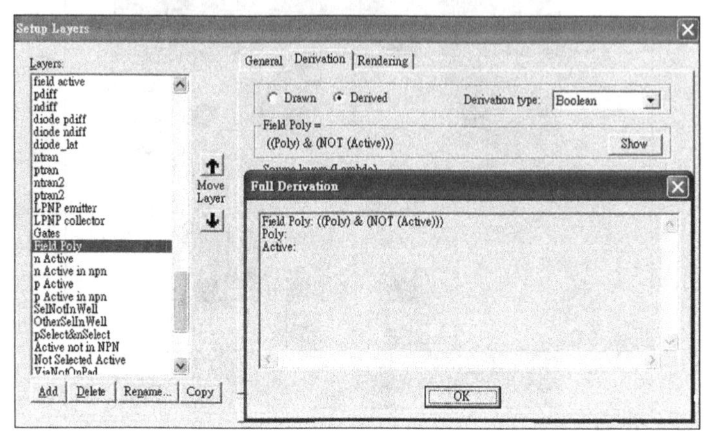

图 12.27　观看设计规则

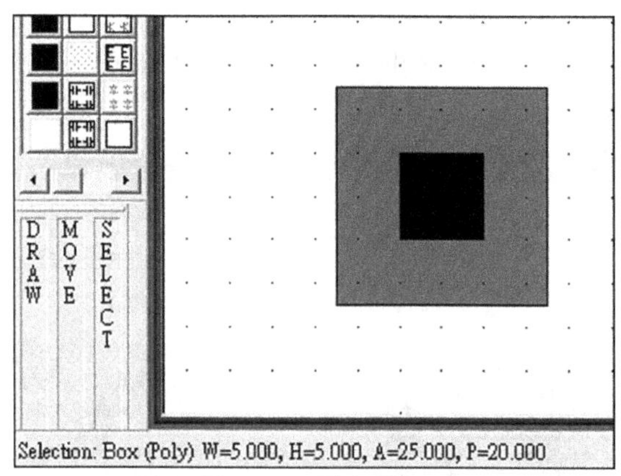

图 12.28　输入端口

Poly Contact 是用来连接 Poly 层与 Metal1 的接触孔，故接着绘制 Metal1 图层使之重叠于 Poly Contact 图样上，注意，Metal1 与 Poly Contact 层之间也有一个环绕规则要遵守，单击按钮，从弹出对话框中的 Rules list 列表框中选择 7.3 Metal1 Overlap of PolyContact 选项。从 7.3 规则内容可知，Poly Contact 边缘与 Metal1 边缘至少要有 1 个 Lambda 的距离。在 Layers 面板的下拉列表中选择 Metal1 选项，使 Metal1 图样被选取，再从 Drawing 工具栏中选择□工具，在 Cell0 编辑窗口画出横向 10 格、纵向 4 格的方形，如图 12.29 所示。

接着在 Metal1 上要绘制 Via 图层，Via 图层是用来连接 Metal1 图层与 Metal2 图层的接触孔。绘制 Via 图层之前要先观看其设计规则，单击按钮，从弹出的对话框中的 Rules list 列表框中选择 8.1 Via Exact Size 选项，从 8.1 规则内容可知，Via

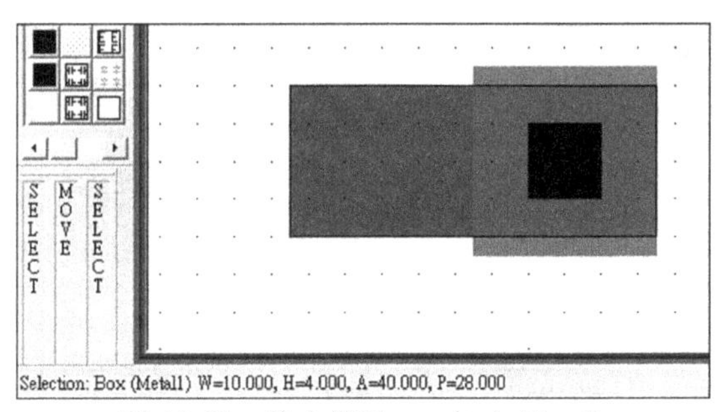

图 12.29 输入端口——加入 Metal1

图层有一个标准宽度(Exact Size)的限制,其宽度限定为两个 Lambda 的大小,这是标准宽度规则。再从 Rules list 列表框中选择 8.5a Via to Poly Spacing 选项,从 8.5 规则内容可知,Via 图层与 Poly 图层之间有最小间距(Minimum Spacing)的规则,两者至少要有两个 Lambda 的距离。再从 Rules list 列表框中选择 8.3 Metal1 Overlap of Via 选项,从 8.3 规则内容可知,Via 图层与 Metal1 图层有环绕(Surround)规则限制,Via 图层边缘与 Metal1 图层边缘至少要距离一个 Lambda。下面将上述三条要注意的设计规则整理在表 12.1 中。

表 12.1 Via 图层相关设计规则

设计规则	类 型	距离规则	说 明
8.1 Via Exact Size	Exact Width	2 Lambda	Via 图层有一个标准宽度的限制,其宽度限定为两个 Lambda 的大小
8.5a Via to Poly Spacing	Spacing	2 Lambda	Via 图层与 Poly 图层之间有最小间距的规则,两者至少要有两个 Lambda 的距离
8.3 Metal1 Overlap of Via	Surround	1 Lambda	Via 图层与 Metal1 图层有环绕规则限制,Via 图层边缘与 Metal1 图层边缘至少要距离一个 Lambda

在 Layers 面板的下拉列表中选择 Via 选项,使 Via 图样被选取,再从 Drawing 工具栏中选择□工具,在 Cell0 编辑窗口画出横向两格、纵向两格的方形,如图 12.30 所示。

接着绘制 Metal2 图层,它要与图层 Via 与 Metal1 重叠,绘制 Via 图层之前要先观看其设计规则。单击按钮,从弹出的对话框中的 Rules list 列表框中选择 9.1 Metal2 Minimum Width 选项,可以看到 Metal2 有最小宽度的限制,其宽度限定最小为三个 Lambda,这是最小宽度规则。再从 Rules list 列表框中选择 9.3 Metal2 Overlap of Via1 选项,可以看到 Via 图层与 Metal2 图层有环绕规则限制,Via 边缘与 Metal2 边缘至少要距离一个 Lambda。下面将上述两条要注意的设计规则整理在表 12.2 中。

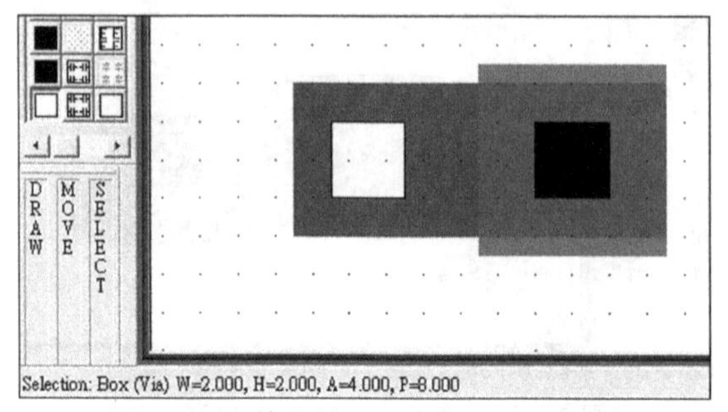

图 12.30 输入端口——加入 Via 图层

表 12.2 Metal2 图层相关设计规则

设计规则	类 型	距离规则	说 明
9.1 Metal2 Minimum Width	Minimum Width	3 Lambda	Metal2 图层有最小宽度的限制，其宽宽限定最小为三个 Lambda
9.3 Metal2 Overlap of Via 1	Surround	1 Lambda	Via 图层与 Metal2 图层有环绕规则限制，Via 边缘与 Metal2 边缘至少要距离一个 Lambda

在 Layers 面板的下拉列表中选择 Metal2 选项，使 Metal2 图样被选取，再从 Drawing 工具栏中选择□工具，在 Cell0 编辑窗口画出横向 4 格、纵向 4 格的方形，如图 12.31 所示。注意，此 Metal2 图层与 Via 和 Metal1 图层重叠。

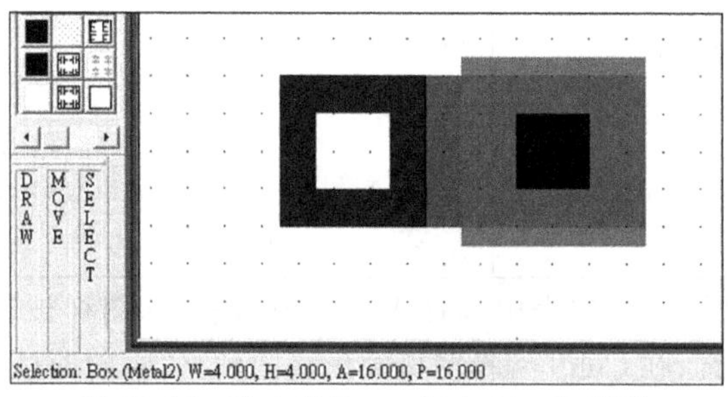

图 12.31 输入端口——加入 Metal2 图层

将绘制结果利用局部设计规则检查按钮，可进行局部的设计规则检查。方法为单击按钮，利用鼠标左键拖出要检查的地方，如刚才绘制的图 12.32，出现 DRC Progress 窗口，显示设计规则检查进行状况。若设计规则检查有没有错误，会出现一个 DRC Error Navigator 窗口，显示没有错误。可关闭 DRC Error Navigator 窗口。可选择 Tools→Clear Error Layor 命令，或单击，出现 Delete Objects on Error Layer 对话框，按 OK 钮，可看到 L-Edit 编辑窗口上的“#IMCOMPLETE PLOT#”字消失。

可将此输入端口图形群组起来，先用选取按钮选取如图 12.32 所示的布局部分，再选择 Draw→Group 命令，会出现 Group 对话框。在 Group Cell Name 文本框中命名此群组的一个元件名称，之后单击 OK 按钮。

图 12.32 群组

群组后会使文件 ex11 多出一个 Cell，并使刚才群组的区域变成引用元件类型，如图 12.33 所示。

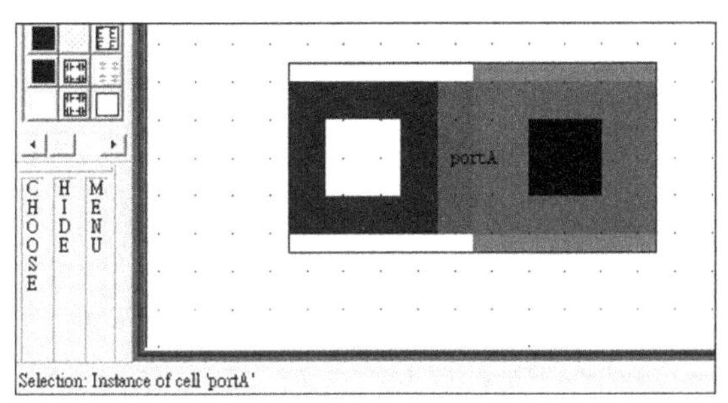

图 12.33 群组结果

将 portA 部分移至反相器栅极的位置当成输入端口，结果如图 12.34 所示。注意，在放置时 Metal1 与 Metal1 之间要距离三个格点以上，并要以设计规则检查无误才可。

要将加入的 portA 元件加入节点名称作为输入点，需利用加入节点按钮。单击按钮，再在 Layers 面板的下拉列表中选择 Metal2 选项，使 Metal2 图样被选取，再到编辑窗口中用鼠标左键拖曳出一个与 portA 元件的 Metal2 图样重叠的宽为 4 个格点、高为 4 个格点的方格后，会出现 Edit Object (s)对话框，若未先选取 Metal2 即画出节点，也可以在最上方的 On 下拉列表中选择 Metal2 选项，结果如图 12.35 所示。

在 Port name 文本框输入输出端口名称“A”，在 Text Alignment 选项组选择文字相对于框的位置的左边，再单击“确定”按钮，结果如图 12.36 所示。

下面利用 L-Edit 的观察截面的功能来观察该布局图设计出的元件的制订流程与结果。选择 Tools→Cross-Section 命令（或单击按钮），打开 Generate Cross-

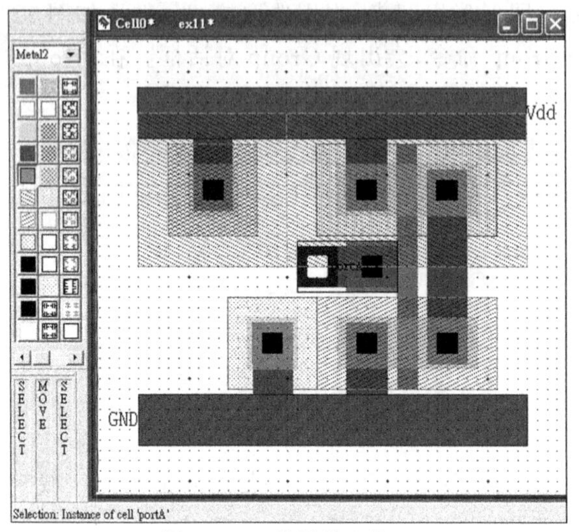

图 12.34 放置输入端口

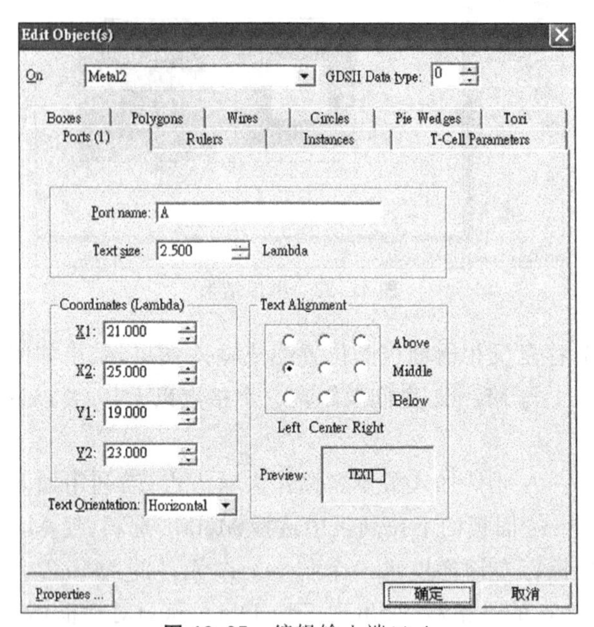

图 12.35 编辑输入端口 A

Section 对话框，单击其中的 Browser 按钮，在弹出的对话框中选择..\Tanner EDA\L-Edit11.1\Samples\SPR\examplel\lights.xst 文件，单击 Pick 按钮，在编辑画面选择要观察的位置，再单击 Generate Cross-Section 对话框的 OK 按钮，结果如图 12.37 所示。

(22) 加入输出端口：反相器有一个输出端口，输出信号是从漏极输出，由于此范

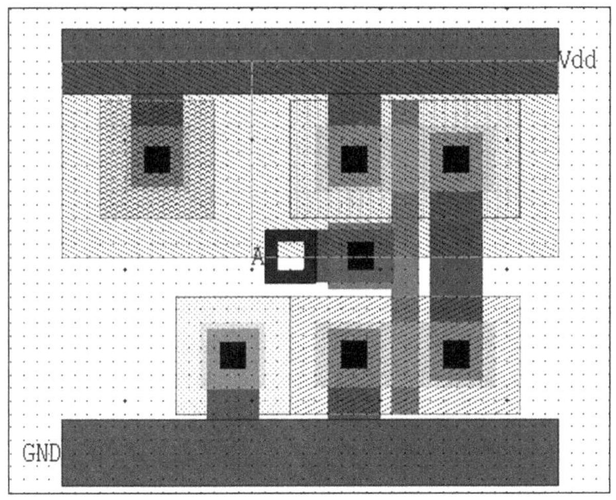

图 12.36 编辑输入端口 A 结果

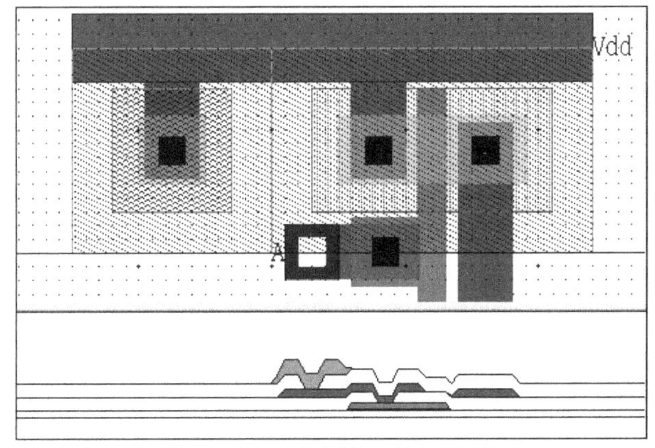

图 12.37 观察输入端口截面

例使用技术设定为 MOSIS/Orbit 2U SCNAMEMS，输入输出信号由 Metal2 传出，故可在连接 PMOS 与 NMOS 漏极区的 Metal1 上绘制 Via 图层与 Metal2 图层，才能将漏极信号从 Metal1 图层传至 Metal2 图层。

先绘制 Via 图层，Via 是用来连接 Metal1 层与 Metal2 层的接触孔。绘制 Via 之前先观看其设计规则。选择 Tools→DRC Setup 命令，或单击按钮，出现 Setup DRC 对话框，选取 Edit 按钮，再从 Rules list 单击“9.1 Metal2 Minimum Width”规则，可以看到 Metal2 有最小宽度的限制，其宽度限定最小为 3 个 Lambda，这是最小宽度(Minimum Width)规则。再从 Rules list 观察 8.1、8.5b.、8.5c 与 8.5d 规则，整理如表 12.3 所示。

表 12.3 Via 图层相关设计规则

设计规则	类　型	距离规则	说　明
8.1 Via Exact Size	Exact Width	2 Lambda	Via 图层有一个标准宽度的限制，其宽度限定为两个 Lambda 的大小
8.5b. Via to Active Contact Spacing	Spacing	2 Lambda	Via 图层与 ActiveContact 图层之间有最小间距的规则，两者至少要有两个 Lambda 的距离
8.5c Via to Active Spacing	Spacing	2 Lanbda	如果 Via 图层不完全在 Active 内，则 Via 图层与 ActiveContact 图层之间有最小间距的规则，两者至少要有两个 Lambda 的距离
8.3 Metal1 Overlap of Via	Surround	1 Lambda	Via 图层与 Metal1 图层有环绕规则限制，Via 图层边缘与 Metal1 图层边缘至少要距离 1 个 Lambda
8.5d Via (On Active) to Active Edge	Surround	2 Lambda	如果 Via 图层完全在 Active 内，则 Via 图层与 Active 图层有环绕规则限制，Via 图层边缘与 Active 图层边缘至少要距离两个 Lambda

在 Layers 面板的下拉列表中选择 Via 选项，使 Via 图样被选取，再从 Drawing 工具栏中选择□工具，在 Metal1 图层上画出横向两格、纵向两格的方形，注意，不要违背表 12.3 所示的规则，绘制结果如图 12.38 所示，并以设计规则来进行检查。

接着绘制 Metal2 图层，它要与 Via 与 Metal1 图层重叠，绘制 Metal2 图层之前要先观看其设计规则，单击按钮，观察 9.1 与 9.3 规则，整理如表 12.4 所示。

表 12.4 Metal2 图层相关设计规则

设计规则	类　型	距离规则	说　明
9.1 Metal2 Minimum Width	Minimum Width	3 Lambda	Metal2 有最小宽度的限制，其宽度限定最小为 3 个 Lambda
9.3 Metal2 Overlap of Vial	Surround	1 Lambda	Via 图层与 Metal2 图层有环绕规则限制，Via 边缘与 Metal2 边缘至少要距离 1 个 Lambda

在 Layers 面板的下拉列表中选择 Metal2 选项，使 Metal2 图样被选取，再从 Drawing 工具栏中选择□工具，于刚才绘制的 Via 图层周围画出横向 4 格、纵向 4 格的方形，如图 12.39 所示。注意，此 Metal2 图层与 Via 和 Metal1 图层重叠。

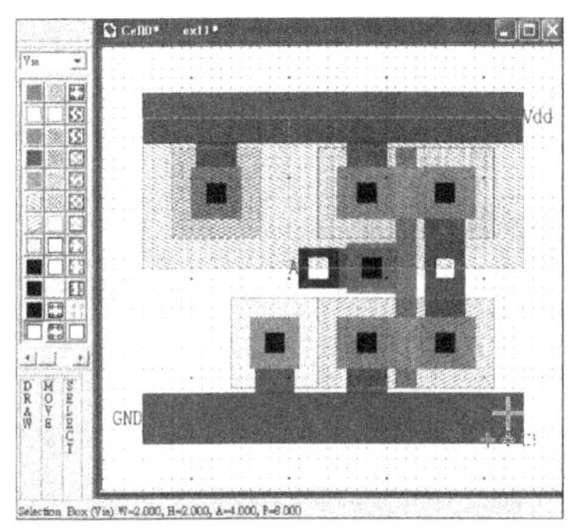

图 12.38 输出端口——加入 Via 图层

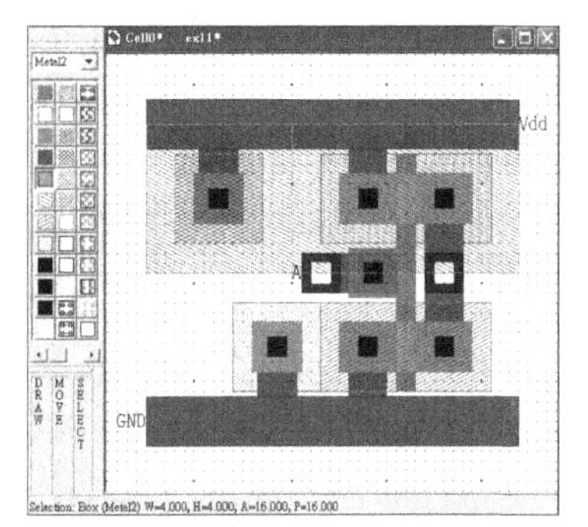

图 12.39 输出端口——加入 Metal2 图层

将绘制的输出端口取名为 OUT，要利用加入节点按钮。单击按钮，再在 Layers 面板的下拉列表中选择 Metal2 选项，使 Metal2 图样被选取，再到编辑窗口中用鼠标左键拖出一个与刚绘制的 Metal2 图样重叠的宽为 4 个格点、高为 4 个格点的方格后，出现 Edit Object (s)对话框，如图 12.40 所示。

在 Port name 文本框中输入输入端口名称“OUT”，在 Text Alignment 选项组中选择文字相对于框的位置的右边，再单击“确定”按钮，结果如图 12.41 所示。

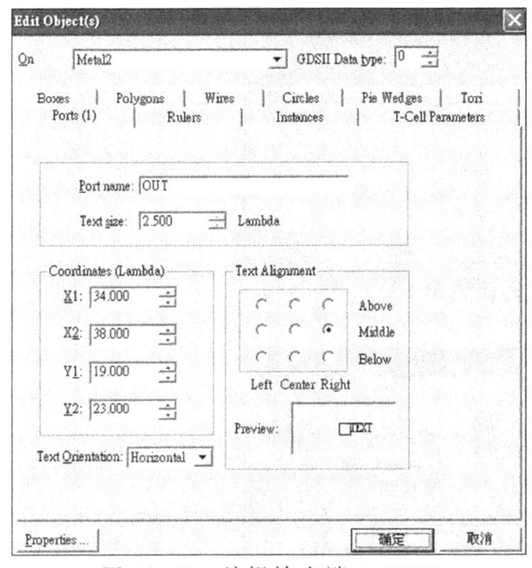

图 12.40 编辑输出端口 OUT

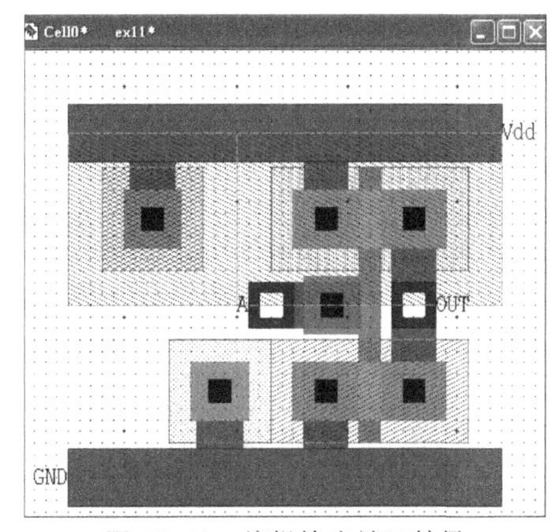

图 12.41 编辑输出端口结果

(23) 更改元件名称：将反相器布局图更改 Cell 名称，可选择 Cell→Rename Cell 命令，打开 Rename Cell Cell0 对话框，将 cell 名改为 inv，如图 12.42 所示。

(24) 转化：将反相器布局图成果转化成 T-Spice 文件，可选择 Tools→Extract 命令(或单击按钮)，打开 Extract 对话框，单击其中的 Browser 按钮，在弹出的对话框中选择..\Tanner EDA\L-Edit\11.1\Samples\SPR\examplel \lights. ext 文件，如图 12.43 所示，再到 Output 选项卡，在 Write nodes and devices as 选项组中选

中 Name 单选按钮，即设定输出节点以名字出现，并在 SPICE include statement 文本框输入“. include c:\Tanner EDA\T-Spice 11. 0\models\ml2_125. md”，如图 12.44 所示，单击 Run 按钮。

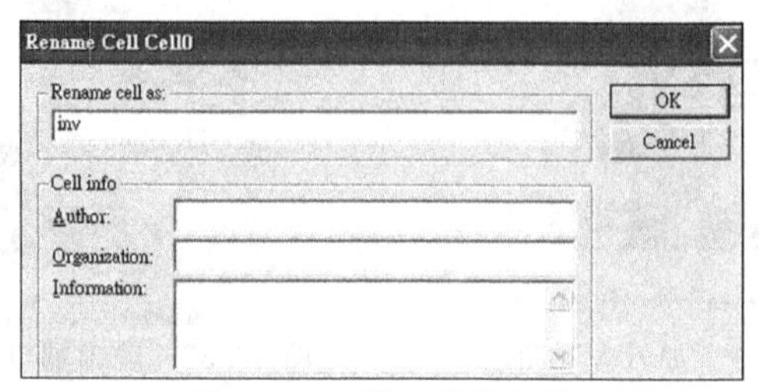

图 12.42 更改元件名称

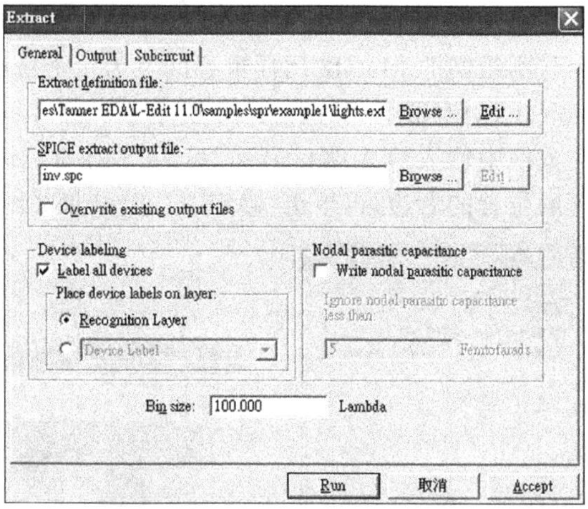

图 12.43 转化设定

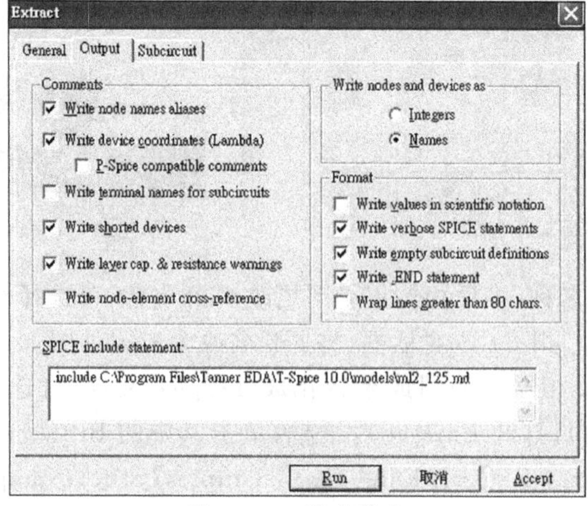

图 12.44 转化设定

转化结果可通过选择File→Open命令来观看inv.spc文件得到，如图12.45所示。再利用T-Spice来设定仿真。

```
inv
* NODE NAME ALIASES
*       1 = A (21,19)
*       2 = OUT (34,19)
*       3 = GND (5,3.5)
*       4 = Vdd (5,33.5)


M1 OUT A GND GND NMOS L=2u W=5u     $ (31 11 33 16)
M2 OUT A Vdd Vdd PMOS L=2u W=5u     $ (31 26 33 31)

* Total Nodes: 4
* Total Elements: 2
* Total Number of Shorted Elements not written to the SPICE file: 0
* Output Generation Elapsed Time: 00.016 sec
* Total Extract Elapsed Time: 45.531 sec (45.531 sec)
.END
```

图 12.45 转化结果

(25) T-Spice仿真：将反相器布局图转化出的结果inv.spc利用T-Spice来进行仿真。可参考第8章的设定，程序如下：加载包含文件→Vdd电压值设定→设定A的输入信号→分析设定→输出设定→进行仿真，设定完的结果如图12.46所示。

```
inv
* Extract Date and Time:  03/12/2005 - 00:04
.include "C:\Program Files\Tanner EDA\T-Spice 10.0\models\ml2_125.md"
M1 OUT A GND GND NMOS L=2u W=5u     $ (31 11 33 16)
M2 OUT A Vdd Vdd PMOS L=2u W=5u     $ (31 26 33 31)
vvdd Vdd GND 5
va A GND PULSE (0 5 0 5n 5n 50n 100n)
.tran 1n 400n
.print tran v(A) v(OUT)
* Total Nodes: 4
* Total Elements: 2
* Total Number of Shorted Elements not written to the SPICE file: 0
* Output Generation Elapsed Time: 00.016 sec
* Total Extract Elapsed Time: 45.531 sec (45.531 sec)
.END
```

图 12.46 T-Spice设定

仿真结果在W-Edit中的状态如图12.47所示。

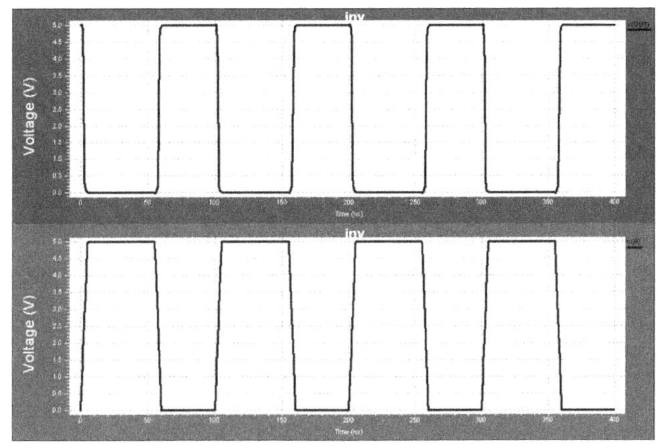

图 12.47 观看反相器布局图仿真结果

12.2 说 明

● Field Poly 图层:Field Poly 图层不是基本图层,是 Active 区域以外的 Poly 区域,其定义与相关图层如表 12.5 所示。

表 12.5 Field Poly 图层定义

图 层	定 义	说 明
Field Poly	(Field Poly) = (Poly) AND NOT (Active)	此图层为 Active 区域以外的 Poly 区域

● ndiff 图层:ndiff 图层不是基本图层,ndiff 图层的定义与相关图层定义整理如表 12.6 所示。此图层为 diff resistors 以外的 field active 与 N Select 交集区域。其中 diff resistors 图层为电阻层,field active 为 Poly 或 Poly2 区域以外的 Active 区域或 P Base 区域。

表 12.6 ndiff 图层定义

图 层	定 义	说 明
ndiff	(ndiff)=(field active) AND (N Select) AND NOT (diff resistors)	此图层电阻区以外的 field active 区域与 N Select 交集区域
field active	(field active)=(P Base) OR (Active) AND NOT (Poly OrPoly2)	此图层为 Poly 或 Poly2 区域以外的 Active 区域或 P Base 区域
Poly OrPoly2	(Poly OrPoly2) = (Poly) OR (Poly2)	Poly 或 Poly 的区域
diff resistors	(diff resistors) = (N Diff Resistor ID) OR (PDiff Resistor ID)	N 型扩散电阻或 P 型扩散电阻区域

● 转化定义文件:进行 L-Edit 的布局图转化,是利用 Extract 对话框进行转化定义文件(Extract Definition File)设定与转化文件名称设定。其中转化定义文件中定义了各图层构成的元件与图层接接的要点,本范例使用的转化定义文件部分内容如图 12.48 所示。

● 转化:L-Edit 有转化(Extract)功能,能够将布局图转化成描述元件与节点状况的 netlist 文字文件。L-Edit 可以辨认的主动元件有 BJT、二极管 diodes、GaAsFET、JFET 与 MOSFET,被动元件有电容、电感与电阻。此转化文件可用在 SPICE 仿真时使用或是作为 LVS 对比时使用。本范例的转化结果是得到两个 MOS 元件,每个元件各有 4 个节点和两组参数,如图 12.45 所示,将其说明整理如表 12.7 所示。

```
lights.ext
connect(n well wire, ndiff, ndiff)
connect(subs, pdiff, pdiff)
connect(allsubs, subs, subs)
connect(p base wire, pdiff, pdiff)
connect(npn, pdiff, pdiff)
connect(P Base, subs, P Base)
connect(ndiff, Metal1, Active Contact)
connect(pdiff, Metal1, Active Contact)
connect(poly wire, Metal1, Poly Contact)
connect(poly2 wire, Metal1, Poly2 Contact)
connect(Metal1, Metal2, Via)
connect(LPNP emitter, pdiff, LPNP emitter)
connect(LPNP collector, pdiff, LPNP collector)

# NMOS transistor with poly1 gate
device = MOSFET(
          RLAYER=ntran;
          Drain=ndiff, WIDTH;
          Gate=poly wire;
          Source=ndiff, WIDTH;
          Bulk=subs;
          MODEL=NMOS;
          )
```

图 12.48 转化定义文件内容

表 12.7 转化结果说明

名 称	漏 极	栅 极	源 极	基 板	元件类型	通道长度	通道宽度
M1	Out	A	Gnd	Gnd	NMOS	L=2u	W=5u
M2	Out	A	Vdd	Vdd	PMOS	L=2u	W=5u

有关转化定义文件中 NMOS 晶体管与 PMOS 晶体管的定义整理如表 12.8 所示。

表 12.8 转化定义文件中 NMOS 晶体管与 PMOS 晶体管的定义

NMOS 晶体管	PMOS 晶体管
# NMOS transistor with poly1 gate	# PMOS transistor with poly1 gate
device=MOSFET(	device=MOSFET(
RLAYER=ntran;	RLAYER=ptran;
Drain=ndiff,WIDTH;	Drain=pdiff,WIDTH;
Gate=poly wire;	Gate=poly wire;
Source=ndiff,WIDTH;	Source=pdiff,WIDTH;
Bulk=subs;	Bulk=n well wire;
MODEL=NMOS;	MODEL=PMOS;
)	)

转化定义文件中 NMOS 晶体管与 PMOS 晶体管的定义中有一些图层是由所绘制的图层重叠所产生的，其定义可以利用 L-Edit 中的 Setup→Layers 命令观看，整理

如表12.9所示。

表12.9 图层定义

图 层	定 义	说 明
subs	(subs)=NOT (N Well)	L-Edit编辑环境是预设在P型基板上，读间不需要定义出P型基板范围，P型基板图层是NWell以外的区域NOT (N Well)
n well wire	(n well wire=(N Well) AND NOT (N Well Resistor ID) AND NOT(NPN ID)	本范例中n well wire即代表N Well部分
ndiff	(ndiff)=(field active) AND (N Select) AND NOT (diff resistors)	本范例中ndiff即代表field active区域与NSelect交集区域
poly wire	(poly wire)=(Poly) AND NOT (Poly Resistor ID)	本范例中poly wire代表Poly区域
pdiff	(pdiff)= (field active) AND (P Select) AND NOT (diff resistors)	本范例中ndiff即代表field active区域与PSelect交集区域
ptran	(ptran)=(gatel) AND (N Well) AND NOT (PMOS Capacitor ID)	本范例ptran区域即为gatel区域与N Well区的交集处
ntran	(ntran) = (gatel) AND (subs) AND NOT (NMOS Capacitor ID)	本范例ntran区域即为gatel区域与P型基板区的交集处
gatel	(gatel)= (Poly) AND (Active)	本范例gatel区域即为Poly区域与Active区域的交集处
field active	(field active) = (P Base) OR (Active) AND NOT (Poly OrPoly2)	本范例field active区域即为Poly区域以外的Active区域
Poly OrPoly2	(Poly OrPoly2) = (Poly) OR (Poly2)	本范例Poly OrPoly2区域即为Poly区域

有关转化定义文件中图层连接的与本范例相关的定义内容整理如表12.10所示。

表12.10 转化定义文件中图层连接的定义

图层连接的定义	说 明
Connect (图层1,图层2,图层3)	图层1与图层2之间靠图层3连接
Connect (n well wire, ndiff, ndiff)	即n well wire图层与ndiff图层重叠的地方为一个连节点。本范例中N Well图层与ndiff图层重叠的即为相接处
Connect (subs, pdiff, pdiff)	即subs图层与pdiff图层重叠的地方为一个连节点。本范例为非N Well层与pdiff层重叠的即为相接处

续表 12.10

图层连接的定义	说　明
Connect (ndiff, Metal1, Active Contact)	即 ndiff 图层与 Metal1 图层重叠的地方靠 Active Contact 层连接两个图层
Connect (pdiff, Metal1, Active Contact)	即 pdiff 图层与 Metal1 图层重叠的地方靠 Active Contact 层连接两个图层
Connect (poly wire, Metal1, Poly Contact)	即 Poly Wire 图层与 Metal1 图层重叠的地方为靠 Poly Contact 图层连接两图层，本范例为 poly 图层与 Metal1 图层重叠的地方为靠 Poly Contact 图层连接两图层
Connect (Metal1, Metal2, Via)	即 Metal1 图层与 Metal2 图层重叠的地方为靠 Via 图层连接的两个图层

12.3 随堂练习

1. 将本范例反相器的转化结果利用 T-Spice 分析。
2. 修改本范例的反相器布局图，使转化后 PMOS 与 NMOS 的 W 为 8u。

第13章

使用LVS对比反相器

LVS是一个比较布局图与电路图所描述的电路是否相同的工具，亦即比较S-Edit绘制的电路图与L-Edit绘制的布局图是否一致的工具。本范例将分别将第3章所讲述的反相器电路与第12章讲述的反相器布局图输出成T-Spice中的文件，再以其结果进行对比，并以详细的步骤引导读者学习LVS的基本功能。

操作流程：进入LVS→建立新文件→设定→电路对比。

13.1 使用LVS对比反相器的详细步骤

(1) 打开LVS程序：执行在..\Tanner EDA\L-Edit 11.1目录下的lvs.exe文件，或选择"开始"→"程序"→Tanner EDA→L-Edit Pro v11.1→LVS v 11.1命令，即可打开LVS程序。

(2) 打开文件：先打开要进行对比的两个反相器电路，inv.spc文件与inv.sp文件，其中inv.spc文件是从第12章的L-Edit编辑的布局图inv元件(inv Cell)转化出的结果，而inv.sp文件是从第3章的S-Edit编辑的电路图inv模块(inv Module)输出成SPICE文件的结果。在LVS环境下，可选择File→Open，打开"打开"对话框，在"文件类型"下拉列表中选择Spice Files(*.sp*)选项，在"文件名"下拉列表中选择inv.sp文件与inv.spc文件，如图13.1所示。

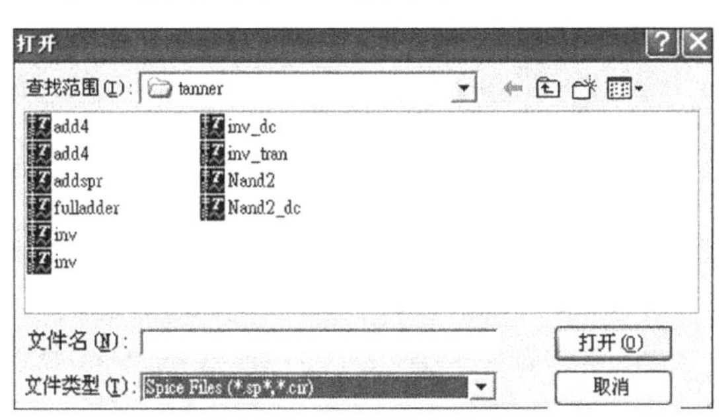

图13.1 打开旧文件inv

(3) 修改文件：观察打开的inv.spc文件与inv.sp文件，将.include的设定修改成如图13.2所示的状态并保存，注意包含文件的路径不要加上引号。

(4) 打开LVS新文件：在LVS环境下选择File→New命令，出现"打开"对话框，在其中的列表框中选择LVS Setup选项，再单击"确定"按钮，如图13.3所示。

(5) 文件设定：在Setup1对话框中有很多项目需要设定，包括要对比的文件名称、对比结果的报告文件、要对比的项目等。先选择File选项卡来进行文件设定，在Input Files选项组的Layout netlist文本框中输入自L-Edit转化出的inv.spc文件，在Schematic netlist文本框中输入自S-Edit输出的inv.sp文件如图13.4所示。在Output Files选项组中的Output files文本框中输入对比结果的报告文件文件名，选中 Node and element list 复选框，并在其后的文本框中输入节点与元件对比结果的报告文件文件名，之后选中 Overwrite existing output files。

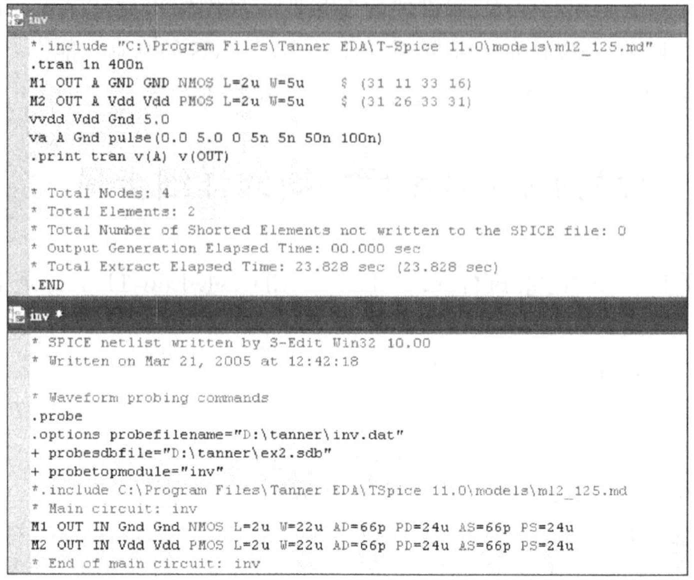

```
inv
*.include "C:\Program Files\Tanner EDA\T-Spice 11.0\models\ml2_125.md"
.tran 1n 400n
M1 OUT A GND GND NMOS L=2u W=5u     $ (31 11 33 16)
M2 OUT A Vdd Vdd PMOS L=2u W=5u     $ (31 26 33 31)
vvdd Vdd Gnd 5.0
va A Gnd pulse(0.0 5.0 0 5n 5n 50n 100n)
.print tran v(A) v(OUT)

* Total Nodes: 4
* Total Elements: 2
* Total Number of Shorted Elements not written to the SPICE file: 0
* Output Generation Elapsed Time: 00.000 sec
* Total Extract Elapsed Time: 23.828 sec (23.828 sec)
.END
```

```
inv *
* SPICE netlist written by S-Edit Win32 10.00
* Written on Mar 21, 2005 at 12:42:18

* Waveform probing commands
.probe
.options probefilename="D:\tanner\inv.dat"
+ probesdbfile="D:\tanner\ex2.sdb"
+ probetopmodule="inv"
*.include C:\Program Files\Tanner EDA\TSpice 11.0\models\ml2_125.md
* Main circuit: inv
M1 OUT IN Gnd Gnd NMOS L=2u W=22u AD=66p PD=24u AS=66p PS=24u
M2 OUT IN Vdd Vdd PMOS L=2u W=22u AD=66p PD=24u AS=66p PS=24u
* End of main circuit: inv
```

图 13.2 修改文件

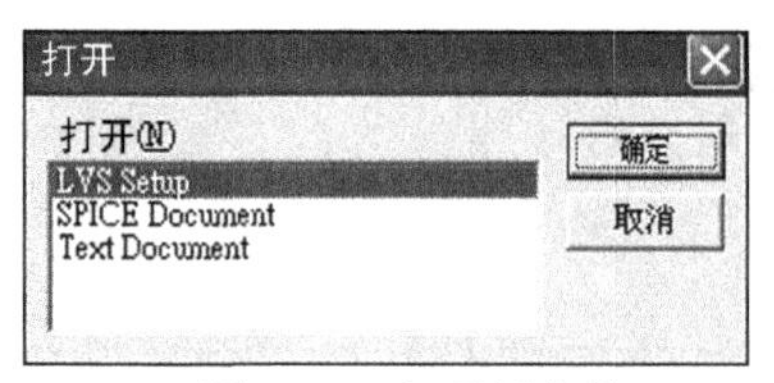

图 13.3 打开新文件

其中的 inv. spc 文件是从第 12 章的反相器布局图转化出的结果，其中的 inv. sp 文件是从第 3 章的反相器电路图输出成 T-Spice 中文件的结果，如图 13.5 所示。

（6）元件参数设定：选择 Device Parameters 选项卡来作进一步的设定，在 MOSFET Elements

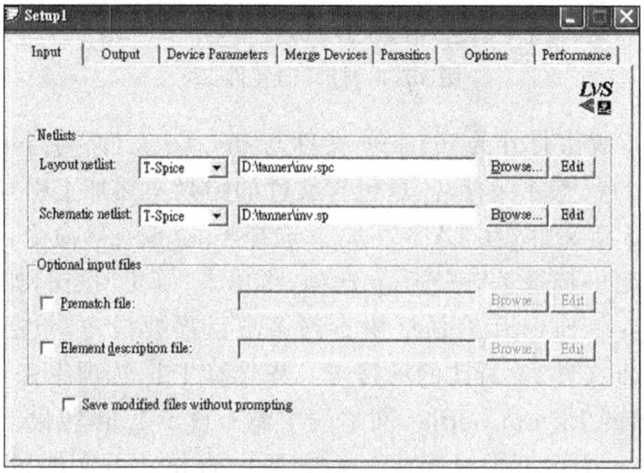

图 13.4 输入文件设定

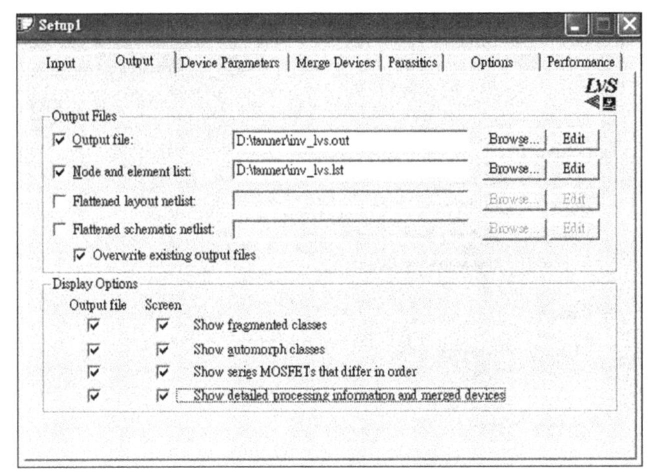

图 13.5　输出文件设定

选项组中选中 Lengths and widths 复选框，如图 13.6 所示。

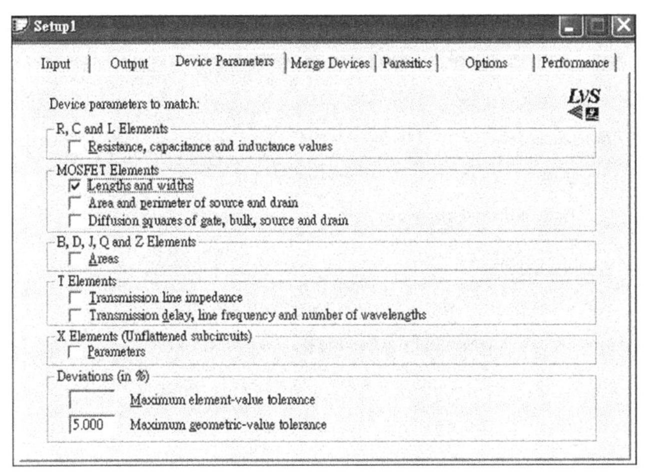

图 13.6　高级参数设定

(7) 选项设定：选择 Option 选项卡来进行选项设定，选中其中的 Operate in T-Spice ayntax mode 单选按钮与 Consider bulk nodes (substrate) during iteration matching 复选框，如图 13.7 所示。

(8) 执行设定：选择 Performance 选项卡进行设定，选择其中的 Normal iteration：consider fanout and element type 单选按钮，如图 13.8 所示。

(9) 存储文件：设定完成后，存储 LVS 的设定，选择 File→Seve 命令，存储为 ex12.vdb。

(10) 执行对比：设定完成后，开始进行 inv.spc 文件与 inv.sp 文件的对比，选择 Verification→Run 命令(或单击▶按钮)可进行对比，对比结果如图 13.9 所示。

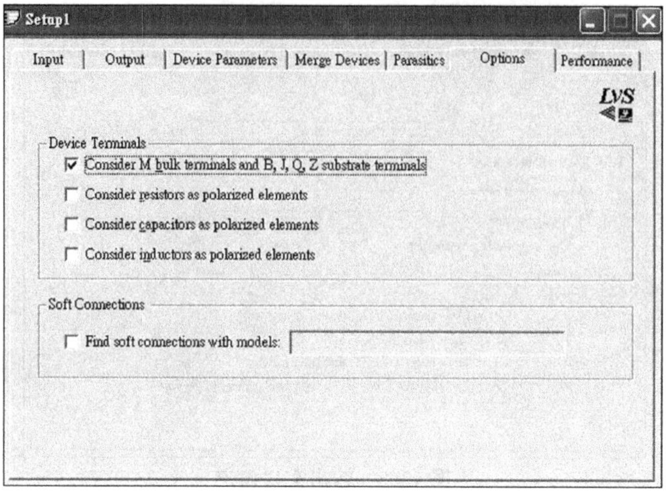

Setup1
Input
Output
Device Parameters
Merge Devices
Parasitics
Options
Performance
LVS
Device Terminals
Consider M bulk terminals and B, J, Q, Z substrate terminals
Consider resistors as polarized elements
Consider capacitors as polarized elements
Consider inductors as polarized elements
Soft Connections
Find soft connections with models:

图 13.7 选项设定

Setup1
Input
Output
Device Parameters
Merge Devices
Parasitics
Options
Performance
LVS
First Partitioning
Normal iteration: consider fanout and element type
Fast iteration: consider fanout only
User Interaction
Continue processing when mismatch in node or element count found
Automatically perform detailed trial matching to resolve automorph classes

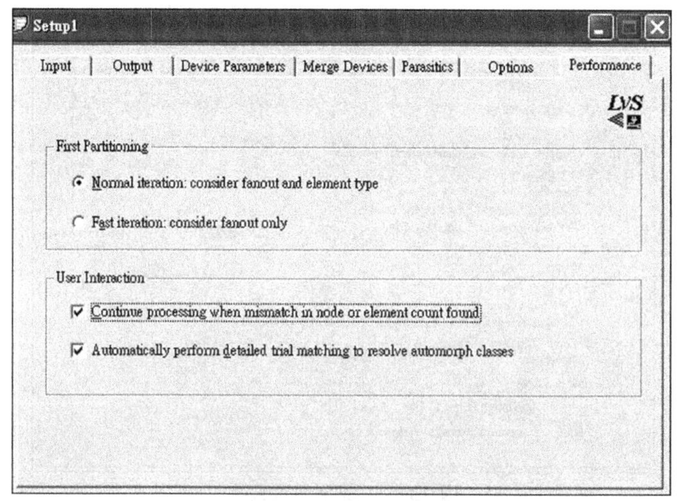

图 13.8 模式设定

从对比结果看出，这两个文件不完全相等。从图中可看出，inv. spc 中的元件参数与 inv. sp 中的元件参数不同。也可以打开执行对比后产生的 inv. out 与 inv. lst 文件观察对比结果，可以发现 inv. sp 文件中的 M1(NMOS)与 M2(PMOS)的参数 W 为 22u，而 inv. spc 文件中的 M1(NMOS)与 M2(PMOS)的参数 W 为 5u，故两个文件不完全相等。

(11) 修改电路：修改反相器布局图，使之转化后的 NMOS 参数 W 为 22u，PMOS 参数 W 也为 22u，再进行 LVS 对比，可以看到电路相等(Circuit Are Equal)的结果，对比结果如图 13.10 所示。

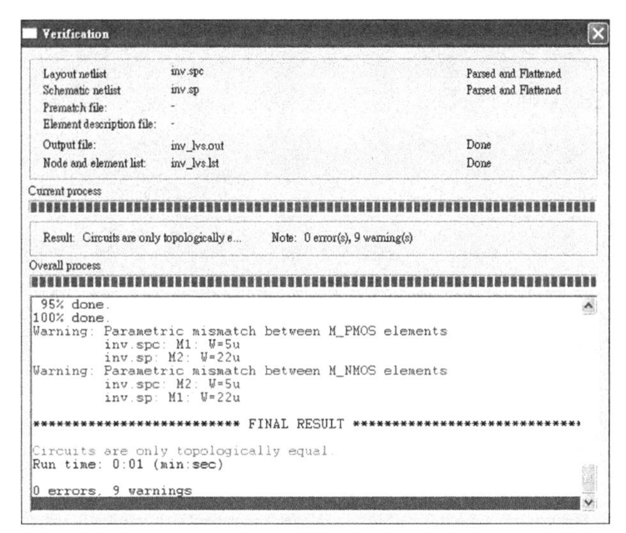

图 13.9 执行对比结果

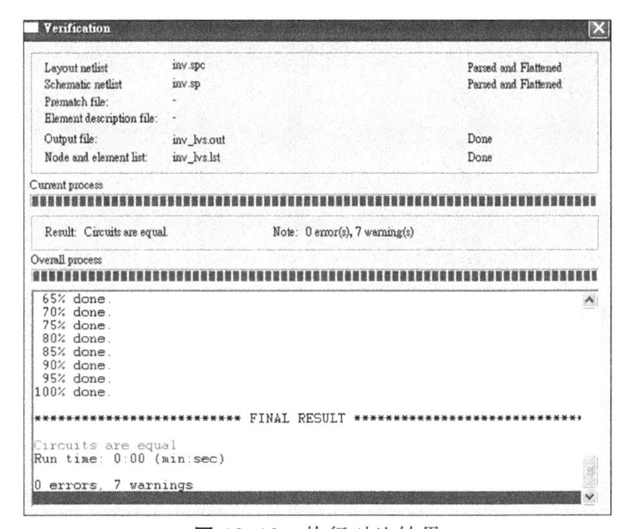

图 13.10 执行对比结果

13.2 随堂练习

1. 建立与非门(NAND)元件布局图并与第 3 章范例的结果进行对比。
2. 建立或非门(NOR)元件布局图并与第 3 章习题的结果进行对比。
3. 建立异或门(XOR)元件布局图并与第 3 章习题的结果进行对比。

第 14 章

使用L-Edit编辑标准逻辑元件

标准元件库中的标准元件的建立必须符合某些限制，包括高度、形状与连接端口的位置。标准元件在 L-Edit 中分成两个部分，包括标准逻辑元件与焊垫元件。本实作介绍利用 L-Edit 建立一个标准逻辑元件一反相器的详细步骤，最后完成的反相器其 PMOS 与 NMOP 的通道长度 L 皆为 2u，通道宽度 W 皆为 28u。

操作流程：进入 L-Edit→建立新文件→环境设定→绘制接合端口→绘制多种图层形状→设计规则检查→修改对象→设计规则检查。

14.1 使用 L-Edit 编辑标准逻辑元件的详细步骤

(1) 打开 L-Edit 程序：执行在..\Tanner EDA\L-Edit 11.1 目录下的 ledit.exe 文件，或选择“开始”→“程序”→Tanner EDA→L-Edit Pro 11.1→L-Edit 11.1 命令，即可打开 L-Edit 程序，L-Edit 会自动将工作文件命名为 Layout1.sdb 并显示在窗口的标题栏上，如图 14.1 所示。

(2) 另存新文件：选择 File→Save As 命令，打开“另存为”对话框，在“保存在”下拉列表中选择存储目录，在“文件名”文本框输入新文件的名称，例如 ex13。

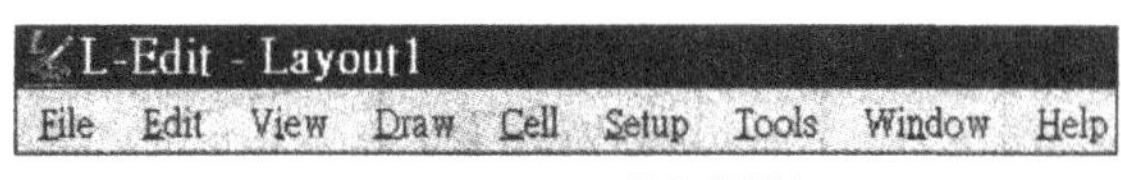

图 14.1 L-Edit 的标题栏

(3) 取代设定：选择 File→Replace Setup 命令，单击出现的对话框的 Browser 按钮，选择 C:\Tanner EDA\L-Edit 11.1\Samples\SPR\examplel\lights.tdb 文件，再单击 OK 按钮，就可将 lights.tdb 文件的设定选择性地应用在目前编辑的文件，包括格点设定、图层设定、自动绕线设定等。

(4) 绘制接口端口：每一个标准元件要有一个特殊的端口叫做接合端口(Abutment Port)，接合端口的范围定义出元件的尺寸及位置，即定义出元件所属的边界，本范例接合端口名为 Abut，它是定义在 I con/Outline 图层上的。接合端口大小限定了一个元件边界范围，在标准元件库中所有标准元件要有相同的高度，且接合端口宽度最好是整数值，建立反相器接合端口的方式如下：在 Layers 面板的下拉列表中选择 Icon/Outline 选项，使 Icon/Outine 图样被选取，再从 Drawing 工具栏中选择工具，在 Cell0 编辑窗口画出横向 18 格、纵向 66 格的长方形，则会出现编辑对象对话框，如图 14.2 所示。在 Port name 文本框中输入接合端口名“Abut”，在 Text Alignment 选项组中选择将文字对齐拖动方块的左下角，再单击“确定”按钮。

绘制接合端口 Abut 的结果如图 14.3 所示。

(5) 绘制电源与电源端口：典型标准元件的电源线分布在元件的上端与下端。绘制反向器标准元件的电源线与电源端口方法如下：在 Layers 面板的下拉列表中选

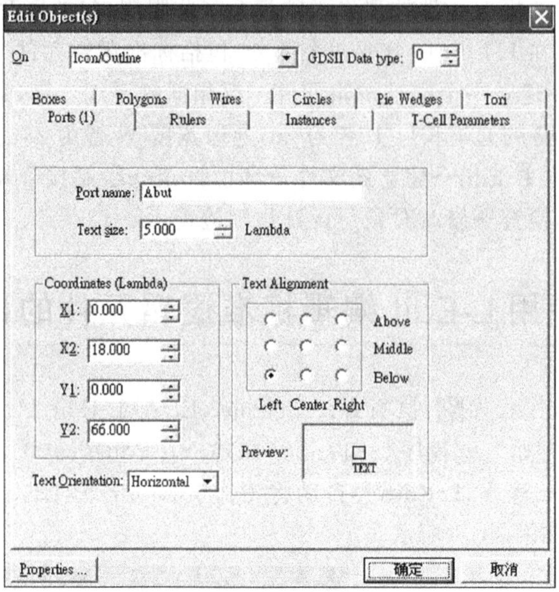

图 14.2 编辑接合端口

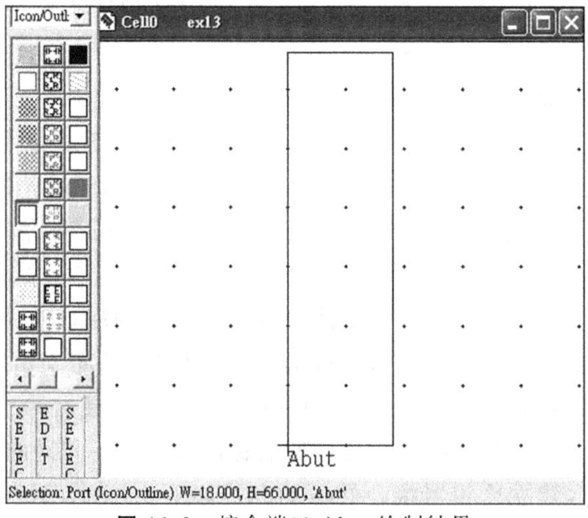

图 14.3 接合端口 Abut 绘制结果

择 Metal1 选项，使图样被选取，再从 Drawing 工具栏中选择□工具，于 Abut 端口范围内上方与下方各绘出一个横向 18 格、纵向 8 格的方形，如图 14.4 所示。

接着从 Drawing 工具栏中选择工具，沿着刚绘制的上方 Metal1 方块的左边拖出一个纵向 8 格的直线，将出现编辑对象对话框，如图 14.5 所示。在 Port name 文本框输入电源端口名“Vdd”，在 Text Alignment 选项组中选择将文字对齐拖曳直线的左下角，再单击“确定”按钮。

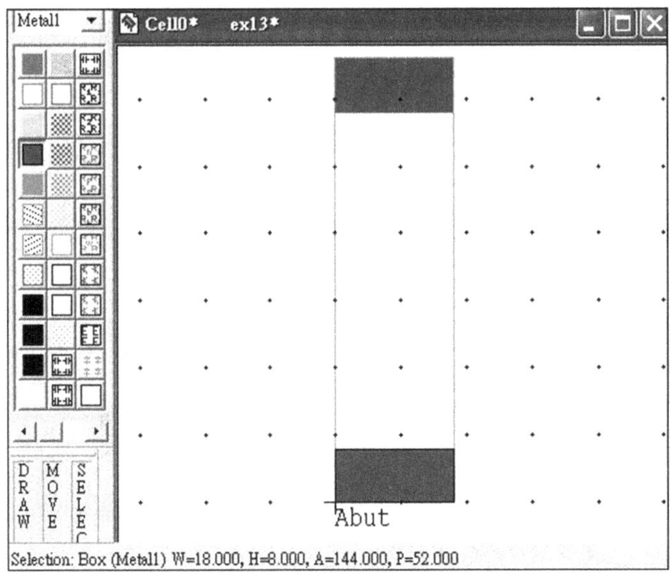

图14.4　绘制电源线——Metal1图层

以同样的方式沿着刚绘制的上方Metal1方块的右边拖出一条纵向8格的直线，出现编辑对象对话框。在Port name文本框中输入电源端口名“Vdd”，在Text Alignment选项组中选择将文字对齐拖到直线的右下角，再单击“确定”按钮。Vdd端口绘制结果如图14.6所示。注意标准元件库中的每一个标准元件，其电源端口必须有相同的相对高度，且电源端口的宽度必须设定为0，且电源端口的位置必须贴齐Abut端口范围的两边。

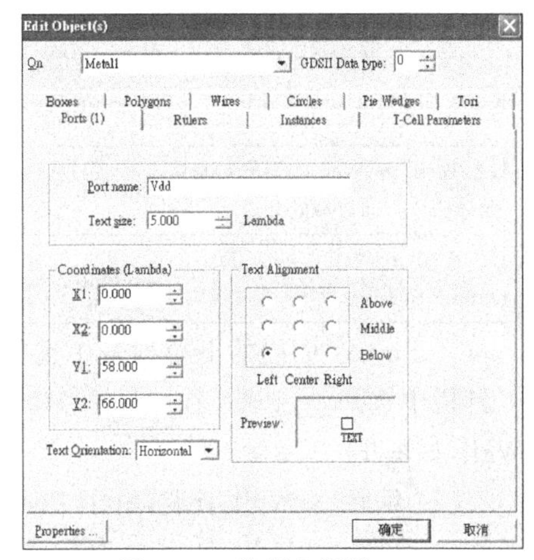

图14.5　编辑电源端口

同样沿着刚绘制的下方Metal1方块的左边与右边分别拖出一条纵向8格的直线，出现编辑对象对话框。在Port name文本框输入接地端口名“Gnd”，在Text Alignment选项组中分别选择将文字对齐拖到直线的左下角与右下角。Gnd端口的绘制结果如图14.7所示。

（6）绘制N Well图层：本编辑环境是预设在P型基板上，而在P型基板上制作PMOS的第一步流程为先制作出N Well区，以免不同PMOS之间彼此导通，亦即需要设计光罩以限定N Well的区域。有关本范例N Well图层的设计规则整理在表14.1中。

图 14.6 编辑电源线与电源端口的结果

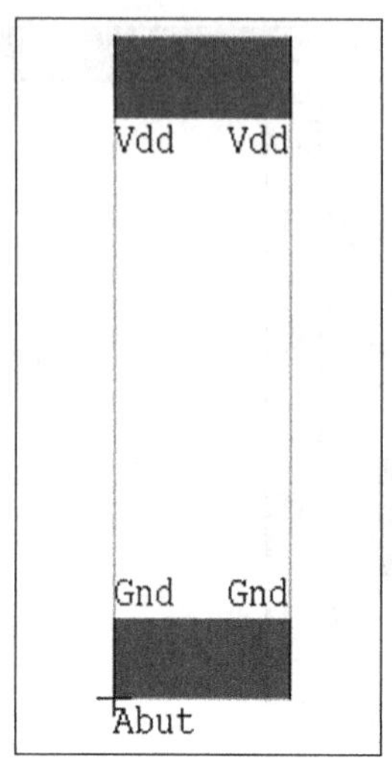

图 14.7 编辑电源端口的结果

表 14.1 N Well 图层相关的设计规则

设计规则	类 型	距离规则	说 明
1.1 Well Minimum Width	Minimun Width	10 Lambda	N Well 的最小宽度有 10 个 Lambda 的要求
1.2 Well to Well (different potential) Not checked.	Minimum Spacing	0	不同电位的 Well 间的最小间距为 0
1.3 Well to Well (Same Potential) Spacing	Minimun Spacing	6 Lambda	同电位的 N Well 间的最小间距为 6 个 Lambda

在 Layers 面板的下拉列表中选择 N Well 选项，使▧图样被选取，再从 Drawing 工具栏中选择□工具，在 Abut 端口上半部画出横向 24 格、纵向 38 格的方形 N Well，如图 14.8 所示。

(7) 编辑 N Well 节点：由于 PMOS 的基板也需要接电源，故需要在 N Well 上面建立一个欧姆节点，其方示为在 N Well 上制作一个 N 型扩散区，再利用 Active Contact 将 Vdd 金属线接至此 N 型扩散区。最省空间的方式为将 NWell 节点绘制于 Vdd 电源的位置，即在 Abut 端口的上方，绘制出 Active、N Select 与 Active Contact 这 3 种图层，如图 14.9 所示，在图 14.9 中 Metal1 图层与 N Well 图层是被隐藏起来的。其中，Active 为横向 14 格、纵向 6 格的方形，N Select 为横向 7 格、纵向 10 格的方形，Active Contact 为横向两格、纵向两格的方形。

若将图层全部显示出来，则如图 14.10 所示。

(8) 编辑 P 型基板节点：由于 NMOS 的基板也需要接地，故需要在 P Base 上面建立一个欧姆节点，其方法为在 P Base 上制作一个 P 型扩散区，再利用 Active Con-

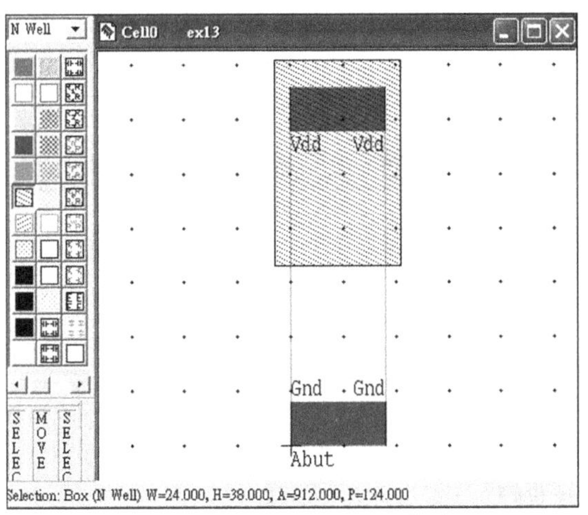

图 14.8 绘制 N Well 的结果

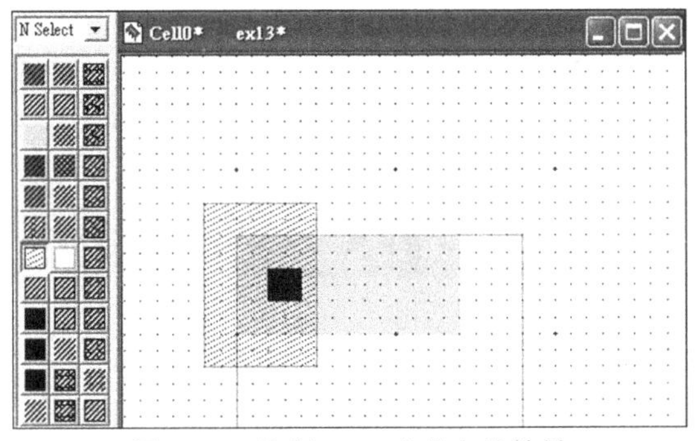

图 14.9 绘制 N Well 节点的结果

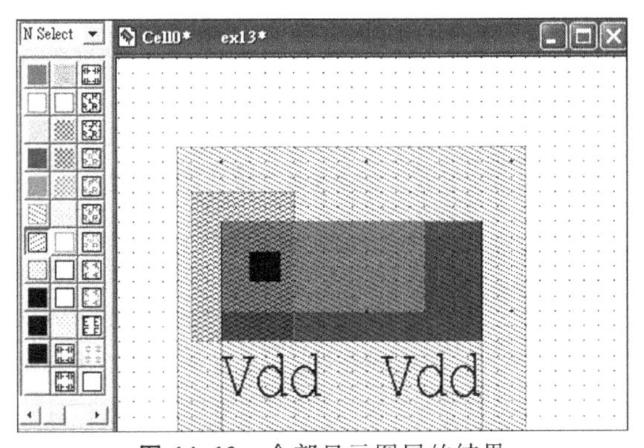

图 14.10 全部显示图层的结果

tact 将 Gnd 金属线接至此 P 型扩散区。最省空间的方式为将 P Base 节点绘制于 Gnd 电源处，即在 Abut 端口的下方，绘制出 Active、P Select 与 Active Contact 这 3

种图层，如图14.11所示，在其中Metal1图层被隐藏起来。其中Active为横向14格、纵向6格的方形，左右两块P Select皆为横向7格、纵向10格的方形，左右两块Active Contact皆为横向2格、纵向2格的方形。

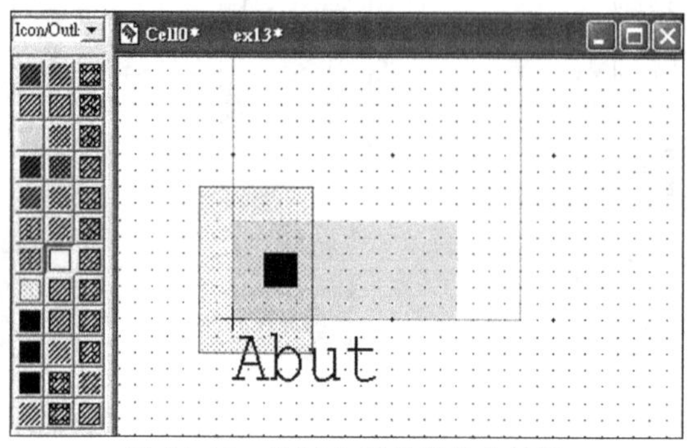

图14.11 绘制P型基板节点结果

若将Metal1图层显示出来，则如图14.12所示。

(9) 绘制P Select图层：在PMOS中需要布植的是P型杂质，P Select图层在流程上的意义是定义要布植P型杂质的范围。有关本范例P Select图层的设计规则整理在表14.2中。

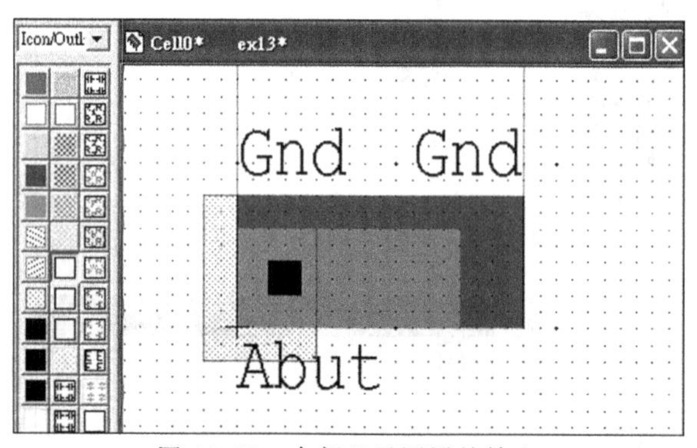

图14.12 全部显示图层的结查

表14.2 P Select图层相关的设计规则

设计规则	类　型	距离规则	说　明
4.4b Select Minimum Width	Minimum Width	2 Lambda	P Select至少要有两个Lambda的大小
4.2b/2.5 Active to P-Select Edge	Surround	2 Lambda	若Active完全在P Select内，则Active的边界要与P Select的边界至少要有两个Lambda的距离

为了考虑标准元件接连在一起时 N Selec 与 P Select 不会有重叠发生，所有形状会较不规则。绘制方法如下：在 Layers 面板的下拉列表中选择 P Select 选项，使□图样被选取，再从 Drawing 工具栏中选择□工具，在 Abut 端口上半部的 N Select 右边加上一块横向 11 格、纵向 10 格的方形 P Select，接着在刚才绘制的 P Select 下方绘出横向 18 格、纵向 22 格的方形，如图 14.13 所示，它只显示 P Select、N Select 与 Icon/Outline 图层的结果。

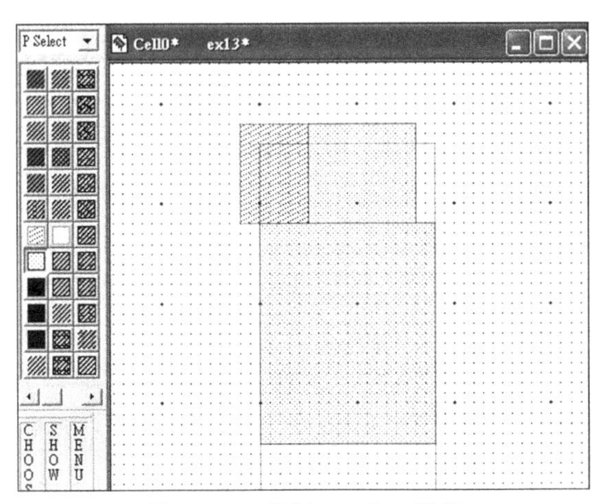

图 14.13　绘制 P Select 结果

若将图层全部显示出来，则如图 14.14 所示。

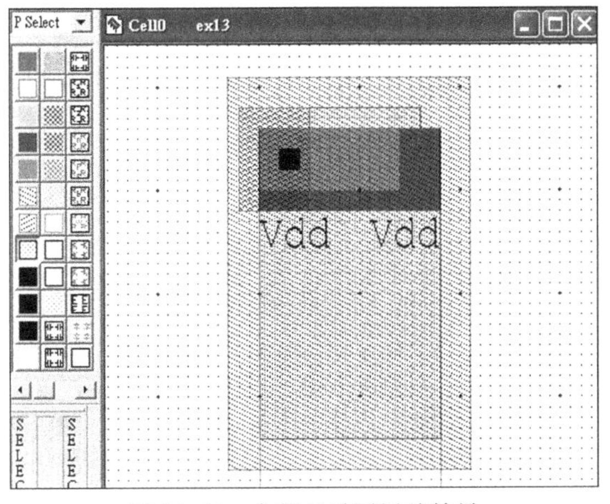

图 14.14　全部显示图层的结果

（10）绘制 NMOS Active 图层：Active 图层在流程上的意义是定义 PMOS 或 NMOS 的范围，Active 以外的地方是厚氧化层区（或称为场氧化层）。有关本范例 Active 图层的设计规则整理在表 14.3 中。

表 14.3 Active 图层相关的设计规则

设计规则	类 型	距离规则	说 明
2.1 Active Minimum Width	Minimun Width	3 Lambda	Active 的最小宽度有 3 个 Lambda 的要求
2.2 Active to Active Spacing	Minimun Spacing	3 Lambda	Active 与 Active 之间有最小间距为 3 个 Lambda 的要求
4.2b/2.5 Active to P-Select Edge	Surround	2 Lambda	若 Active 完全在 P Select 内，则 Active 的边界要与 P Select 的边界至少要有两个 Lambda 的距离

由于 P Select 形状不规则，Active 也分两块区域绘制以配合设计规则，绘制方法如下：在 Layers 面板的下拉列表中选择 Active 选项，使图样被选取，再从 Drawing 工具栏中选择工具，在 Abut 端口上半部画出一块横向 12 格、纵向 4 格的方型 Active 衔接于原来的 Active 区域下方，再画另一块横向 14 格、纵向 18 格的方型 Active 衔接于刚绘制的 Active 区域下方，如图 14.15 所示，图 14.15 为只显示 Active，P Select，N Select 与 Icon/Outline 的结果。注意，Active 两边距离 Abut 两边的边界至少要有两格，这是因为制作 SPR 时，标准元件会互相紧邻，而 Active 与 Active 间的间距根据规则至少要有 3 个格点的距离所致。

将已绘制的各图层显示的结果如图 14.16 所示。

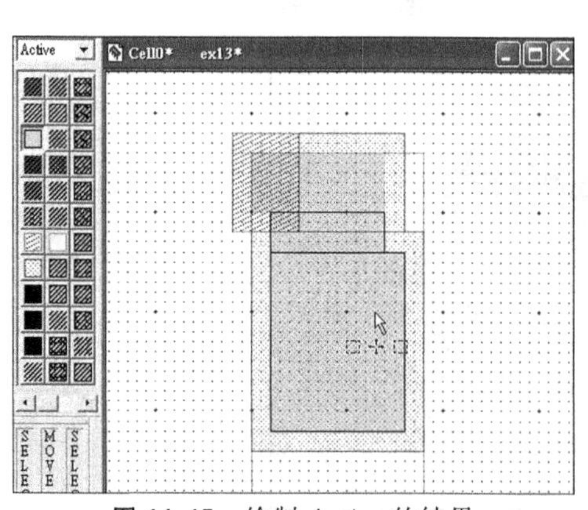

图 14.15 绘制 Active 的结果

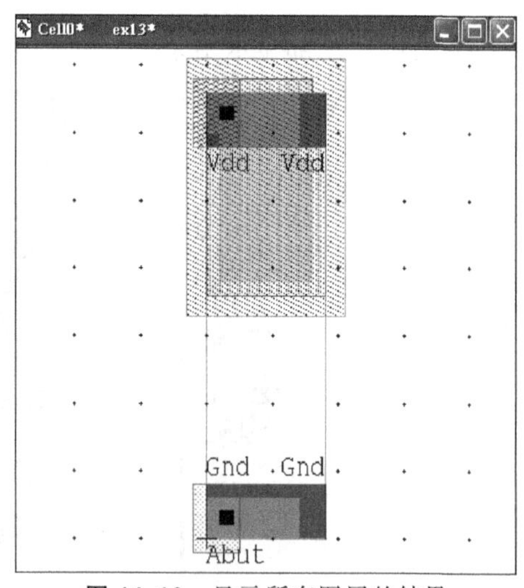

图 14.16 显示所有图层的结果

(11) 绘制 N Select 图层：设计了 PMOS 的 P Select 与 Active 的布局区域之后，再来加入 N Select 图层。N Select 图层在流程上的意义是定义要布置 N 型杂质的范围。有关本范例 N Select 图层的设计规则整理在表 14.4 中。

表 14.4 N Select 图层相关的设计规则

设计规则	类 型	距离规则	说 明
4.4a Select Minimum Width	Minimum Width	2 Lambda	N Select 至少要有两个 Lambda 的大小
4.2a/2.5 Active to N-Select Edge	Surround	2 Lambda	若 Active 完全在 N Select 内，则 Active 的边界要与 N Select 的边界至少要有两个 Lambda 的距离

在 Layers 面板的下拉列表中选择 N Select 选项，使□图样被选取，再从 Drawing 工具栏中选择□工具，在 Abut 端口下半部的 P Select 右边加上一块横向 11 格、纵向 10 格的方形 N Select，接着在刚才绘制 P Select 的上方绘出横向 18 格、纵向 22 格的方形 NSelect，如图 14.17 所示，图 14.17 为只显示 P Select，N Select 与 Icon/Outline 图层的结果。

若将图层全部显示出来，则如图 14.18 所示。

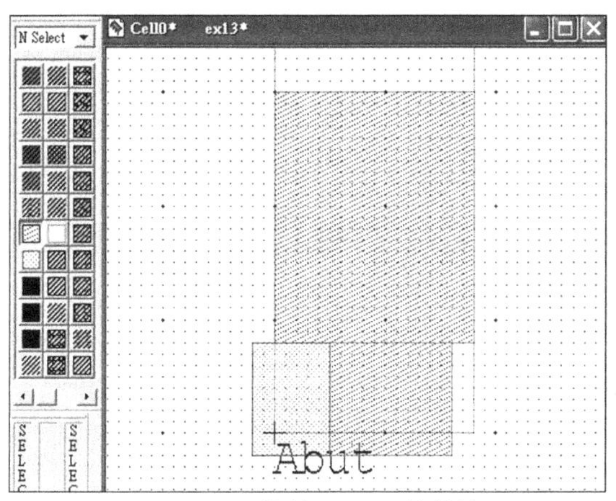

图 14.17 绘制 NMOS 的结果

(12) 绘制 PMOS Active 图层：Active 图层在流程上的意义是定义 PMOS 或 NMOS 的范围，Active 以外的地方是厚氧化层区（或称为场氧化层）。有关本范例 Active 图层的设计规则整理在表 14.5 中。

表 14.5 Active 图层相关的设计规则

设计规则	类 型	距离规则	说 明
2.1 Active Minimum Width	Minimun Width	3 Lambda	Active 的最小宽度有 3 个 Lambda 的要求
2.2 Active to Active Spacing	Minimun Spacing	3 Lambda	Active 与 Active 之间有最小间距为 3 个 Lambda 的要求

续表 14.5

设计规则	类 型	距离规则	说 明
4.2a/2.5 Active to N-Select Edge	Surround	2 Lambda	若Active完全在N Select内，则Active的边界要与N Select的边界至少要有两个Lambda的距离

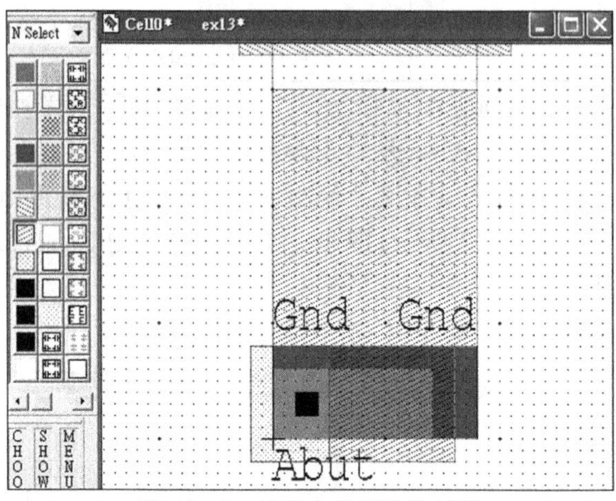

图 14.18 显示全部图层的结果

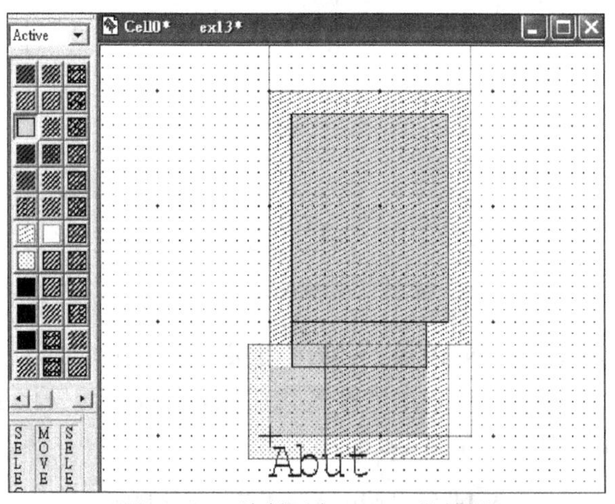

图 14.19 绘制下方 Active 的结果

由于N Select形状不规则，Active也分两块区域绘制以配合设计规则，绘制方法如下：在Layers面板中的下接列表中选择Active选项，使▢图样被选取，再从Drawing工具栏中选择▢工具，在Abut端口下半部画出一块横向12格、纵向4格的方型Active衔接于原有的Active区块上方，再绘制另一块横向14格、纵向18格的方型Active衔接于刚绘制的Active区块的上方，如图14.19所示，图14.19为只显示 Active ，P Select，N Select 与 Icon/Outline 的结果。注意，Active 两边距离 Abut 两边的边界至少要有两格，这是因为制作 SPR 时，标准元件会互相紧邻，而 Active 与 Active 间的间距根据设计规则至少要有 3 个格点的距离所致。

将已绘制的各图层显示的结果如图 14.20 所示。

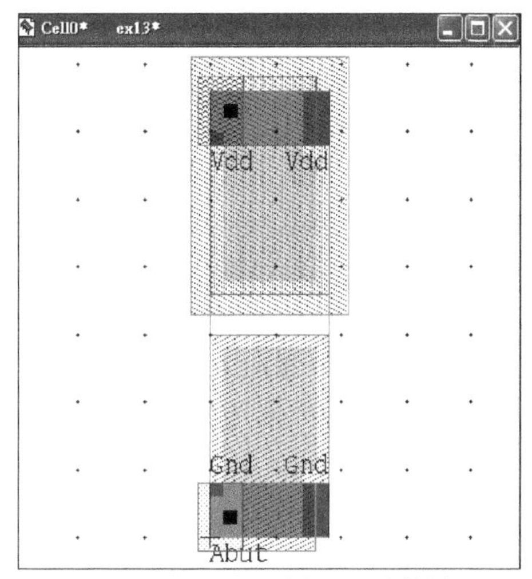

图 14.20　显示所有图层的结果

(13) 绘制 Poly 图层：Poly 图层与 Active 的交集为栅极所在的位置。有关本范例 Poly 图层的设计规则整理在表 14.6 中。

表 14.6　Poly 图层相关的设计规则

设计规则	类　型	距离规则	说　明
3.1 Poly Minimum Width	Minimum Width	2 Lambda	Poly 的最小宽度有两个 Lambda 的要求
3.3 Gate Extension out of Active	Extension	2 Lambda	Poly 要延伸出 Active 区域有最小两个 Lambda 的要求

在 Layers 面板中的下拉列表中选择 Poly 选项，使▒图样被选取，再从 Drawing 工具栏中选择□工具，在 Abut 端口中间拉出横向两格、纵向 70 格的长方形 Poly，如图 14.21 所示，图 14.21 为只显示 Poly，Active 与 Icon/Outline 图层的结果。注意，图层重叠会影响颜色。

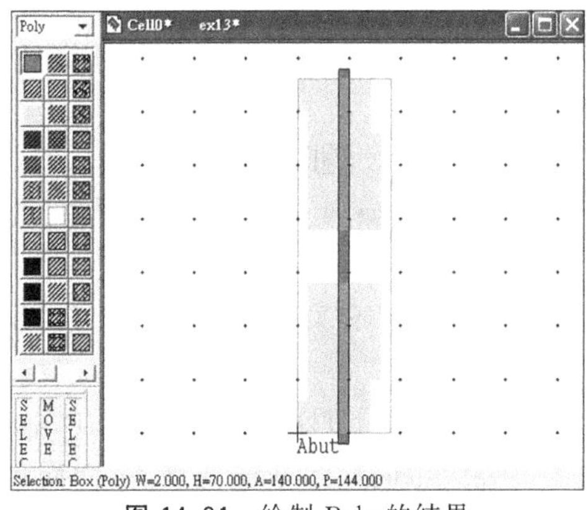

图 14.21　绘制 Poly 的结果

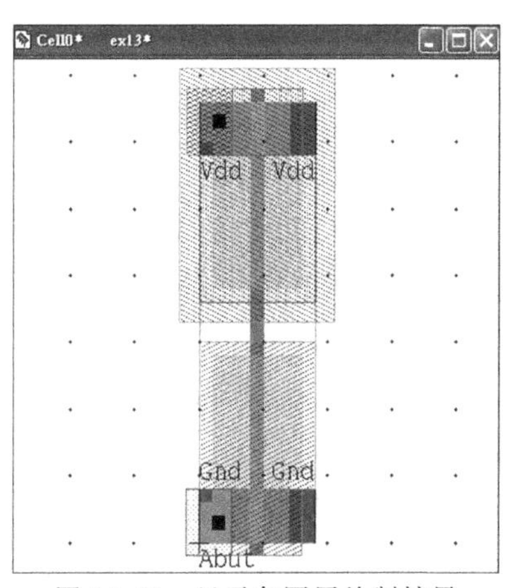

图 14.22　显示各图层绘制结果

将已绘制的各图层全部显示的结查如图14.22所示，先进行DRC检查，确认无误后再继续下列步骤。

(14) 绘制输入信号端口：标准元件信号端口(除电源与地)的绕线会通过标准元件顶端或底部。一个标准元件信号端口被要求高度为0，且宽度最好为整数值。本范例反相器有两个信号端口需标出，一个为输入端口A，一个为输出端口OUT。反相器的输入信号是从栅极输入，但在标准元件自动绕线时，每个信号端口是以Metal2绕线，故需要先将输入端口由Metal2通过Via与Metal1相连，再将Metal1通过Poly Contact与Poly相连。详细方示说明如下：在Layers面板中的下拉列表中选择Metal2选项，使▨图样被选取，再从Drawing工具栏中选择⍰工具，行在Abut端口左下方拉出横向4格、纵向0格的直线，出现编辑对象对话框。在Port name文本框中输入端口名“A”，在Text Alignment选项组中选择将文字对齐拖到直线的左下角，再单击“确定”按钮，结果如图14.23所示。

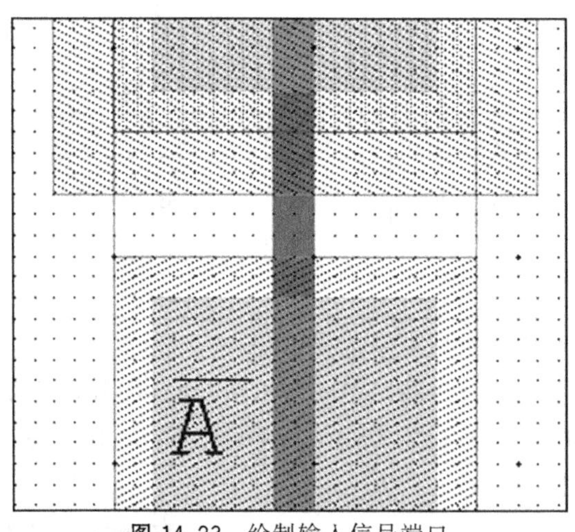

图14.23 绘制输入信号端口

再从Drawing工具栏中选择▢工具，在端口A周围拉出横向4格、纵向4格的方形Metal2，如图14.24所示。

在Layers面板中的下拉列表中选择Metal1选项，使▨图样被选取，再从Drawing工具栏中选择▢工具，与Metal2重叠并向上拉出横向4格、纵向13格的方形Metal1，如图14.25所示。

再在Metal1与Metal2重叠的位置加上Via节点。有关本范例Via图层的设计规则整理在表14.7中。

在Layers面板中的下拉列表中选择Via选项，使□图样被选取，再从Drawing工具栏中选择▢工具，在Metal1与Metal2重叠区中间拉出横向两格、纵向两格的方形Via，如图14.26所示。

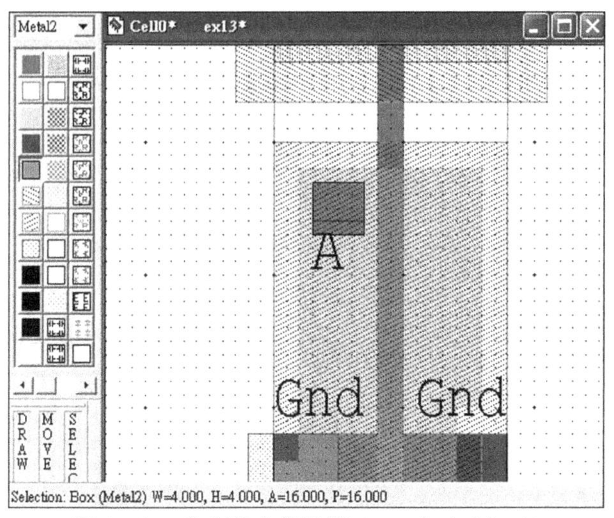

图 14.24 绘制输入信号端口——加入 Metal2

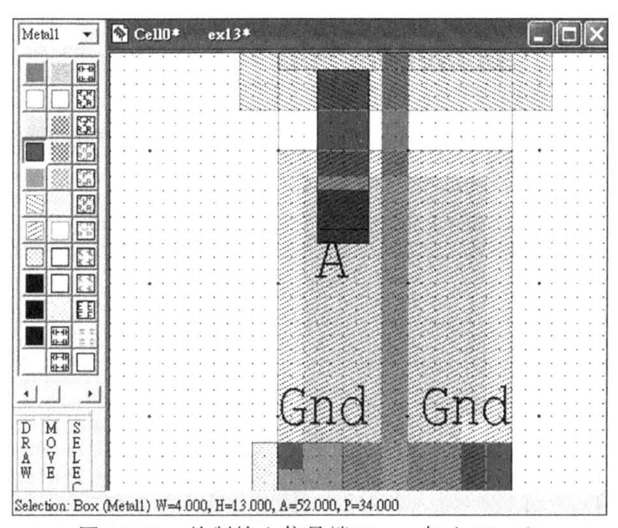

图 14.25 绘制输入信号端口——加入 Metal1

表 14.7 Via 图层相关的设计规则

设计规则	类 型	距离规则	说 明
8.1 Via Exact Size	Exact Width	2 Lambda	Via 的宽度必须为两个 Lambda
8.3Metal1 Overlap of Via	Surround	1 Lambda	Via 的边界要与 Metal1 的边界至少要有 1 个 Lambda 的距离
9.3 Metal2 Overlap of Via1	Surround	1 Lambda	Via 的边界要与 Metal2 的边界至少要有 1 个 Lambda 的距离

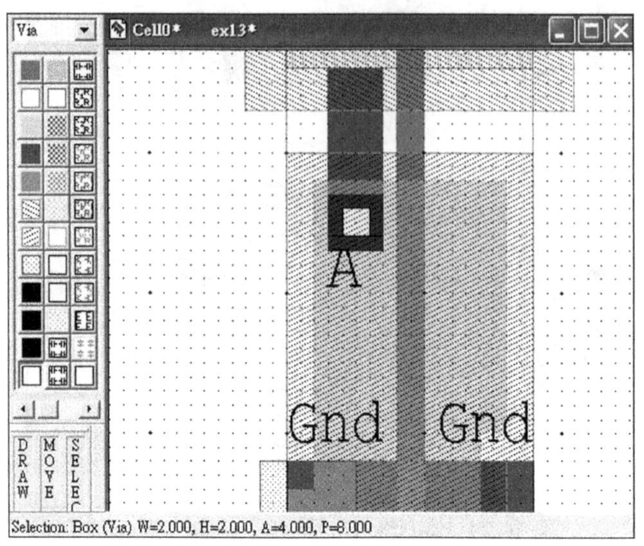

图 14.26 绘制输入信号端口——加入 Via

接着绘制一块 Poly 区与 Metal1 重叠并且连接至中间的 Poly，方法如下：在 Layers 面板中的下拉列表中选择 Poly 选项，使▨图样被选取，再从 Drawing 工具栏中选择▢工具，与 Metal1 重叠拉出横向 6 格、纵向 6 格的方形 Poly，如图 14.27 所示。

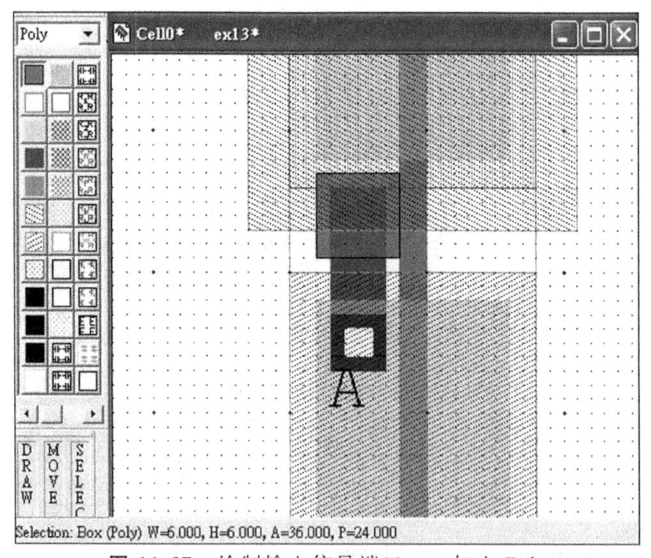

图 14.27 绘制输入信号端口——加入 Poly

再在 Metal1 与 Poly 重叠在位置加上 Poly Contact 节点。有关本范例 Poly Contact 图层的设计规则整理在表 14.8 中。

表 14.8 Poly Contact 图层相关的设计规则

设计规则	类 型	距离规则	说 明
5.1A Poly Contact Exact Size	Exact Width	2 Lambda	Via 的宽度必须为两个 Lambda
7.3 Metal1 Overlap of PolyContact	Surround	1 Lambda	Poly Contact 的边界与 Metal1 的边界至少要有 1 个 Lambda 的距离
5.2A/5.6B Field-Poly Overlap of PolyCnt	Surround	1.5 Lambda	若 Poly Contact 在非主动区的 Poly 区域(FieldPoly)内，则 Poly Contact 的边界与 FieldPoly 的边界至少要有 1.5 个 Lambda 的距离

表中所述的 Field Poly，其定义为在非主动区(NOT Active)的 Poly 区域，如图 14.28 所示。

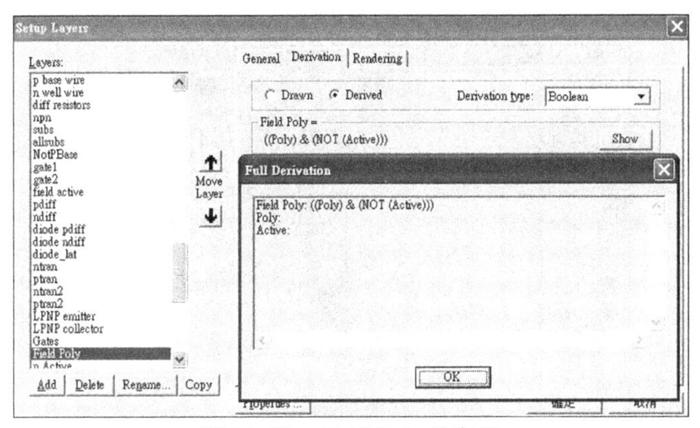

图 14.28 Field Poly 的定义

在 Layers 面板中的下拉列表中选择 Poly Contact 选项，使■图样被选取，再从 Drawing 工具栏中选择□工具，在 Metal1 与 Metal2 重叠区中间拉出横向两格、纵向两格的方形 Poly Contact，如图 14.29 所示。先进行 DRC 检查，确认无误后再继续下列步骤。

(15) 绘制 PMOS 源极接线：由于本范例 PMOS 在左右两边不对称，注 意 Poly 左边 P 型扩散区紧接 N 型扩散区，即是一个 P-N 结。由于此 N 型扩散区接 Vdd，为基板节点，若将 PMOS 的左边 P 型扩散区与 Vdd 电源相连接，使之成为 PMOS 的源极，则使此二极管 P 端与 N 端接相同电压，不会影响 PMOS 操作。将 PMOS 的左边 P 型扩散区与 Vdd 电源相连接的方法为：利用 Metal1 与 Vdd 相连接，并在 Metal1 与 Active 重叠区打上节点，其节点类型为 Active Contact。在 Layers 面板中的下拉列表中选择 Metal1 选项，使■图样被选取，再从 Drawing 工具栏中选择□工具，从上方 Vdd 的 Metal1 处向下拉横向 4 格、纵向 19 格的方形 Metal1，如图 14.30 所示。

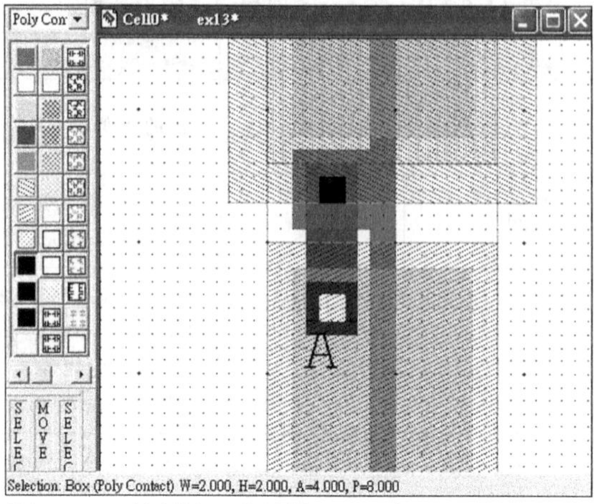

图 14.29 绘制输入信号端口——加入 Poly Contact

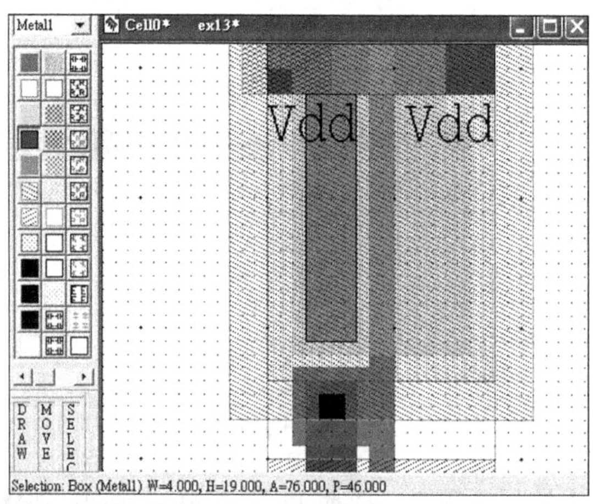

图 14.30 绘制 PMOS 源极接线——加入 Metal1

接着在 Metal1 与 Active 重叠区打上节点，其节点类型为 Active Contact。有关本范例 Active Contact 图层的设计规则整理在表 14.9 中。其中 field active 的定义如图 14.31 所示。

表 14.9 Active Contact 图层相关的设计规则

设计规则	类 型	距离规则	说 明
6.1A Active Contact Exact Size	Exact Width	2 Lambda	Active Contact 的宽度必须为两个 Lambda
6.3A ActCnt to ActCnt Spacing	Spacing	2 Lambda	Active Contact 与 Active Contact 的间距最小为两个 Lambda

续表 14.9

设计规则	类 型	距离规则	说 明
6.2A FieldActive Overlap of ActCnt	Surround	1.5 Lambda	若 Active Contact 在非 Poly 范围的 Active (field active)区,则 Active Contact 的边界与 field active 的边界至少要有 1.5 个 Lambda 的距离
7.4 Metal1 Overlap of ActiveContact	Surround	1 Lambda	Active Contact 的边界与 Metal1 的边界至少要有 1 个 Lambda 的距离

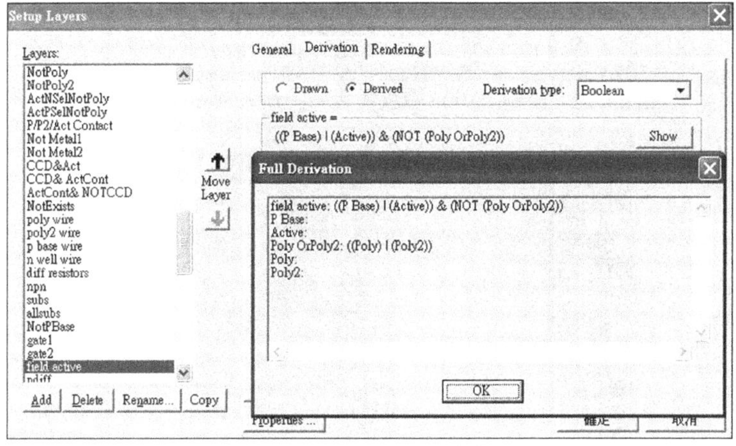

图 14.31 field active 的定义

在 Layers 面板中的下拉列表中选择 Active Contact 选项,使■图样被选取,再从 Drawing 工具栏中选择□工具,在 Metal1 与 Active 重叠的位置画上 4 个横向两格、纵向两格的方形 Active Contact,如图 14.32 所示。进行 DRC 检查,确认无误后再继续下列步骤。

(16) 绘制 NMOS 源极接线:由于本范例 NMOS 的左右两边不对称,注意 Poly 左边 N 型扩散区紧接 P 型扩散区,即是一个 P-N 结。由于此 P 型扩散区接 Gnd,为基板节点,若将 NMOS 的左边 N 型扩散区与 Gnd 电源相连接,使成为 NMOS 的源极,则使此二极管 P 端与 N 端接相同电压,不会影响 NMOS 操作。将 NMOS 的左边 N 型扩散区与 Gnd 电源相连接的方法为:利用 Metal1 与 Gnd 相连接,并在 Metal1 与 Active 重叠区打上节点,其节点类型为 Active Contact。在 Layers 面板中的下拉列表中选择 Metal1 选项,使■图样被选取,再从 Drawing 工具栏中选择□工具,从下方 Gnd 的 Metal1 处向上拉横向 4 格、纵向 12 格的方形 Metal1,如图 14.33 所示。

接着在 Metal1 与 Active 重叠区打上节点,其节点类型为 Active Contact。在 Lay-

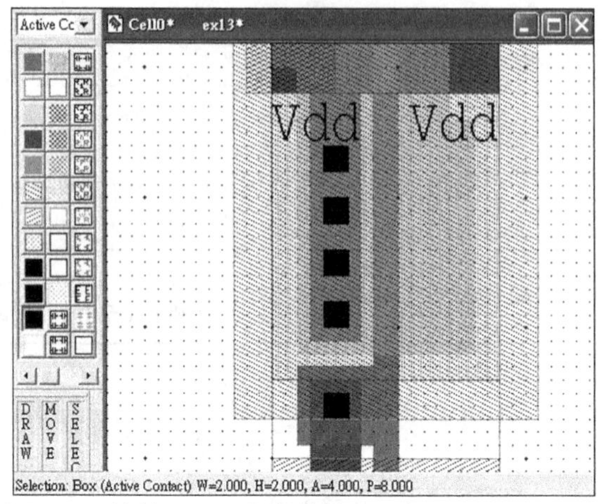

图 14.32 绘制 PMOS 源极接线——加入 Active Contact

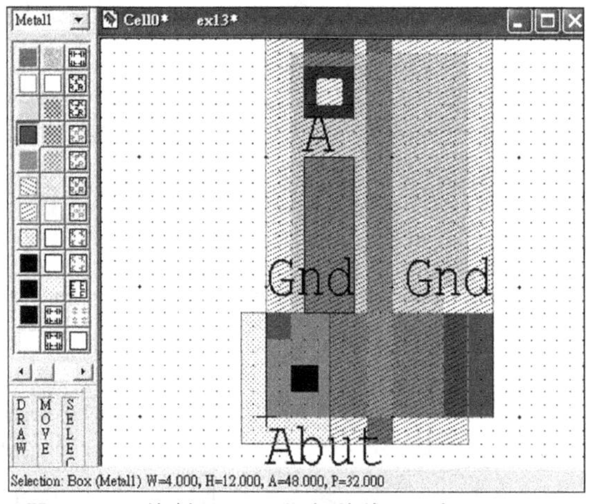

图 14.33 绘制 NMOS 源极接线——加入 Metal1

ers 面板中的下拉列表中选择 Active Contact 选项，使■图样被选取，再从 Drawing 工具栏中选择□工具，在 Metal1 与 Active 重叠处画上 3 个横向两格、纵向两格的方形 Active Contact，如图 14.34 所示。进行 DRC 检查，确认无误后再继续下列步骤。

(17) 连接 PMOS 与 NMOS 基极：将 NMOS 的右边扩散区与 PMOS 的右边扩散区利用 Metal1 相连接，并在 Metal1 与 Active 重叠区打上节点，其节点类型为 Active Contact。在 Layers 面板中的下拉列表中选择 Metal1 选项，使■图样被选取，再从 Drawing 工具栏中选择□工具，从上方 PMOS 的右边主动区处向下拉至 NMOS 的右边主动区，使成横向 4 格、纵向 44 格的方形 Metal1，如图 14.35 所示。

接着在 Metal1 与 Active 重叠区打上节点，基节点类型为 Active Contact。在 Layers 面板中的下拉列表中选择 Active Contact 选项，使■图样被选取，再从 Draw-

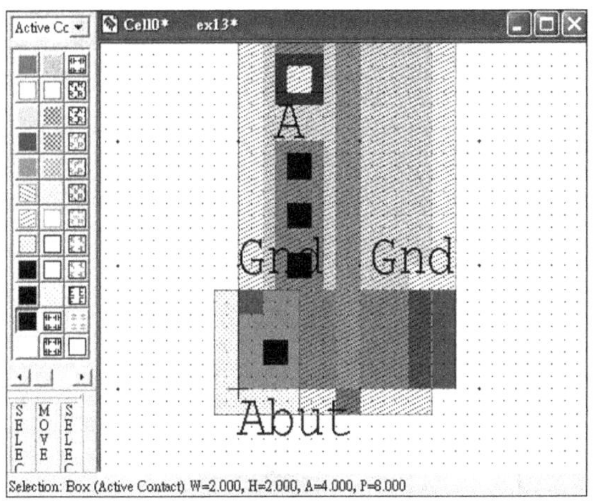

图 14.34 绘制 NMOS 源极接线——加入 Active Contact

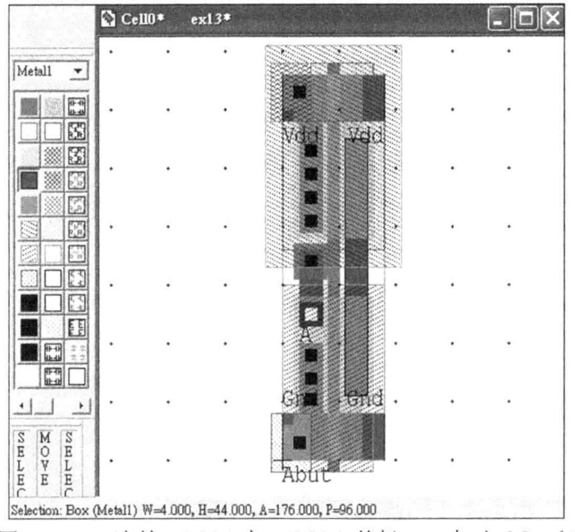

图 14.35 连接 PMOS 与 NMOS 基极——加入 Metal1

ing 工具栏中选择▢工具，在上方 PMOS 的 Metal1 与 Active 重叠处与下方 NMOS 的 Metal1 与 Active 重叠处各画上 4 个横向两格、纵向两格的方形 Active Contact，如图 14.36 所示。进行 DRC 检查确认无误后再继续下列步骤。

(18) 绘制输出信号端口：标准元件信号端口(除电源与地)的绕线会通过标准元件顶端或底部。一个标准元件信号端口被要求高度为 0，且宽度最好为整数值。本范例反相器有两个信号端口需标出，一个为输入端口 A，一个为输出端口 OUT。反相器的输出信号是从漏极输出，但在标准元件自动绕线时，每个信号端口是以 Metal2 绕线，故需要将输出端口由 Metal2 通过 Via 与 Meatl1 相连。详细方法说明如下：在 Layers 面板中的下拉列表中选择 Metal2 选项，使▢图样被选取，再从 Drawing

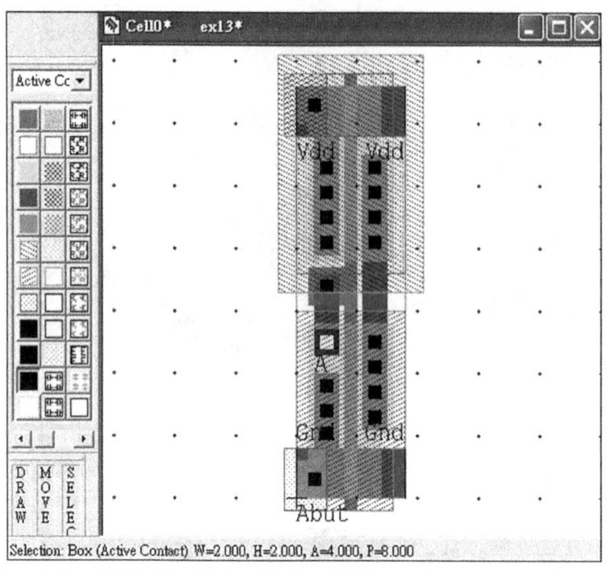

图 14.36 连接 PMOS 与 NMOS 基极——加入 Active Contact

工具栏中选择[A]工具,先于 PMOS 漏极与 NMOS 漏极的 Metal1 联机中间拉出横向 4 格、纵向 0 格的直线,出现编辑对象对话框。在 Port name 文本框输入端口名“OUT”在 Text Alignment 选项组选择将文字对齐拖到直线的左下角,再单击“确定”按钮,结果如图 14.37 所示。

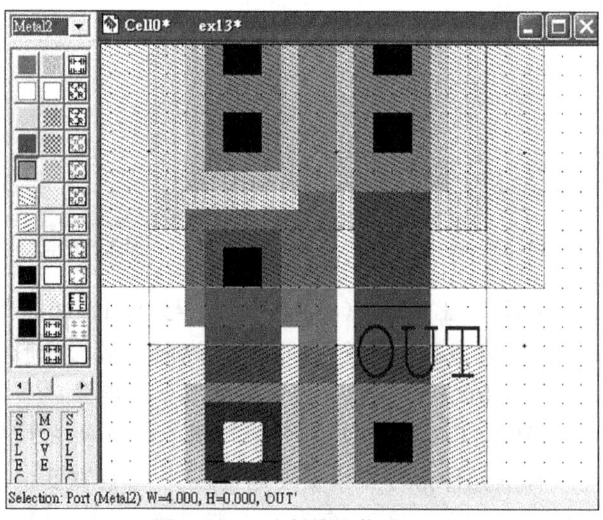

图 14.37 绘制输出信号端口

再从 Drawing 工具栏中选择[□]工具,在端口 A 周围拉出横向 4 格、纵向 4 格的方形 Metal2,只显示 Metal2 图层的结果如图 14.38 所示。

完整显示则如图 14.39 所示。

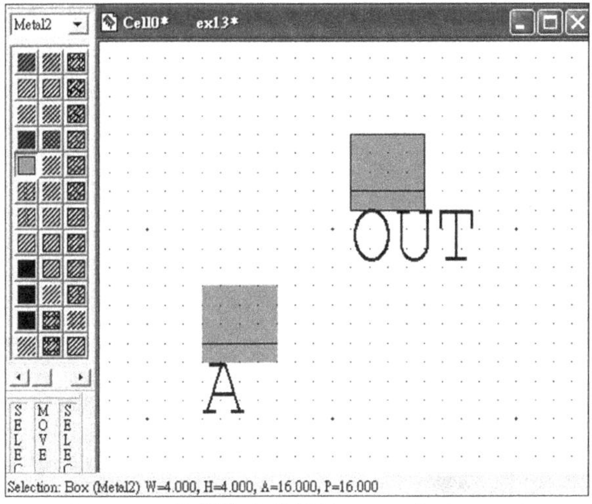

图 14.38 绘制输出信号端口——加入 Metal2

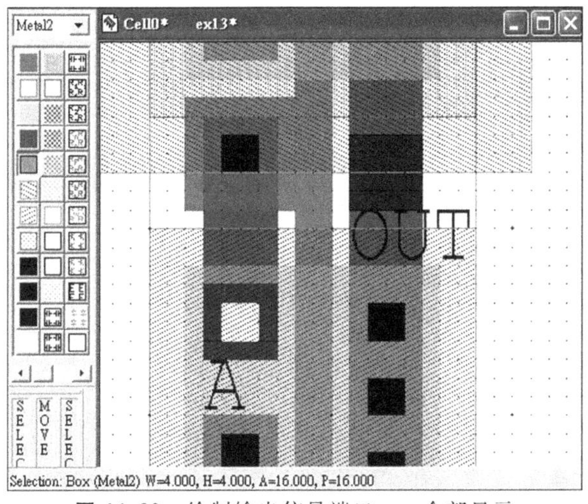

图 14.39 绘制输出信号端口——全部显示

再于 Metal1 与 Metal2 重叠处加上 Via 节点。在 Layers 面板中的下拉列表中选择 Via 选项，使□图样被选取，再从 Drawing 工具栏中选择□工具，在 Metal1 与 Metal2 重叠区中间拉出横向两格、纵向两格的方形 Via，如图 14.40 所示。进行 DRC 检查确认无误，如图 14.41 所示。

(19) 更改元件名称：在反相器布局图上可更改 Cell 名称，可选择 Cell→Rename Cell 命令，出现 Rename Cell Cell0 对话框，将 cell 名改为 inv，保存后布局图如图 14.42 所示。

(20) 电路转化:将此布局图利用L-Edit进行转化(选择Tools→Extract命令,在出现的Extract对话框中设定如图14.43与图14.44所示的项目,再单击Run按钮进行转化)。

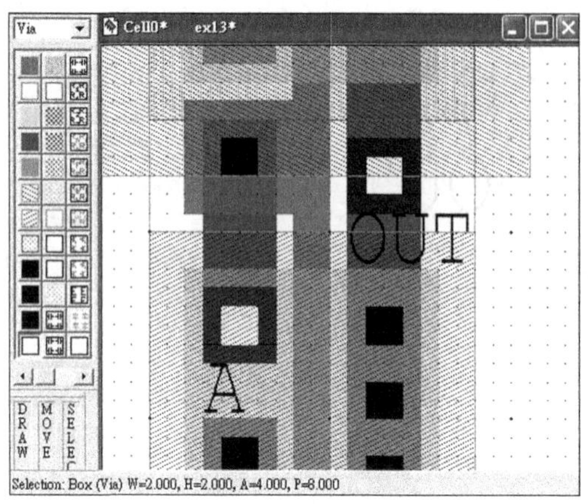

图14.40　绘制输出信号端口——加入Via

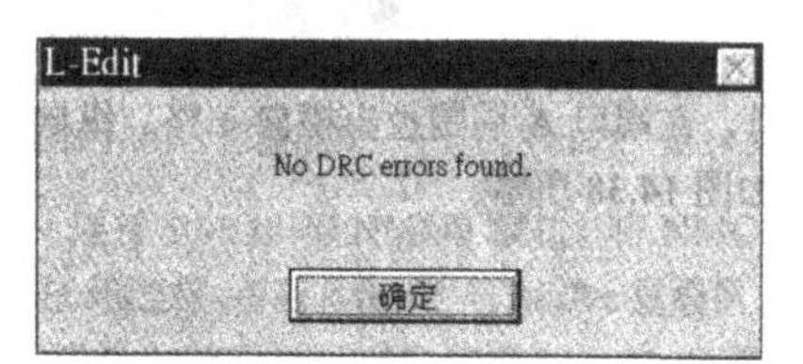

图14.41　设计规则检查

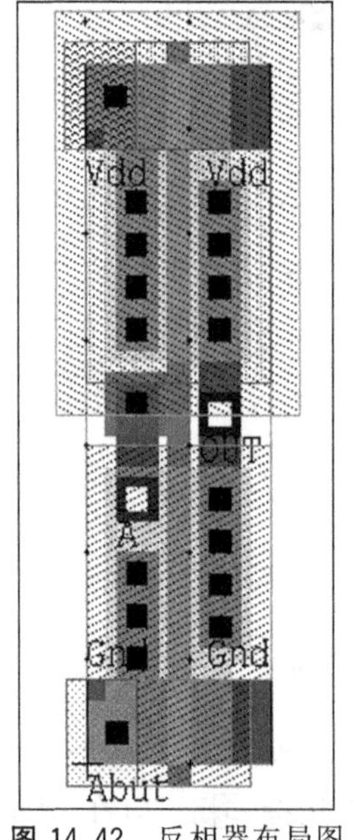

图14.42　反相器布局图

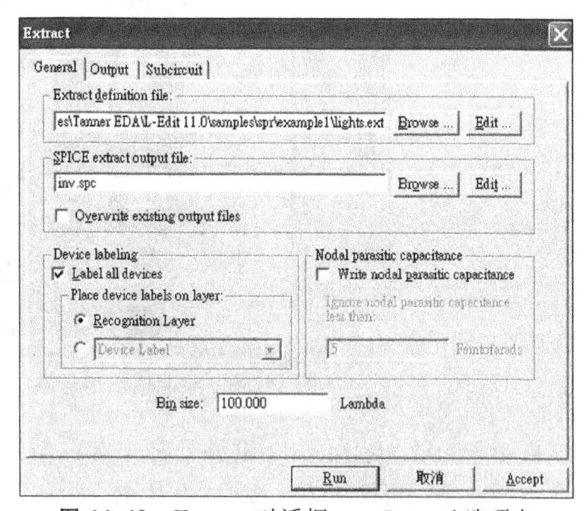

图14.43　Extract对话框——General选项卡

转化的结果可利用L-Edit打开inv.spc文件观看,如图14.45所示。其中有*号的为批注行,可以看到有两个元件NMOS与PMOS。NMOS的L=2u,W=28u,NMOS的漏极接OUT,栅极接A,源极接Gnd,NMOS基板接Gnd。PMOS的L=2u,W=28u,PMOS的漏极接OUT,栅极接A,源极接Vdd,PMOS基板接Vdd。

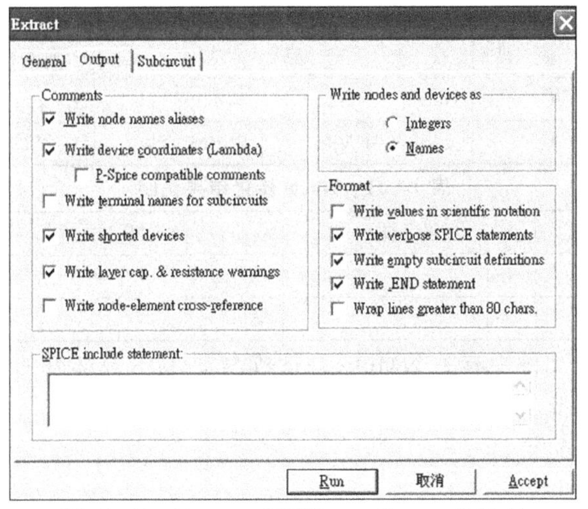

图 14.44 Extract 对话框——Output 选项卡

```
inv

* NODE NAME ALIASES
*       1 = OUT (11,32)
*       2 = A (3,24)
*       3 = Gnd (18,0)
*       4 = Vdd (18,58)

M1 OUT A Vdd Vdd PMOS L=2u W=28u    $ (8 38 10 66)
M2 OUT A Gnd Gnd NMOS L=2u W=28u    $ (8 0 10 28)
* Pins of element D1 are shorted:
* D1 Gnd Gnd D_lateral    $ (2 0 5.001 8.001)
* Pins of element D2 are shorted:
* D2 Vdd Vdd D_lateral    $ (2 58 5 66)

* Total Nodes: 4
* Total Elements: 4
* Total Number of Shorted Elements not written to the SPICE file: 0
* Output Generation Elapsed Time: 00.031 sec
* Total Extract Elapsed Time: 22.953 sec (22.953 sec)
.END
```

图 14.45 inv 转化结果

14.2 说 明

● 转化:L-Edit 有转化(Extract)功能,能够将布局图转化成描述元件与节点状况的 netlist 文字文件。L-Edit 可以辨认的主动元件有 BJT、二极管 Diode,GaAsFET,JFET 与 MOSFET,被动元件有电容、电感与电阻。此转化文件可用在 T-Spice 仿真时使用或是用作 LVS 对比之用。本范例转化的结果是得到两个 MOS 元件,每个元件各有 4 个节点和两组参数,另外,还有批注中的两个横向的二极管元件,如图 14.50 所示,将其说明整理在表 14.10 与表 14.11 中。

表 14.10 MOS转化结果说明

MOS名称	漏 极	栅 极	源 极	基 板	元件类型	通道长度	通道宽度
M1	Out	A	Gnd	Gnd	NMOS	L=2u	W=5u
M2	Out	A	Vdd	Vdd	PMOS	L=2u	W=5u

表 14.11 Diode转化结果说明

Diode名称	正 极	负 极	元件类型
D1	Gnd	Gnd	D _lateral
D2	Vdd	Vdd	D _lateral

有关转化定义文件中有关NMOS晶体管与PMOS晶体管的定义已在第12章表12.8介绍过，在此将横向二极管的定义整理如下。

```
#Lateral Diode
device =DIODE(
RLAYER=diode_lat;
Plus=pdiff,WIDTH;
Minus=ndiff,WIDTH;
MODEL=D_lateral;
)IGNORE_SHORTS
```

转化定义文件中二极管的定义中有一些图层是由所绘制的图层重叠产生的，其定义可以利用L-Edit中的Setup→Layers命令观看，整理如表14.12所示。

表 14.12 图层定义

图 层	定 义	说 明
Diode_lat	(diode _ lat) = ((GROW 1)) pdiff AND (ndiff)	本范例中ndiff与pdiff区域相邻处
ndiff	(ndiff)=(field active) AND (N Select) AND NOT (diff resistors)	本范例中ndiff即代表field active区域与NSelect交集区域
pdiff	(pdiff)= (field active) AND (P Select) AND NOT (diff resistors)	本范例中ndiff即代表field active区域与P Select的交集区域
Field active	(field active)=(p Base) OR (Active) AND NOT (Poly OrPoly2)	本范例field active区域即为Poly区域以外的Active区域
Poly OrPoly2	(Poly OrPoly2) = (Poly) OR (Poly2)	本范例Poly OrPoly2区域即为Poly区域

- 接合端口：每一个标准元件都要有一个特殊的端口叫接合端口(Abutment Port)，接合端口的范围定义出元件的尺寸及位置，即定义出元件所属的边界，本范例接合端口取名为Abut，是定义在Icon/Outline图层上的。接合端口的大小限定了一个元件边界范围，在标准元件库中所有标准元件都要有相同的高度，且接合端口宽度

最好是整数值,在标准元件自动绕线(SPR)时,在各元件相接的界线,各元件会相邻排列,即以接合端口(Abut)为接合点,例如两元件 Nor3C 与 DFFC 相邻,如图 14.46 所示,若将图 14.46 的布局图只显示出 Icon/Outline 图层,可以看到两元件相接的位置是以接合端口(Abut)为接合点,如图 14.47 所示。

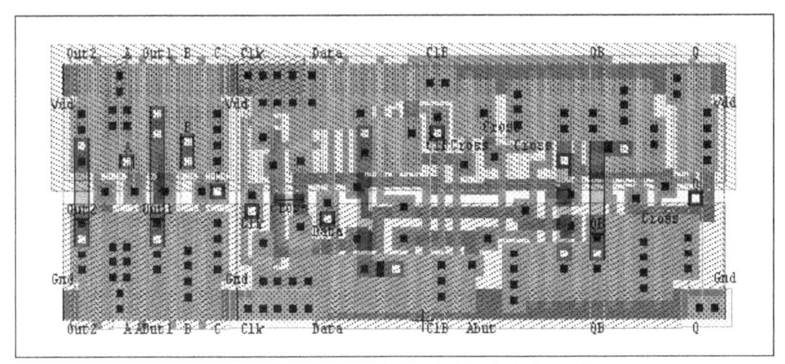

图 14.46 标准元件相邻排列接合方式

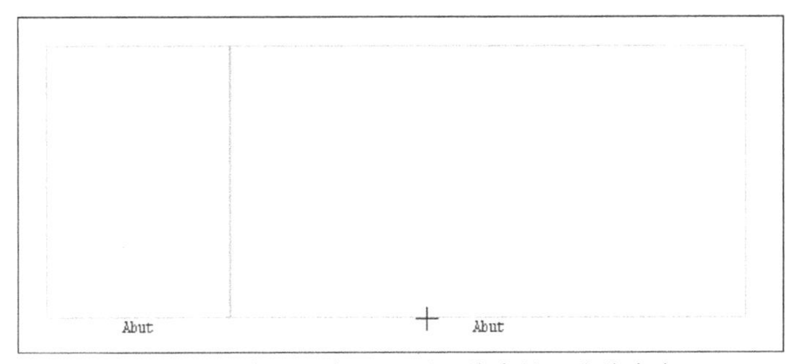

图 14.47 标准元件配置时以接合端口为接合点

标准元件接合端口名称必须与标准元件自动绕线(SPR)的设定处相同,以避免进行自动配置与绕线时找不到对应的接合端口的情况发生,SPR 设定范例如图 14.48 所示,设定 Abutment Port 的名称为“Abut”,故在绘制标准元件的接合端口要取名为“Abut”。

- 电源与电源端口:典型标准元件的电源线分布在元件的上端与下端,电源端口的名称则要配合 SPR 设定,以避免进行自动配置与绕线时找不到对应的电源端口的情况发生,SPR 设定范例如图 14.49 所示,SPR 设定电源端口名称设定为“Vdd”,接地端口设定为“Gnd”。

- 标准元件库中的每一个标准元件,其电源端口必须有相同的相对高度,且电源端口的宽度必须设定为 0,且电源端口的位置必须贴齐 Abut 端口范围的两边,如图 14.50 所示。

- 隐藏图层:L-Edit 提供图层隐藏的功能,在绘制多层图层时可增加绘图的方

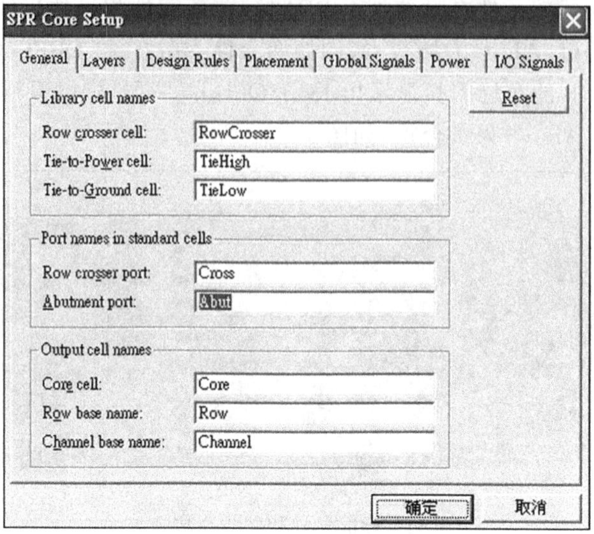

图 14.48 SPR Core Setup 对话框

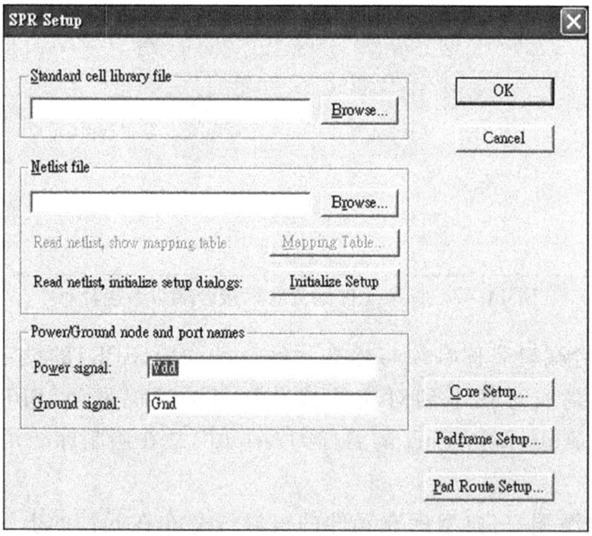

图 14.49 SPR Setup 对话框

便性与准确性。要想隐藏其他图层而只显示特定图层，可在 Layers 面板上选择一个特定图层，例如，Poly 图层，在 Layers 面板上右击，在弹出菜单中选择 Hide All 命令，如图 14.51 所示，即可将其他图层隐藏起来，只显示出 Poly 图层，如图 14.52 所示。

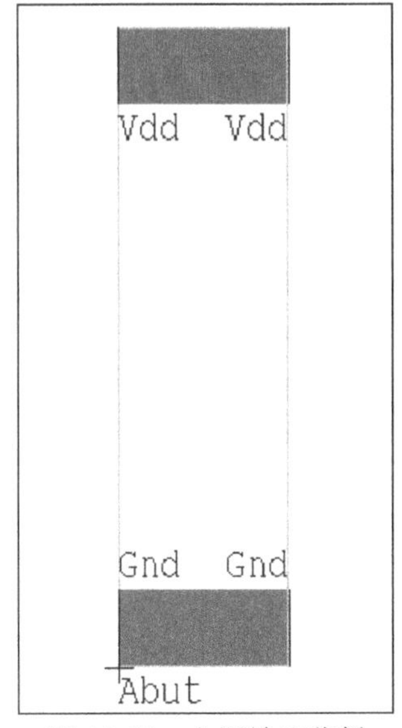

图 14.50 电源端口范例

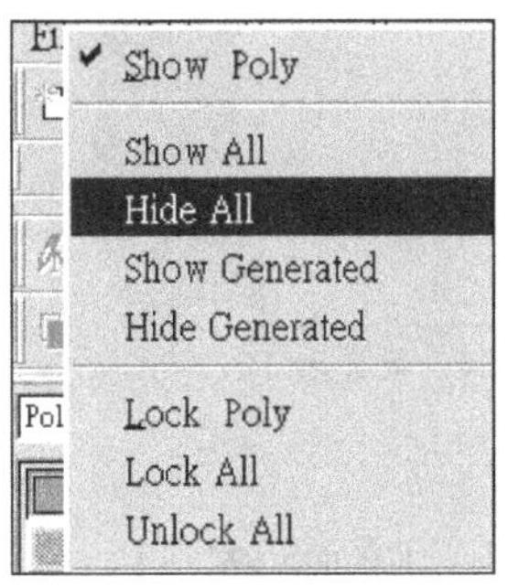

图 14.51 隐藏图层设定

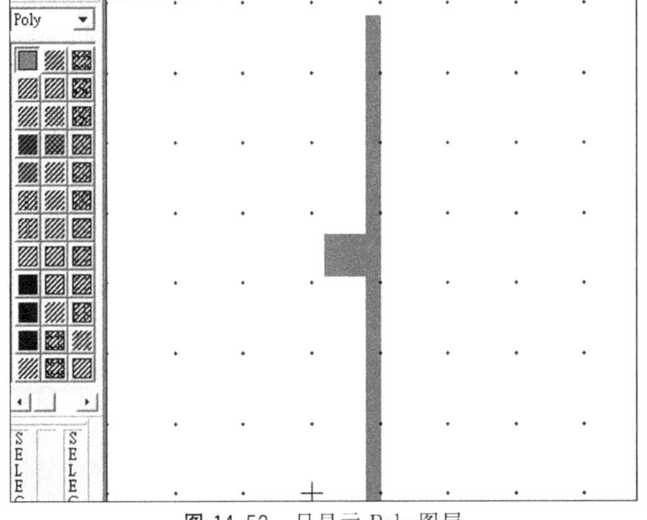

图 14.52 只显示 Poly 图层

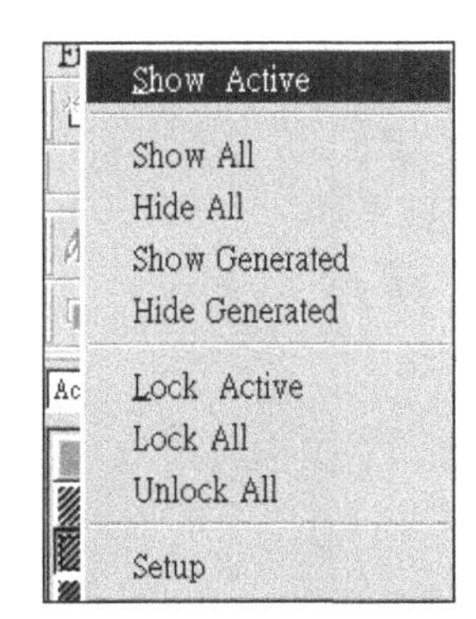

图 14.53 显示 Active 图层

若要再同时显示出另一个图层，例如 Active 图层，可选取 Active 图层，右击，打开如图 14.53 的菜单，选择其中的 Show Active 命令，可以再显示出 Active 图层，如图 14.54 所示。

要让全部的图层都显示，到 Layers 面板右击出现如图 14.55 所示的菜单，选择其中的 Show All 命令，则会出现全部图层。

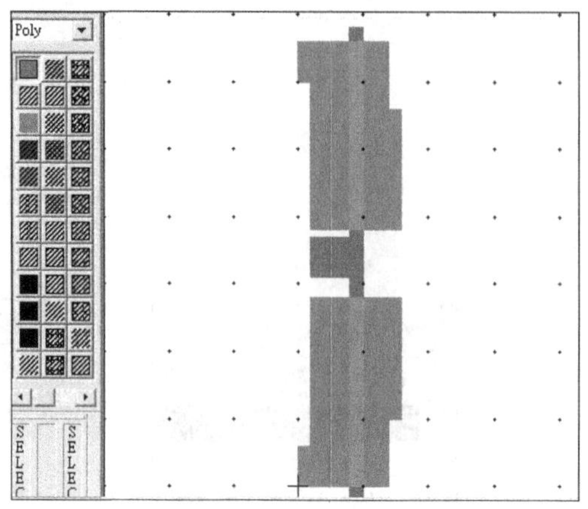

图 14.54 只显示 Poly 与 Active 图层

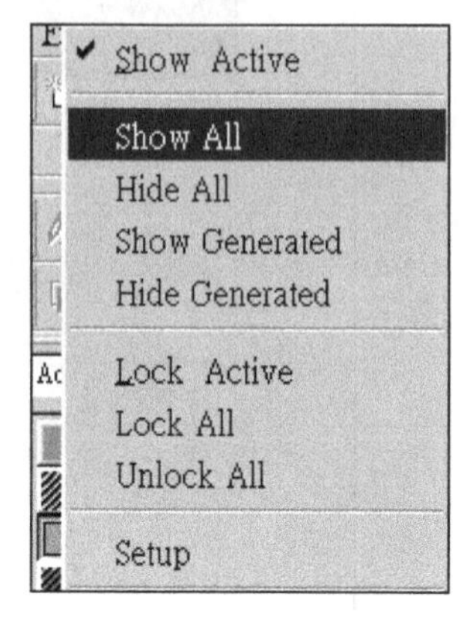

图 14.55 显示全部图层设定

14.3 随堂练习

1. 建立与非门(NAND)标准元件。
2. 建立或非门(NOR)标准元件。

第15章

四位加法器标准元件自动配置与绕线

在本书主要是以 CMOS 类型来学习 Tanner 软件的使用。本书在第 14 章已示范了标准元件库中反相器的布局图的设计方式，标准元件库中的标准元件的建立必须符合某些限制，包括高度、形状与连接端口的位置，才能使用标准元件库中的元件，完成自动配置与绕线。

完整的元件布局包括两个部分，一个部分是核心逻辑电路，另一部分是输入输出焊垫(PAD)，其中的输入输出焊垫部分也要包括在标准元件库中。本章介绍 L-Edit 的自动标准元件配置与绕线(Automativ Standard Cell Plact And Rorte)功能，以四位加法器为核心电路，加入输入输出焊垫，由 S-Edit 完成电路图设计并产生 Netlist 文件(*.TPR 文件)，再利用 L-Edit 以标准元件库根据由 S-Edit 输出的 Netlist 文件(*.TPR 文件)，进行标准元件自动配置与绕线(SPR)，并以详细的步骤引导读者学习 L-Edit 标准元件自动配置与绕线的基本功能。本章范例 L-Edit 中利用的标准元件库为 Lights.tdb 文件，S-Edit 绘制电路图时，使用的元件名称与输入输出端口的个数必须与 L-Edit 中标准元件库的元件相配合，或是直接利用 S-Edit 中 Lights.sdb 文件中的模块。

- 四位加法器输入输出端口：本章范例四位加法器的输入输出端口整理如表 15.1 所示。

表 15.1 四位加法器的输入输出端口

输 入	输 出
数据输入 A3,A2,A1,A0	和 S3,S2,S1,S0
数据输入 B3,B2,B1,B0	进入输出 Cout

- 四位加法器关系式：{Cout, S}＝A＋B。
- 操作流程：进入 S-Edit→建入新文件→环境设定→引用四位加法器模块→引用 PAD 符号→输出成 TPR 文件与 SPICE 文件→进入 L-Edit→SPR 设定→四位加法器标准元件自动配置与绕线→转化→LVS→输出成 GDSII 文件。

15.1 使用 S-Edit 编辑四位加法器的详细步骤

(1) 打开 S-Edit 程序：依照第 2 章或第 3 章的方式打开 S-Edit 程序，S-Edit 会自动将工作文件命名为 File0.sdb 并显示在窗口的标题栏上，如图 15.1 所示。

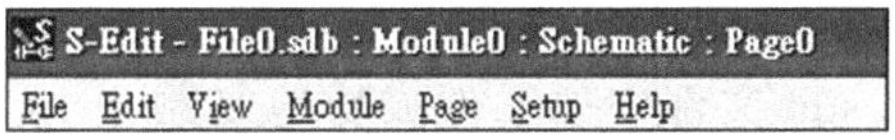

S-Edit - File0.sdb : Module0 : Schematic : Page0
File Edit View Module Page Setup Help

图 15.1 S-Edit 的标题栏

(2) 环境设定：S-Edit 默认的工作环境是黑底白线，但可按照自已的喜好来定义颜色。

(3) 另存新文件：选择 File→Save As 命令，打开“另存为”对话框，在“保存在”下拉列表中选择存储的目录，在“文件名”文本框中输入新文件的名称，例如，ex14。

(4) 引用 add4 模块：本范例以四位加法器为核心电路，四位加法器已经在第9章用 S-Edit 编辑完成，所以读者可以从 ex8. sdb 文件中复制 add4 模块到 ex14. sdb 文件中，并在 Module0 编辑画面引用。选择 Module→Symbol Browser 命令，在弹出的对话框中利用 Add Library 按钮加入 ex14 元件库，再从其内含模块选择出 add4 模块，如图 15.2 所示，接着单击 Place 按钮和 Close 按钮，则在 Module0 编辑窗口中将出现 add4 的符号。

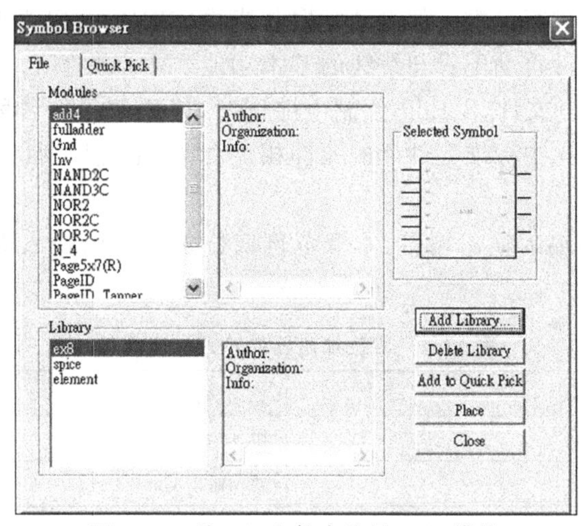

图 15.2 从 ex8 文件中选择 add4 模块

(5) 引用 PAD 模块：本范例以四位加法器为核心电路，核心电路每一个输入输出端还要加上输入输出焊垫(PAD)，在 Lights. sdb 文件中有已绘制好的焊垫模块，包括电源焊垫 PadVdd、接地焊垫 PadGnd、输入焊垫 IPAD 与输出焊垫 OPAD，可从范例文件 Lights. sdb 中分别复制 4 种 PAD 模块到 ex14 文件中，并在 Module0 编辑画面引用。选择 Module→Symbol Browser 命令，利用弹出对话框中的 Add Library 按钮加入/S-Edit/tutorial/schematic/ligts 元件库，再从其内含模块中分别选择出 IPAD, OPAD,PadVdd 与 PadGnd 模块。引入元件时会出现提示元件名称冲突的对话框，则可选择第3个单选按钮来覆盖现有的元件，如图 15.3 所示。

但之后又会出现提示模块性质不匹配的对话框，如图 15.4 所示，要单击其中的 Yes 按钮才能将 Lights. sdb 文件中的元件成功地复制到 ex14. sdb 文件中，并且将 ex14. sdb 文件中的 N_4 与 P_4 的模块置换成 Lights. sdb 文件中的 N_4 与 P_4 模块。

(6) 编辑四位加法器：选择 Edit→Duplicate 命令或利用 Ctrl 键加鼠标拖动的方

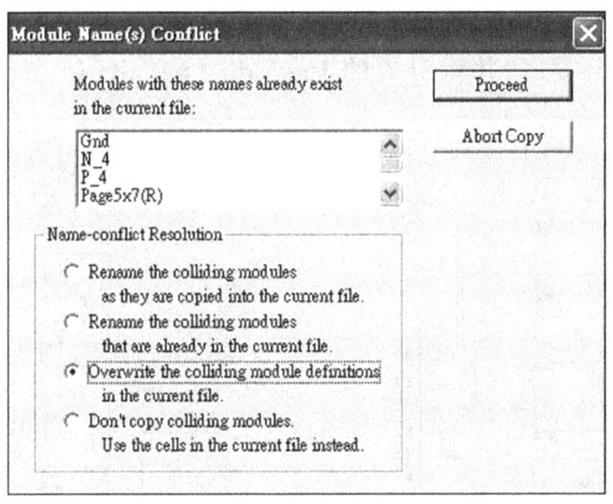

图 15.3 模块名称冲突的对话框

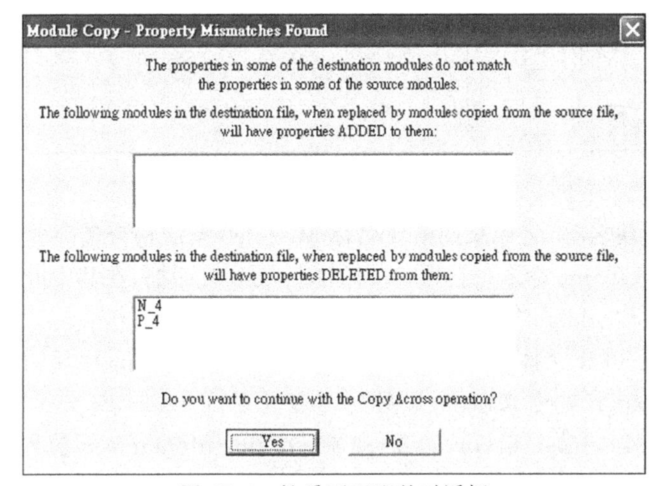

图 15.4 性质不匹配的对话框

式复制出 7 个 IPAD 符号与 5 个 OPAD 符号，再利用 Alt 键加鼠标拖动的方式可移动各个对象。之后利用按钮完成各端点的信号连接，注意，控制鼠标左键可将联机转向，右击可终止联机。当联机与元件节点正确相接时，节点上小圆圈同样会消失。利用 S-Edit 提供的输入端口按钮与输出端口按钮标明此全加器的输入输出信号的位置与名称，方法如下所述：选择输入端口按钮，到工作区中用鼠标左键选择要连接的端点，打开 Edit Selected Port 对话框，在 Name 文本框输入输出端口名称，单击 OK 按钮，分别要建立 A3，A2，A1，A0，B3，B2，B1 与 B0 这 8 个输入端口；再选择输出端口按钮，到工作区中用鼠标左键选择要连接的端点，在出现的对话框中的 Name 文本框输入输出端口名称，单击 OK 按钮，分别要建立 Co (out)与 S3，S2，S1，S0 这 5 个输出端口。若输入端口或输出端口未与所要连接的端点相接时，可利用移动功能将它们连接在一起，如图 15.5 所示。注意，IPAD 符号利用了 Edit→Flip→

Horizontal 命令翻转过，使该符号的 PAD 端接输入端口。以同样的方法使 OPAD 符号的 PAD 端接输出端口，并将引入的 PadVdd 与 PadGnd 摆放在旁边。

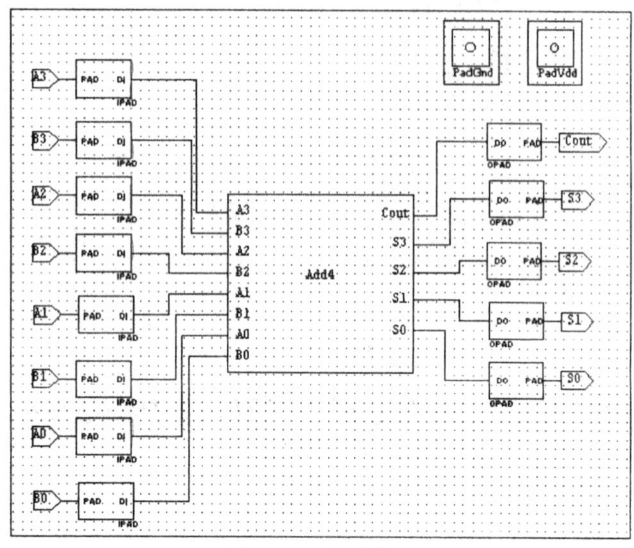

图 15.5 连接端口

(7) 更改模块名称：将原来的模块名称 Module0 换成符合实际电路特性的名称，选择 Module→Rename 命令，打开 Module Rename 对话框，在其中的 New module's name 文本框输入"addspr"，单击 OK 按钮。

(8) 输出成 TPR 文件：要在 S-Edit 中将设计好的 addspr 模块输出成 tpr 格式，可选择 File→Export 命令来输出，如图 15.6 所示。在 Select Export Data Type 下拉列表框中选择 TPR File(*. tpr)选项，则在 Output file name 下拉列表框中出现文件名类型为 addspr. tpr。

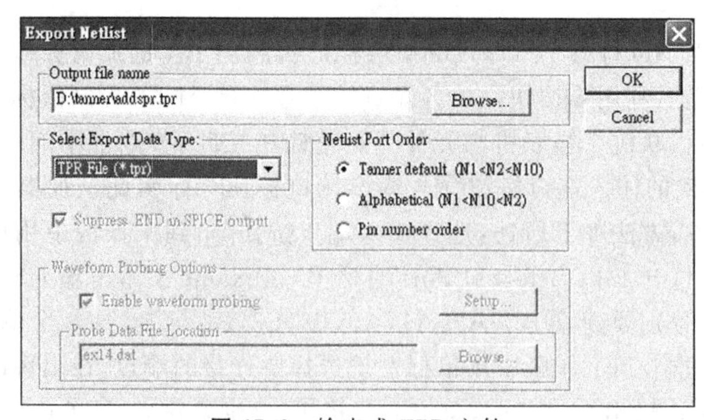

图 15.6 输出成 TPR 文件

输出的 TPR 文件可利用文字编辑器来打开，如图 15.7 所示。

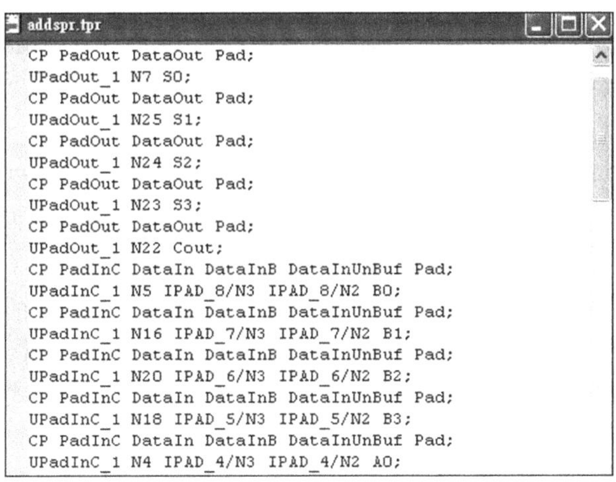

```
addspr.tpr
CP PadOut DataOut Pad;
UPadOut_1 N7 S0;
CP PadOut DataOut Pad;
UPadOut_1 N25 S1;
CP PadOut DataOut Pad;
UPadOut_1 N24 S2;
CP PadOut DataOut Pad;
UPadOut_1 N23 S3;
CP PadOut DataOut Pad;
UPadOut_1 N22 Cout;
CP PadInC DataIn DataInB DataInUnBuf Pad;
UPadInC_1 N5 IPAD_8/N3 IPAD_8/N2 B0;
CP PadInC DataIn DataInB DataInUnBuf Pad;
UPadInC_1 N16 IPAD_7/N3 IPAD_7/N2 B1;
CP PadInC DataIn DataInB DataInUnBuf Pad;
UPadInC_1 N20 IPAD_6/N3 IPAD_6/N2 B2;
CP PadInC DataIn DataInB DataInUnBuf Pad;
UPadInC_1 N18 IPAD_5/N3 IPAD_5/N2 B3;
CP PadInC DataIn DataInB DataInUnBuf Pad;
UPadInC_1 N4 IPAD_4/N3 IPAD_4/N2 A0;
```

图 15.7 打开 TPR 文件

(9) 输出成 SPICE 文件:在 S-Edit 中将设计好的 addspr 模块输出成 SPICE 格式,以便在最后进行电路对比(LVS)之用,可由选择 File→Export 命令输出,如图 15.8 所示。在 Select Export Data Type 下拉列表框中选择 SPICE File (*.sp)选项,则在 Output file name 下拉列表框中出现文件名类型为 addspr.sp。

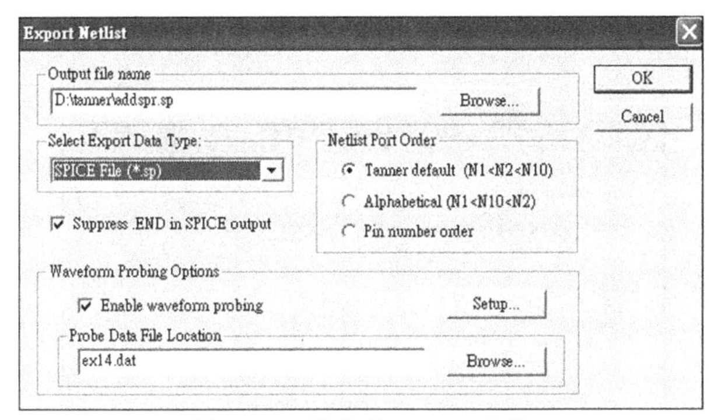

图 15.8 输出成 SPICE 文件

15.2 L-Edit 标准元件自动绕线的详细步骤

(1) 打开 L-Edit 程序:执行在..\Tanner EDA\L-Edit11.1\LEdit82 目录下的 ledit.exe 文件,或选择"开始"→"程序"→Tanner EDA→L-Edit Pro v11.1→L-Edit11.1 命令,即可打开 L-Edit 程序,L-Edit 会自动将工作文件命名为 Layout1.sdb 并显示在窗口的标题栏上,如图 15.9 所示。

(2) 另存新文件:选择 File→Save As 命令,打开"另存为"对话框,在"保存在"下

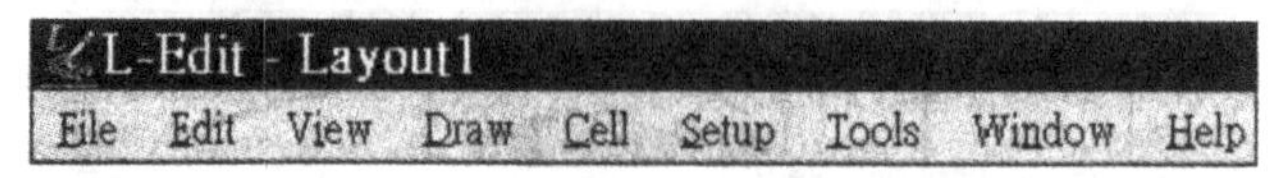

图 15.9 L-Edit 的标题栏

拉列表框中选择存储目录，在“文件名”文本框中输入新文件名称，例如 ex14。

(3) 取代设定：选择 File→Replace Setup 命令，在出现的对话框中单击 Browser 按钮，在打开的对话框中选择 C:\Tanner EDA\L-Edit11.1\Samples\SPR\examplel\lights.tdb 文件，单击 OK 按钮，就可将 lights.tdb 文件的设定选择性地应用在目前编辑的文件中，包括格点设定、图层设定、自动绕线设定等。

(4) SPR 设定：本范例是练习 L-Edit 的标准元件自动绕线方式(SPR)来进行四位加法器的布局图设计，并配合输入输出焊垫(PAD)进行配置。首先进行 SPR 的设定，选择 Tools→SPR→Setup 命令，打开 SPR Setup 对话框，其中有两个文件需要设定，一个是标准元件库所在的文件(*.tdb)另一个是由 S-Edit 中设计好的电路模块所输出的 Netlist 文件(*.tpr)，只有设定完这两个文件，才能让 L-Edit 根据电路图模块所输出的 Netlist 文件从指定的标准元件库中找出相同名称的对应元件，进行自动摆放与绕线，完成完整的电路布局图。其设定方法为：在 SPR Setup 对话框中单击 Browser 按钮，在弹出的对话框中找出标准元件库 lightslb.tdb，如图 15.10 所示。在 Netliat file 下拉列表框中选择从 S-Edit 设计的四位加法器电路图的输出文件 addspr.tpr。

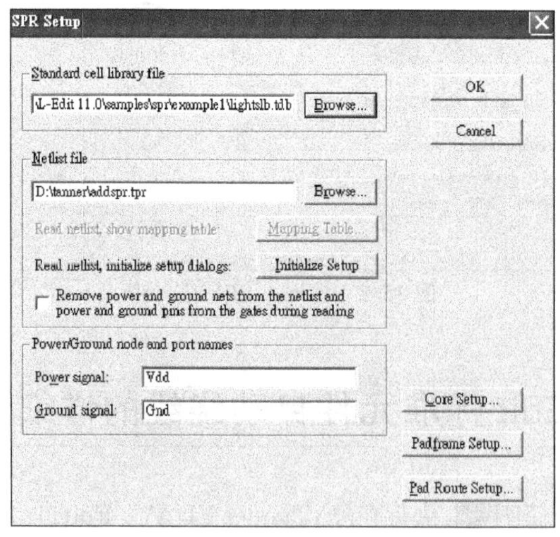

图 15.10 SPR 的设定

在图 15.10 中还要设定电源信号端口与接地信号端口的名称，此名称也要与标准元件的电源信号端口与接地信号端口的名称相对应，在此设定电源信号端口为 Vdd，设定接地信号端口为 Gnd。

SPR Setup对话框中另外还有其他三项内容需要设定，整理如表15.2所示。

表15.2 SPR设定

SPR设定	说 明
Core Setup	电路核心设定
Padframe Setup	焊垫框设定
Pad Route Setup	焊垫绕线设定

下面将按照顺序介绍此三项内容的设定方式。

(5) 电路核心设定：在SPR Setup对话框中单击Core Setup按钮，打开SPR Core Setup对话框，选择I/O Signal选项卡，如图15.11所示，将原先所有信号通过单击其中的Delete按钮清除，再单击"确定"按钮，回到SPR Setup对话框。

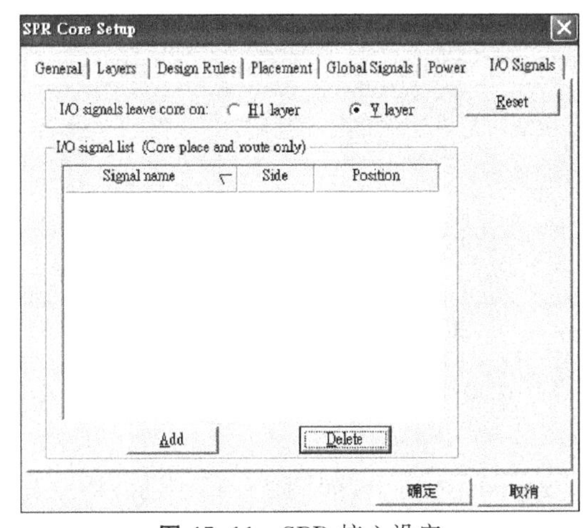

图15.11 SPR核心设定

(6) 焊垫框设定：在SPR Setup对话框中单击Padframe Setup按钮，进入SPR Padframe Setup对话框，选择Layout选项卡，如图15.12所示，将原先所有的Pad利用其中的Delete按钮清除，再单击"确定"按钮，回到SPR Setup对话框。

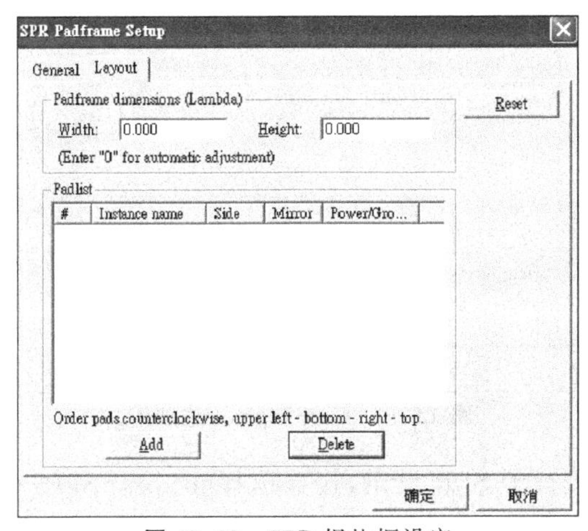

图15.12 SPR焊垫框设定

(7) 焊垫绕线设定：在 SPR Setup 对话框中单击 Pad Poute Setup 按钮，进入 SPR Pad Route Setup 对话框，在其中的 Output cell name 选项组中的 Chip cell 文本框输入完成自动配置与绕线的元件名称，在此设定为“add4”，如图 15.13 所示。

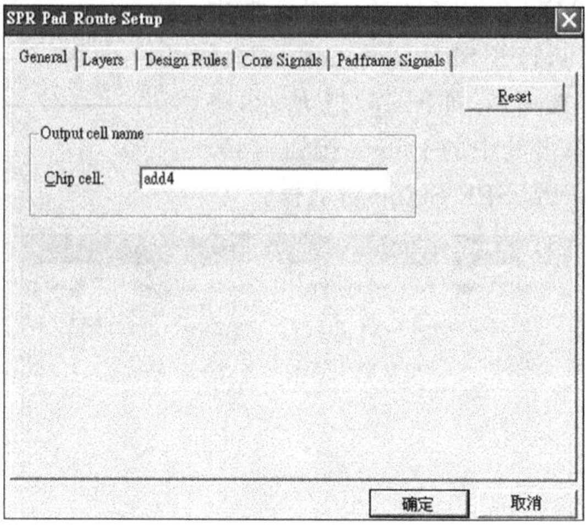

图 15.13 SPR 焊垫绕线设定

再选择 Core Signals 选项卡，如图 15.14 所示，将原先所有 I/O 信号利用其中的 Delete 按钮清除。

再选择 Padframe Signsls 选项卡，如图 15.15 所示，将原先所有 I/O 信号利用 Delete 按钮清除再单击“确定”按钮，回到 SPR Setup 对话框。设定完单击 OK 按钮。

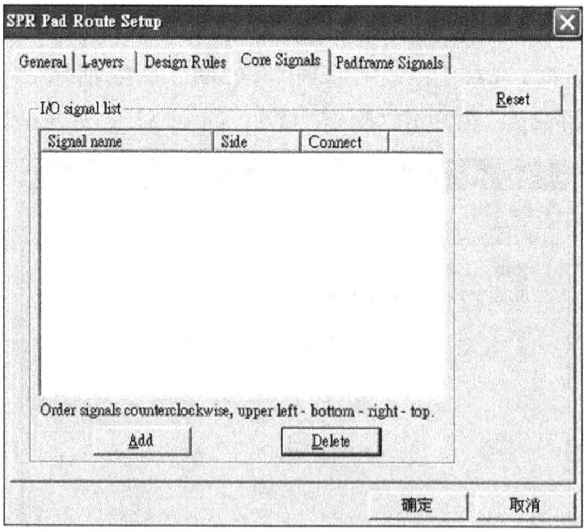

图 15.14 Core Signals 选项卡

(8) 执行 SPR：进行了 SPR 设定，接着选择 Tools→SPR→Place and Route 命令，打开 Standard Cell Place and Route 对话框如图 15.16 所示。单击其中的 Run 按

钮,执行 SPR 设定。自动绕线完成会出现如图 15.17 的完成信息。

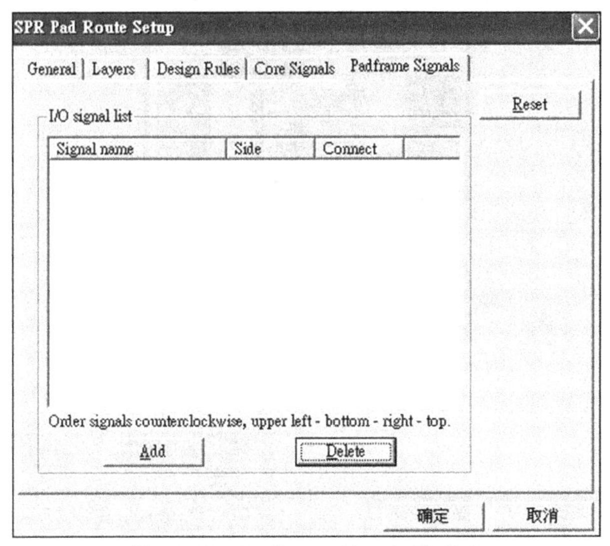

图 15.15 Padframe Signals 选项卡

图 15.16 Standard Cell Place Gnd Route 对话框

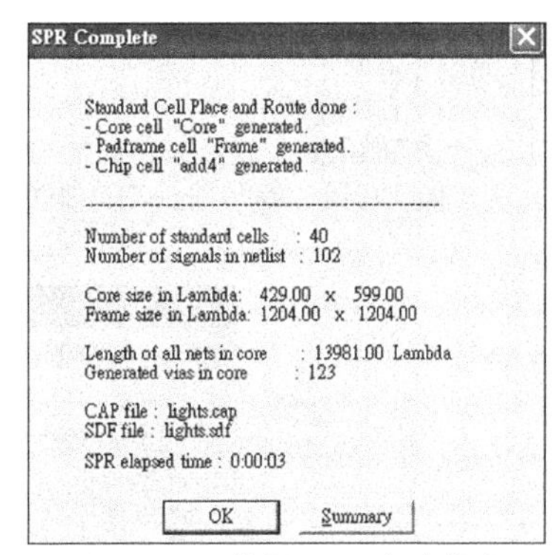

图 15.17 执行 SPR 完成信息

绕线完成的结果出现在 add4 元件中,如图 15.18 所示。

绕线结果会产生多个元件,可利用 View→Design Navigator 命令,单击展开全部的功能按钮,观看各元件的层次关系,如图 15.19 所示。

(9) 转化:将此布局图利用 L-Edit 的转化功能进行转化(选择 Tools→Extract 命令,在出现的 Extract 对话框中进行设定,如图 15.20 与图 15.21 所示,再单击 Run 按钮进行转化)。

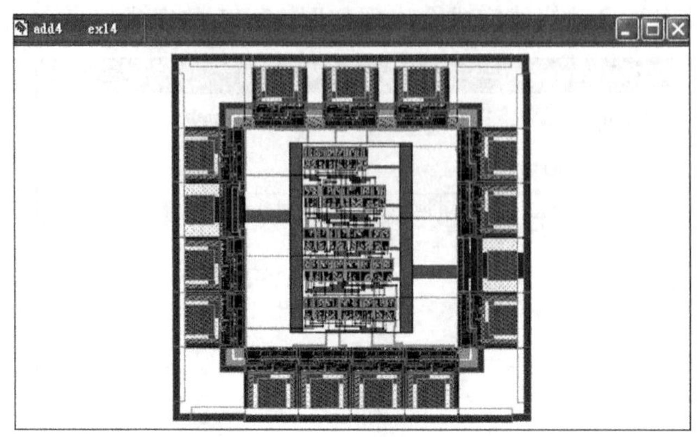

图 15.18 SPR 执行结果

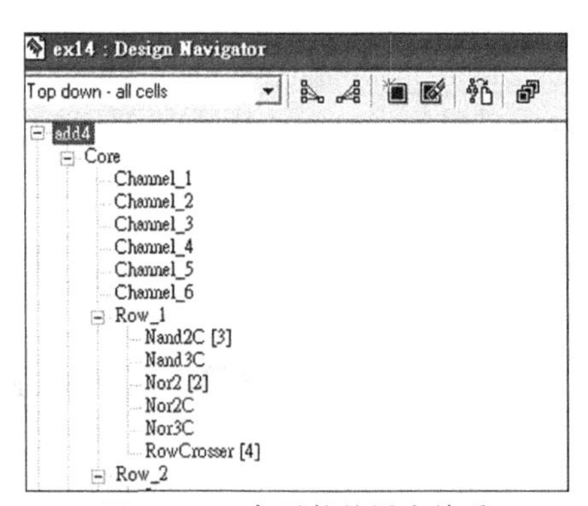

图 15.19 各元件的层次关系

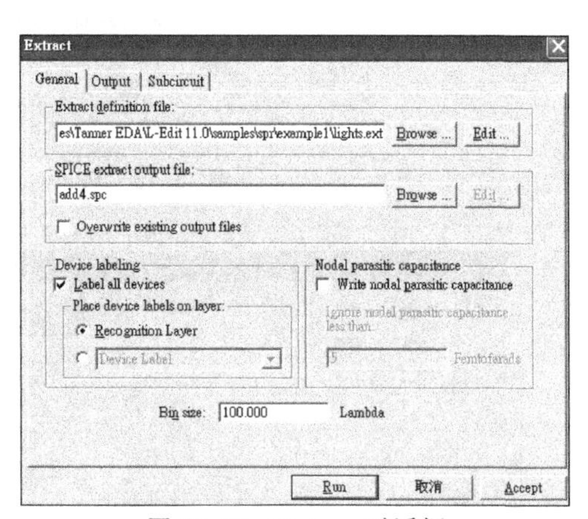

图 15.20 Extract 对话框

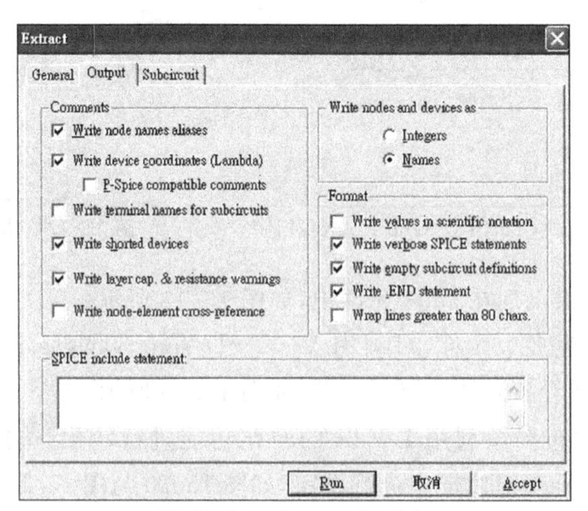

图 15.21 Output 选项卡

转化的结果可利用任何文字编辑器打开，add4.spc 的内容如图 15.22 所示。

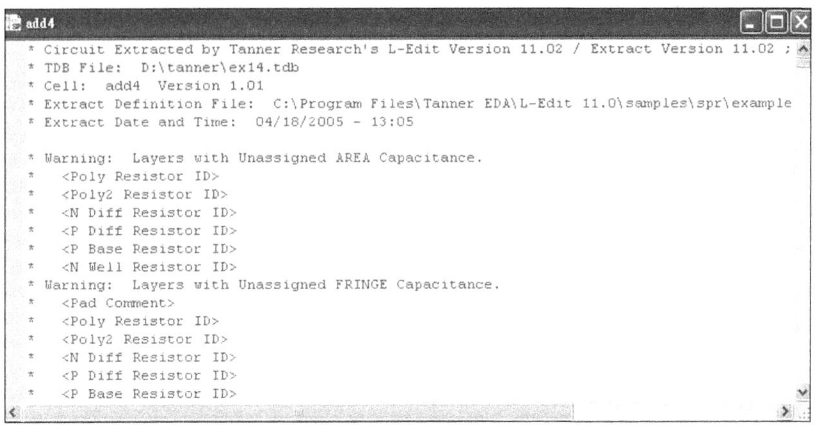

图 15.22 转化结查

(10) 进行 LVS：读者可参考第 13 章的 LVS 的操作方式来进行电路图输出文件 addspr.sp 与自动配置与绕线结果的转化文件 add4.spc 的对比操作，若电路不相等则回去修改 S-Edit 电路或 L-Edit 的 SPR 设定，直到电路对比相等为止。

(11) 输出成 GDSII 文件：LVS 对比完成后，将利用 L-Edit 的自动配置与绕线建立的布局图输出成 GDSII 文件，才能制作成半导体流程所需的光罩，方法为在 L-Edit 中选择 File→Export Mask Data 命令，打开 Export Mask Data 对话框，在 Export file type 下拉列表中选择 GDSII 选项，如图 15.23 所示，单击 Export 按钮。

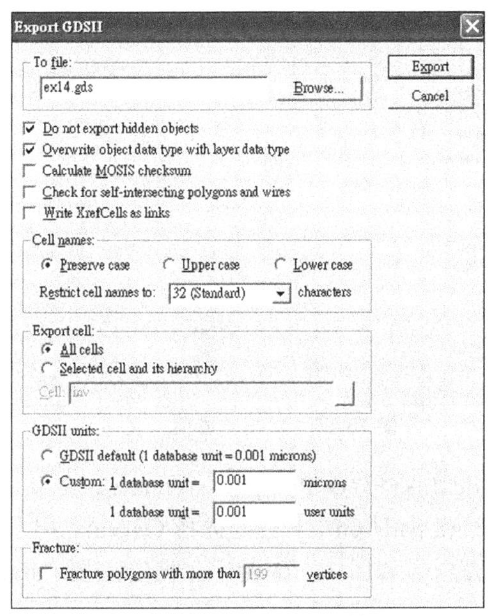

图 15.23 Extract 对话框

单击 Export 按钮后会出现一个输出完成信息文件，如图 15.24 所示，即完成 GDSII 文件输出程序。

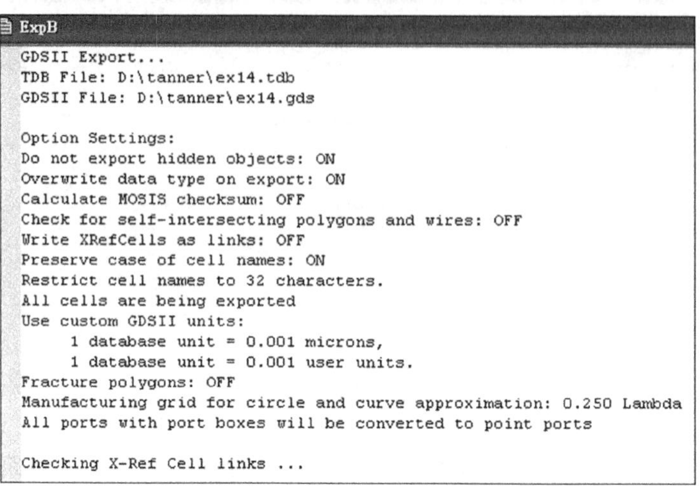

```
ExpB
GDSII Export...
TDB File: D:\tanner\ex14.tdb
GDSII File: D:\tanner\ex14.gds

Option Settings:
Do not export hidden objects: ON
Overwrite data type on export: ON
Calculate MOSIS checksum: OFF
Check for self-intersecting polygons and wires: OFF
Write XRefCells as links: OFF
Preserve case of cell names: ON
Restrict cell names to 32 characters.
All cells are being exported
Use custom GDSII units:
     1 database unit = 0.001 microns,
     1 database unit = 0.001 user units.
Fracture polygons: OFF
Manufacturing grid for circle and curve approximation: 0.250 Lambda
All ports with port boxes will be converted to point ports

Checking X-Ref Cell links ...
```

图 15.24　输出完成信息文件

（12）标记焊垫中心坐标：选择 Cell→Fabricate 命令，出现 Select Cell to Fabricate 对话框，选择 add4，按 OK 钮。出现信息窗口如图 15.25 所示。按确定钮。

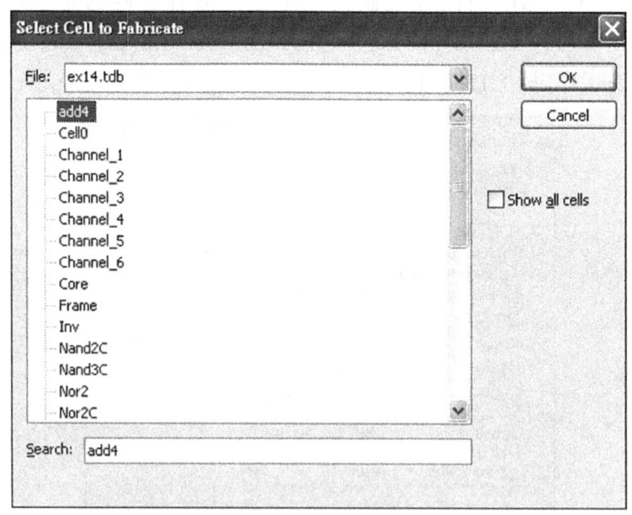

图 15.25　输出完成信息文件

再选择 Tools→Add Ins→I/O Pad Crossreference 命令，出现 I/O Pad Cross-Reference 对话框，在 Find pads on layer：处选择 Overglass 层，在 Cross－Reference file：处设定输出文件的路径，如图 15.26 所示。设定完按 OK 钮。出现信息窗口如图 15.27 所示。

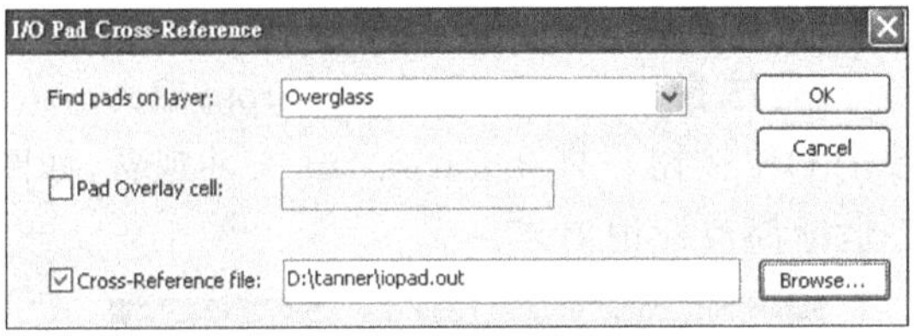

图 15.26 输出完成信息文件

图 15.27 输出完成信息文件

打开 iopad.out 文件观看，如图 15.28 所示。可以看到每个焊垫的中心坐标都被标记出来。但是 pad 的名称是空白的，如果先将 pad 命名即可分辨。

如将每个 pad 都予以命名，可选择[A]，单击 Cell add4 上方最左边的 pad，出现 Edit Object 对话框，在 On 文本框中选择 Overglass，在 Port name：处输入 1，在 Text Size 处输入 100，如图 15.29 所示。按确定按钮后可以看到结果如图 15.30。

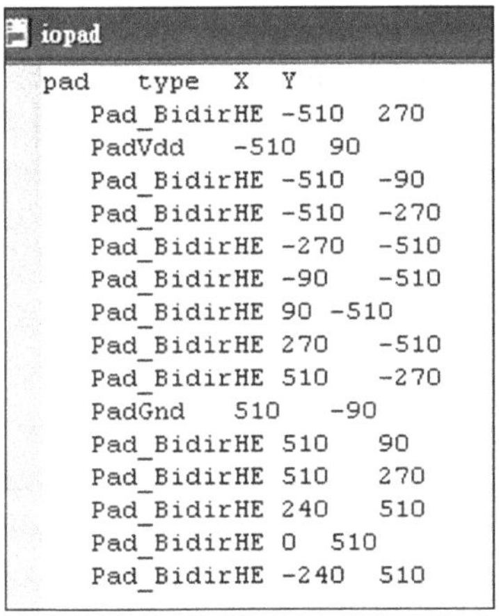

```
iopad
pad    type    X    Y
   Pad_BidirHE -510  270
   PadVdd     -510   90
   Pad_BidirHE -510  -90
   Pad_BidirHE -510  -270
   Pad_BidirHE -270  -510
   Pad_BidirHE -90   -510
   Pad_BidirHE 90 -510
   Pad_BidirHE 270   -510
   Pad_BidirHE 510   -270
   PadGnd     510    -90
   Pad_BidirHE 510   90
   Pad_BidirHE 510   270
   Pad_BidirHE 240   510
   Pad_BidirHE 0   510
   Pad_BidirHE -240  510
```

图 15.28 输出完成信息文件

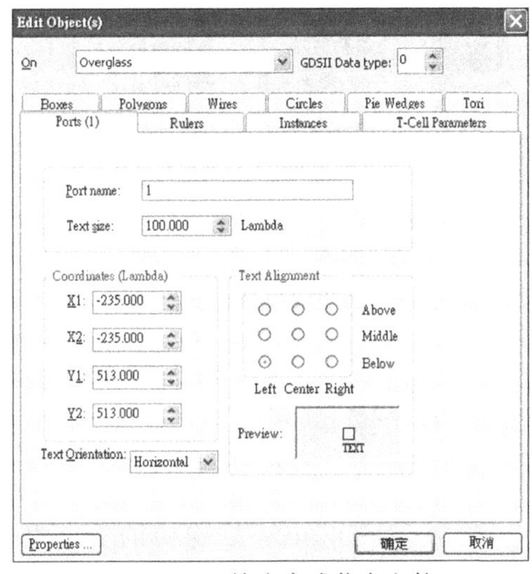

图 15.29 输出完成信息文件

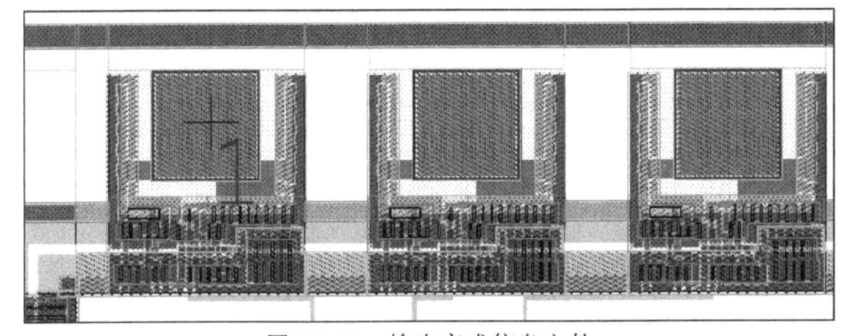

图 15.30 输出完成信息文件

依次将每个 pad 都编上编号，结果如图 15.31 所示。

再选择 Tools→Add Ins→I/O Pad Crossreference 命令，出现 I/O Pad Cross-Reference 对话框，在 Find pads on layer：处选择 Overglass 层，在 Cross-Reference file：处设定输出文件的路径。设定完单击 OK 按钮。打开 iopad.out 文件观看，如图 15.32 所示。可以看到每个焊垫的中心坐标都被标记出来。

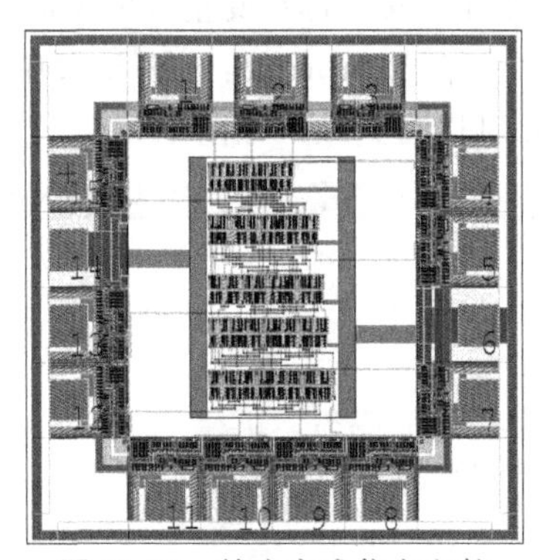

图 15.31　输出完成信息文件

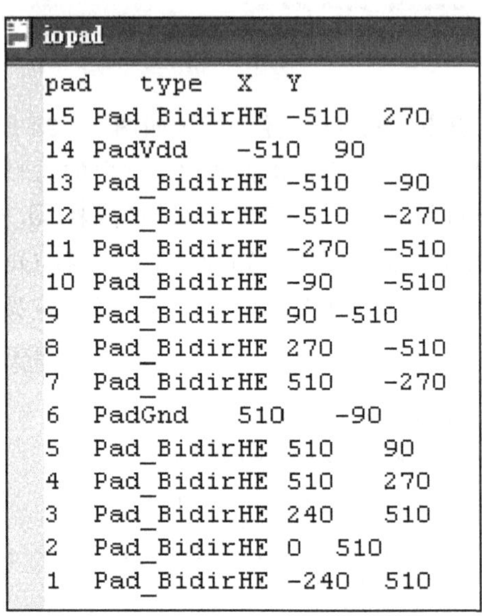

```
iopad
pad    type    X    Y
15 Pad_BidirHE -510  270
14 PadVdd    -510  90
13 Pad_BidirHE -510  -90
12 Pad_BidirHE -510  -270
11 Pad_BidirHE -270  -510
10 Pad_BidirHE -90   -510
9  Pad_BidirHE 90 -510
8  Pad_BidirHE 270   -510
7  Pad_BidirHE 510   -270
6  PadGnd    510   -90
5  Pad_BidirHE 510   90
4  Pad_BidirHE 510   270
3  Pad_BidirHE 240   510
2  Pad_BidirHE 0  510
1  Pad_BidirHE -240  510
```

图 15.32　输出完成信息文件

15.3 说　明

- 焊接：CMOS 电路结构中的 I/O 电路称为焊垫(PAD)，I/O PAD 是作为 CMOS 内部电路与外部电路连接之用，因功能考量的不同而分成四种 PAD，整理如表 15.3 所示。焊接主要部分有一个供焊接线焊接的地方，另外还有一些电路，视 PAD 的种类而有所不同。

表 15.3　I/O PAD 说明

I/O PAD	说　明
Output PAD 输出焊垫	输出除了有一个供焊接线焊接的地方，另外还有一些驱动能力大的电路，当外部电路有大电容负载时，能够有足够的驱动能力，以达到适当的上升和下降时间。本范例输出焊垫为 OPAD 或 PadOut
Input PAD 输入焊垫	输入焊垫除了有一个供焊接线焊接的地方，另外还有一些保护电路，避免因输入信号发生静电放电的高电压而烧坏内部的 CMOS 电路。本范例输入焊垫为 IPAD 或 PadInC

续表 15.3

I/O PAD	说 明
Bidirection PAD 输入输出焊垫	为了减少焊垫库的维护,可将双向焊垫做适当的接线,可以任意改变成输入、输出、三态输入或双向焊垫
Power PAD 电源焊垫	电源焊垫通常只是一块金属板子与对应原电源线或地线相接,本范例电源焊垫有两种:PadVdd 与 PadGnd

● 焊垫框:本范例自动标准元件配置与绕线结果将输入输出焊垫的位置摆放在核心电路的外围,形成一个焊垫框,读者可打开(选择 Cell→Open 命令)Frame 元件观看焊垫框中各种焊垫的安排,如图 15.33 所示。

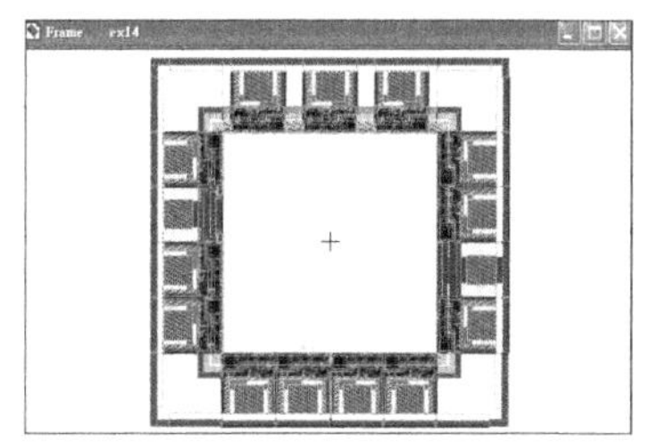

图 15.33 焊垫框

此输出元件名称与焊垫框的大小可以分别在 SPR Padframe Setup 对话框中的 General 选项卡与 Layout 选项卡进行设定,分别如图 15.34 与图 15.35 所示。可以在 General 选项卡中的 Output cell name 选项组中的 Padframe cell 文本框设定此输出元件的名称,例如 Frame,则在进行自动配置与绕线后,会新增一个焊垫框的 Cell,名称为 Frame。

可以在 Layout 选项卡中的 Padframe dimensiond(Locator Uints)选项组的 Width 与 Height 文本框设定此焊垫框的宽与高(单位为坐标单位),例如宽为 3000,高为 3000,但若将此焊垫框的 Width 与 Height 设定为 0,则 L-Edit 制作 SPR 时,会自动调整焊垫框的大小。

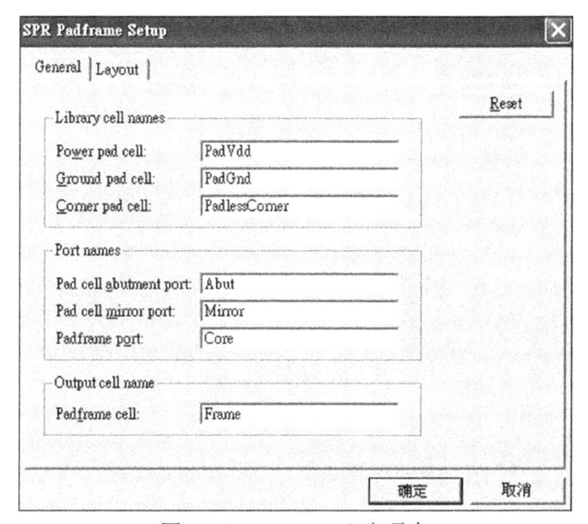

图 15.34 General 选项卡

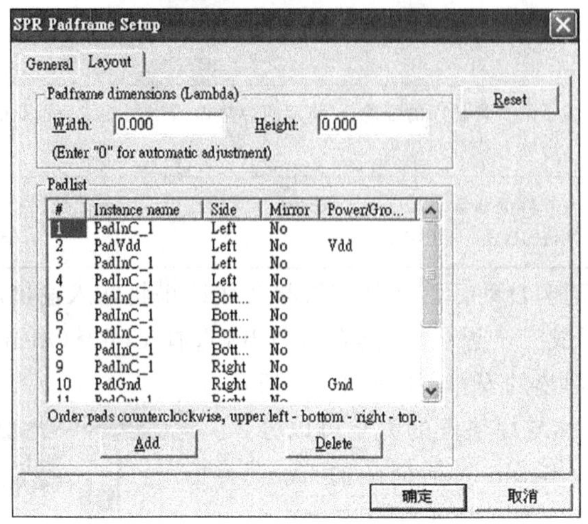

图 15.35 Layout 选项卡

15.4 随堂练习

1. 进行四位减法器的标准元件自动配置与绕线。
2. 进行前瞻式四位加法器的标准元件自动配置与绕线。

第 16 章

全加器SDL

在本书主要是以 CMOS 类型来学习 Tanner 软件的使用。本章利用 L-Edit 的区块配置与绕线(Block Place And Route，BPR)，先由 S-Edit 产生全加器的 Netlist (*. tpr)，再利用 L-Edit 以标准元件库根据由 S-Edit 输出的 Netlist 文件(*. TPR 文件)进行 SDL，并以详细的步骤引导读者学习的基本功能。

- 全加器输入：A、B 与 Ci.
- 全加器输出：S 与 Co。
- 全加器关系式：$\overline{Co}=AB+(A+B)Ci$；

$$S=(A+B+Ci)\overline{Co}+ABC。$$

操作流程：进入 S-Edit→打开模块→输出 SP 文件→进入 L-Edit→定义区块→复制元件→区块配置与绕线→DRC→转化→LVS。

16.1 使用 S-Edit 编辑全加器的详细步骤

(1) 开启 S-Edit 程序：按照第 2 章或第 3 章的方式打开 S-Edit 程序，S-Edit 会自动将工作文件命名为 File0. sdb 并显示在窗口的标题栏上。

(2) 环境设定：S-Edit 内定的工作环境是黑底白线，但可像第 2 章的步骤那样而根据用户的喜好自定颜色。

(3) 另存新文件：选择 File→Save As 命令，出现另存新文件对话框，在储存于(I)：处选择储存目录，在文件名称处输入新文件名称，例如 ex15。

(4) 编辑模块：S-Edit 编辑方式是以模块(Module)为单位而非文件(File)，每一个文件可有多个模块，而每一个模块即表示一种基本元件或一种电路，故一个文件内可能包含多种元件或多个电路。每次打开新文件时会自动打开一个模块并将其命名为 Module0。

(5) 从元件库引用模块：可从 spice 元件库分别复制 MOSFET_N、MOSFET_P、Gnd 与 Vdd 模块至 ex15 文件，并在 Module0 编辑画面引用。可选择 Module→Symbol Browser 命令，利用 Add Library 按钮加入 spice 元件库，再从其内含模块，选择出 MOSFET_N 符号，接着单击 Place 按钮及 Close，则在 Module0 编辑窗口内将出现 MOSFET_P 的符号。

以同样动作再选出 MOSFET_N 符号与 Vdd 符号和 Gnd 符号。利用键盘上 Alt 键加鼠标拖动，可移动各对象。需要重复使用的符号，可利用 Edit→Duplicate 命令或利用键盘上 Ctrl 键加鼠标拖动复制。再利用左边联机钮，完成各端点的信号连接，注意控制鼠标左键可将联机转向，按鼠标右键可终止联机。并编辑成如图 16.1 的电路。

(6) 更改对象大小：将全加器电路图中最左边与最右边的反相器的 NMOS 与

PMOS 的 W 值加大成 44u，如图 16.2 所示。

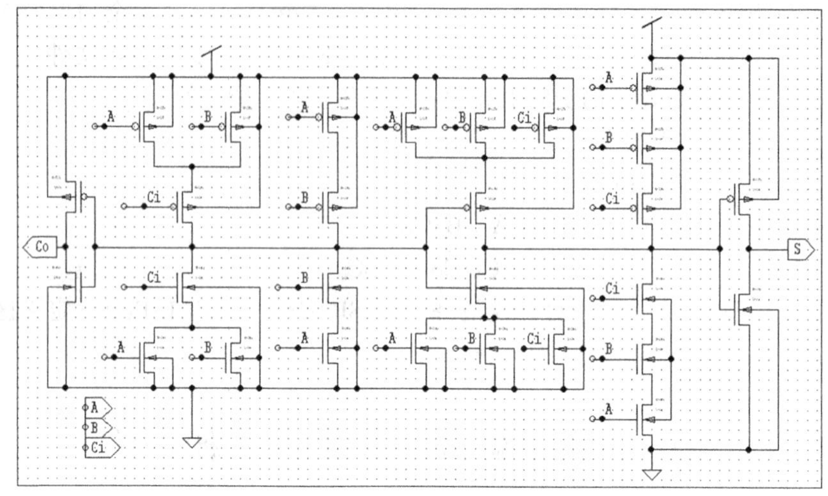

图 16.1 全加器电路图

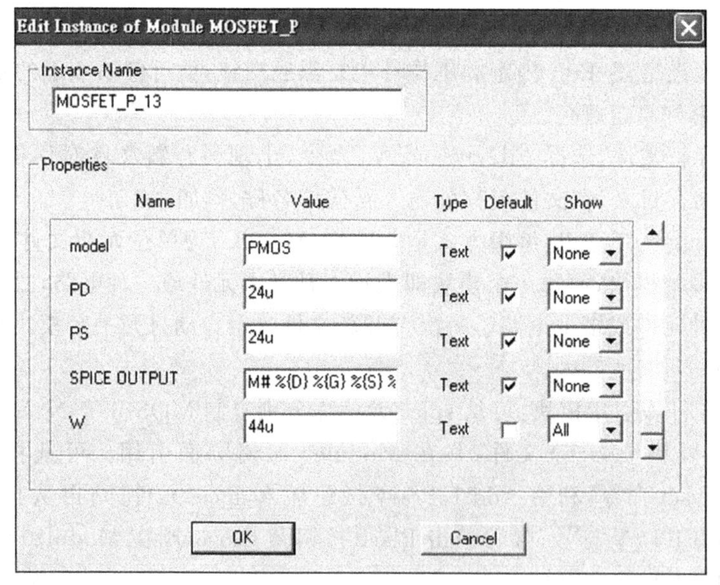

图 16.2 编辑 W 值

(7) 输出成 sp 文件：将模块名称利用窗口选单 Module→Rename 命令更改为 full 模块，再输出成 sp 格式，可由选择 File→Export 命令，在 Select Export Data Type 选择“SPICE File(*.sp)”，则在 Output file name 处出现文件名型式为.sp 文件。输出的 sp 文件可利用文字编辑器开启，如图 16.3 所示。以下再介绍 L-Edit 根据由 S-Edit 输出的 sp 文件(*.sp 文件)进行 SDL 的步骤。

```
full
* Main circuit: full
M1 N36 Ci N12 Gnd NMOS L=2u W=22u AD=66p PD=24u AS=66p PS=24u
M2 N12 A Gnd Gnd NMOS L=2u W=22u AD=66p PD=24u AS=66p PS=24u
M3 N12 B Gnd Gnd NMOS L=2u W=22u AD=66p PD=24u AS=66p PS=24u
M4 N36 B N33 Gnd NMOS L=2u W=22u AD=66p PD=24u AS=66p PS=24u
M5 N33 A Gnd Gnd NMOS L=2u W=22u AD=66p PD=24u AS=66p PS=24u
M6 N3 A Gnd Gnd NMOS L=2u W=22u AD=66p PD=24u AS=66p PS=24u
M7 N3 B Gnd Gnd NMOS L=2u W=22u AD=66p PD=24u AS=66p PS=24u
M8 N3 Ci Gnd Gnd NMOS L=2u W=22u AD=66p PD=24u AS=66p PS=24u
M9 N30 N36 N3 Gnd NMOS L=2u W=22u AD=66p PD=24u AS=66p PS=24u
M10 N38 B N39 N34 NMOS L=2u W=22u AD=66p PD=24u AS=66p PS=24u
M11 N30 Ci N38 N34 NMOS L=2u W=22u AD=66p PD=24u AS=66p PS=24u
M12 N39 A Gnd N34 NMOS L=2u W=22u AD=66p PD=24u AS=66p PS=24u
M13 S N30 Gnd Gnd NMOS L=2u W=44u AD=66p PD=24u AS=66p PS=24u
M14 Co N36 Gnd Gnd NMOS L=2u W=44u AD=66p PD=24u AS=66p PS=24u
M15 N9 A Vdd Vdd PMOS L=2u W=22u AD=66p PD=24u AS=66p PS=24u
M16 N9 B Vdd Vdd PMOS L=2u W=22u AD=66p PD=24u AS=66p PS=24u
M17 N36 Ci N9 Vdd PMOS L=2u W=22u AD=66p PD=24u AS=66p PS=24u
M18 N18 A Vdd Vdd PMOS L=2u W=22u AD=66p PD=24u AS=66p PS=24u
M19 N36 B N18 Vdd PMOS L=2u W=22u AD=66p PD=24u AS=66p PS=24u
M20 N5 A Vdd Vdd PMOS L=2u W=22u AD=66p PD=24u AS=66p PS=24u
M21 N5 B Vdd Vdd PMOS L=2u W=22u AD=66p PD=24u AS=66p PS=24u
M22 N5 Ci Vdd Vdd PMOS L=2u W=22u AD=66p PD=24u AS=66p PS=24u
M23 N30 N36 N5 Vdd PMOS L=2u W=22u AD=66p PD=24u AS=66p PS=24u
```

图 16.3 全加器输出的 sp 文件内容

16.2 使用 L-Edit 进行 SDL 的详细步骤

(1) 打开 L-Edit 程序：执行在..\Tanner EDA\L-Edit11.1 目录下的 ledit.exe 文件，或选择“开始”→“程序”→Tanner EDA→L-Edit Pro 11.1→L-Edit v11.1 命令，即可打开 L-Edit 程序，L-Edit 会自动将工作文件命名为 Layoutl.sdb 并显示在窗口的标题栏上，如图 16.4 所示。

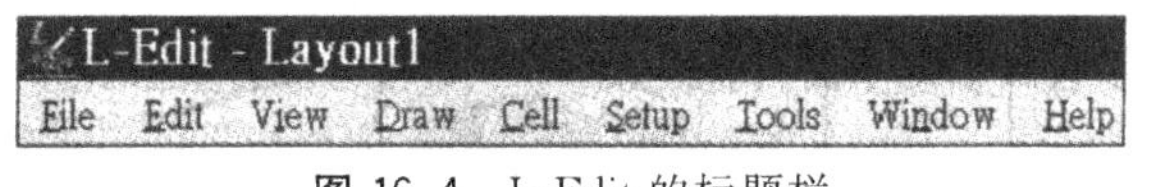

图 16.4 L-Edit 的标题栏

(2) 另存新文件：选择 File→Save As 命令，找开“另存为”对话框，在“保存在”下拉列表中选择存储目录，在“文件名”文本框中输入新文件的名称，例如 ex15。

(3) 取代设定：选择 File→Replace Setup 命令，在出现的对话框中单击 Browser 按钮，在随即打开的对话在框中选择 C:Tanner EDA\L-Edit11.1\Samples\BPR\Adderl Bit\Adderl Bit.tdb 文件，再单击 OK 按钮，就可将 CPU.tdb 文件的设定选择性地应用在目前编辑的文件中，包括格点设定、图层设定、自动绕线设定等。

(4) 打开 SDL 功能窗口：进行 SDL 的第一步是选择 Tools→ Schematic Driven Layout，使 SDL 成为选择状态，会出现 SDL Navigator 窗口，如图 16.5 所示。

(5) 汇入 sp 文件：进行 SDL 的第二步是选择 SDL Navigator 窗口的，打开

Import Netlist 对话框，在 From File 处选出 16.1 小节产生的 full.sp 文件，在 Search Library 处选择“C:..\Tanner EDA\L-Edit 17.4\ samples\SDL\CPU\cpu.tdb”文件，并勾选如图 16.6 所示。设定好单击 OK 按钮。

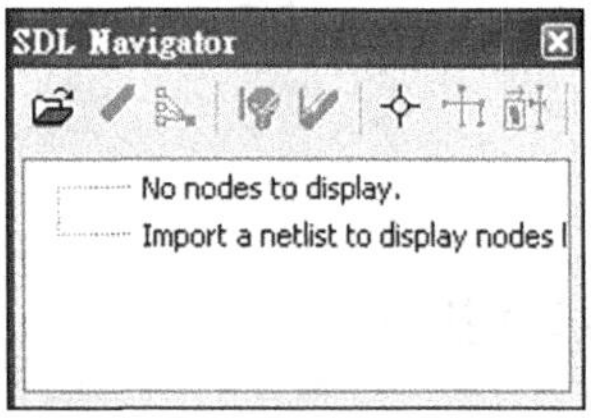

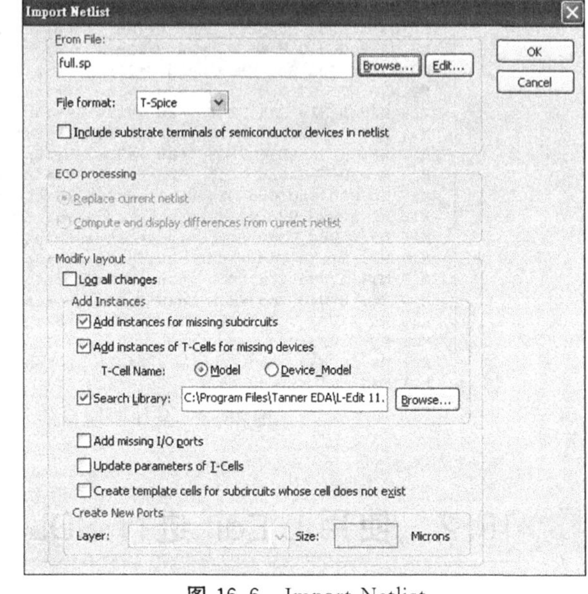

图 16.5　SDL 窗口

图 16.6　Import Netlist

出现警告窗口，按 Yes 钮。SDL 完成会出现信息窗口，如图 16.7 所示。关闭此信息窗口。回到 Cell0 窗口，可以看到不同大小的 NMOS 与 PMOS 被引用，如图 16.8 所示。

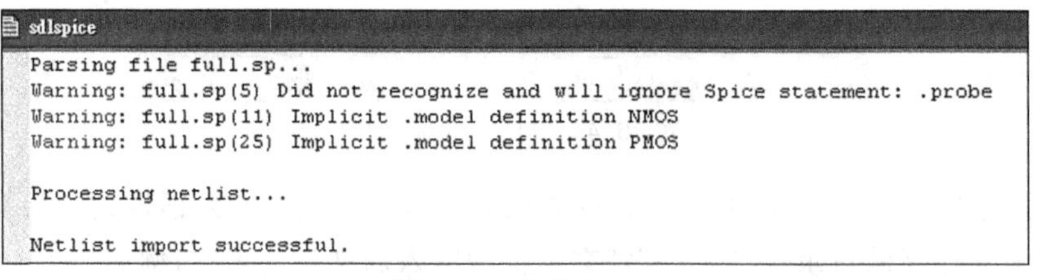

图 16.7　信息窗口

(6) 设计导航：选择 View→Design Navigator 命令，打开设计导航窗口如图 16.9 的画面。其中 NMOS 与 PMOS 在本范例是运用 T-Cell 程序建立的，参数为 L 与 W。由于 full.sp 文件中的有两组大小不同的 NMOS 与 PMOS(L=2u，W=22u 与 W=44u)，故在设计导览中看到有 NMOS_Auto_2u_22u_1 与 NMOS_Auto_ 2u_44u_1 两组不同 W 的 NMOS，还有 PMOS_Auto_2u_22u_1 与 PMOS_Auto _2u_44u_1 两组不同 W 的 PMOS。

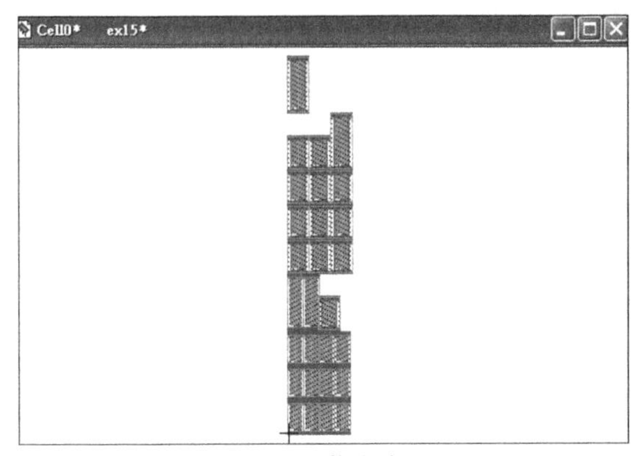

图 16.8 信息窗口

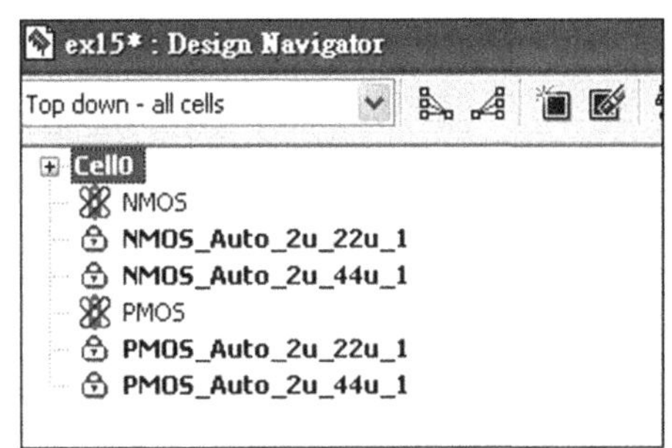

图 16.9 Design Navigator

(7) 显示飞线:回到 ex15 的 Cell0 窗口,观察 SDL Navigator,如图 16.10 所示。有许多节点名称显示出来。

单击其中一个节点例如 A,使其成蓝色,则可看到有 Show Flylines 的按钮出现。如图 16.11 所示。

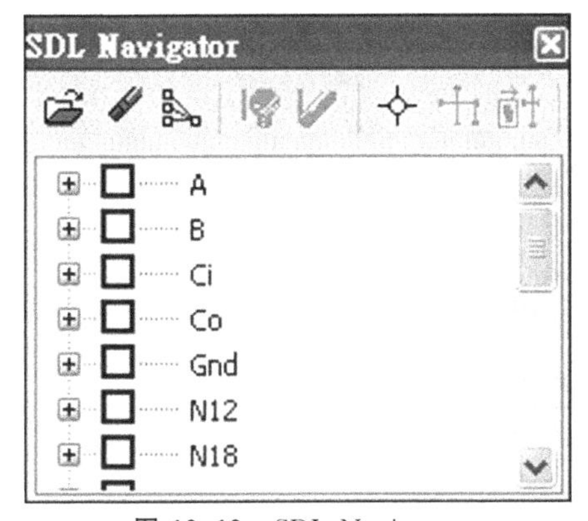

图 16.10 SDL Navigator

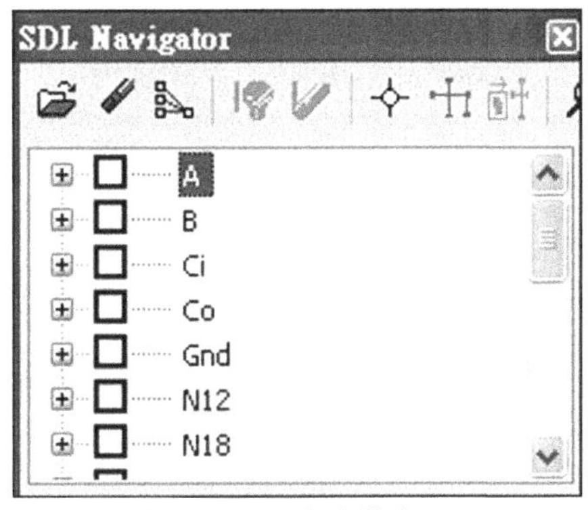

图 16.11 点选节点 A

单击按钮,在 Cell0 窗口,可以看到 Flylines,将有连接到 A 点处的图层用 Flylines 连接起来。如图 16.12 所示。

可利用 SDL Navigator 窗口中的按钮。将显示在 Cell0 中的 Flylines 清除掉。用鼠标选择 Cell0 的其中一个元件,再点选 SDL Navigator 窗口中的按钮。会显示出该元件所有节点的 Flylines,如图 16.13 所示。

利用鼠标左键与 Alt 移动元件。再显示节点 A、B、Ci、S 与 Co 的 Flylines。结果如图 16.14 所示。

读者可利用 Flylines 的提示,再自行将各元件的连接线画上去。

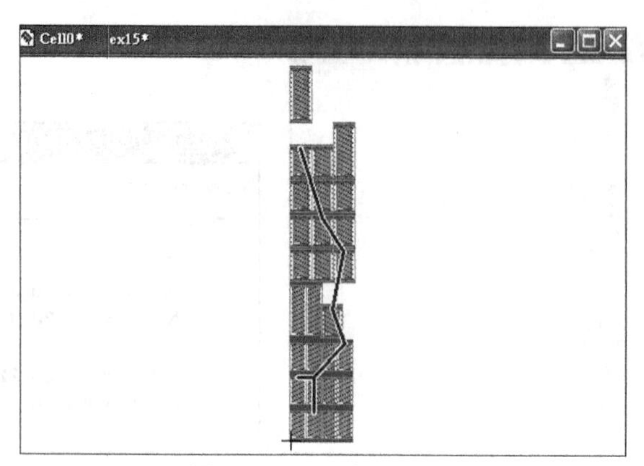

图 16.12 显示 Flylines

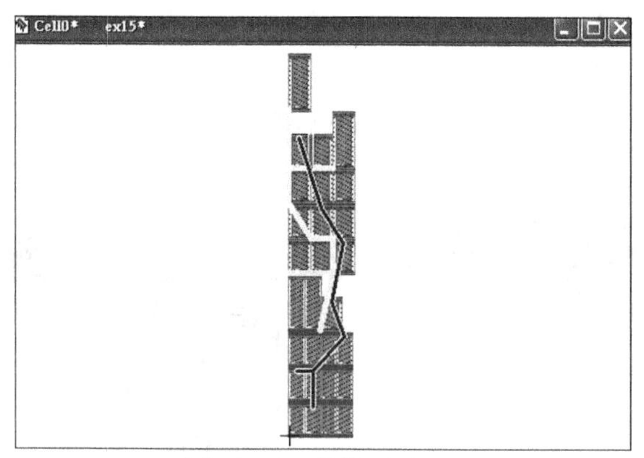

图 16.13 显示 Flylines

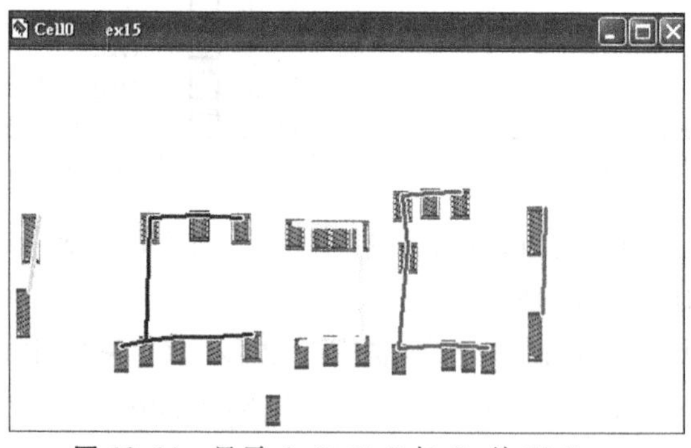

图 16.14 显示 A、B、Ci、S 与 Co 的 Flylines

16.3 随堂练习

1. 进行半加器的 SDL。

第 17 章

级比值项目分析

在许多电路中，常需要驱动较大的负载电容，例如长总线、输入/输出缓冲器，甚至接垫及芯片外的电容负载。这可借助使用反相器链（或其他逻辑门），使反相器链中的下一个邻接反相器的尺寸较前一个反相器尺寸大，直到反相器链中最后一个反相器能在所要求的时间内驱动大负载。在此，我们必须将输入与输出的延迟时间减到最小，以达到最佳化的要求。这样，每一级所增加的尺寸比值即被称为级比值。

操作流程：编辑 S-Edit→输出 SPICE 文件→进入 T-Spice→加载包含文件→分析设定→显示设定→执行仿真→结果显示。

17.1 级比值分析的详细步骤

（1）打开 S-Edit 程序：按照第 2 章或第 3 章的方式打开 S-Edit 程序，S-Edit 会自动将工作文件命名为 File0.sdb 并显示在窗口的标题栏上，如图 17.1 所示。

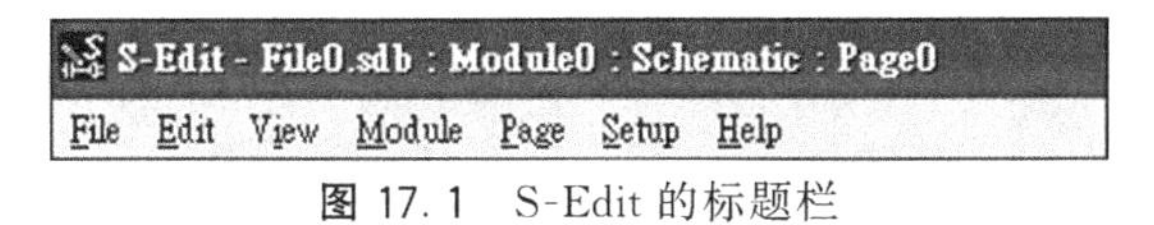

图 17.1 S-Edit 的标题栏

（2）环境设定：S-Edit 默认的工作环境是黑底白线，但可以像第 2 章所示的步骤来按照自己的喜好自定义颜色。

（3）另存新文件：选择 File→Save As 命令，打开“另存为”对话框，在“保存在”下拉列表中选择存储目录，在“文件名”文本框中输入新文件的名称，例如 ex16。

（4）从元件库引用模块：编辑反相器电路会利用到 NMOS，PMOS，Vdd 与 Gnd 这 4 个模块，再加上负载电容，所以还需要一个电容模块。这要从元件库中复制 NMOS，PMOS，Vdd，Gnd 与 Capacitor 这 5 个模块到 ex16 文件，并在 Module0 编辑画面引用。方法为选择 Module→Symdol Browser 命令，打开 Symdol Browser 对话框，在 Library 列表框中选择 spice 元件库，其内含模块出现在 Modules 列表中，分别选择出 MOSFET_N，MOSFET_P，Vdd，Gnd 与 Capacitor 选项。并在每次选择后分别单击 Place 按钮，最后单击 Close 按钮。利用 Alt 键加鼠标拖动的方式可移动各对象，再利用左边联机按钮，完成各端点的信号连接，再利用输入端口按钮与输出端口按钮，标明此反相器的输入输出信号的位置与名称，如图 17.2 所示，其中电容为反相器负载。

（5）编辑 Capacitor 对象：将反相器负载值设定为参数。可利用编辑对象功能更改其电容值。选择 Edit→Edit Object 命令，打开 Edit Instance of Module Capacitor 对话框，更改电容值 C 为一个参数 load，如图 17.3 所示。

（6）更改模块名称：因在本章中是利用反相器电路学习级比值分析，故更改模块名称为 inv_ratiol。选择 Module→Rename 命令，打开 Module Rename 对话框，在

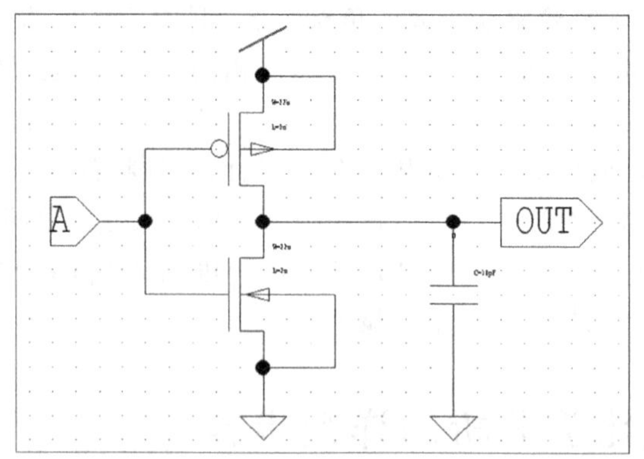

图 17.2 S-Edit 绘制有电容作为负载的反相器

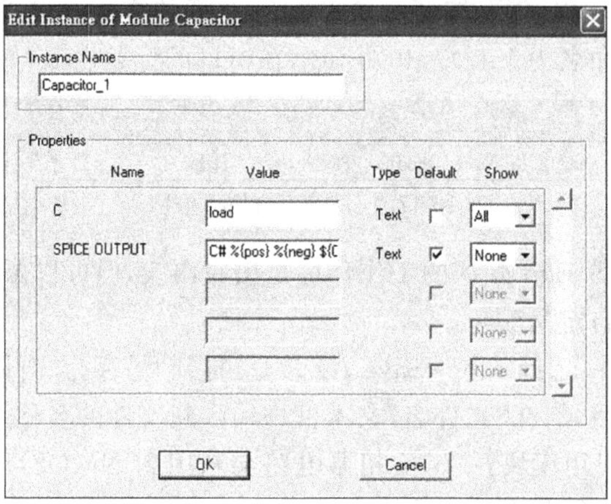

图 17.3 S-Edit 编辑电容值

New module's name 文本框输入"inv_ratiol",单击 OK 按钮。

(7) 输出成 SPICE 文件:要将设计好的 S-Edit 电路图借助 SPICE 软件分析与模拟此电路的性质,需先将电路图转换成 SPICE 格式。可单击 S-Edit 右上方的按钮,则会自动输出成 SPICE 文件并打开 T-Spice 软件,结果如图 17.4 所示。

(8) 加载包含文件:由于不同的流程有不同特性,在仿真之前,必须要引入 MOS 元件的模型文件,此模型文件内有包括电容电阻系数等数据,以供 T-Spice 仿真之用。在本范例中是引用 1.25μm 的 CMOS 流程元件模型文件 m12_125.md。将鼠标移至主要电路之前,选择 Edit→Insert Command 命令,在出现对话框的列表框中选择 Files 选项,此时在对话框右边将出现 4 个按钮,可直接单击 Include 按钮。

选择 Inclde file 选项之后,单击 Browse 按钮,在出现的对话框中先找到..\Tanner EDA\T-Spice 11.0\models\目录,接着选择模型文件 m12_125.md,则在 Include file 内将出现..\Tanner EDA\T-Spice 11.0\models\m12_125.md。再单击

```
inv_ratio1
* Waveform probing commands
.probe
.options probefilename="ex16.dat"
+ probesdbfile="D:\tanner\ex16.sdb"
+ probetopmodule="inv_ratio1"

* Main circuit: inv_ratio1
C1 OUT Gnd load
M2 OUT A Gnd Gnd NMOS L=2u W=22u AD=66p PD=24u AS=66p PS=24u
M3 OUT A Vdd Vdd PMOS L=2u W=22u AD=66p PD=24u AS=66p PS=24u
* End of main circuit: inv_ratio1
```

图 17.4 输出成 SPICE 文件的结果

Insert Command 按钮，则会出现默认的以蓝色字开头的“include‘C:Tanner EDA\T-Spice 11.0\models\m12-125.md’”。

(9) Vdd 电压值设定：设定 Vdd 的电压为值为 5.0V。其方法为设定一个名称为 vvdd 的定电压源，加在 Vdd 与 GND 之间，定电压值为 5.0V。可选择 T-Spice 中的 Edit→Insert Command 命令设定 Vdd 电压值，其方法如下：选择 Edit→Insert Command 命令，在出现对话框的列表框中选择 Voltage Source 选项，对话框右边出现 10 个选项，选项 Constant 选项，在右边出现的 Voltage source name 文本框中输入“vvdd”，在 Positive terminal 文本框输入“Vdd”，在 Negative terminal 文本框输入“GND”，在 DC Value 文本框输入“5.0”，单击 Insert Command 按钮，则会出现“vvdd Vdd GND 5.0”的文字。

(10) 设定 A 的输入信号：设定输入 A 的电压信号为一个周期性方波，其周期为 200ns，方波最大值为 5.0V，最低为 0V，5V 维持时间为 100ns。可在 T-Spice 中选择 Edit→Insert Command 命令设定 A 的输入信号，其方法如下：选择 Edit→Insert Command 命令，在出现对话框的列表框中选择 Voltage Source 选项，对话框右边出现 10 个选项，选择 Pulse 选项。在右边出现的 Voltage source name 文本框输入“va”，在 Positive terminal 文本框中输入节点名称“A”，在 Negative terminal 文本框输入“GND”，在 Initial 文本框输入“0”，在 Peak 文本框输入“5.0”，在 Rise time 文本框输入“5n”，在 Fall time 文本框输入“5n”，在 Pulse width 文本框输入“100n”，在 Pulse period 文本框输入“200n”。再单击 Insert Command 按钮，则会出现“va A GND PULSE(0 5.0 0 5n 5n 100n 200n)”的文字。

(11) 参数设定：设定电容参数 load 为 20pF，可选择 Edit→Insert Command 命令，在出现对话框的列表框中选择 Settings 选项，对话框右边将出现 6 个选项，选择 Parameters 选项。在右边出现的 Parameter type 下拉列表中选择 General 选项，在 Parameter name 文本框中输入“load”，在 Parameter valye 文本框输入“20pF”，再单击 Insert Command 按钮，则会出现默认的以蓝色字开头的“param load=20pF”。

(12) 分析设定：选择 Edit→Insert Command 命令，在出现的对话框的列表框中选择 Analysis 选项，对话框右边出现 8 个选项，可直接选择 Transient 选项，或展开对话框左侧列表框的 Analysis 选项,并选择 Transient 选项。在对话框右侧有几项设定需要挑选,并设定其时间间隔与分析时间范围,此处是将仿真时间间隔设定为 1ns,总仿真时间则为 800ns。首先在 Modes 下拉列表框中选择 Standard(from DC op. point)选项,在右边出现的 Maximum Time 文本框输入"1n",在 Simulation 文本框输入"800n"在 Methods 下拉列表中选择 Standard BDF 选项。单击 Insert Command 按钮后,则会出现默认的以蓝色字开头的命令". tran/op 1n 800n"。

(13) 输出设定:若要观察瞬时分析结果,首先要设定观察瞬时分析结果为哪些节点的电压或电流,在此要观察的是输入节点 A 与输出节点 OUT 的电压仿真结果。将鼠标移至文件尾,选择 Edit→Insert Command 命令,在出现的对话框的列表框中选择 Output 选项,对话框右边将出现 7 个选项,可直接选择 Transient results 选项,也可展开对话框左侧列表框中的 Output 选项,并选择 Transient results 选项。在对话框右边出现的 Plot type 下拉列表中选择 Voltage 选项,在 Node name 文本框中输入节点名称"A",注意大小写需与程序中的节点名称完全一致,单击 Add 按钮。再回到 Node name 文本框中输入输出节点名称"OUT",单击 Add 按钮,再单击 Insert Command 按钮,则会出现默认的以蓝色字开头的"print tran v(A)v(OUT)"。

(14) 进行仿真:完成指令设定的文件可如图 17.5 所示。有一个 PMOS、一个 NMOS 与一个电容,其 Vdd 到地之间加 5V 直流电源,输入端口 A 到地之间加周期波,并设定电容参数值 load 等于 20pF,分析模式为瞬时分析,分析时间为 800ns,时间取样间隔最大为 1ns,最后记录 A 端口电压值与 OUT 端口电压值,确定后开始进行仿真分析。

```
inv_ratio1
.include "C:\Program Files\Tanner EDA\T-Spice 11.0\models\ml2_125.md"
* Main circuit: inv_ratio1
C1 OUT Gnd load
M2 OUT A Gnd Gnd NMOS L=2u W=22u AD=66p PD=24u AS=66p PS=24u
M3 OUT A Vdd Vdd PMOS L=2u W=22u AD=66p PD=24u AS=66p PS=24u
* End of main circuit: inv_ratio1
vvdd Vdd GND 5.0
va A GND PULSE (0 5.0 0 5n 5n 100n 200n)
.param load=20pF
.tran 1n 800n
.print tran v(A) v(OUT)
```

图 17.5 完成指令设定的文件

选择 Simulate→Start Simulation 命令,或单击▶按钮,打开 Run Simulation 对话框,单击 Start Simulation 按钮,则会出现仿真结果的报告 Simulation Status。并会自动打开 W-Editor 窗口来观看分析结果的波形图,如图 17.6 所示。

(15) 低到高延迟时间计算:当反相器的输入信号由低到高变化时,输出会由高到低变化,而输入电压由高到低变化至 50%时,到输出电压由低到高变化至稳定电压的 50 所需的时间称为低到高延迟时间。可运用 measure 指令计算出反相器的低到高延迟时间。本范例中低到高延迟时间的计算方式为从输入电压 v(A)下降至稳

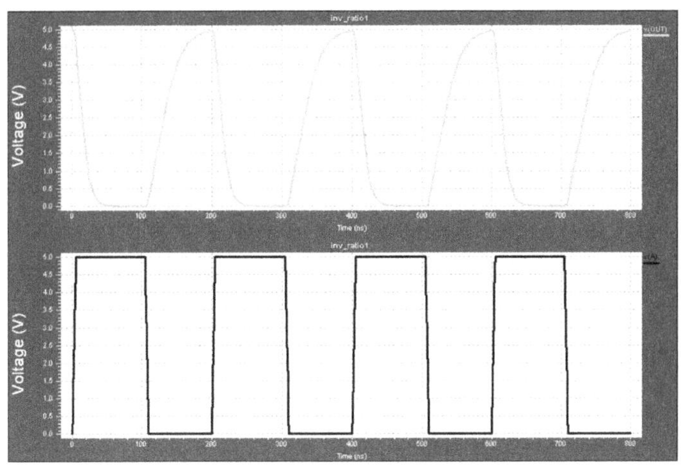

图 17.6 分析结果的波形图

定电压 50%开始计算,到输出电压 v(OUT)上升为稳定电压 50%开始为止,此范例中最大稳定电压为 5V,其 50%为 2.5,本范例选择第 2 个输入下降波形下降至 2.5V 与第二个输出波形上升至 2.5V 间的时间差来计算。在 inv_ratiol.sp 中加入 measure 指令,方法如下:选择 Edit→Insert Command 命令,在出现的对话框的列表框中选择 Output 选项,对话框右边出现 7 个选项,可直接选择 Measure 选项,对话框如图 17.7 所示。

T-Spice Command Tool

Analysis
Current source
Files
Initialization
Output
AC results
AC small-signal model
DC results
Power
Transient results
Noise results
Measure
Settings
Table
Voltage source
Optimization

Analysis type: Transient
Measurement result name: delaytime
Measurement type: Difference
Suppress printing
Optimization
Goal (0):
Minimum value (1.0e-12):
Weight (1):
Trigger
At
When signal v(A) crosses value 2.5
on fall number 2
Delay before crossing are counted:
Target
When signal v(OUT) crosses value 2.5
on rise number 2
Delay before crossing are counted:
Insert Command Close

图 17.7 设定 Measure 选项

在对话框右边的 Analysis type 下拉列表中选择 Transient 选项,在 Measurement result name 文本框输入分析的项目名称"delaytime"在 Measurement type 下拉列表中选择计算方式为 Difference。因不知道正确的起始时间,故在 Trigger 选项组选择第二项,并设定当信号 v(A)从第二个波形下降至 2.5V 时开始计算,即在 When signal 文本框输入"v(A)"在 on 下拉列表中选择 fall 选项,在 crosses value 文本框输入“2.5”，并在 number 下拉列表中选择 2 选项。接着在 Target 选项组设定信号 v(OUT)从第二个上升波形到 2.5V 时为延迟时间计算的截止处，即在 When signal 文本框输入“v(OUT)”，在 on 下拉列表中选择 rise 选项，在 crosses value 文本框中输入“2.5”，并在 number 下拉列表中选择“2”。最后单击 Insert Command 按钮，则会出现默认的以红色字开头的“. measure tran delaytime trig v (A) val=2.5 fall= 2 targ v (OUT) val=2.5 rise=2”，如图 17.8 所示。

```
inv_ratio1 *
.include "C:\Program Files\Tanner EDA\T-Spice 11.0\models\ml2_125.md"
* Main circuit: inv_ratio1
C1 OUT Gnd load
M2 OUT A Gnd Gnd NMOS L=2u W=22u AD=66p PD=24u AS=66p PS=24u
M3 OUT A Vdd Vdd PMOS L=2u W=22u AD=66p PD=24u AS=66p PS=24u
* End of main circuit: inv_ratio1
vvdd Vdd GND 5.0
va A GND PULSE (0 5.0 0 5n 5n 100n 200n)
.param load=20pF
.tran 1n 800n
.print tran v(A) v(OUT)
.measure tran delaytime trig v(A) val=2.5 fall=2 targ v(OUT) val=2.5 rise=2
```

图 17.8 Measure 指令的设定结果

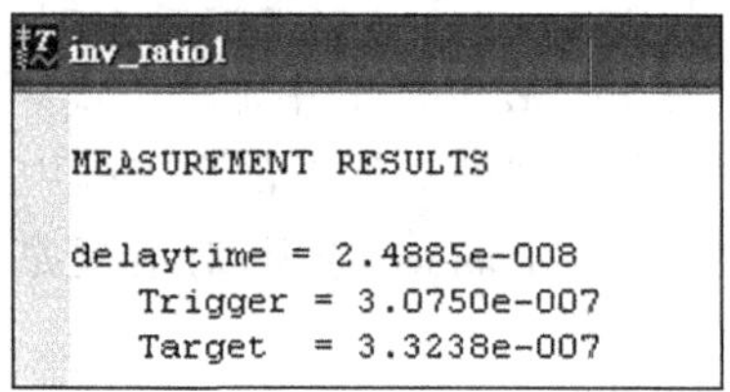

图 17.9 延迟时间的设定结果

(16) 观看时间分析结果：完成设定后开始进行仿真分析。仿真分析完成后，在 T-Spice 环境下打开仿真结果 inv_ratiol. out，观看延迟时间的计算结果，如图 17.9 所示。

从报告文件中可以看到 Trigger 的时间在 3.075 0e-7s，而 Target 时间为3.323 8e-7s，其之间的差值即为反相器低到高延迟时间 delaytime 其值为，2.488 5e-8s，亦即 24.88ns。

(17) 变化电容：可以进一步将负载电容值进行变化，使参数 load 值从 10pF 递增至 50pF，递增量为 10pF，可选择 Edit→Insert Command 命令，在出现的对话框的

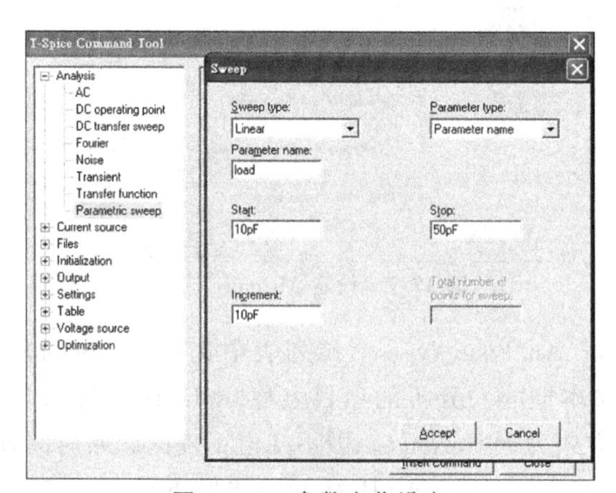

图 17.10 参数变化设定

列表框中选择 Analysis 选项，对话框右边出现 8 个选项，选择 Parameter sweep 选项，再单击 Sweep 按钮，出现 Sweep 对话框，如图 17.10 所示。

设定参数值从 10pF 线性递增至 50pF，递增量为 10pF。完成设定后，单击 Accept 按钮，再单击 Insert Command 按钮，则会出现默认的以蓝色字开头的“.step lin load 10pF 50pF 10pF”，如图 17.11 所示。

```
inv_ratio1 *
.include "C:\Program Files\Tanner EDA\T-Spice 11.0\models\ml2_125.md"
* Main circuit: inv_ratio1
C1 OUT Gnd load
M2 OUT A Gnd Gnd NMOS L=2u W=22u AD=66p PD=24u AS=66p PS=24u
M3 OUT A Vdd Vdd PMOS L=2u W=22u AD=66p PD=24u AS=66p PS=24u
* End of main circuit: inv_ratio1
vvdd Vdd GND 5.0
va A GND PULSE (0 5.0 0 5n 5n 100n 200n)
.param load=20pF
.tran 1n 800n
.print tran v(A) v(OUT)
.measure tran delaytime trig v(A) val=2.5 fall=2 targ v(OUT) val=2.5 rise=2
.step lin param load 10pF 50pF 10pF
```

图 17.11 参数变化设定结果

接着进行分析，分析完可打开 inv_ratiol.out 文件，观看分析结果的文字报告，部分内容如图 17.12 所示，从图中看出当电容 load 值为 10pF 时延迟时间为12.982ns，当电容 load 值为 20pF 时延迟时间为 24.885ns，电容 load 值为 50pF 时延迟时间约为 60.135ns。

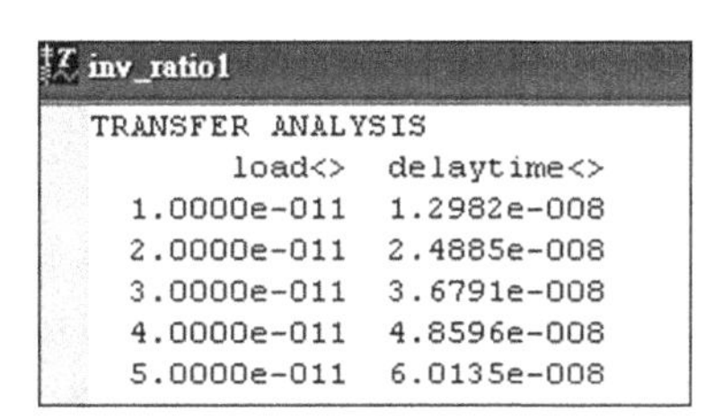
inv_ratio1

TRANSFER ANALYSIS

load<>	delaytime<>
1.0000e-011	1.2982e-008
2.0000e-011	2.4885e-008
3.0000e-011	3.6791e-008
4.0000e-011	4.8596e-008
5.0000e-011	6.0135e-008

图 17.12 分析结果的文字报告

读者可以发现，当反相器负载电容 load 值为 50pF 时，延迟时间已经超过输入波形周期的一半了。观看 W-Edit 中的结果，如图 17.13 所示。

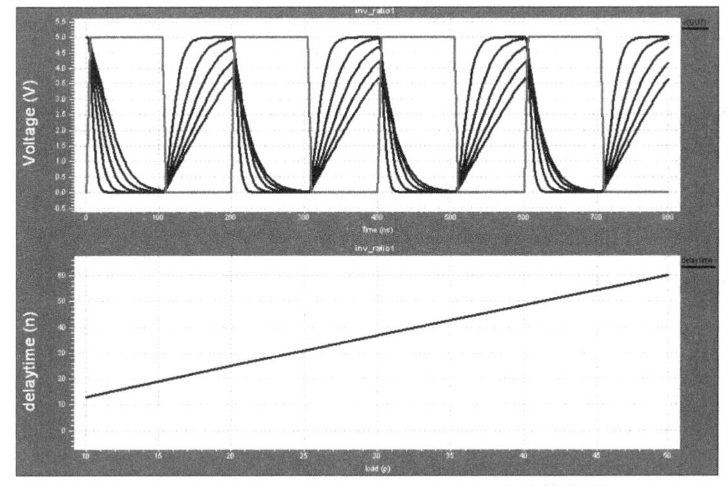

图 17.13 电容变化输出与延迟时间的计算结果

由图17.13中也可看出负载太大时，信号的延迟会很严重，甚至无法在设定的工作频率正常动作，这可借助反相器链，使反相器链中下一邻接反相器的尺寸比前一反相器大，直到反相器链中最后一个反相器能在所要求的时间内驱动大负载，使输入与输出的延迟时间减至最小。

(18) 编辑反相器链：在S-Edit中的ex16.sdb中，建立一个新的模块inv_ratio2，在反相器与负载之间加入四个反相器链，如图17.14所示。

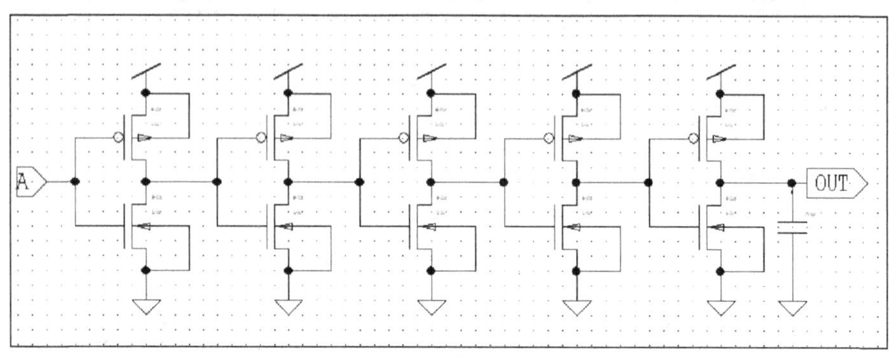

图17.14 S-Edit编辑五个反相器链

(19) 修改元件特性：将每个反相器的NMOS与PMOS的W值逐级放大，可以增加驱动能力，将各级放大的比值设定为a，例如第二级反相器(从左开始数)，其NMOS与PMOS的W都修改为22u * a，第三级反相器，其NMOS与PMOS的W都修改为22u * a^2，第四级反相器，其NMOS与PMOS的特性W都修改为22u * a^3，第五级反相器(从左开始数)，其NMOS与PMOS的W都修改为22u * a^4。注意，电容值也以参数load表示。

(20) 输出成SPICE文件：要将设计好的S-Edit电路图，借助T-Spice软件分析与模拟此电路的性质，需先将电路图转换成SPICE格式。第一种是单击S-Edit右上方的按钮，则会自动输出成SPICE文件并打开T-Spice软件，结果如图17.15所示。

```
inv_ratio2
* Main circuit: inv_ratio2
C1 OUT Gnd load
M2 N4 A Gnd Gnd NMOS L=2u W=22u AD=66p PD=24u AS=66p PS=24u
M3 N7 N4 Gnd Gnd NMOS L=2u W=22u*a AD=66p PD=24u AS=66p PS=24u
M4 N10 N7 Gnd Gnd NMOS L=2u W=22u*a^2 AD=66p PD=24u AS=66p PS=24u
M5 N2 N10 Gnd Gnd NMOS L=2u W=22u*a^3 AD=66p PD=24u AS=66p PS=24u
M6 OUT N2 Gnd Gnd NMOS L=2u W=22u*a^4 AD=66p PD=24u AS=66p PS=24u
M7 N4 A Vdd Vdd PMOS L=2u W=22u AD=66p PD=24u AS=66p PS=24u
M8 N7 N4 Vdd Vdd PMOS L=2u W=22u*a AD=66p PD=24u AS=66p PS=24u
M9 N10 N7 Vdd Vdd PMOS L=2u W=22u*a^2 AD=66p PD=24u AS=66p PS=24u
M10 N2 N10 Vdd Vdd PMOS L=2u W=22u*a^3 AD=66p PD=24u AS=66p PS=24u
M11 OUT N2 Vdd Vdd PMOS L=2u W=22u*a^4 AD=66p PD=24u AS=66p PS=24u
* End of main circuit: inv_ratio2
```

图17.15 S-Edit编辑的五个反相器链

+(21) 设定:重复步骤8、9、10、12、13。

(22) 设定参数值:设定负载电容为50pF,及设定参数load为1。并设定参数a为1。设定参数值可选择Edit→Insert Command命令,在出现的对话框的列表框中选择Settings选项,对话框右边将出现6个选项,选择Parameters选项。在右边出现的Parameter type下拉列表中选择General选项,在Parameter name文本框输入"load",在Parameter value文本框输入"50pF",单击Add按钮,加入List of parameters下拉列表,再回到Parameter name文本框输入"a",在Parameter value文本框输入"1",单击Add按钮,加入List of parameters下拉列表。最后单击Insert Command按钮,则会出现默认以蓝色字开头的".param load=50pF a=1"。

(23) 低到高延迟时间计算:当反相器的输入信号由低到高变化时,输出会由高到低变化,而输入电压由高到低变化至50%时到输出电压由低到高变化至稳定电压的50%所需的时间称为低到高延迟时间。可运用measure指令计算出反相器的低到高延迟时间。本范例中低到高延迟时间的计算方式为从输入电压v(A)下降到稳定电压50%开始计算,到输出电压v(OUT)上升到稳定电压50%开始为止,此范例中最大稳定电压为5V,其50%为2.5,本范例选择第二个输入下降波形下降至2.5V与第二个输出波形上升至2.5V间的时间差来进行计算,在inv_ratio2.sp中加入measure指令,参考步骤(15)。

(24) 变动级比值a:观察级比值a对延迟时间的影响,可以先对a值进行变化,来看输出波形与延迟时间的变化,本范例先让a从1变动到10,共取样10种变化,方法如下:选择Edit→Insert Command命令,在出现的对话框的列表框中选择Analysis选项,对话框右边将出现8个选项,选择Parameter sweep选项,再选择Sweepl选项,按如图17.16所示的内容进行设定,即表示参数a从1变至10共取10个点,设定完后单击Accept按钮,再单击Insert Command按钮,会得到".step param a lin 10 1 10"的文字。

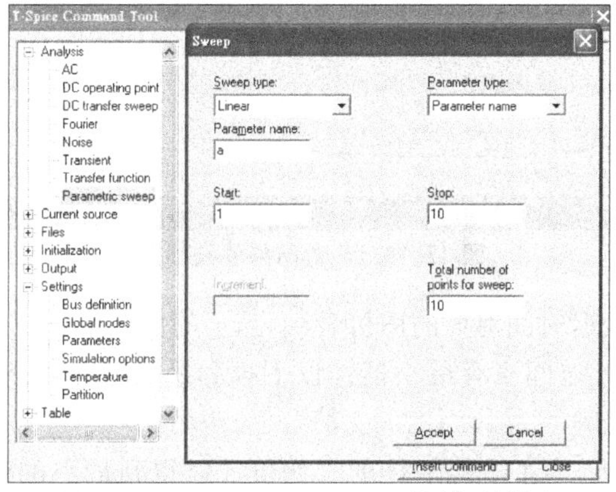

图17.16 Rarameter Sweep对话框的设定

(25) 进行仿真:完成指令设定的文件如图 17.17 所示,完成设定后开始进行仿真分析。

选择 Simulate→Start Simulation 命令,或单击▶按钮,打开 Run Simulation 对话框,单击 Start Simulation 按钮,则会出现仿真结果的报告 Simulation Status,并会自动打开 W-Editor 窗口来观看分析结果的波形图,如图 17.18 所示。

```
inv_ratio2 *
.include "C:\Program Files\Tanner EDA\T-Spice 11.0\models\ml2_125.md"
* Main circuit: inv_ratio2
C1 OUT Gnd load
M2 N4 A Gnd Gnd NMOS L=2u W=22u AD=66p PD=24u AS=66p PS=24u
M3 N7 N4 Gnd Gnd NMOS L=2u W=22u*a AD=66p PD=24u AS=66p PS=24u
M4 N10 N7 Gnd Gnd NMOS L=2u W=22u*a^2 AD=66p PD=24u AS=66p PS=24u
M5 N2 N10 Gnd Gnd NMOS L=2u W=22u*a^3 AD=66p PD=24u AS=66p PS=24u
M6 OUT N2 Gnd Gnd NMOS L=2u W=22u*a^4 AD=66p PD=24u AS=66p PS=24u
M7 N4 A Vdd Vdd PMOS L=2u W=22u AD=66p PD=24u AS=66p PS=24u
M8 N7 N4 Vdd Vdd PMOS L=2u W=22u*a AD=66p PD=24u AS=66p PS=24u
M9 N10 N7 Vdd Vdd PMOS L=2u W=22u*a^2 AD=66p PD=24u AS=66p PS=24u
M10 N2 N10 Vdd Vdd PMOS L=2u W=22u*a^3 AD=66p PD=24u AS=66p PS=24u
M11 OUT N2 Vdd Vdd PMOS L=2u W=22u*a^4 AD=66p PD=24u AS=66p PS=24u
* End of main circuit: inv_ratio2
vvdd Vdd GND 5.0
va A GND PULSE (0 5.0 0 5n 5n 100n 200n)
.tran 1n 800n
.print tran v(A) v(OUT)
.param load=50pF a=1
.measure tran delaytime trig v(A) val=2.5 fall=2 targ v(OUT) val=2.5 rise=2
.step param a lin 10 1 10
```

图 17.17 完成指令设定的文件

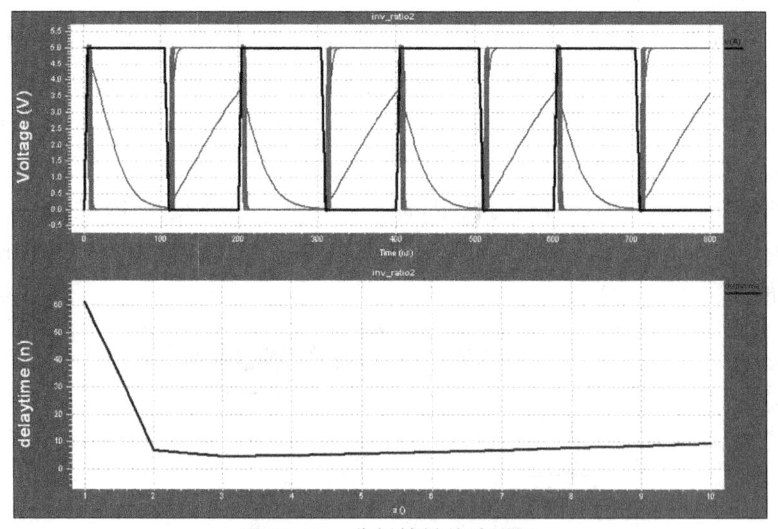

图 17.18 分析结果的波形图

从图 17.17 中延迟时间对 a 的图可看到,当 a 的值大于 1 以后,延迟时间明显降低,且在 a=2 至 a=4 之间应有最小值。以下再利用最佳化分析来求得此电路最佳的级比值与最小延迟时间。

(26) 最佳化分析:为了求得最佳的级比值 a 以得到最小的延迟时间,本范例在之前已知 a 在 2 至 4 的范围内,应可得到一个最小的延迟时间 delaytime。故在此利用最佳化分析，a 在 2～4 的范围内，自动得到最小的延迟时间 delaytime。最佳化设定方法如下：选择 Edit→Insert Command 命令，在出现的对话框的列表框中选择 Optimization 选项，再到对话框的右边单击 Wizard 按钮，结果如图 17.19 所示。在其中的 Optimization 文本框中输入一个名称，例如 optdelay，在 Analysis name 下拉列表中选择 First Transient Analysis 选项，设定完后单击 Continue 按钮。

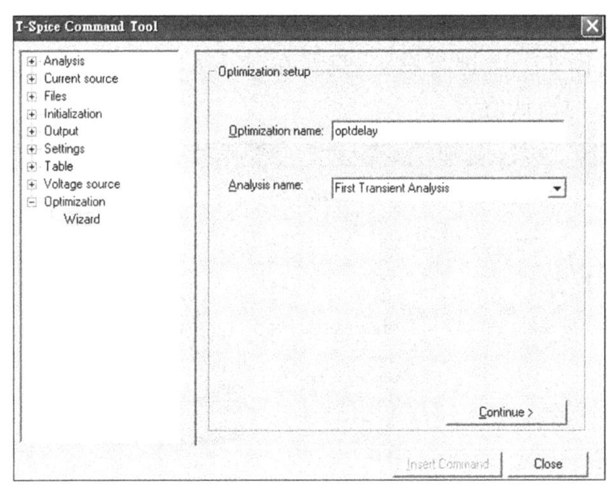

图 17.19 Wizard 对话框设定一

接下来将出现的对话框作如图 17.20 所示的设定最佳化的目标。在其中的 Measurement 文本框输入要进行最佳化的目标“delaytime”，在 Measurement 文本框输入延迟时间目标值为“le-9”，在 Minimum Value 文本框输入默认值“le-12”，在 Weight 文本框输入加权值为“1”。设定完后单击 Add 按钮，将设定加入 List of optimization 列表框。

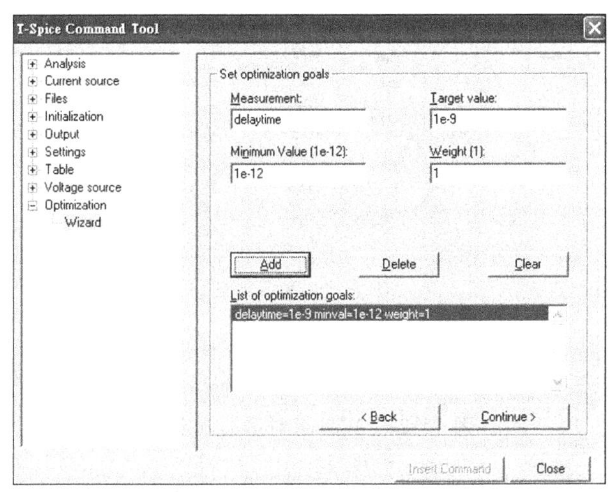

图 17.20 Wizard 对话框设定二

按图17.19所示对话框的Continue按钮，会进入如图17.20所示对话框设定参数范围，首先在Parameter name文本框输入参数名“a”，接着在Minimum value文本框设定参数最小值为“2”，在Maximum value文本框设定参数最大值为“4”，再到Guess value(Optical)文本框设定参数臆测值为“3”。设定完后单击Add按钮，将设定加入List of optimization列表框。

按图17.21所示对话框中的Continue按钮，会进入如图17.21所示对话框设定最佳化的算法，按图17.22进行设定，只要在Name文本框输入最佳化工作名“opta”，其他采用原有的默认值。

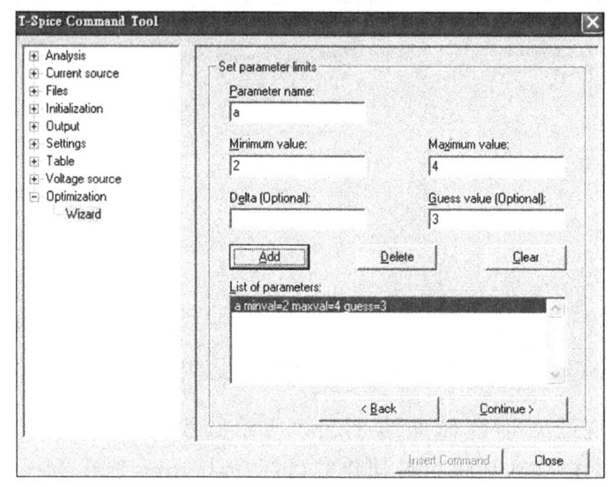

图17.21 Wizard对话框设定三

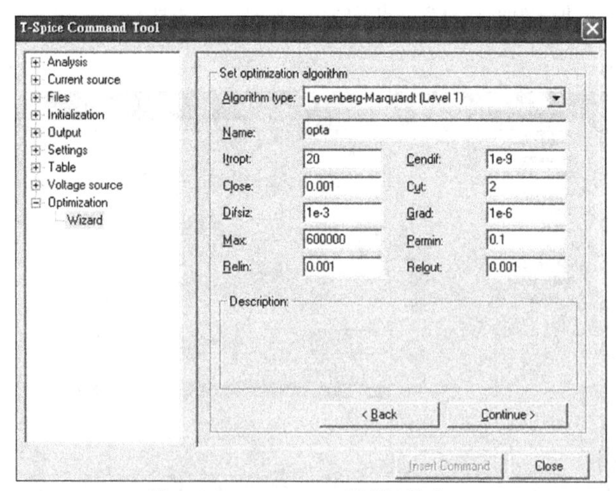

图17.22 Wizard对话框设定四

单击图17.22所示对话框的Continue按钮，会进入如图17.23所示的对话框，

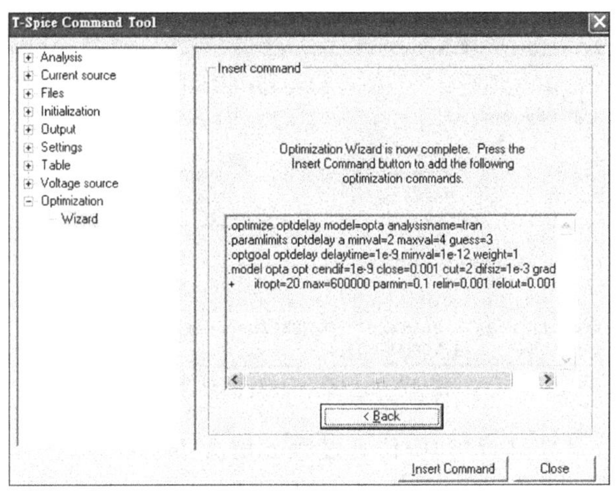

图 17.23 Wizard 对话框设定五

出现所有最佳化设定的内容，确认无误后单击 Insert Command 按钮。

设定最佳化的 Wizard 对话框的结果如图 17.24 所示。

```
.optimize optdelay model=opta analysisname=tran
.paramlimits optdelay a minval=2 maxval=4 guess=3
.optgoal optdelay delaytime=1e-9 minval=1e-12 weight=1
.model opta opt cendif=1e-9 close=0.001 cut=2 difsiz=1e-3 grad=1e-6
+      itropt=20 max=600000 parmin=0.1 relin=0.001 relout=0.001
```

图 17.24 Wizard 对话框设定的结果

本范例完整程序的内容如图 17.25 所示。

```
inv_ratio2 *
.include "C:\Program Files\Tanner EDA\T-Spice 11.0\models\ml2_125.md"
* Main circuit: inv_ratio2
C1 OUT Gnd load
M2 N4 A Gnd Gnd NMOS L=2u W=22u AD=66p PD=24u AS=66p PS=24u
M3 N7 N4 Gnd Gnd NMOS L=2u W=22u*a AD=66p PD=24u AS=66p PS=24u
M4 N10 N7 Gnd Gnd NMOS L=2u W=22u*a^2 AD=66p PD=24u AS=66p PS=24u
M5 N2 N10 Gnd Gnd NMOS L=2u W=22u*a^3 AD=66p PD=24u AS=66p PS=24u
M6 OUT N2 Gnd Gnd NMOS L=2u W=22u*a^4 AD=66p PD=24u AS=66p PS=24u
M7 N4 A Vdd Vdd PMOS L=2u W=22u AD=66p PD=24u AS=66p PS=24u
M8 N7 N4 Vdd Vdd PMOS L=2u W=22u*a AD=66p PD=24u AS=66p PS=24u
M9 N10 N7 Vdd Vdd PMOS L=2u W=22u*a^2 AD=66p PD=24u AS=66p PS=24u
M10 N2 N10 Vdd Vdd PMOS L=2u W=22u*a^3 AD=66p PD=24u AS=66p PS=24u
M11 OUT N2 Vdd Vdd PMOS L=2u W=22u*a^4 AD=66p PD=24u AS=66p PS=24u
* End of main circuit: inv_ratio2
vvdd Vdd GND 5.0
va A GND PULSE (0 5.0 0 5n 5n 100n 200n)
.tran 1n 800n
.print tran v(A) v(OUT)
.param load=50pF a=1
.measure tran delaytime trig v(A) val=2.5 fall=2 targ v(OUT) val=2.5 rise=2
* .step param a lin 10 1 10
.optimize optdelay model=opta analysisname=tran
.paramlimits optdelay a minval=2 maxval=4 guess=3
.optgoal optdelay delaytime=1e-9 minval=1e-12 weight=1
.model opta opt cendif=1e-9 close=0.001 cut=2 difsiz=1e-3 grad=1e-6
+      itropt=20 max=600000 parmin=0.1 relin=0.001 relout=0.001
```

图 17.25 Wizard 对话框设定二

Simulation Status

Input file: inv_ratio2.sp   Output file: inv_ratio2.out

Progress: Simulation completed

Total nodes:	8	Active devices:	10	Independent sources:	2
Total devices:	13	Passive devices:	1	Controlled sources:	0

```
Optimized parameter values:
   a =  3.1093e+000

Measurement result summary - OPTIMIZE=optdelay a=10
   delaytime =    4.7099e-009
```

图 17.26 最佳化计算结果

确认无误后存盘并进行仿真，仿真过程 a 值会不断改变，直到延迟时间 delay-time 最接近设定的目标值为止，计算结果如图 17.26 所示。

最佳化计算完成时，也会出现以最佳参数值 a 等于 3.109 3 时的电路结构，仿真出来本范例反相器串的输入与输出电压对时间的画面如图 17.27 所示。

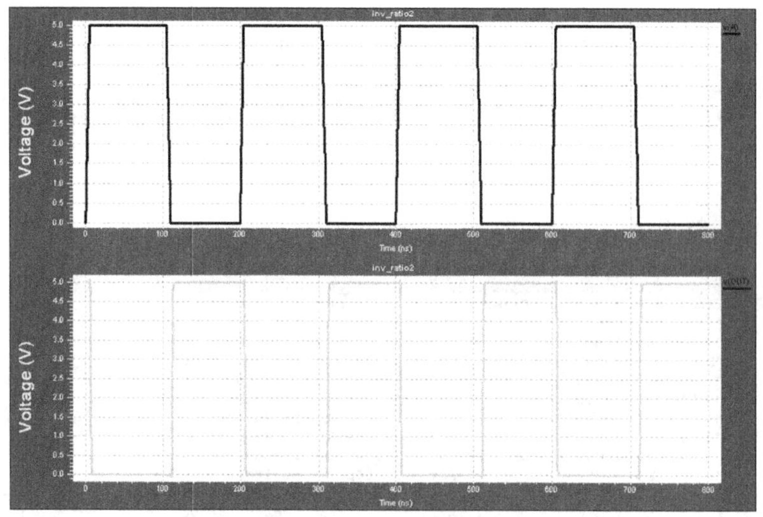

图 17.27 最佳化后输入与输出电压对时间的画面

（27）结果讨论：本范例计算出当反相器负载电容为 50pF 时，采用反相器链改善延迟时间过长的问题，当反相器链级比值 a 等于 3.109 3 时，本范例会得到最小延迟时间。此时的延迟时间约为 4.709 9ns，与不加入反相器链的单级反相器 60ns 的延迟时间相比较，前者仅为后者的 8%，亦即对延迟时间的改善效率达 92%。虽然借助增加芯片面积而达成此目的，但在要求高速操作的芯片中，此种牺牲是值得的。不过在电路布局时，因受限于流程的精确度，故可将级比值 a 设定为 3.1 或 3，即可得颇佳的结果。

17.2 说 明

● Capacitor 模块:Capacitor 模块为一个电容符号,如图 17.28 所示为元件库 spice 中的元件。

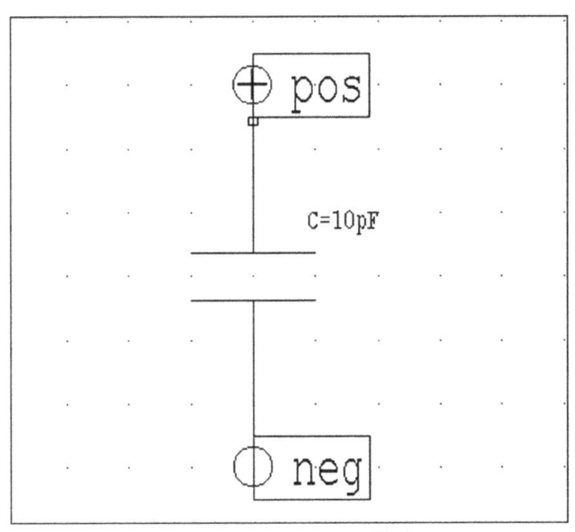

图 17.28 Capacitor 模块

将 Capacitor 模块特性整理于表 17.1 中。

表 17.1 Capacitor 模块特性

名 字	默认值	分隔符	显示与否	设定结果
C	10pF	=	元件被引用时显示名字与值	C=10pF

即设定此电容的默认值为 10pF。另外,还有一个特性 SPICE OUTPUT 为 SPICE 输出格式定义,SPICE 输出格式定义为 C# %{pos}%{neg} ${C},其说明整理如表 17.2 所示。

表 17.2 特性 SPICE OUTPUT 内容说明

格 式	说 明	输出结果范例
C#	C 后面跟着整数,此整数会随着该输出模块所引用模块的个数递增	C1
%{pos}	显示被引用模块正端(pos)接的节点名称	OUT
%{neg}	显示被引用模块负端(neg)接的节点名称	Gnd
${C}	显示被引用模块的 C 值	10pF

● 表达式:T-Spice 中可以运用一些表达式,来进行数字或参数的运算,其运算符号整理如表 17.3 所示。

表 17.3 T-Spice 表达式

运算符	范 例	说 明	优先权
( )	(x)	括号	1
^	X^Y	次方	2
−	−X	负号	3
*	X * Y	乘号	4
/	X/Y	除号	4
+	X+Y	加号	5
−	X−Y	减号	5

- 计算设定(.measure):设定电路的特性计算值,例如计算信号的延迟、上升下降延迟时间。由于.measure 的格式有很多种,以下说明本范例使用的格式,格式如表 17.4 所示。本范例计算反相器链的延迟时间,设定当信号 v(A)从第二个波形下降至 2.5V 时开始计算,至输出从第二个上升波形到 2.5V 时为延迟时间计算的截止处。

表 17.4 计算设定

格 式	范 例
.measure 分析方式 计算结果名称 trig 计算节点 val= 起算值 fsll=第几个负缘 targ 计算节点 val= 结算值 rise=第几个正缘	.measure tran delaytime trig v (A) val=2.5 fall=2 targ v (OUT) val=2.5 rise=2

- 参数扫描设定(.step):设定参数变化的格式如表 17.5 所示。本范例为设定参数 load 从 10pF 线性递增至 50pF,递增量为 10pF。

表 17.5 参数扫描设定

格 式	范 例
.step[lin]变量 开始值 结束值 增加量 [变量 开始值 结束值 增加量]	.step lin load 10pF 50pF 10pF

17.3 随堂练习

1. 将负载电容设定为 100pF,并延长输入信号的周期,重复范例的步骤求出最佳的级比值 a。

2. 将本范例的反相器链减少两个,重复范例步骤求出最佳的级比值 a 及延迟时间,并与范例相比较。

附　录A

CMOS制作流程介绍

◎ 主题说明：本附录是介绍一种基本N型阱CMOS制作流程，其基板为低掺杂的P型基板，并采用两层金属及一层多晶硅。随着技术不断的进步与更新，实际的制作流程步骤可能比这里介绍的复杂得多，但其基本原理皆为相似，而在本附录中是以反相器的制作流程为例。以N型阱CMOS制作PMOS及NMOS晶体管时的方式不同，在制作POMS之前，需先在基板上制作N型阱，并在N型阱上制作POMS，而NMOS则在N型阱以外的P型基板上建立，详细说明如下。

(1) N型阱光罩：第一道光罩是定义N型阱(N Well)位置，图A.1中的斜线区域定义了N型阱位置，可以利用离子布置或扩散的方式在P型基板上制作出N型阱。N型阱实际结构的截面图如图A.2所示。

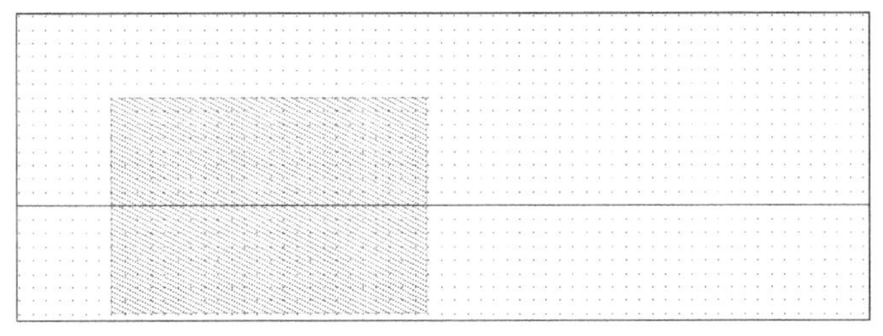

图A.1　N型阱光罩图

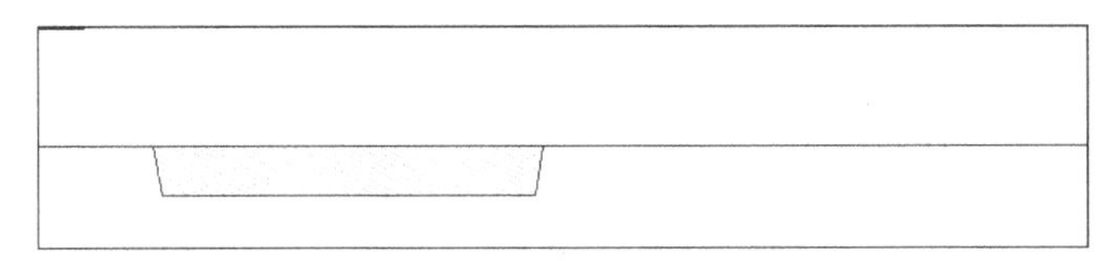

图A.2　N型阱实际结构的截面图

(2) 主动区光罩：第二道光罩是定义主动区(Active)位置，图A.3中的绿色区域定义了主动区位置，主动区即为薄氧化层的区域，主动区外为厚氧化层区域。主动区实际结构的截面图如图A.4所示。

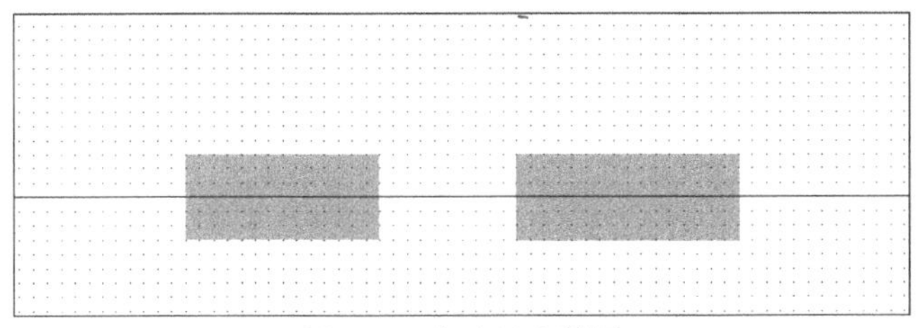

图A.3　主动区光罩图

(3) 多晶硅光罩：第三道光罩定义多晶硅(Poly)位置，图A.5中的红色区域定义了多晶硅位置，即为多晶硅栅极与多晶硅接线的区域。多晶硅实际结构的截面图如图A.6所示。

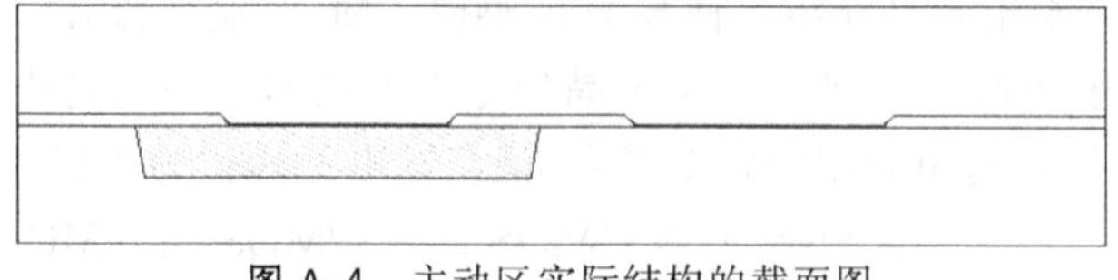

图 A.4 主动区实际结构的截面图

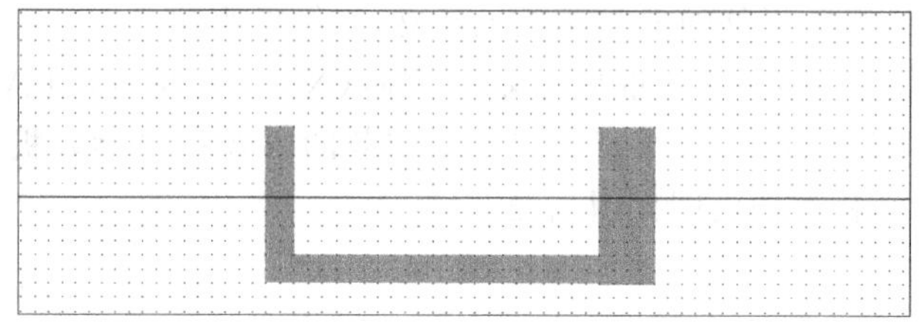

图 A.5 多晶硅光罩图

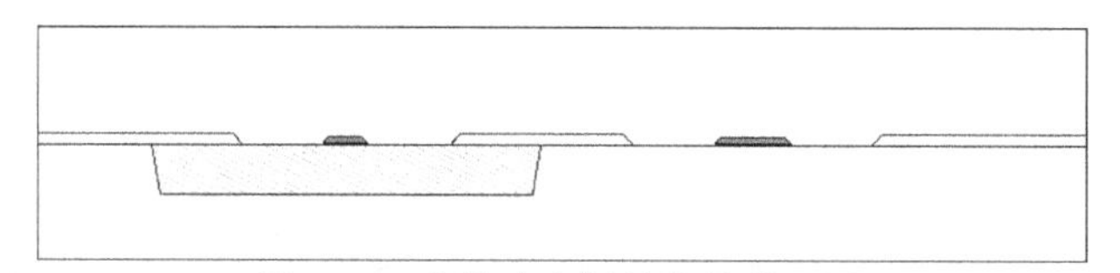

图 A.6 多晶硅实际结构的截面图

(4) P 型布植光罩:第四道光罩系定义 P 型布植区(P Select)位置,图 A.7 中的红点区域定义了 P 型布植区位置,主要是将高浓度的 P 型离子植入 N 型阱区中形成 PMOS 的源极与漏极,若此 P 型布植区在 P 型基板区则为基板的接点区。在多晶硅下方与厚氧化层区域下方,因被阻挡而无法让 P 型离子扩散至基板内,因此在多晶硅下方形成信道区域,实际结构的截面图如图 A.8 所示。

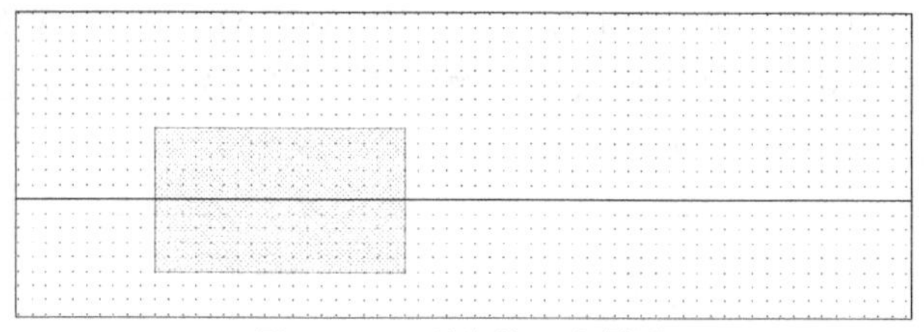

图 A.7 P 型布植区光罩图

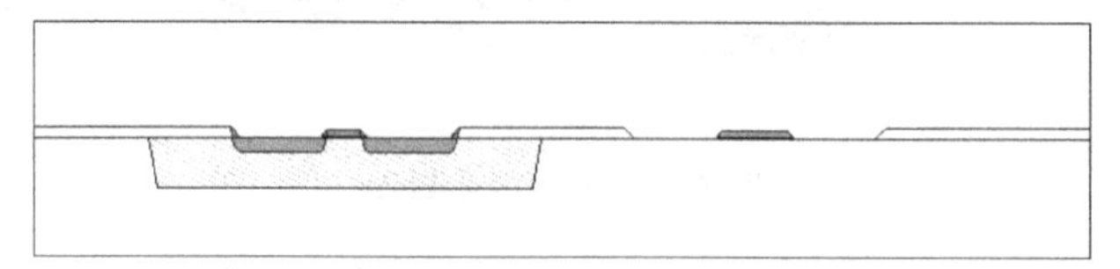

图 A.8 P 型布植区实际结构的截面图

(5) N 型布植区光罩:第五道光罩是定义 N 型布植区(N Select)位置,图 A.9 中的红点区域定义了 N 型布植区位置,主要是将高浓度的 N 型离子植入 P 型基板中形成NMOS的源极与漏极,若N型布植区处在N型阱区则为阱区的接点区。在多晶硅下方与厚氧化层区域下方,因被阻挡而无法让N型离子扩散至基板内,因此在多晶硅下方形成信道区域,实际结构的截面图如图A.10所示。完成前面的制作流程后,在元组件表面再沉积一层氧化层当作绝缘层,其截面图如图A.11所示。

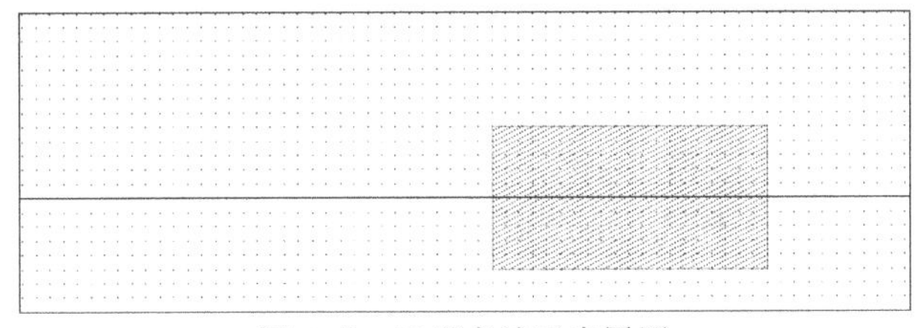

图A.9 N型布植区光罩图

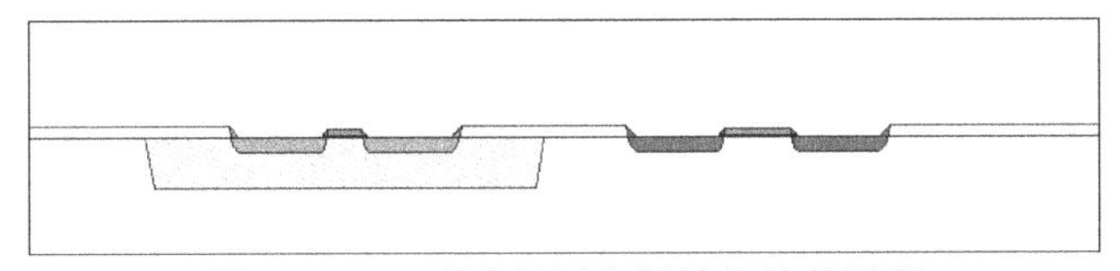

图A.10 N型布植区实际结构的截面图

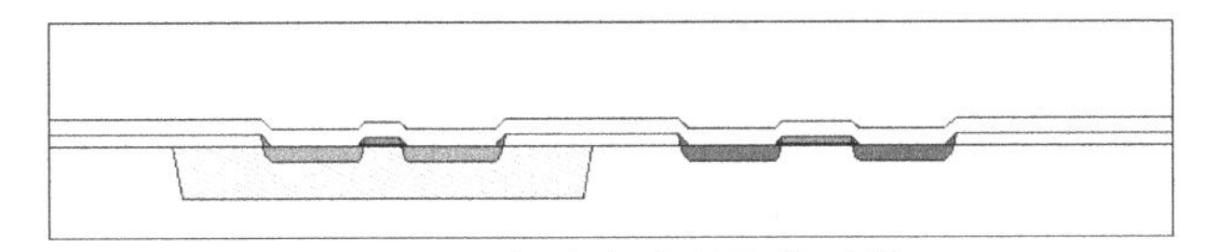

图A.11 沉积氧化层的截面图

(6) 接触孔光罩:第六道光罩是定义接触孔(Contact)位置。图A.12中的黑色区域定义了接触点的位置,此接触点可将导线连接至绝缘层下方区域。利用蚀刻技术将氧化层蚀刻而形成接触孔。接触孔实际结构的截面图如图A.13所示。

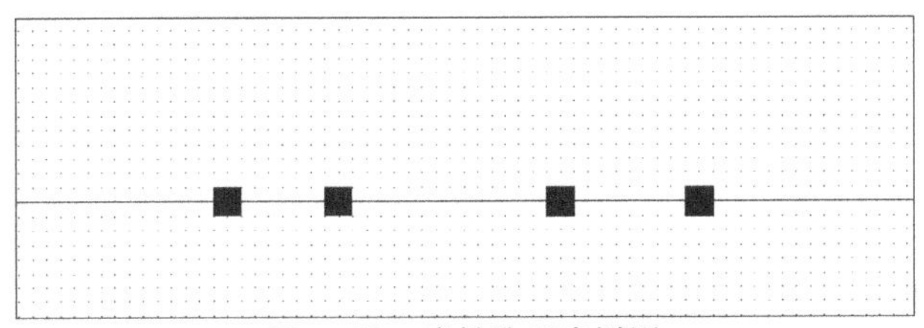

图A.12 接触孔区光罩图

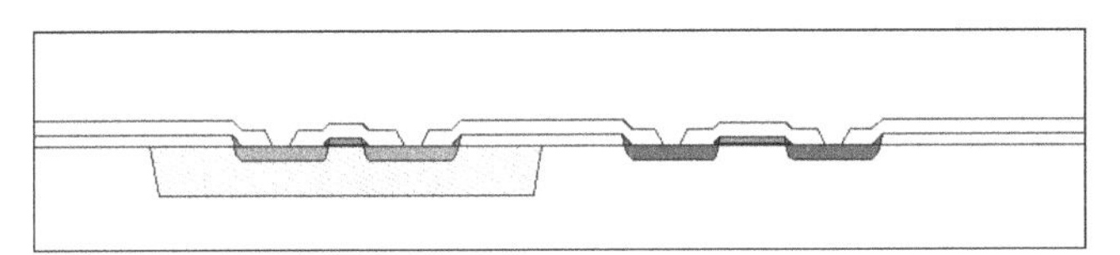

图A.13 接触孔区实际结构的截面图

(7) 第一层金属光罩:第七道光罩是定义第一层金属(Metal1)位置,图A.14中的蓝色区域定义了第一层金属位置,第一层金属为接线的区域。第一层金属实际结构的截面图如图A.15所示。完成前面的制作流程后,在元件表面再沉积一层氧化层当作绝缘层,其截面图如图A.16所示。

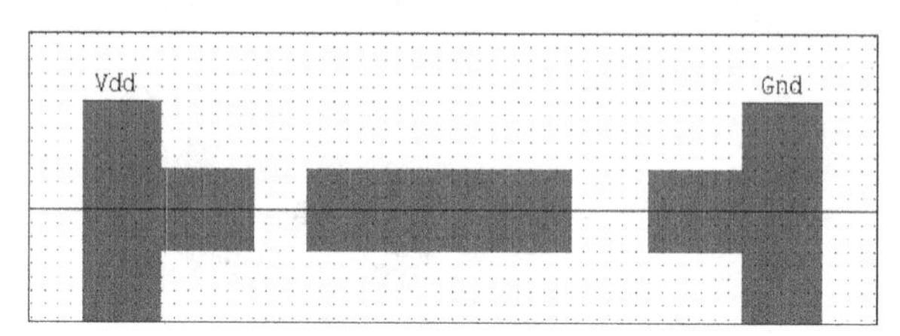

图A.14 第一层金属区光罩图

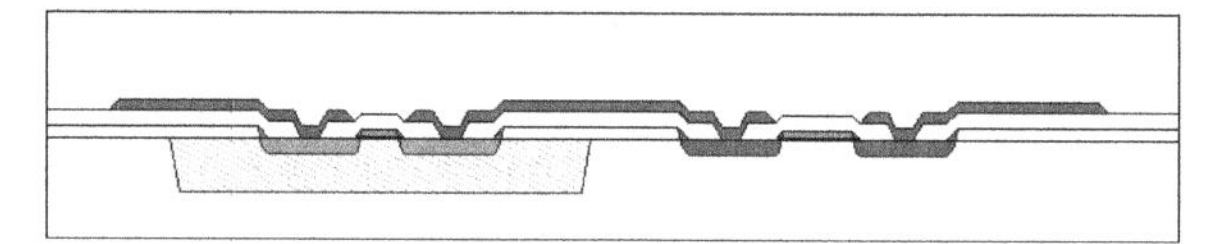

图A.15 第一层金属实际结构的截面图

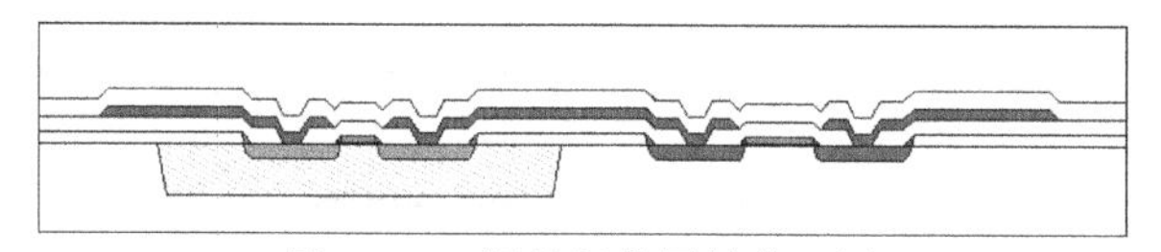

图A.16 沉积氧化层的截面图

(8) 连接孔光罩:第八道光罩是定义连接孔(Via)位置,图A.17中的白色区域定义了接触点的位置,此接触点可将第二层金属导线连接至绝缘层下方之第一层金属区域。可利用蚀刻技术将氧化层蚀刻而形成接触孔。接触孔实际结构的截面图如图A.18所示。

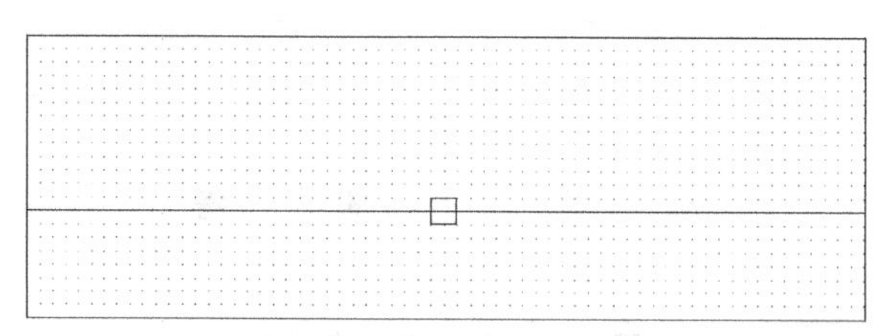

图A.17 接触孔区光罩图

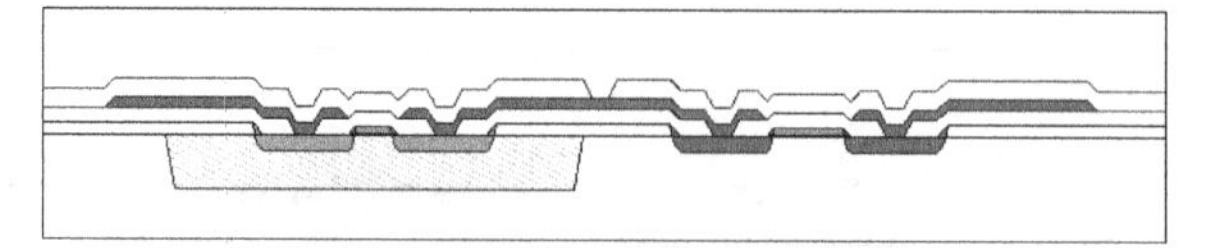

图A.18 接触孔实际结构的截面图

(9) 第二层金属光罩:第九道光罩是定义第二层金属(Metal2)位置,图A.19中的蓝色区域定义了第二层金属位置，第二层金属为接线的区域。第二层金属实际结构的截面图如图 A.20 所示。完成前面的制作流程后，在元件表面再沉积一层氧化层当作保护层，其截面图如图 A.21 所示。

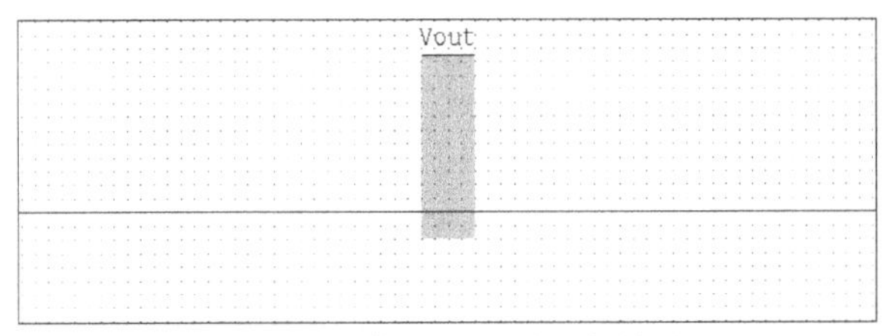

图 A.19　第二层金属区光罩图

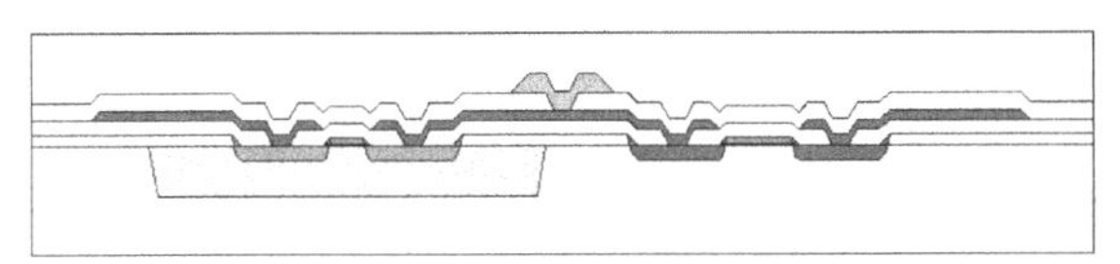

图 A.20　第二层金属实际结构的截面图

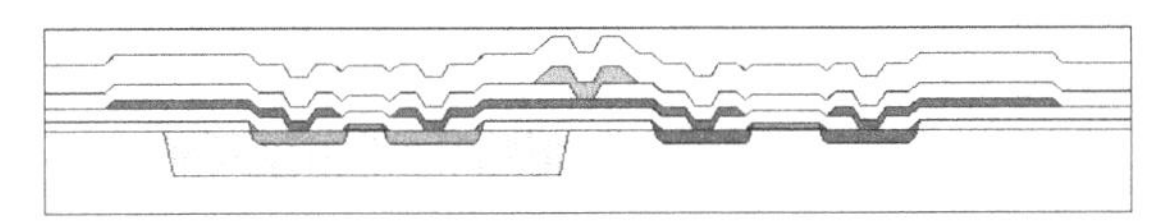

图 A.21　沉积保护层的截面图

本附录使用的光罩图案，经重叠而成的布局图如图 A.22 所示，中间一横线为截面观察面。

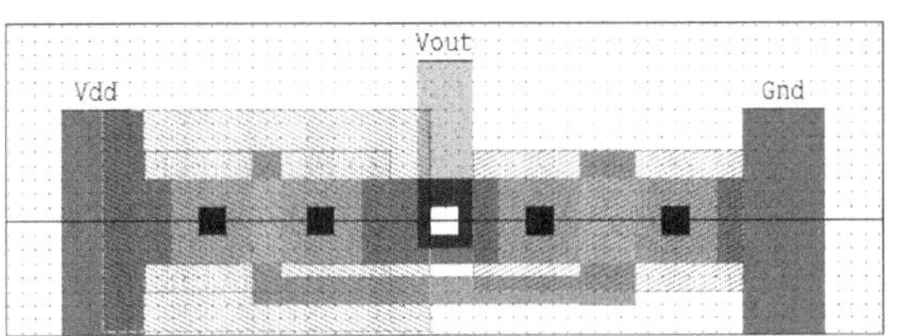

图 A.22　本附录使用的光罩图案

附 录 B

HiPer功能介绍

● 主题说明：本附录是介绍 Tanner Tool 的 Hiper 功能，主要是可以在 L-Edit 下直接使用 Dracula 或 Calibre 的 DRC 设定文件，来进行设计规则检查，详细说明如下。

B.1　Virtuoso 设定文件功能介绍

(1) 开启 L-Edit 程序：执行在..\Tanner EDA\L-Edit11.1 目录下的“ledit.exe”文件，或至窗口的左下角选择开始→程序集→Tanner EDA→L-Edit Pro v11.1→ L-Edit v11.1，即可打开 L-Edit 程序，L-Edit 会自动将工作文件命名为 Layout1 并显示在窗口的标题栏上，并出现一个 Cell0 编辑窗口。

(2) Virtuoso 设定：选择 Tools→Add－Ins→Import Virtuoso? setup 命令，出现 Import Virtuoso setup into L-Edit Version 对话框，在 Display file 处选出显示设定的文件所在。在 Tech file 处选出设定文件，如图 B.1 所示。设定好后按 Import 键。出现讯息窗口，如图 B.2 所示，按确定键会出现一个名为 Virtuoso 的文字文件，将此文字文件关闭回到 L-Edit 编辑窗口。

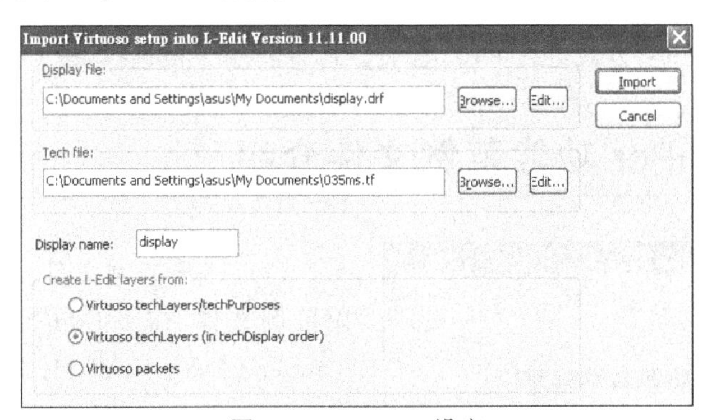

图 B.1　Virtuoso 设定

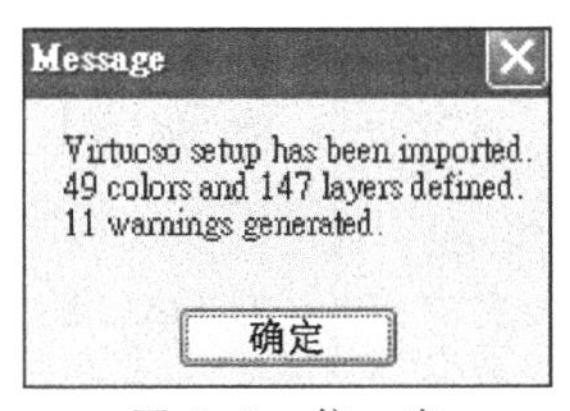

图 B.2　信　息

(3) DRC 设定：选择 Tools→DRC Setup 命令，出现 Setup DRC 对话框，选择 add command file to List 功能键，出现如图 B.3 的结果。

可由键选择文件，例如 Calibre.drc 文件，也可再新增一个例如 Dracula.drc 文件，如图 B.4 所示。可按 Edit 键打开其中一个进行观看或编辑内容。

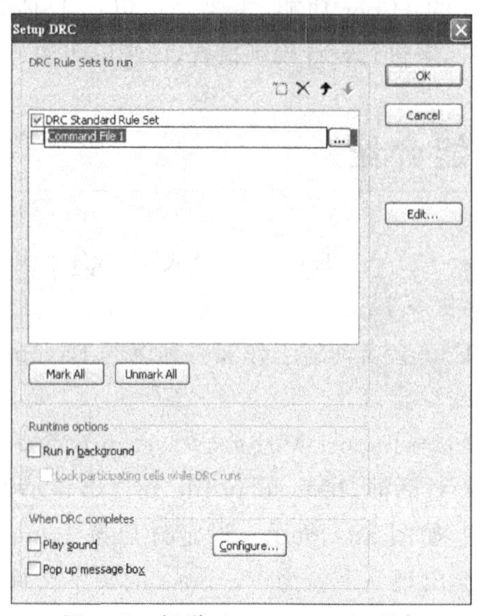

图 B.3 新增 Command File 列表

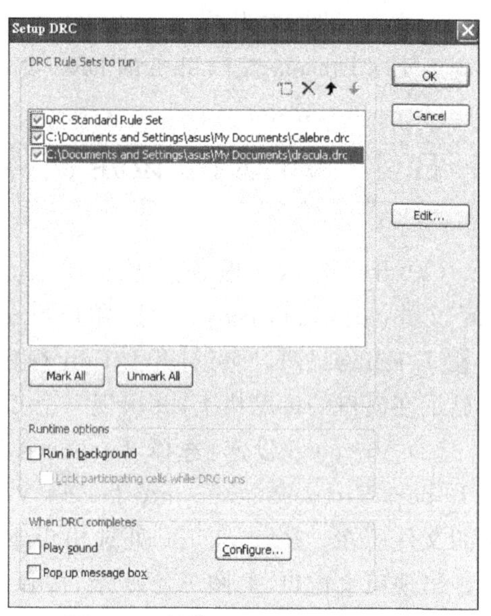

图 B.4 新增 Command File 列表

可选择其中一个方式进行 DRC 检查。即保持一个被选择，按 OK 钮。

B.2 HiPer 功能范例文件介绍

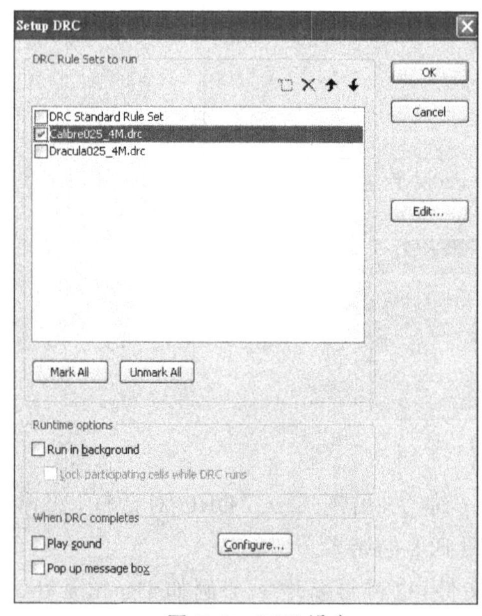

图 B.5 DRC 设定

(1) 打开范例文件：Tanner Tool 有附范例文件，在 L-Edit 环境下开启“..\Tanner EDA\L-Edit11.1\samples\drc\Hiper-Tutorial.tdb”文件。

(2) 观察 DRC 设定：选择 Tools→DRC Setup 命令，出现 Setup DRC 对话框，观察 DRC 设定，如图 B.5 所示。列出了三种设定，选择 Calibra025_4M.drc 作为 DRC 的设定。

按 Edit 可打开所选择(反白处)的文件内容。按 OK 钮关闭对话框。

(3) DRC 检查：选择 Tools→DRC 命令，进行设计规则检查，将依照 Calibra025_4M.drc 的规定作检查。检查结果如图 B.6 所示。

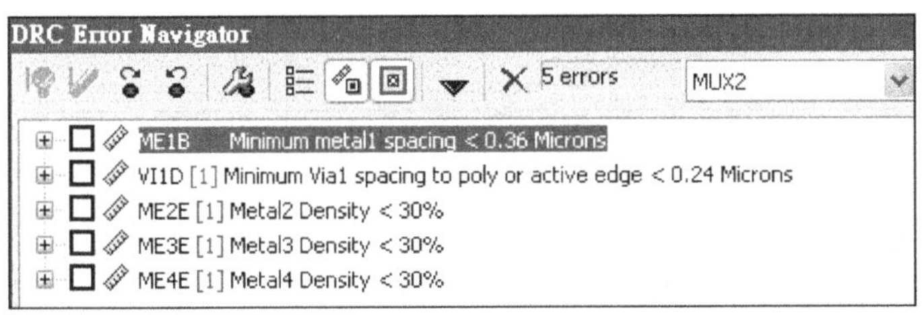

图 B.6　DRC 结果

(4) 观察 ME1B 规则:可以打开 Calibra025_4M.drc 文件寻找 ME1B 规则,如图 B.7 所示。

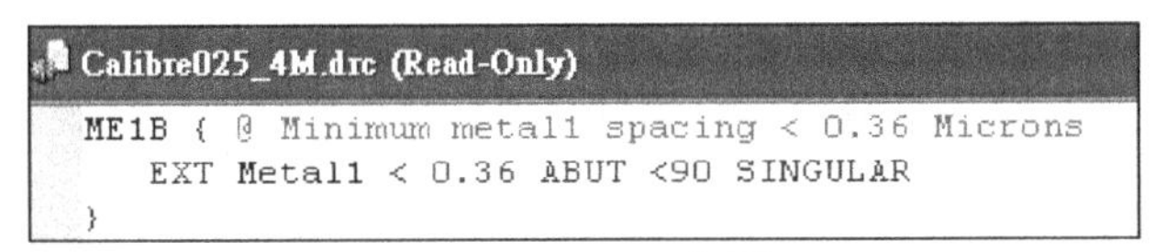

图 B.7　ME1B 规则

科学出版社

科龙图书读者意见反馈表

书　　名 ________________________________

个人资料

姓　　名：____________ 年　　龄：__________ 联系电话：______________

专　　业：____________ 学　　历：__________ 所从事行业：______________

通信地址：________________________________ 邮　编：__________

E-mail：________________________________

宝贵意见

◆ 您能接受的此类图书的定价

20元以内□　30元以内□　50元以内□　100元以内□　均可接受□

◆ 您购本书的主要原因有(可多选)

学习参考□　教材□　业务需要□　其他______________

◆ 您认为本书需要改进的地方(或者您未来的需要)

____

____

◆ 您读过的好书(或者对您有帮助的图书)

____

____

◆ 您希望看到哪些方面的新图书

____

____

◆ 您对我社的其他建议

____

____

谢谢您关注本书！您的建议和意见将成为我们进一步提高工作的重要参考。我社承诺对读者信息予以保密，仅用于图书质量改进和向读者快递新书信息工作。对于已经购买我社图书并回执本"科龙图书读者意见反馈表"的读者，我们将为您建立服务档案，并定期给您发送我社的出版资讯或目录；同时将定期抽取幸运读者，赠送我社出版的新书。如果您发现本书的内容有个别错误或纰漏，烦请另附勘误表。

回执地址： 北京市朝阳区华严北里11号楼3层

科学出版社东方科龙图文有限公司电工电子编辑部(收)

邮编：100029